AUFGABENSAMMLUNG ZUR PHYSIK

auf der Grundlage des Internationalen Einheitensystems (SI)

von

Dr. Fritz Heywang
Professor an der Fachhochschule Nürnberg

und

Dr. Hanskarl Treiber
Professor an der Fachhochschule Nürnberg

5., erweiterte und verbesserte Auflage
687 Aufgaben mit Lösungshinweisen und Lösungen

BERNH. FRIEDR. VOIGT

INHALTSVERZEICHNIS

                                                                     Seite

Vorwort 4

1. Meßunsicherheit

2. Mechanik der festen Körper

2.1. Dichte 6
2.2. Federgesetz 6
2.3. Zusammensetzung und Zerlegung von Vektoren 7
2.4. Hebelgesetz 10
2.5. Schwerpunkt 12
2.6. Die allgemeinen Gleichgewichtsbedingungen, Auflagekräfte 15
2.7. Arbeit und Leistung 20
2.8. Geradlinige Bewegung 22
2.9. Das Grundgesetz der Dynamik 24
2.10. Impulssatz und Stoß 27
2.11. Gleichförmige Kreis- und Drehbewegung 30
2.12. Corioliskraft 32
2.13. Allgemeine Bewegung 33
2.14. Gravitation 34
2.15. Beschleunigte Drehbewegung 35

3. Mechanik der Flüssigkeiten und Gase

3.1. Druck und Druckkräfte in Flüssigkeiten 38
3.2. Auftrieb 39
3.3. Statik der Gase 40
3.4. Innere Reibung 42
3.5. Das Gesetz von Bernoulli 43
3.6. Ausflußvorgänge 44
3.7. Reynolds-Zahl 45
3.8. Strömungswiderstand 46
3.9. Dynamischer Auftrieb 47

4. Wärmelehre

4.1. Wärmeausdehnung von festen und flüssigen Stoffen 48
4.2. Die allgemeine Gasgleichung 50
4.3. Wärmemenge 51
4.4. Heizwert 53
4.5. Schmelz- und Verdampfungswärme 54
4.6. Luftfeuchtigkeit 55
4.7. Wärmedurchgang 57
4.8. Wärmestrahlung 59
4.9. Kinetische Wärmetheorie 61
4.10. Zustandsänderungen und Umwandlung von Wärme in mechanische Arbeit 62

5. Schwingungslehre

5.1. Lineare Schwingungen 66
5.2. Drehschwingungen und Pendel 68
5.3. Dämpfung 70
5.4. Erzwungene Schwingung, Resonanz, gekoppelte Schwingungen 72
5.5. Wellen 73
5.6. Schall 76

6. Optik

		Seite
6.1.	Photometrie	80
6.2.	Reflexion und Brechung an ebenen Flächen	82
6.3.	Sphärische Spiegel und Linsen	84
6.4.	Linsenfehler	86
6.5.	Auge, Brille, Lupe	86
6.6.	Fotoapparat	88
6.7.	Mikroskop	90
6.8.	Fernrohr	91
6.9.	Projektion, Mikroprojektion, Spektrograph	93
6.10.	Wellenoptik	94

7. Elektrizitätslehre (Gleichstrom)

7.1.	Ohmsches Gesetz und Widerstandsformel	97
7.2.	Schaltung und Eigenschaften von Spannungsquellen	98
7.3.	Schaltung von Verbrauchern	99
7.4.	Energie und Leistung des elektrischen Stromes, Stromwärme	101
7.5.	Chemische Wirkungen des elektrischen Stromes	103
7.6.	Elektrisches Feld und Kondensator	104
7.7.	Freie Elektronen im elektrischen Feld, Elektronenröhre	106
7.8.	Magnetische Wirkungen des elektrischen Stromes	107
7.9.	Elektromagnetische Induktion	111

8. Elektrizitätslehre (Wechselstrom)

8.1.	Allgemeine Eigenschaften des Wechselstromes	113
8.2.	Wechselstromwiderstand	114
8.3.	Wechselstromleistung	117
8.4.	Drehstrom	118
8.5.	Transformator	119
8.6.	Elektromagnetische Schwingungen	119
8.7.	Halbleiter	120

9. Atom- und Kernphysik

9.1.	Größe und Masse der Atome und Moleküle	123
9.2.	Die Elementarladung	124
9.3.	Die Relativitätstheorie	125
9.4.	Die Quantentheorie	126
9.5.	Elektronenhülle und Spektrallinien	127
9.6.	Materiewellen und Wellenmechanik	128
9.7.	Radioaktivität	129
9.8.	Kernaufbau und Kernreaktionen	131
9.9.	Uranspaltung und Kernenergie	133
9.10.	Strahlendosis und Strahlenschutz	134
	Lösungshinweise	136
	Lösungen	167
	Verwendete Formelzeichen	251

ISBN 3.582.08112.5

Alle Rechte liegen bei dem Verlag Handwerk und Technik G.m.b.H., Blumenstraße 38, Hamburg 60. Nach dem Urheberrecht sind auch für Zwecke der Unterrichtsgestaltung die Vervielfältigung, Speicherung und Übertragung des ganzen Werkes oder einzelner Textteile, Abbildungen, Tafeln und Tabellen auf Papier, Transparent, Filme, Bänder, Platten und anderer Medien nur nach vorheriger Vereinbarung mit dem Verlag gestattet. Ausgenommen hiervon sind die in den §§ 53 und 54 URG ausdrücklich genannten Sonderfälle.
5. Auflage mit Genehmigung des Verlages Handwerk und Technik G.m.b.H., Hamburg, bei Bernh. Fried. Voigt, Postfach 760148, 2000 Hamburg — 1976
Gesamtherstellung: Konrad Triltsch, 87 Würzburg
Auslieferung durch den Verlag Handwerk und Technik G.m.b.H., Postfach 760148, 2000 Hamburg 76

Vorwort

Das für den Ingenieur so wichtige Verständnis für die Physik gewinnt er nicht nur aus dem Lernen von Formeln und Gesetzen. Er muß in der Lage sein, das Erarbeitete selbständig auf technische Probleme anzuwenden. Die Fähigkeit dazu kann er sich nur durch Lösen von Übungsaufgaben erwerben. Die Aufgaben dürfen sich aber nicht durch bloßes Einsetzen von Zahlen in gegebene Formeln lösen lassen, sondern sie müssen in stets wechselnder Weise den Lernenden zum Denken anregen und die verschiedenen Gebiete der Physik immer wieder in gegenseitige Beziehung bringen. Diesem Zweck soll die vorliegende Aufgabensammlung dienen. Sie enthält Aufgaben aus allen Gebieten der Physik, wie sie an Fachhochschulen zur Lösung gestellt werden. (Ein Teil davon sind Prüfungsaufgaben, die in den letzten Jahren an der Fachhochschule Nürnberg gestellt wurden.) Der Inhalt der Aufgaben wurde vorwiegend den technischen Anwendungen der Physik entnommen.

Die meisten Aufgaben benötigen zur Lösung nicht nur die neu einzuübenden Gesetze, sondern auch schon früher behandelte physikalische Sätze. Die weitaus größte Zahl sind Rechenaufgaben, und nur wenige sind reine Denkaufgaben, die ohne Rechnung zu beantworten sind; auch sie sind so gewählt, daß ihre Lösung das physikalische Verständnis fördert.

Um dem Lernenden die Lösung zu erleichtern, sind jedem Abschnitt die in ihm neu auftretenden Größen (mit ihren Einheiten) und Formeln vorangestellt. Für den, der zur Lösung eine gewisse Hilfestellung benötigt, sind in einem 1. Anhang zu etwa der Hälfte der Aufgaben Lösungshinweise gegeben, in denen angedeutet ist, wie man die Aufgabe zweckmäßig anpackt oder was man beachten muß, um Fehler zu vermeiden. Schließlich bringt ein 2. Anhang zu sämtlichen Aufgaben einen kurz gefaßten Lösungsgang und die Ergebnisse. Für die Durchrechnung wurde neben dem Elektronenrechner auch der Rechenstab verwendet; daher sind mitunter geringfügige Abweichungen in der letzten angegebenen Dezimale möglich. Bei Aufgaben ohne Stern hinter der Aufgabennummer genügen die Kenntnisse der elementaren Mathematik. Der Stern weist darauf hin, daß Differential-, Integralrechnung oder Reihenentwicklung vorausgesetzt werden. Wurden die mathematischen Hilfsmittel zum Zeitpunkt der Behandlung des Themas noch nicht vermittelt, empfiehlt sich die Bearbeitung der Aufgaben im Mathematikunterricht. Bei den Formelzeichen wurde, soweit eine Normung besteht, das dort festgelegte, sonst möglichst ein in der Literatur weit verbreitetes Symbol verwendet. Die Formelzeichen sind in den Vorbemerkungen zu den einzelnen Abschnitten und am Schluß in einem Gesamtverzeichnis zusammengestellt. Alle Formeln und Gleichungen sind als Größengleichungen geschrieben; dadurch wurde die Festlegung auf ein bestimmtes Maßsystem überflüssig. Gerechnet wurde grundsätzlich mit SI-Einheiten.

Der gesamte den Aufgaben zugrunde gelegte physikalische Lehrstoff mit Ableitungen und Erläuterungen der erforderlichen Formeln findet sich in dem vom gleichen Verfasser bearbeiteten Lehrbuch Heywang-Schmiedel-Süß „Physik für technische Berufe". Ergänzend dazu sei auf das im gleichen Verlag erschienene Buch Berber-Kacher-Langer „Physik in Formeln und Tabellen" hingewiesen.

Dr. Heywang
Dr. Treiber

1. MESSUNSICHERHEIT

Um die Ungenauigkeit einer berechneten physikalischen Größe auf elementarem Weg beurteilen zu können, bestimmt man zuerst aus den gegebenen Meßwerten ihren wahrscheinlichsten Wert. Dann verändert man alle Meßwerte um den Betrag ihrer Unsicherheit in dem Sinn, wie sie das Ergebnis vergrößern. Man erhält so den höchsten in Betracht kommenden Wert der zu berechnenden Größe. Der Unterschied gegen ihren wahrscheinlichsten Wert ist ihre Unsicherheit.

Allgemeine Aussagen über den Einfluß der Meßunsicherheit auf das Ergebnis erhält man durch Anwendung der Differentialrechnung. Ist die berechnete Größe Y eine Funktion der Meßwerte $X_1, X_2, \ldots, X_k$, so erhält man die maximale Unsicherheit ΔY von Y aus dem totalen Differential

$$\Delta Y \approx \left|\frac{\partial Y}{\partial X_1}\right| \Delta X_1 + \left|\frac{\partial Y}{\partial X_2}\right| \Delta X_2 + \cdots + \left|\frac{\partial Y}{\partial X_k}\right| \Delta X_k$$

$\Delta X_1, \Delta X_2, \ldots, \Delta X_k$ sind die Meßunsicherheiten der Meßwerte $X_1, X_2, \ldots, X_k$. Die Näherung ist gut, wenn $\Delta X_i / X_i \ll 1$ ist.

Hat die Funktion $Y = f(X_1; X_2; \ldots; X_k)$ speziell die Form $Y = \text{const} \cdot X_1^{c_1} \cdot X_2^{c_2} \cdot \ldots \cdot X_k^{c_k}$ so wird

$$\frac{\Delta Y}{Y} \approx \left|\frac{c_1}{X_1}\right| \Delta X_1 + \left|\frac{c_2}{X_2}\right| \Delta X_2 + \cdots + \left|\frac{c_k}{X_k}\right| \Delta X_k$$

Die Konstanten $c_1, c_2, \ldots, c_k$ dürfen beliebige reelle Werte haben.

1.1. Mit welcher Meßunsicherheit kann man den Durchmesser eines Kupferdrahtes ($\varrho = (8{,}80 \pm 0{,}05)$ g/cm³) aus der Masse $(0{,}0236 \pm 0{,}0001)$ g eines $(96 \pm 0{,}2)$ cm langen Drahtstückes bestimmen? Vergleiche die Meßunsicherheit mit der einer Mikrometerschraube, die für den Durchmesser des gleichen Drahtes den Wert $(0{,}06 \pm 0{,}01)$ mm abzulesen gestattet.

1.2*. Zur Berechnung der Dichte der Luft bestimmt man die Masse eines Glaskolbens zunächst mit Luft zu $m_1 = (188{,}41 \pm 0{,}01)$ g, dann luftleer gepumpt zu $m_2 = (187{,}37 \pm 0{,}01)$ g, schließlich mit Wasser gefüllt zu $m_3 = (1017{,}5 \pm 0{,}1)$ g. Berechne daraus die Dichte der Luft mit ihrem Unsicherheitsbereich. ($\varrho_{H_2O} = 1{,}000$ g/cm³)

1.3*. In einer Anlage zur Elektrolyse einer Kupfersalzlösung befindet sich eine quadratische Metallplatte (Seite $a = (85 \pm 0{,}5)$ mm) eine gewisse Zeit als Kathode zwischen zwei Anodenplatten. Dabei nimmt ihre Masse infolge des Kupferniederschlages von $(60{,}832 \pm 0{,}001)$ g auf $(61{,}052 \pm 0{,}001)$ g zu. Wie genau läßt sich daraus die mittlere Dicke des Kupferniederschlages auf beiden Seiten berechnen ($\varrho_{Cu} = 8{,}90$ g/cm³)?

1.4. Um einen Ohmschen Widerstand zu bestimmen, mißt man den Strom 4 mA und die Spannung 225 V mit Meßgeräten der Klasse 2,5. Die Skalenendwerte liegen bei 6 mA und 250 V. Man ermittle den Widerstandswert und die maximale Meßunsicherheit.

1.5*. Zur Ermittlung der Brennweite einer dünnen Linse mißt man Gegenstandsweite $a = (12{,}4 \pm 0{,}3)$ cm und Bildweite $b = (38{,}6 \pm 0{,}5)$ cm. Wie groß sind Brennweite und Meßunsicherheit?

1.6. Aus welchem Grund muß man bei der Berechnung der maximalen Meßunsicherheit mit Hilfe des totalen Differentials die Absolutwerte der partiellen Ableitungen verwenden?

2. MECHANIK DER FESTEN KÖRPER

2.1. Dichte

Masse m kg, g
Volumen V m³, dm³, cm³
Dichte ϱ kg/dm³, g/cm³

$$\varrho = \frac{m}{V}$$

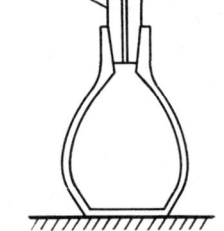

Eingeschliffener Stöpsel mit Bohrung zum Entweichen der Luft

2.1.1. Eine Goldfolie besitzt bei einer Fläche von 0,46 dm² die Masse 81 mg. Berechne daraus ihre mittlere Dicke ($\varrho = 19{,}3$ g/cm³).

2.1.2. Bestimme die Dichte von Gesteinskörnern aus folgenden Wägungen mit einem Pyknometer (Abb.):

Masse des leeren Pyknometers	27,35 g
Masse des mit Wasser gefüllten Pyknometers	76,28 g
Masse des Pyknometers mit Gesteinskörnern	59,11 g
Masse des Pyknometers mit Wasser und Körnern	96,84 g

2.1.3. Ein zylindrisches, oben offenes Glasgefäß ($\varrho_{Gl} = 2{,}5$ g/cm³) hat einen Außendurchmesser von 132 mm, eine Außenhöhe von 150 mm und eine Wandstärke von 2 mm. Es ist innen 62 mm hoch mit Quecksilber gefüllt ($\varrho_{Hg} = 13{,}6$ g/cm³). Welche Gesamtmasse hat das Gefäß?

2.1.4*. Wegen der Kompressibilität der Luft sinkt die Dichte der Atmosphäre bei konstanter Temperatur mit steigender Höhe h nach der Beziehung $\varrho = \varrho_0 \cdot e^{-\frac{h}{7{,}99\ \text{km}}}$. Wie groß ist die Gesamtmasse einer Luftsäule mit der Grundfläche 1 cm² ($\varrho_0 = 1{,}293$ kg/m³)? In welcher Höhe wird die halbe Gesamtmasse erreicht?

2.1.5*. Eine Gesteinspyramide hat eine quadratische Grundfläche mit der Kantenlänge $2a = 4$ dm und der Höhe $h = 4$ dm. Die Dichte beträgt an der Spitze $\varrho_1 = 2$ g/cm³, an der Basis $\varrho_2 = 3$ g/cm³ und ändert sich linear mit der Höhe. Wie groß ist die Masse der Pyramide?

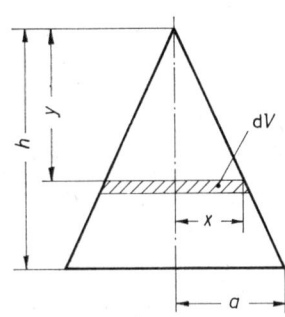

2.2. Federgesetz

Kraft F N   Verlängerung der Feder s cm, mm
Länge der Feder l cm, mm   Federkonstante D N/m = kg/s²

$$F = Ds$$

2.2.1. Eine Feder wird von einer Kraft $F_1 = 4{,}3$ N auf eine Länge $l_1 = 61{,}5$ mm, von einer Kraft $F_2 = 10$ N auf eine Länge $l_2 = 80{,}5$ mm ausgedehnt. Wie groß ist die Federkonstante D? Wie lang ist die Feder im unbelasteten Zustand? Welche Kraft dehnt die Feder auf eine Länge von 100 mm?

2.2.2. Eine Feder von der Länge $l_1 = 15$ cm und der Federkonstante $D_1 = 2$ N/cm und eine zweite Feder von der Länge $l_2 = 20$ cm und der Federkonstante $D_2 = 3$ N/cm werden aneinandergehängt und gedehnt, bis die Gesamtlänge beider Federn zusammen $l = 50$ cm beträgt. Welche Kraft ist dazu erforderlich? Wie weit ist dann der Verbindungspunkt beider Federn vom Befestigungspunkt der ersten Feder entfernt?

2.2.3. Eine Feder ($l_1 = 31$ cm, $D_1 = 40$ N/m) wird an eine zweite ($l_2 = 40$ cm, $D_2 = 100$ N/m) angehängt. Bei welcher Kraft werden beide Federn auf die gleiche Länge gedehnt? Wie groß ist diese Länge?

2.2.4. Eine Feder mit der Federkonstante D wird in mehrere Teile mit den Federkonstanten $D_1, D_2, \ldots$ zerlegt. Zeige, daß alle Konstanten $D_1, \ldots, D_2$, größer sind als D und daß die Beziehung gilt: $\dfrac{1}{D} = \dfrac{1}{D_1} + \dfrac{1}{D_2} + \cdots$.

2.3. Zusammensetzung und Zerlegung von Vektoren

Zusammensetzung mehrerer Vektoren $\vec{F}_1, \vec{F}_2, \ldots, \vec{F}_n$ zu einer Resultante $\vec{F}_r = \sum\limits_{i=1}^{n} \vec{F}_i$

$$F_{1x} = F_1 \cos \alpha_1 \qquad F_{1y} = F_1 \sin \alpha_1$$
$$F_{2x} = F_2 \cos \alpha_2 \qquad F_{2y} = F_2 \sin \alpha_2$$
$$\cdots\cdots\cdots\cdots\cdots\cdots\cdots\cdots$$
$$F_{rx} = F_{1x} + F_{2x} + \cdots \qquad F_{ry} = F_{1y} + F_{2y} + \cdots$$
$$F_r^2 = F_{rx}^2 + F_{ry}^2 \qquad \tan \alpha_r = \frac{F_{ry}}{F_{rx}}$$

Ist m die Masse eines Körpers, so beträgt seine Gewichtskraft am Normort $G = m \cdot 9{,}81$ N/kg.

2.3.1. Eine Last $m = 125$ kg hängt in B (Abb.) am Tragseil eines Sessellifts, dessen unterer Teil AB unter 30° und dessen oberer Teil BC unter 50° geneigt ist. Wie groß sind die Zugkräfte in beiden Teilen des Seils? Wie ändern sich die Komponenten der Seilkräfte und der Verlauf des Seiles zwischen A und C, wenn die Gewichtskraft des Seiles berücksichtigt wird?

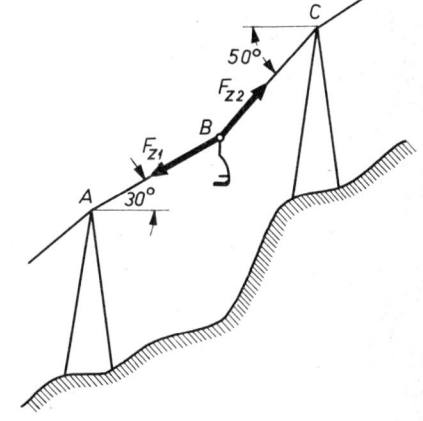

2.3. Zusammensetzung und Zerlegung von Vektoren

2.3.2. Ein Bügel in der Form eines gleichseitigen Dreiecks (Abb.) bildet das Lager einer Rolle. Über sie wird an einem Seil eine Last von 48 kg mit konstanter Geschwindigkeit hochgezogen (Seilgewicht und Reibung seien vernachlässigt). Berechne die Längskräfte in beiden Teilen a und b des Bügels, wenn die Querkräfte vernachlässigt werden dürfen.

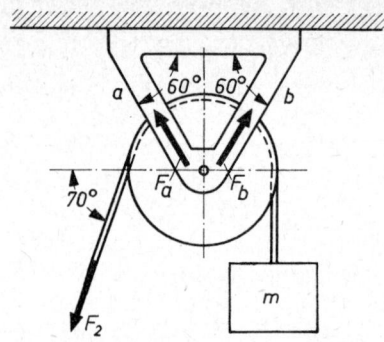

2.3.3. Über der Mitte einer 6 m breiten Straße hängt eine Straßenlampe (Masse 16 kg). Die Befestigungspunkte A, B, C der Haltedrähte liegen 0,4 m höher als die Lampe. Welche Zugkräfte sind in ihnen wirksam?

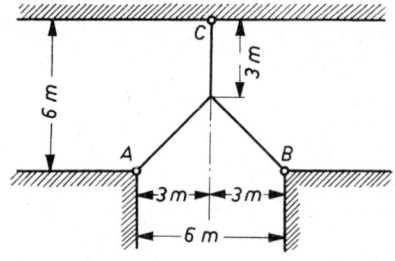

2.3.4. Ein gespanntes Seil wird von A aus über den Endpunkt B einer Stange geführt und in C im Boden verankert. In A wirkt zwischen Wand und Seil eine Zugkraft mit der Horizontalkomponente $F_A = 1000$ N. Welche Spannkräfte herrschen in den beiden Teilen AB und BC des Seiles? Welche Kraft übt die Stange in B auf das Seil aus?

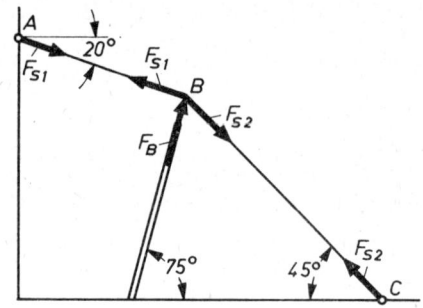

2.3.5. Eine Kugel ($m = 100$ g, $r_1 = 1$ cm) liegt zwischen einem Zylinder ($r_2 = 4$ cm) und einer vertikalen Wand. Welche Kräfte treten an den Berührstellen mit der Wand und dem Zylinder auf?

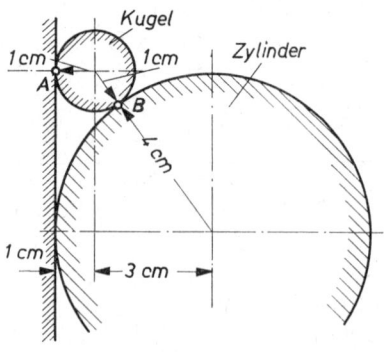

2.3.6. Bei einem Kurbelgetriebe herrscht im Zylinder ($d = 40$ mm) ein Überdruck $p = 7$ bar. Die Kurbel bildet in einem bestimmten Augenblick mit der Zylinderachse einen Winkel $\alpha = 40°$. Welche Kraft wirkt auf den Kolben und auf die Pleuelstange? Welches Moment dreht die Kurbel und welche Beanspruchung überträgt die Kurbel auf die Lager der Kurbelachse?

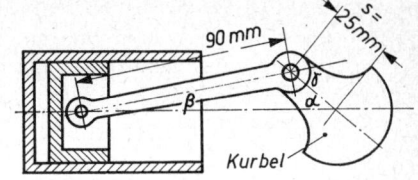

2.3.7. Ein Wagen der Masse 1300 kg wird bei einer Reibungszahl 0,08 mit gleichbleibender Geschwindigkeit von zwei Kräften F_1 und F_2 gezogen. Wie groß müssen F_1 und F_2 sein, wenn sie auf einer Ebene mit der Fahrtrichtung Winkel von 15° und 18° bilden und auf den Wagen keine Querkräfte wirken sollen?

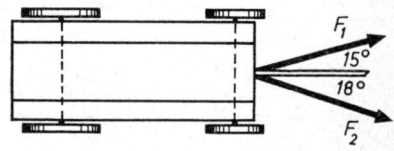

2.3.8. Auf einer schiefen Ebene ($\alpha = 20°$) liegt ein Körper mit der Masse 30 kg. Die Gleitreibungszahl beträgt $\mu = 0,2$; die Haftreibungszahl $\mu_0 = 0,24$. Wie groß muß eine Kraft F_1 sein, die mit der schiefen Ebene einen Winkel $\beta = 25°$ bildet, um den Körper mit gleichbleibender Geschwindigkeit nach oben zu ziehen? Welche ebenfalls unter $\beta = 25°$ angreifende Kraft F_2 verhindert ein Abgleiten des Körpers?

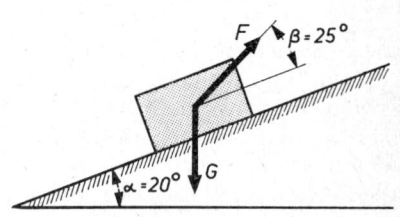

2.3.9. Auf einer schiefen Ebene ($\alpha = 18°$) liegt ein Körper mit der Masse 50 kg. Wie groß ist die Reibungszahl, wenn zum Hinaufziehen eine parallel zur schiefen Ebene wirksame Kraft $F_1 = 250$ N erforderlich ist? Welche ebenfalls parallel zur schiefen Ebene wirkende Kraft F_2 ist nötig, um bei der gleichen Reibungszahl den Körper festzuhalten?

2.3.10. Ein Kraftfahrzeug fährt mit $v_0 = 20$ m/s auf einer Geraden. Welche Relativgeschwindigkeiten haben die Umfangspunkte A, B, C und D des Rades in bezug auf das Fahrzeug und in bezug auf die Straße?

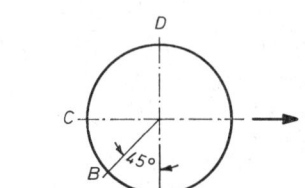

2.3.11. Ein Flugzeug fliegt ohne Wind mit $v_{Fl} = 320$ km/h. Welche Zeit braucht es für die 820 km lange Strecke von A nach B, wenn der Wind konstant mit der Geschwindigkeit $v_W = 70$ km/h in die in der Skizze gezeigte Richtung bläst?

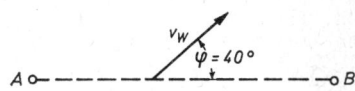

2.3./2.4. Zusammensetzung und Zerlegung von Vektoren/Hebelgesetz

2.3.12. Ein Kahn steuert mit $v_K = 1{,}5$ km/h Geschwindigkeit direkt auf das gegenüberliegende Ufer eines $s = 30$ m breiten Flusses zu. Er wird bis zur Landung $b = 16$ m stromabwärts getrieben. Wie lange dauert das Übersetzen? Wie groß ist die Strömungsgeschwindigkeit des Wassers? Unter welchem Winkel in bezug auf das Ufer müßte der Kahn fahren, damit er nicht abgetrieben wird. Wieviel länger dauert dadurch die Überfahrt?

2.3.13*. Auf einer schiefen Ebene (Neigungswinkel α) wird ein Körper hochgezogen (Masse m, Reibungszahl $\mu = 0{,}2$). Wie groß muß die Zugkraft F_1 sein, wenn sie parallel zur schiefen Ebene wirkt? Wie groß wird die Zugkraft F_2, wenn sie steiler nach oben gerichtet ist und mit der schiefen Ebene den Winkel β einschließt? Man variiert β. In welchem Winkelbereich ist $F_2 < F_1$, in welchem $F_2 > F_1$? Bei welchem Winkel β wird die Zugkraft F_2 ein Minimum? Wieviel Prozent von F_1 ist sie dann? Man stelle F_2/F_1 als Funktion von β grafisch dar.

2.4. Hebelgesetz

Drehmoment M Nm
Hebelarm l m, cm
Abstand zwischen Bezugspunkt und Angriffspunkt der Kraft r m, cm
Winkel zwischen r und F ε

$$\vec{M} = \vec{r} \times \vec{F} \qquad |\vec{M}| = M = r \cdot F \cdot \sin \varepsilon = l \cdot F$$
$$\sum F_r l_r = \sum F_l l_l \qquad \text{(r rechtsdrehend, l linksdrehend)}$$

2.4.1. Eine Bremsscheibe $d = 0{,}4$ m soll mit einem Bremsmoment von 1500 Nm gebremst werden. Dazu dient eine Doppelbackenbremse mit dem in der Abb. dargestellten Hebelsystem. Wie groß muß der Hebel l gemacht werden, damit beide Bremsbacken mit der gleichen Kraft auf die Bremsscheibe drücken? Welche Kraft ist in A erforderlich, um das Bremsmoment zu erzeugen, wenn zwischen Backen und Scheibe eine Reibungszahl 0,5 besteht?

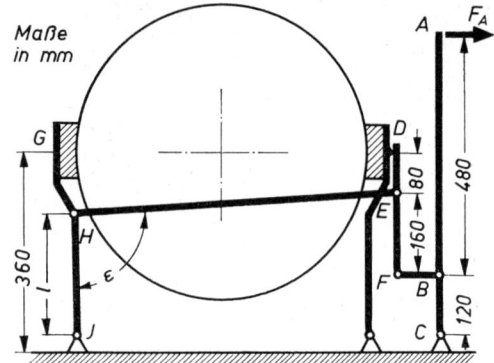

2.4.2. Eine Schubkarre (Gewichtskraft 240 N wovon 40 N auf das Rad entfallen) ist mit einer Last (Gewichtskraft 800 N) beladen. Berechne die an den Handgriffen notwendige Kraft F_0, um die Karre bei horizontaler Lage der Holme anzuheben. Welche Größe und Richtung muß aber die Kraft F an den Handgriffen haben, um die Karre bei einer Reibungszahl 0,12 auf horizontalem Boden mit gleichbleibender Geschwindigkeit zu schieben, wenn dabei die Holme um 15° ansteigen?

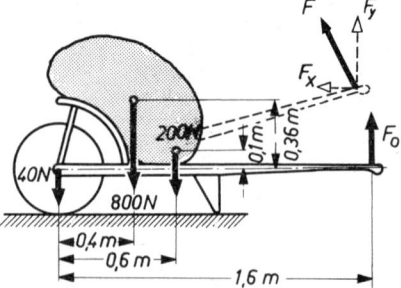

2.4.3. An einer um ihren Mittelpunkt drehbaren Kreisscheibe sind drei Massen $m_A = 5$ kg, $m_B = 6$ kg und $m_C = 7$ kg in Punkten befestigt, die vom Drehpunkt die Entfernungen $a = 6$ cm, $b = c = 4$ cm aufweisen. Um welchen Winkel dreht sich die Scheibe, bis sie ins Gleichgewicht kommt?

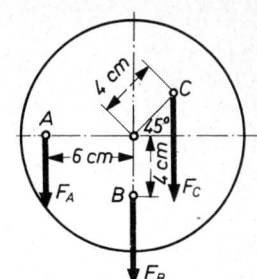

2.4.4. Die Spannrolle einer Riemenübertragung soll im Riemen eine Spannkraft $F_1 = F_2 = 800$ N hervorrufen. Welche Kraft F ist dazu am Ende des Winkelhebels erforderlich? (Gewichtskräfte von Hebel und Riemen werden vernachlässigt.)

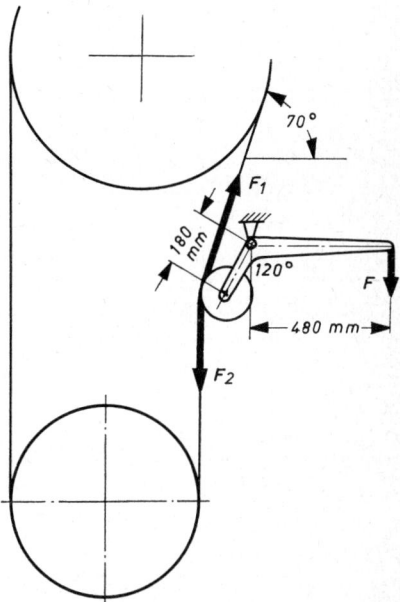

2.4.5. An einem Träger ($G_1 = 400$ N) sind zwei Lasten ($G_2 = 600$ N und $G_3 = 600$ N) befestigt. Er wird über die Rollen A, B, C und D von einem Seil gehalten. Welche Spannkraft F entsteht im Seil und wie groß sind die Beanspruchungen der Verankerungen in C und D nach Größe und Richtung? (Reibung bei den Rollen ist zu vernachlässigen.)

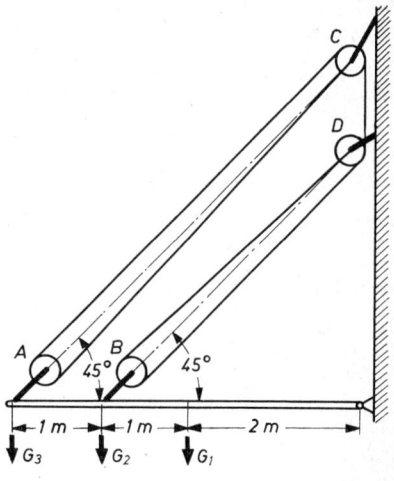

2.4./2.5. Hebelgesetz/Schwerpunkt

2.4.6. Der Balken einer Hebelwaage mit der Masse $m_B = 120$ g trägt in je $b = 75$ mm Entfernung von der Achse die Aufhängepunkte der Schalengehänge. Die Verbindungslinie der Aufhängepunkte läuft bei leeren Schalen $d = 0{,}014$ mm über der Drehschneide des Balkens vorbei. Sie sinkt aber bei einer beiderseitigen Auflage von je 100 g um 0,008 mm. Der Schwerpunkt des Balkens liegt $s = 0{,}120$ mm unter der Drehschneide. s bleibt bei Belastung annähernd konstant. Wie groß ist der Ausschlag, den ein Übergewicht $\Delta m = 10$ mg auf der einen Schale an einem $l = 200$ mm langen Zeiger hervorruft

a) bei leeren Schalen (Masse $m_S = 80$ g je Schale),

b) bei einer beiderseitigen Auflage von je $m = 125$ g.

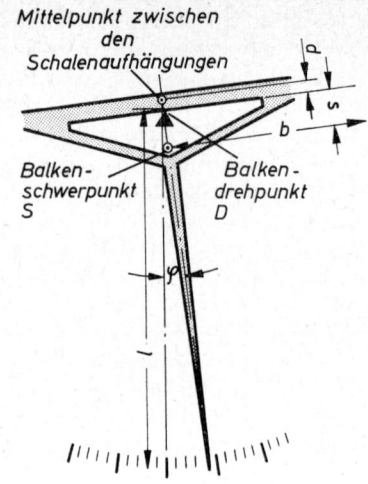

2.4.7. Weshalb ist es für die Drehwirkung, aber nicht für die Lagerbeanspruchung gleichgültig, ob die Achse (Drehpunkt D) von der Kraft F an einem einseitigen Hebel mit der Länge l oder von den Kräften F_1 und F_2, die beide ebenso groß sind wie F, an einem zweiseitigen Hebel mit der Gesamtlänge l gedreht werden?

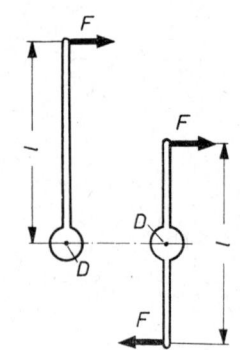

2.4.8*. Ein homogener, drehbar gelagerter Stab (Querschnitt $A = 1$ cm², Länge $l = 40$ cm, Dichte 2 g/cm³) wird von einer Feder (Federkonstante 20 N/m, $b = 30$ cm) in waagerechter Lage gehalten.

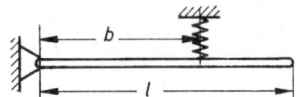

Man berechne mit Hilfe der Integralrechnung, wie stark die Feder gegenüber ihrer Ruhelage gedehnt sein muß. Anschließend überprüfe man das Ergebnis unter Verwendung des Schwerpunkts.

2.5. Schwerpunkt

Der Schwerpunkt ist der Angriffspunkt der Resultierenden der an einem Körper angreifenden Gewichts- und (bei drehungsfreier Beschleunigung) Trägheitskräfte. Den Abstand r_S des Schwerpunkts von einem Bezugspunkt findet man aus

$$r_S = \frac{1}{m}\int r \cdot dm \qquad x_S = \frac{1}{m}\int x \cdot dm$$
$$y_S = \frac{1}{m}\int y \cdot dm$$
$$z_S = \frac{1}{m}\int z \cdot dm \ .$$

Schwerpunkt 2.5.

Bei Körpern, die aus mehreren Teilen mit bekanntem Schwerpunkt zusammengesetzt sind, wählt man zu den Koordinatenachsen parallele Drehachsen. Bezogen auf diese Achsen muß das Drehmoment der gesamten im Schwerpunkt angreifenden Gewichtskraft gleich sein der Summe der Drehmomente aller Teile. Bei Körpern aus homogenem Material kann man die Gleichungen durch die Dichte dividieren; dann treten nur die Volumina auf. In ähnlicher Weise darf man in den Gleichungen die Massen bei gleichdicken Körpern durch die Flächeninhalte, bei Körpern aus gleichartigen Stangen durch deren Längen ersetzen.

Guldinsche Regel: Dreht sich ein ebenes Flächenstück um eine in seiner Ebene außerhalb des Flächenstückes gelegene Achse, so ist der Inhalt des überstrichenen Raumes das Produkt aus dem Flächenstück und dem Weg seines Schwerpunktes.

2.5.1. Ein Damm hat das in der Abb. gezeichnete Profil. Berechne die Lage des Schwerpunktes im Querschnitt.

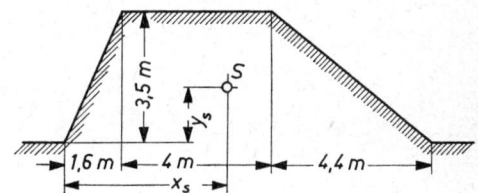

2.5.2. Berechne die Lage des Schwerpunktes bei dem in der Abb. dargestellten System aus Stangen gleichen Profils und gleichen Materials.

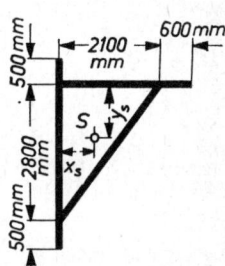

2.5.3. Am Ende eines zylindrischen Stabes ($l = 20$ cm, $d = 16$ mm) soll eine Kugel aus gleichem Material angefügt werden, so daß der Schwerpunkt des entstehenden Körpers in die Nahtstelle fällt. (Die kleine Abplattung der Kugel an der Nahtstelle darf vernachlässigt werden.) Welchen Radius muß die Kugel erhalten?

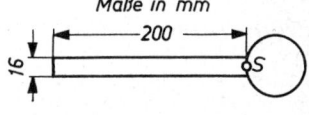

2.5.4. Ein Blechstreifen von 16 cm Länge soll an zwei symmetrisch liegenden Stellen A und B rechtwinklig umgebogen werden, daß ein Bügel entsteht, der sich im Gleichgewicht befindet, wenn er durch zwei Bohrungen C und D (je 1 cm von A bzw. von B) auf eine Achse gesteckt wird. Wo muß er umgebogen werden?

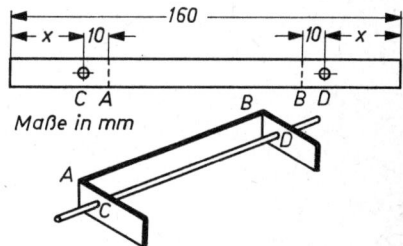

2.5. Schwerpunkt

2.5.5. Ein oben offenes Gefäß (Abb. 1) besitzt dünne, aus gleichem Material gefertigte Wände.

a) Wie hoch liegt sein Schwerpunkt über dem Boden?

b) Es ist um eine 6,5 cm über dem Boden verlaufende, horizontale Achse drehbar. Die Masse des leeren Gefäßes beträgt 1,5 kg. Wie hoch darf man es mit Wasser füllen, bis seine Lage labil wird?

2.5.6. In welcher Lage kommt der in der Abb. 2 dargestellte Winkelhebel ins Gleichgewicht, wenn er sich um eine durch A gehende Achse drehen kann?

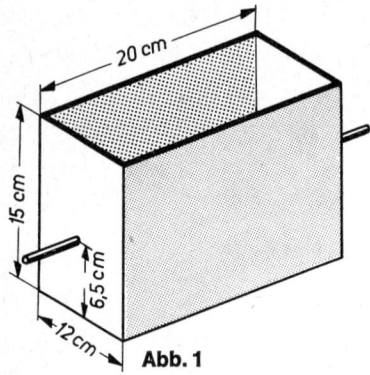
Abb. 1

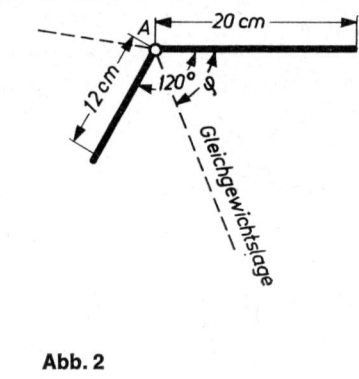
Abb. 2

2.5.7. In welchem Abstand d müssen die Mittelpunkte von zwei Kugeln mit den Radien $r_1 = 2$ cm und $r_2 = 1,5$ cm (aus gleichem Material) angebracht werden, damit der gemeinsame Schwerpunkt in die Oberfläche der grösseren Kugel fällt?

2.5.8. Unter welchem Winkel neigt sich die Kante AB eines Werkstückes (s. Abb.), wenn es im Punkt A drehbar aufgehängt wird?

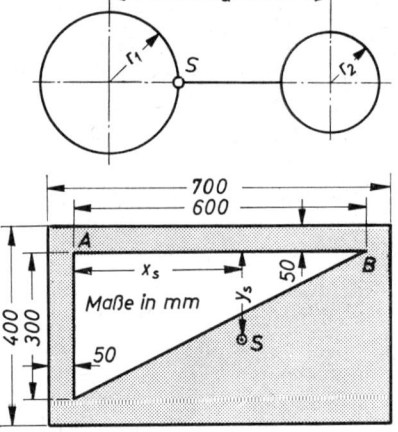

2.5.9. Über der gleichen Grundlinie AB sind alle möglichen gleichschenkligen Dreiecke gezeichnet. Der Schwerpunkt des Dreiecksumfangs liegt stets auf der Mittelsenkrechten zu AB. Zwischen welchen Bruchteilen der Höhe h_c kann sich die Strecke HS = h_S verändern, wenn sich die Spitze C des Dreiecks von H aus auf der Mittelsenkrechten nach oben bewegt?

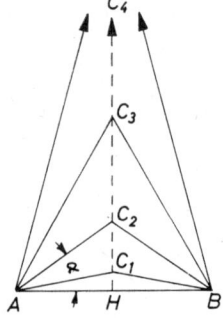

2.5.10. Ein Stein besitzt die in der Abb. dargestellte Form. Welche Höhe darf er höchstens besitzen, damit er gerade noch nicht umkippt?

2.5.11. Welche Masse besitzt der Radkranz eines Schwungrades mit dem in der Abb. dargestellten Querschnitt bei einem Gesamtdurchmesser von 2,4 m und einer Dichte von 7,8 kg/dm³?

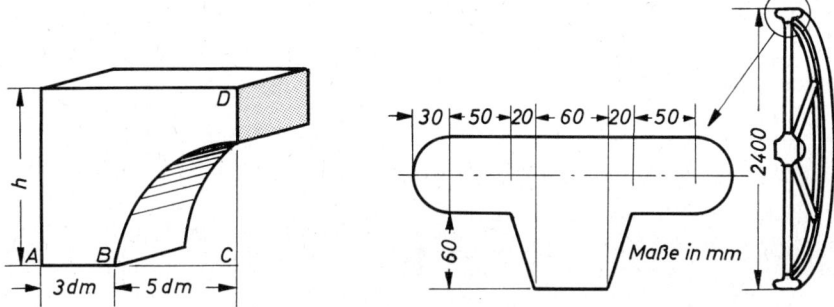

2.5.12*. Aus dünnem Draht wird ein Halbkreis vom Radius $R = 5$ cm gebogen. Wie groß ist der Abstand zwischen Schwerpunkt und Kreismittelpunkt?

2.5.13*. Eine homogene Stahlplatte hat die Form eines Viertelkreises (Radius $R = 1$ m). Wie groß ist der Abstand Kreismittelpunkt-Schwerpunkt?

2.5.14*. Man ermittle den Abstand Schwerpunkt-Kugelmittelpunkt bei einer homogenen Halbkugel vom Radius R.

2.6. Die allgemeinen Gleichgewichtsbedingungen, Auflagekräfte

Steht ein Körper unter dem Einfluß mehrerer auf ihn einwirkender Kräfte $\vec{F}_1$, $\vec{F}_2, \ldots, \vec{F}_n$, so gelten die allgemeinen Gleichgewichtsbedingungen

$$\sum_{i=1}^{n} \vec{F}_i = 0 \qquad \sum_{i=1}^{n} \vec{M}_i = 0$$

Die Kräfte zerlegt man in ihre Komponenten im rechtwinkligen Koordinatensystem. Für jede Komponente gilt dann $\sum F_i = 0$. Zur Aufstellung des Momentengleichgewichts wählt man eine beliebige Achse als Drehachse. Für die Richtung der Kräfte gilt: Auflagekräfte stehen senkrecht auf der Auflagefläche; Reibungskräfte zeigen entgegen der tatsächlichen oder möglichen Bewegungsrichtung; Trägheitskräfte entgegen der Beschleunigungsrichtung.

2.6. Die allgemeinen Gleichgewichtsbedingungen, Auflagekräfte

2.6.1. Ein fahrbarer Drehkran hat die in der Abb. angegebenen Maße und Gewichte. Berechne die Belastungen der Achsen A und B mit und ohne die Nutzlast
$F_1 = 32$ kN

Gewichtskraft des Auslegers $F_2 = 8$ kN
Gewichtskraft des Fahrgestells
$F_3 = 18$ kN
Gewichtskraft der Grundplatte
$F_4 = 12$ kN
Gewichtskraft des Maschinenhauses
$F_5 = 25$ kN.

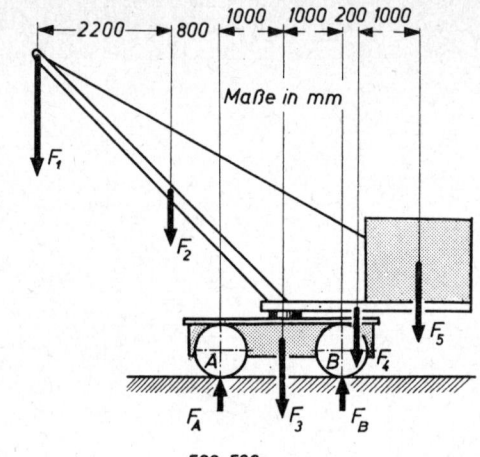

2.6.2. Bei dem in der Abb. dargestellten Drehkran soll die Belastung der Achsen A und B aus Sicherheitsgründen nie weniger als je 10 kN betragen. Wie groß muß die Gewichtskraft F_2 sein und welches ist die größte Tragfähigkeit? ($G_1 = 48$ kN, $G_2 = 24$ kN).

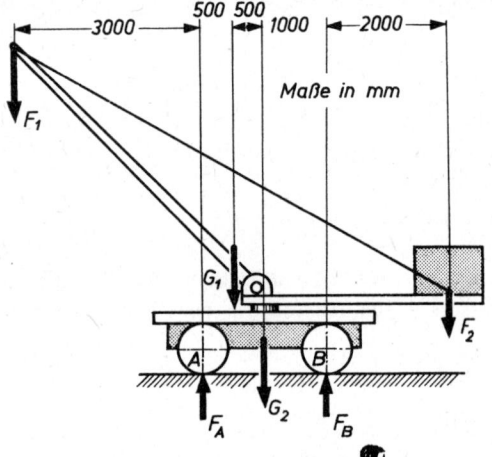

2.6.3. Zwei Arbeiter tragen

a) ein Brett ($m = 30$ kg),

b) eine Leiter ($m = 30$ kg, Gesamtlänge 3 m, Schwerpunkt 1,3 m vom unteren Ende entfernt),

c) eine Kiste ($m = 30$ kg) mit den in der Abb. gegebenen Abmessungen

eine unter 35° ansteigende Treppe hoch und fassen jeweils in den Punkten A und B an den Enden des Gegenstandes an. Welche Kraft müssen die beiden Arbeiter in den drei Fällen anwenden?

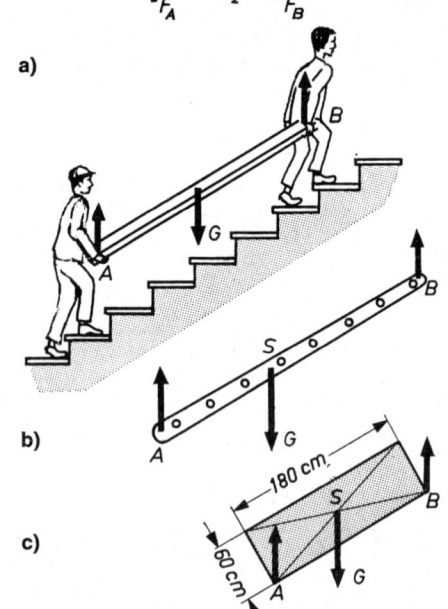

2.6.4. Um eine Grube auszupumpen, wird eine an einem kurzen Brett befestigte Pumpe (Masse mit Brett 75 kg) mit einem längeren Brett (Masse 12 kg, Schwerpunkt in der Mitte) über die Ecke der Grube gebracht (Maße in der Abb.). Berechne die Auflagekräfte in A, B und C.

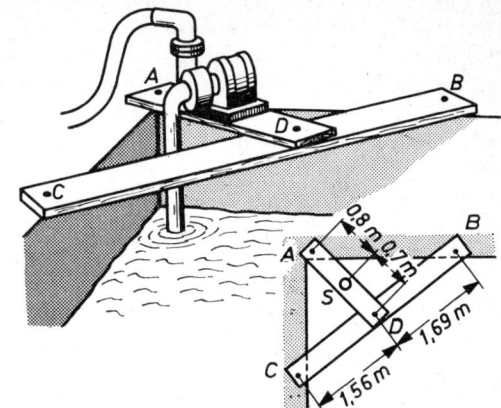

2.6.5. Über einem Schacht hängt an einem starren Holzgerüst eine Last $F = 1{,}4$ kN. Wie verteilt sich diese Last auf die Auflagepunkte A, B und C?

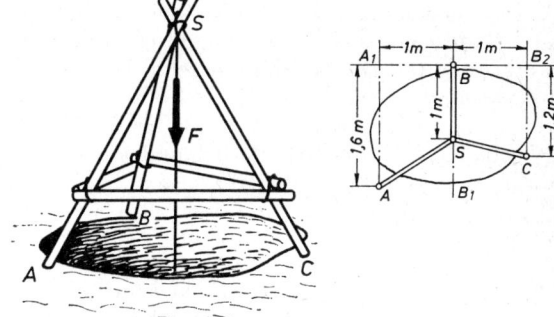

2.6.6. Welche Tragkraft besitzt ein Wandkran, dessen Verankerung in A nur mit einer horizontalen Kraft von höchstens 60 kN beansprucht werden darf? Welche Größe und Richtung besitzt dann die Auflagekraft in B?

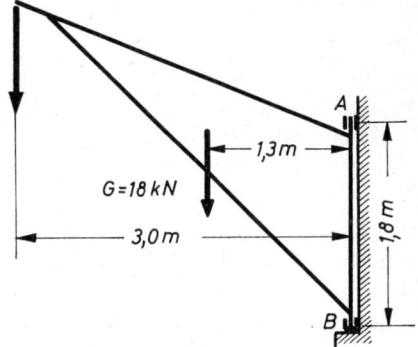

2.6.7. Ein Brett mit der Masse 24 kg ist unter 70° gegen die Horizontale geneigt. An der Spitze wird es von einem Seil gehalten, das unter 50° zum Boden verläuft und dort verankert ist. Welche Zugkraft F herrscht im Seil und welche Haftreibungszahl ist im Auflagepunkt A mindestens erforderlich, damit das Brett nicht abgleitet?

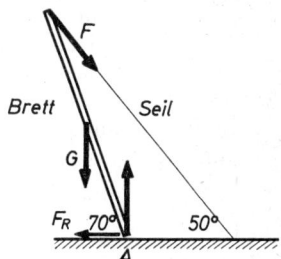

2.6.8. Ein 2 m langer Stab (Gewichtskraft 40 N), dessen Schwerpunkt nicht genau in seiner Mitte liegt, ist an zwei Schnüren aufgehängt. Er nimmt dann die in der Abb. gezeigte Lage ein. Berechne die Zugkräfte in A und B und die Lage des Schwerpunktes.

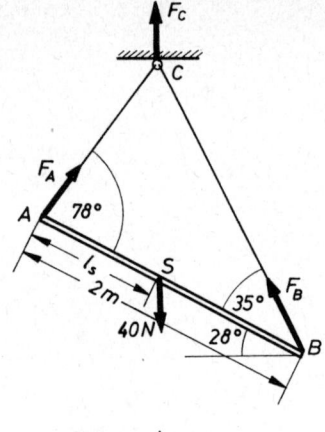

2.6.9. Ein Gegenstand (Gewichtskraft 400 N) liegt in A und B auf einer schiefen Ebene mit dem Neigungswinkel $\alpha = 25°$. Die Haftreibungszahl beträgt $\mu_0 = 0{,}2$. Damit er nicht abrutscht, wird er in C durch eine zur schiefen Ebene parallele Kraft gehalten. Welche Kraft ist in C erforderlich und wie groß sind die Auflagekräfte in A und B?

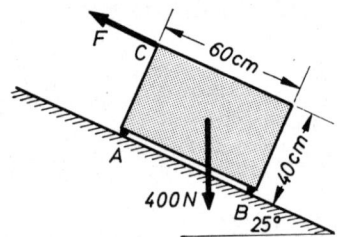

2.6.10. Ein Wagen ($G = 1$ kN) wird auf einer unter dem Winkel $\alpha = 10°$ geneigten Straße bei einer Reibungszahl $\mu = 0{,}07 = \tan 4°$ mit gleichbleibender Geschwindigkeit von einer Kraft nach oben gezogen, die mit der Straße den Winkel $\beta = 8°$ einschließt. Berechne die Größe der Zugkraft und die Auflagekräfte der beiden Radachsen.

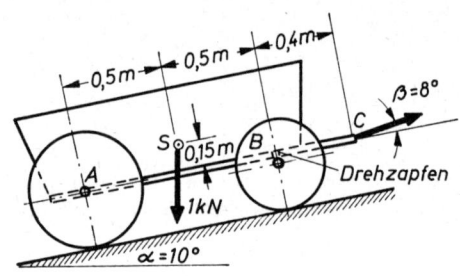

2.6.11. Ein Rollenflaschenzug trägt eine Last mit der Gewichtskraft 1,2 kN. Das eine Seilende ist an der Achse der festen Rolle angebracht. Am anderen Ende hält eine Kraft F das Gleichgewicht. Die horizontale Entfernung der beiden Tragseile darf in Höhe der Achse A als r, in Höhe der Achse B als $2r$ angenommen werden. Wie groß muß die Kraft F bei Vernachlässigung der Reibung und der Masse von Seil und Rollen sein?

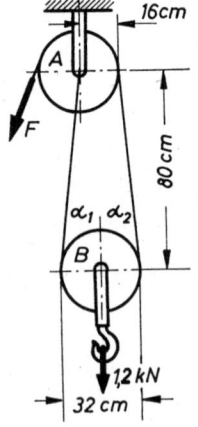

2.6.12. Eine Leiter (Länge 5,2 m, $G_1 = 195$ N) steht in A auf dem Boden ($\mu_A = \tfrac{1}{3}$) und lehnt in B an eine vertikale Wand ($\mu_B = \tfrac{1}{4}$). Wie weit darf eine Person ($G_2 = 715$ N) auf die Leiter steigen, wenn A 2 m vom Fußpunkt der Wand entfernt ist und der Schwerpunkt der Leiter 2,4 m von ihrem unteren Ende entfernt liegt?

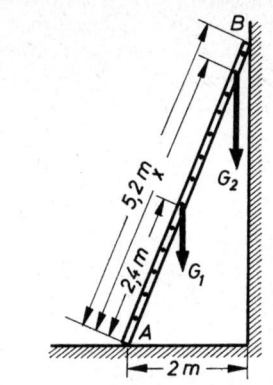

2.6.13. Ein Stab ($G_1 = 40$ N) liegt in A mit der Reibungszahl $\mu_A = 0{,}32$ und in B mit $\mu_B = 0{,}10$ auf. Seine Neigung beträgt $\alpha = 11{,}5°$ ($\sin\alpha = 0{,}20$, $\cos\alpha = 0{,}98$). In welchem Bereich des Stabes darf eine Last $G_2 = 60$ N angehängt werden, ohne daß der Stab ins Gleiten kommt?

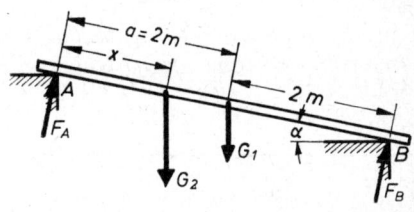

2.6.14. Eine Stange liegt unter einer Neigung von 35° in A auf einer Kante mit einer Reibungszahl 0,5 und wird am Ende B von einer Schnur gehalten. Wie lang darf bei einer gesamten Stangenlänge von 2,80 m die Strecke AB höchstens sein, damit sich die Stange im Gleichgewicht befindet?

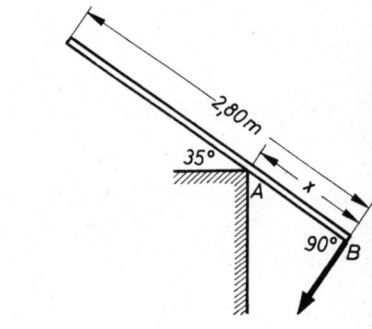

2.6.15. Ein Quader ($G_1 = 480$ N) soll mit einer Hebelstange ($G_2 = 50$ N, $l = 120$ cm) bewegt werden. Der Quader rutscht längs des Hebels mit der Reibungszahl $\mu_B = 0{,}25$, wird aber in A durch Reibung festgehalten. Auch der Drehpunkt C des Hebels bleibt in Ruhe. a) Wie groß sind bei der in der Abb. gezeichneten Stellung die Auflagekräfte in A und B? b) Wie groß muß die Haftreibungszahl in A mindestens sein? c) Welche Kraft F ist oben am Hebel erforderlich? d) Zeige aus der Größe der in C wirkenden Kräfte, daß der Hebel dort (z. B. in einer Vertiefung) festgehalten werden muß.

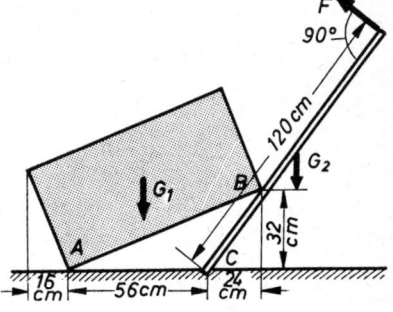

2.7. Arbeit und Leistung

2.6.16. Ein Quader soll mit einem Seil längs einer Wand hochgezogen werden, an der er mit der Reibungszahl $\mu = 0{,}3$ entlang gleitet. Bei welchem Abstand der Oberkante des Quaders von der Mauerkante A fängt der Quader an zu kippen, wenn $a = 2$ dm und $b = 6$ dm beträgt?

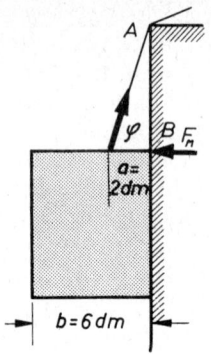

2.7. Arbeit und Leistung

Mechanische Arbeit	W	Nm = J = Ws	F_s in die Wegrichtung fallende Komponente der Kraft F	N
Potentielle Energie	E_{pot}	Nm = J = Ws		
Kinetische Energie	E_{kin}	Nm = J = Ws	D Federkonstante	N/m
Leistung	P	$\frac{\text{Nm}}{\text{s}} = \frac{\text{J}}{\text{s}} = \text{W}$	m Masse	kg, t
			n Drehzahl, Drehfrequenz	s^{-1}, min^{-1}

Mechanische Arbeit $W = \int \vec{F}\,\mathrm{d}\vec{s}$

Bei konstanter Kraft $W = F_s \cdot s = F \cdot s \cos(\measuredangle F, s)$

Potentielle Energie im Erdschwerefeld $E_{\text{pot}} = G \cdot h = m \cdot g \cdot h$

Potentielle Energie einer gespannten Feder $E_{\text{pot}} = \frac{1}{2} D s^2$

Kinetische Energie $E_{\text{kin}} = \frac{1}{2} m v^2$

Leistung $P = \dfrac{\mathrm{d}W}{\mathrm{d}t} = F_s v = \vec{F} \cdot \vec{v} = \vec{M} \cdot \vec{\omega}$

2.7.1. Ein Zug besteht aus einer Lokomotive (60 t) und 27 Wagen (je 20 t). Er fährt auf horizontaler Strecke mit einer Fahrwiderstandszahl 0,01. Der Luftwiderstand darf neben der Bodenreibung vernachlässigt werden. Welche gleichbleibende Geschwindigkeit erreicht er bei einer Lokomotivenleistung von 650 kW?

2.7.2. Ein Arbeiter dreht eine Handkurbel mit einem Kurbelarm von 35 cm Länge mit einer Umfangskraft von 150 N. Wie groß ist seine Leistung bei 30 Umdrehungen pro Minute?

2.7.3. Wie groß ist die kinetische Energie eines Geschosses von 6 g Masse bei einer Geschwindigkeit von 840 m/s? Vergleiche sie mit der kinetischen Energie einer Last von 3000 kg, die von einem Kran mit 0,4 m/s emporgezogen wird. Bei welcher Geschwindigkeit wäre die kinetische Energie der Last ebensogroß wie die des Geschosses?

2.7.4. Ein Lkw ($m = 5$ t) fährt eine Strecke, die in 5 km um 70 m ansteigt, in beiden Richtungen mit der gleichen Geschwindigkeit von 45 km/h. Die Fahrwiderstandszahl beträgt 0,04, der Luftwiderstand 500 N. Welche Leistung muß der Motor in beiden Fällen zur Bewegung des Fahrzeuges abgeben?

2.7.5. Ein Schlitten fährt einen Hang ($\alpha = 10°$) herab und erreicht nach 40 m eine Geschwindigkeit von 10 m/s. Welcher Anteil der verlorenen potentiellen Energie wird dabei in kinetische Energie umgewandelt? Wie groß ist die Reibungszahl, wenn der Luftwiderstand vernachlässigt werden darf?

2.7.6. Ein Zug (Gesamtmasse 400 t) wird beim Anfahren in 30 s auf einer horizontalen Strecke von 150 m bis zu einer Geschwindigkeit von 36 km/h beschleunigt. Die Fahrwiderstandszahl beträgt 0,006, der Luftwiderstand darf vernachlässigt werden. Berechne den dazu nötigen Energieaufwand und die mittlere Leistung.

2.7.7. Ein Handwagen besitzt folgende Daten: Gewichtskraft einschließlich der Räder 700 N, Vorderrad 20 N, Hinterrad 30 N. An der unter 30° nach oben geneigten Deichsel wird der Wagen auf horizontalem Boden bei einer Fahrwiderstandszahl 0,15 gleichmäßig schnell gezogen.

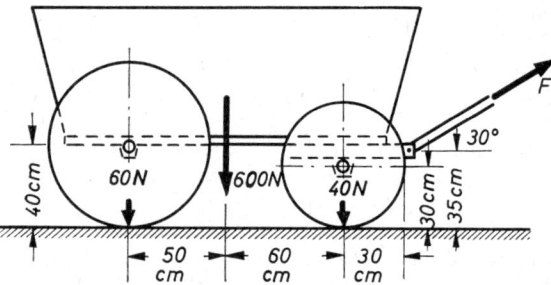

Berechne die erforderliche Zugkraft F und die Kräfte F_V und F_H mit denen die Vorder- bzw. Hinterachse auf dem Boden aufliegt. Wie groß sind Arbeit und Leistung, wenn in 14 min ein Weg von 800 m zurückgelegt wird?

2.7.8. Eine Feder wird von einer Kraft 120 N um 20 mm zusammengedrückt und dann von einem Bügel in dieser Lage festgehalten. a) Wie hoch wird der Bügel (Masse 60 g) senkrecht nach oben geschleudert, wenn seine Halteschraube bricht? b) Wie groß ist die Geschwindigkeit des Bügels im Augenblick des Abhebens von der Feder? (Alle Energieumwandlungen sollen ohne Verlust erfolgen.)

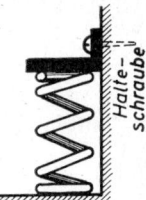

2.7.9. An einer Schraubenfeder hängt ein Gewichtsstück ($m_1 = 12$ kg), das die Feder um $s_1 = 2$ cm dehnt. Welche Spannarbeit wird verrichtet, wenn die Feder durch ein zusätzliches Gewichtsstück ($m_2 = 30$ kg) noch weiter gedehnt wird?

2.7.10*. Eine Feder mit linearer Kennlinie ($F = Ds$; $D = 100$ N/m) wird in Reihe mit einer nichtlinearen Feder ($F = Cs^2$; $C = 500$ N/m²) geschaltet. Welche Arbeit ist aufzuwenden, um diese Federkombination aus der entspannten Lage um $s = 10$ cm zu dehnen?

2.7.11*. Ein Kegel (Masse 2 kg, $h = 20$ cm, $r = 8$ cm) ist gerade vollständig in Wasser getaucht. Welche Arbeit ist notwendig, um den Kegel vollständig aus dem Wasser zu ziehen?

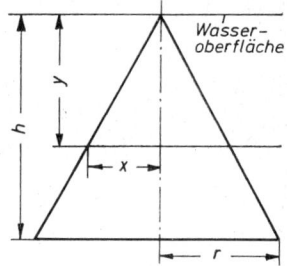

2.7.12*. Ein Fahrzeug beschleunigt gleichmäßig mit $a = 1{,}2$ m/s² von 0 auf $v_e = 108$ km/h. Der Rollwiderstand beträgt 300 N; der Luftwiderstand $0{,}5\,\frac{\text{kg}}{\text{m}}\,v^2$. Welche Reibungsarbeit muß der Motor verrichten? Warum ist bei hohen Geschwindigkeiten nur der Luftwiderstand von Bedeutung?

2.7.13. Warum führt in der Praxis die Verwendung einer schiefen Ebene zu einem höheren Energieaufwand als der Transport einer Last senkrecht nach oben?

2.8. Geradlinige Bewegung, Wurfgesetze

Weg s m, km   Geschwindigkeit v m/s, km/h   Beschleunigung a m/s²

Ungleichmäßig beschleunigte Bewegung

$$\vec{a} = \frac{\mathrm{d}\vec{v}}{\mathrm{d}t} = \frac{\mathrm{d}^2\vec{s}}{\mathrm{d}t^2} = f(t) \quad \vec{v} = \frac{\mathrm{d}\vec{s}}{\mathrm{d}t} = \int \vec{a}\,\mathrm{d}t + v_0 \quad \vec{s} = \int \vec{v}\,\mathrm{d}t + s_0$$

Gleichmäßig beschleunigte Bewegung $\vec{a} = \text{const} \quad a > 0$
Gleichmäßig verzögerte Bewegung $\vec{a} = \text{const} \quad a < 0$
Für $\vec{a} = \text{const}$ und $s_0 = 0$ gilt

$$s = \frac{v_0 + v}{2} t = v_0 t + \frac{a}{2} t^2 = \frac{1}{2a}(v^2 - v_0^2)$$

$$v = \frac{2s}{t} - v_0 = v_0 + at = \sqrt{v_0^2 + 2as}$$

Gleichförmige Bewegung

$$\vec{a} = 0 \quad \vec{v} = \vec{v}_0 = \text{const} \quad \vec{s} = \vec{s}_0 + \vec{v}_0 t$$

Freier Fall (zur Vereinfachung wird hier ausnahmsweise die Richtung nach unten positiv angenommen)

$$h = \frac{v}{2} t = \frac{g}{2} t^2 = \frac{v^2}{2g} \quad v = \frac{2h}{t} = g \cdot t = \sqrt{2gh}$$

Senkrechter Wurf

$$h = \frac{v_0 + v}{2} t = v_0 \cdot t - \frac{g}{2} t^2 = \frac{1}{2g}(v_0^2 - v^2)$$

$$v = \frac{2h}{t} - v_0 = v_0 - gt = \sqrt{v_0^2 - 2gh}$$

Steigzeit $t_{st} = \dfrac{v_0}{g}$ Steighöhe $h_{st} = \dfrac{v_0^2}{2g}$

Schiefer Wurf

Die Bewegungen in x- und y-Richtung erfolgen unabhängig voneinander. Man kann daher die x- und y-Komponente der Bewegung nach den Gesetzen der geradlinigen Bewegung berechnen

$$v_x = v_0 \cos \alpha \qquad v_y = v_0 \sin \alpha - gt \qquad v = \sqrt{v_x^2 + v_y^2}$$

$$x = v_0 \cos \alpha \, t \qquad y = v_0 \sin \alpha \, t - \frac{g}{2} t^2 = x \tan \alpha - \frac{g}{2 v_0^2 \cos^2 \alpha} x^2$$

Steigzeit $t_{st} = \dfrac{v_0 \sin \alpha}{g}$ Steighöhe $h_{st} = \dfrac{v_0^2 \sin^2 \alpha}{2g}$

Wurfzeit $t_w = \dfrac{2 v_0 \sin \alpha}{g}$ Wurfweite $x_w = \dfrac{v_0^2 \sin 2\alpha}{g}$

(Die letzten beiden Formeln gelten nur, wenn Abwurf und Aufschlag in gleicher Höhe stattfinden)

Geradlinige Bewegung, Wurfgesetze 2.8.

2.8.1. Ein Fahrzeug wird in 2 s auf einer Strecke von 12 m bei gleichmäßigem Bremsen zum Stillstand gebracht. Welche Anfangsgeschwindigkeit besaß es und welche Verzögerung wird dabei von den Bremsen erzeugt?

2.8.2. Ein Fahrzeug bremst gleichmäßig und vermindert dadurch seine Geschwindigkeit auf einer Strecke von 80 m von 50 km/h auf 30 km/h. Welche Strecke braucht das Fahrzeug dann noch, um beim gleichmäßigen Fortsetzen des Bremsens zum Stehen zu kommen?

2.8.3. Ein Straßenbahnwagen fährt mit einer Beschleunigung $a_1 = 0{,}8$ m/s² an, bis er die Geschwindigkeit 50 km/h erreicht hat. Diese Geschwindigkeit behält er so lange bei, bis er mit einer Bremsverzögerung $a_2 = -1{,}5$ m/s² gerade auf der nächsten Haltestelle zum Stehen kommt. Wie lange braucht er für die 320 m lange Strecke zwischen beiden Haltestellen? Wie lange braucht er, wenn keine Geschwindigkeitsbegrenzung vorgeschrieben ist? Wie groß wird dabei die maximale Geschwindigkeit?

2.8.4. Die besten Läufer legen 100 m in 10 s zurück. Welche Beschleunigung ist dabei notwendig und welche maximale Geschwindigkeit erreicht ein Läufer, wenn er seinen Lauf zunächst auf einer Strecke von 6 m gleichmäßig beschleunigt und dann den Rest der Strecke mit der erreichten Geschwindigkeit zum Ziel läuft?

2.8.5. Welche Verspätung erhält ein Zug, der eine Baustelle von 250 m Länge statt mit der normalen Fahrgeschwindigkeit von 54 km/h nur mit 18 km/h passieren darf, wenn er vorher mit der Verzögerung 0,4 m/s² bremst und danach mit der Beschleunigung 0,25 m/s² die Normalgeschwindigkeit wiedergewinnt?

2.8.6. Ein Pkw folgt einem Lkw im Abstand 20 m mit der gleichen Geschwindigkeit von 63 km/h. Der Pkw hat eine Länge von 5 m, der Lkw eine von 10 m. Um den Lkw zu überholen, beschleunigt der Fahrer des Pkw seinen Wagen mit 0,5 m/s² auf 81 km/h. Dann fährt er mit dieser Geschwindigkeit noch so lange auf der Überholspur, bis er beim Zurückkehren auf die rechte Fahrbahn vom Lkw einen Abstand von 20 m besitzt. Welche Strecke legt der Pkw beim Überholvorgang zurück?

2.8.7*. Die Geschwindigkeit eines Fahrzeugs nimmt vom Zeitpunkt $t=0$ nach der e-Funktion $v = v_0(1 - e^{-kt})$ zu ($v_0 = 108$ km/h; $k = 0{,}1$ s⁻¹).
Man berechne Beschleunigung und Weg als Funktion der Zeit. Wie groß sind die maximale Geschwindigkeit und die Beschleunigung? Man berechne Beschleunigung und Weg nach 10 bzw. 100 s.

2.8.8*. Ein Fahrzeug beschleunigt aus dem Stand mit 1 m s⁻². Die Beschleunigung sinkt linear mit der Zeit und zwar in 20 s um 0,3 m s⁻².
a) Wie groß ist die Geschwindigkeit nach 1 min?
b) Welchen Weg hat das Fahrzeug in 1 min zurückgelegt?

2.8.9*. Ein Straßenbahnzug fährt aus der Ruhe ($t = 0$; $s_0 = 0$) an, wobei die Beschleunigung vom Anfangswert $a_0 = 1$ m/s² in $t_1 = 15$ s quadratisch mit der Zeit auf Null absinkt. Man ermittle $a = a(t)$, $v = v(t)$ und $s = s(t)$. Welche Endgeschwindigkeit v_1 erreicht der Zug nach $t_1 = 15$ s und wie groß ist dann die zurückgelegte Wegstrecke s_1?

2.8.10. Mit welcher Geschwindigkeit muß ein Gummiball senkrecht nach unten auf den 1,2 m tiefer liegenden Boden geworfen werden, wenn er dort beim Zurückprallen 20% seiner Geschwindigkeit verliert und doch gerade seine Ausgangshöhe wieder erreichen soll?

2.8./2.9. Geradlinige Bewegung, Wurfgesetze/Das Grundgesetz der Dynamik

2.8.11. Im gleichen Zeitpunkt, in dem ein Stein senkrecht nach oben geworfen wird, fällt ein zweiter Stein aus einer Höhe $h = 30$ m frei herab. Mit welcher Geschwindigkeit wurde der erste Stein abgeworfen, wenn der fallende Stein genau in halber Höhe dem hinaufgeworfenen begegnet? Welche Höhe erreicht der nach oben geworfene Stein?

2.8.12. Berechne die Tiefe eines Schachtes aus der Zeit $t = 3{,}55$ s zwischen dem Loslassen eines Steines und dem Wahrnehmen seines Aufschlages auf dem Boden des Schachtes (Schallgeschwindigkeit $c = 340$ m/s).

2.8.13. Ein Wasserstrahl strömt aus einer unter dem Winekl $\alpha = 40°$ nach oben gerichteten Düse, die sich 1 m über dem Boden befindet und trifft in 4 m Entfernung auf den Boden. Welche Austrittsgeschwindigkeit hat der Strahl? Mit welcher Geschwindigkeit trifft er auf den Boden? (Luftwiderstand ist zu vernachlässigen.)

2.8.14. Unter welchem Winkel müßte bei Vernachlässigung des Luftwiderstandes ein Geschoß mit der Anfangsgeschwindigkeit $v_0 = 490$ m/s abgeschossen werden, um ein Ziel zu treffen, dessen Horizontalentfernung 3,43 km beträgt, und das 245 m höher liegt als der Abschußpunkt?

2.8.15. Ein Körper mit der Masse m wird $h = 20$ m über dem Erdboden horizontal mit der Anfangsgeschwindigkeit $v_{0x} = 2$ m/s abgeworfen. Neben der Schwerkraft wirkt auf ihn die konstante horizontale Windkraft $F_w = kmg$ ($k = 0{,}1$).
Man ermittle $x = x(t)$ und $y = y(t)$ sowie die Gleichung der Bahnkurve in der Form $f(x, y) = 0$. In welcher Zeit t_1 und an welcher Stelle x_1 erreicht der Körper den Erdboden? Wie groß ist der Betrag der Geschwindigkeit im Auftreffpunkt?

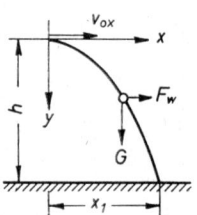

2.9. Das Grundgesetz der Dynamik

$$\vec{F} = m\,\vec{a} \qquad \vec{G} = m\,\vec{g}$$

Vektorsumme aller angreifenden äußeren Kräfte $\vec{F}$ N
Gewichtskraft $\vec{G}$ N
Summe aller gleich beschleunigten Massen m kg
Trägheitskraft $\vec{F}_{Tr} = -m\,\vec{a}$

Unter Einbeziehung der Trägheitskräfte gilt auch für beschleunigte Systeme die allgemeine Gleichgewichtsbedingung

$$\sum \vec{F}_i = 0\,.$$

2.9.1. Ein Auto (Masse 1200 kg) hat bei einer Geschwindigkeit von 40 km/h die Motorenleistung 37 kW und einen gesamten Fahrwiderstand von 800 N
  a) Welche Zugkraft steht noch für eine Beschleunigung oder zur Überwindung einer Steigung zur Verfügung?
  b) Welcher Teil der Motorleistung ist bei einer gleichbleibenden Geschwindigkeit von 40 km/h auf einer 15%igen Steigung ($\sin\alpha \approx 0{,}15$, $\cos\alpha \approx 1$) erforderlich?
  c) Welche Beschleunigung ergibt sich bei gleicher Geschwindigkeit und voller Leistung auf der Steigung?

2.9.2. Ein Körper gleitet auf einer schiefen Ebene mit der Neigung 20° aus der Ruhe in 8 s die Strecke 50 m herunter. Welche Reibungszahl gilt für diese Bewegung?

2.9.3. Auf einer schiefen Ebene mit der Neigung $\tan\alpha = 0{,}09$ wird ein erster Körper mit der Reibungszahl $\mu_1 = 0{,}05$ und eine Sekunde später ein zweiter Körper mit der Reibungszahl $\mu_2 = 0{,}0275$ losgelassen. Wann und wo holt der zweite Körper den ersten ein?

2.9.4. Ein Schlitten fährt $s_1 = 300$ m einen Hang mit dem Neigungswinkel $\alpha_1 = 12°$ hinunter. Daran schließt sich eine unter $\alpha_2 = 8°$ ansteigende Strecke. Wo kommt der Schlitten zum Stillstand, wenn die Reibungszahl längs der ganzen Strecke $\mu = 0{,}035 = \tan 2°$ beträgt?

2.9.5. Ein Auto ($m_1 = 1{,}2$ t) fährt mit $v_0 = 72$ km/h und der Fahrwiderstandszahl $\mu = 0{,}04$. Durch die Bremsen können die Räder nahezu blockiert werden. Sie haften mit $\mu^* = 0{,}8$ auf der Fahrbahn. Wie groß sind die maximale Bremsverzögerung und der kürzeste Bremsweg
a) auf horizontaler Straße,
b) auf horizontaler Straße mit einem Anhänger ohne eigene Bremsen ($m_2 = 0{,}4$ t, $\mu = 0{,}04$),
c) auf einer 10%igen Gefällstrecke ($\sin\alpha \approx 0{,}1$, $\cos\alpha \approx 1$) ohne Anhänger,
d) auf einer 10%igen Gefällstrecke mit Anhänger?

2.9.6. Die Laufkatze eines Kranes besitzt die Masse 600 kg und trägt eine Last mit der Masse 1400 kg. Welche Leistung des Antriebsmotors ist erforderlich, um Laufkatze und Last bei der Reibungszahl $\mu = 0{,}03$ mit der Geschwindigkeit 0,9 m/s in horizontaler Richtung zu bewegen? Welche Antriebskraft muß der Motor beim Anfahren aufbringen, um der Laufkatze in 2 s die normale Fahrgeschwindigkeit zu erteilen? (Das Einpendeln der Last wird nicht berücksichtigt.) Welchen Winkel φ bildet das Seil, das die Last trägt, während des Anfahrens mit der Vertikalen? Wie lang ist der Anfahrweg und auf welchen größten Wert wächst auf ihm die Leistung des Motors?

2.9.7. Wie groß ist der Bremsweg eines mit $v_0 = 54$ km/h fahrenden Autos, wenn
a) nur die Hinterräder, b) nur die Vorderräder, c) alle vier Räder voll gebremst werden? Neben der Reibung Reifen-Straße ($\mu = 0{,}8$) darf die rollende Reibung vernachlässigt werden.

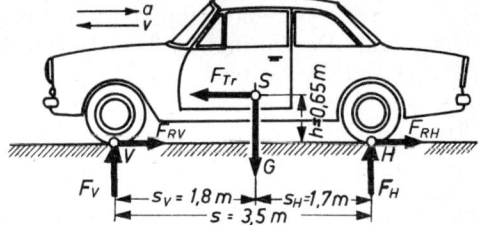

2.9.8*. Ein Fahrzeug (Masse 200 kg) fährt zum Zeitpunkt $t = 0$ mit der Geschwindigkeit 10 m/s. Es wird von einer zeitlich ansteigenden Kraft $F = F_0 + Kt = 200\ \text{N} + 100\ \dfrac{\text{N}}{\text{s}}\ t$ angetrieben. Nach wieviel Sekunden hat es seine Geschwindigkeit auf 20 m/s gesteigert? Wie groß ist der dabei zurückgelegte Weg?

2.9.9*. Ein Kraftfahrzeug der Masse 800 kg fährt auf horizontaler Fahrbahn mit $v_0 = 144$ km/h. Nach dem Auskuppeln wird es durch den Luftwiderstand abgebremst; neben ihm darf bei der hohen Geschwindigkeit der Rollwiderstand vernachlässigt werden. Der Luftwiderstand beträgt $F_W = kv^2$ mit $k = 0{,}8$ kg/m. Wie lange dauert es, bis das Fahrzeug auf 72 km/h abgebremst ist.

2.9. Das Grundgesetz der Dynamik

2.9.10. Ein Gegenstand mit der Masse $m_1 = 2$ kg kann auf einer horizontalen Unterlage mit der Reibungszahl $\mu = 0{,}25$ gleiten. Er wird von einem Gewicht ($m_2 = 0{,}8$ kg), das an einem über eine Rolle geführten Faden zieht, in Bewegung gesetzt. Nach welcher Strecke erreicht der Gegenstand die Geschwindigkeit 1 m/s? Wie groß ist die im Faden wirkende Kraft? (Masse von Rolle und Faden sind zu vernachlässigen.)

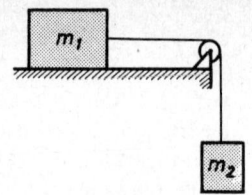

2.9.11. Die Masse eines beladenen Aufzugkorbes beträgt $m_1 = 900$ kg, die des Gegengewichtes $m_2 = 700$ kg. Das Seil hat die Masse $m_3 = 100$ kg; das Massenträgheitsmoment der Seiltrommel wird vernachlässigt. Die Reibungskraft an Führung und Rollen beträgt 398 N. Die Gewichtskraft des Seiles soll nicht zur Beschleunigung beitragen. Welches Antriebsmoment ist an der Trommel ($d = 40$ cm) erforderlich, um dem Aufzug nach 2 s eine Steiggeschwindigkeit von 2,4 m/s zu erteilen? Mit welcher Beschleunigung beginnt der Aufzug zu sinken, wenn kein Antrieb und keine Bremsen betätigt werden?

2.9.12. Bei einem Hochsprung aus dem Stand schnellt sich eine Person ($m = 65$ kg) gleichförmig beschleunigt aus der Hocke (Schwerpunktshöhe $h_1 = 65$ cm) zuerst in die Streckstellung (Schwerpunktshöhe $h_2 = 85$ cm) und springt dadurch über eine 95 cm hohe Latte (Schwerpunktshöhe $h_3 = 115$ cm). Welche mittlere Leistung bringt die Person während der Beschleunigungsphase auf? (Das Problem soll durch einen senkrechten Sprung angenähert werden.)

2.9.13. Welche mittlere Leistung ist während des Abwurfes nötig, um einen Stein von der Masse 0,3 kg senkrecht nach oben auf einer Strecke von 0,9 m mit gleichbleibender Kraft so zu beschleunigen, daß er nach dem Abwurf noch 10 m steigt? Nach welcher Zeit und mit welcher Geschwindigkeit trifft der Stein auf den 2 m unter dem Abwurfpunkt liegenden Boden?

2.9.14. Ein Stein ($m = 0{,}5$ kg) wird mit einer Anfangsgeschwindigkeit $v_0 = 16$ m/s abgeworfen und trifft auf einem Punkt wieder auf die Erde, der 2 m tiefer liegt als der Abwurfpunkt. Dort dringt er 3 cm tief in den Boden ein. Wie groß ist der mittlere Widerstand des Erdreichs?

2.9.15. Welche Kraft (Größe und Richtung) muß die Hand eines Kugelstoßers auf die Kugel ($m = 7{,}25$ kg) ausüben, damit er sie gleichmäßig auf einer 1,7 m langen 42° ansteigenden Strecke so beschleunigt, daß sie nach dem Verlassen der Hand in 2 m Höhe über dem Boden und 0,5 m vor der Meßmarke noch eine Wurfweite von 18 m erzielt?

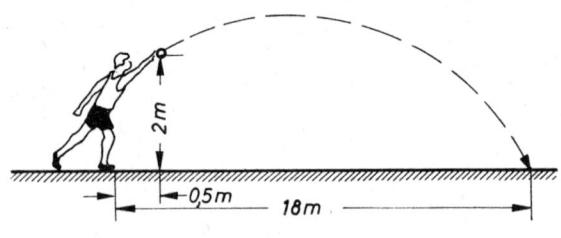

2.9.16. Von einem Dach mit der Neigung 45° gleitet ein Ziegel 6 m weit herunter ($\mu = 0{,}5$) und fällt dann über die Dachkante auf den 10 m tiefer gelegenen Boden. Wie weit von Rand des Hauses trifft er auf?

2.9.17. Eine Feder mit der Federkonstante $D = 200$ N/cm ist um $s = 2$ cm zusammengedrückt. Beim Entspannen schleudert sie eine Masse $m = 300$ g unter einem solchen Winkel α ab, daß der höchste Punkt der Wurfbahn 1 m über der Abwurfstelle liegt. Berechne die Anfangsgeschwindigkeit v_0, den Winkel α, die Wurfweite und die Wurfzeit.

2.9.18*. Eine Kugel (Dichte 1 g/cm³; Radius 2 mm) fällt mit der Anfangsgeschwindigkeit 10 cm/s in Wasser $\left(\eta = 0{,}001\ \dfrac{\text{kg}}{\text{s m}}\right)$. Welche Wegstrecke legt sie dort bis zu ihrem Stillstand zurück? (Bremskraft $F_R = 6\pi\eta r v$)

2.9.19*. Eine Kugel befindet sich in Schmieröl und wird zum Zeitpunkt $t = 0$ losgelassen. Die Geschwindigkeit bleibt so klein, daß die Kugel laminar umströmt wird und das Stokessche Gesetz gilt. Kugelmasse 0,0377 g; Kugelradius 2 mm; Dynamische Viskosität des Öls 0,10 kg/s m; Dichte des Öls 0,437 g/cm³.
  a) Man bestimme die Beschleunigung der Kugel als Funktion ihrer Geschwindigkeit.
  b) Wie groß wird die maximale Kugelgeschwindigkeit? Man zeige mit Hilfe dieser Geschwindigkeit, daß das Stokessche Gesetz angewandt werden darf $\left(Re_{\text{krit}} = \dfrac{2 r v_{\text{krit}}\varrho_{\text{öl}}}{\eta} = 2\right)$.
  c) Wie groß sind Beschleunigung, Geschwindigkeit und zurückgelegter Weg 0,01 s nach dem Start?
  d) Nach welcher Zeit sind 99% der Maximalgeschwindigkeit erreicht?

2.9.20*. Ein $l = 19{,}62$ m langes Seil kann reibungsfrei über eine Führung gleiten. Das Seil wird zum Zeitpunkt $t_0 = 0$ freigegeben. Beim Start ist $h_0 = 1$ m. Wie groß sind der zurückgelegte Weg, die Geschwindigkeit und die Beschleunigung des Seiles nach 1 s?

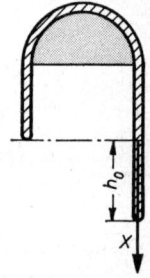

2.9.21. In welchen Fällen darf man das Grundgesetz der Dynamik nicht in der Form $F = ma$ verwenden, sondern muß die Kraft als Quotient aus der Änderung der Bewegungsgröße mv und der für die Änderung nötigen Zeit $F = \dfrac{\mathrm{d}(mv)}{\mathrm{d}t}$ ansetzen?

2.10. Impulssatz und Stoß

Index $a \to$ Anfang;   Index $e \to$ Ende

Kraftstoß $\qquad \vec{K} = \int \vec{F}\,\mathrm{d}t = \vec{F}_m \cdot \Delta t \qquad$ Ns = kg m s⁻¹

Impuls (Bewegungsgröße) $\vec{p} = m\vec{v} \qquad$ Ns = kg m s⁻¹

$$\vec{K} = \Delta\vec{p}$$
$$\int \vec{F}\,\mathrm{d}t = m(\vec{v}_e - \vec{v}_a)$$

1. Form des Impulssatzes

2.10. Impulssatz und Stoß

$\vec{F}$ ist dabei die Summe aller Kräfte, die an m angreifen. In einem abgeschlossenen System (keine Wechselwirkung mit der Umgebung), das aus n Körpern der Masse m_i besteht, gilt:

$$\sum_{i=1}^{n} m_i \vec{v}_{ia} = \sum_{i=1}^{n} m_i \vec{v}_{ie} \qquad \text{2. Form des Impulssatzes}$$

Der Impulssatz, nicht aber der Energiesatz darf auf jede Komponente getrennt angewandt werden.

Außer dem bei jedem Stoß gültigen Impulssatz gelten als weitere Gleichungen beim

$$\text{unelastischen Stoß:} \qquad v_{1e} = v_{2e} = \frac{m_1 v_{1a} + m_2 v_{2a}}{m_1 + m_2}$$

$$\text{elastischen Stoß:} \qquad v_{1e} = \frac{m_1 - m_2}{m_1 + m_2} v_{1a} + \frac{2 m_2}{m_1 + m_2} v_{2a}$$
$$v_{2e} = \frac{m_2 - m_1}{m_1 + m_2} v_{2a} + \frac{2 m_1}{m_1 + m_2} v_{1a}$$

Auch hier ist eine Zerlegung in Komponenten möglich.

2.10.1. Ein Schiffer ($m_1 = 75$ kg) springt horizontal vom Ufer ab in ein 50 cm tiefer und 1,5 m vom Ufer entfernt liegendes Boot ($m_2 = 300$ kg). Mit welcher Geschwindigkeit treibt das Boot mit dem Schiffer vom Ufer ab?

2.10.2. Bei einer Ramme hat das Fallgewicht die Masse 1500 kg und die Fallhöhe 1,3 m. Beim Aufprall wird ein Pfahl mit der Masse 200 kg 18 mm tief in den Boden eingerammt. Berechne den Widerstand des Erdreichs unter der als Näherung zulässigen Annahme, daß der Aufschlag unelastisch erfolgt und der Widerstand erst danach wirksam wird.

2.10.3*. Auf einen zum Zeitpunkt $t=0$ ruhenden Körper mit der Masse 15 kg wirkt eine zeitlich abnehmende Kraft $F = F_0 e^{-kt}$ mit $F_0 = 30$ N und $k = 0,1$ s^{-1}. Wie groß sind Impuls und Geschwindigkeit nach sehr langer Zeit?

2.10.4. Eine Pistolenkugel ($m_1 = 10$ g) wird zur Bestimmung ihrer Geschwindigkeit in eine Sandkiste ($m_2 = 20$ kg) hineingeschossen, die an einem $l = 3$ m langen Draht als Pendel aufgehängt ist. Welche Geschwindigkeit besitzt die Kugel beim Einschuß, wenn die Kiste dabei einen horizontalen Ausschlag $s = 7,5$ cm erhält?

2.10.5. Ein Geschoß von 8 g Masse wird mit der Geschwindigkeit 900 m/s aus einem Gewehr von 4 kg Masse abgeschossen. Um welche Strecke wird die Schulter zurückgestoßen, wenn sie den Gewehrkolben mit einer gleichbleibenden Kraft von 150 N auffängt?

2.10.6. Eine Rakete hat beim Start eine Masse von 12,8 t. Sie verbrennt je Sekunde gleichmäßig 125 kg Treibstoff und Sauerstoff und stößt die Verbrennungsgase mit einer Geschwindigkeit 2400 m/s (relativ zur Rakete) nach hinten aus. Welche Schubkraft wird dadurch auf die Rakete ausgeübt? Wie groß ist ihre Beschleunigung vertikal nach oben beim Start und beim Brennschluß nach 70 s?

2.10.7. Ein Wagen ($m_1 = 100$ kg) bewegt sich auf horizontaler Straße mit einer Geschwindigkeit von 3 m/s bei einer Reibungszahl $\mu_1 = 0{,}06$. Er prallt auf einen im Weg liegenden Stein mit der Masse $m_2 = 25$ kg und rollt noch 2 m weiter, wobei er den Stein vor sich her schiebt, bis beide Massen zum Stehen kommen. Mit welcher Reibungszahl μ_2 rutscht der Stein?

2.10.8. Ein Eisstock (Eiskegel) wird mit $v_0 = 6$ m/s auf einer Eisfläche in Bewegung versetzt und gleitet mit der Reibungszahl $\mu = 0{,}04$. Nach 25 m trifft er auf einen ebenso schweren Eisstock zentral auf. Beim Stoß gehen 37,5% der kinetischen Energie verloren. Wie weit gleiten die beiden Eisstöcke nach dem Stoß?

2.10.9. Ein Lkw ($m_1 = 3$ t) soll einen Pkw ($m_2 = 1$ t) abschleppen. Der Lkw fährt mit einer Beschleunigung von 0,4 m/s² an. Nach 1,8 m strafft sich das elastische Perlonseil und setzt den Pkw mit einem Ruck in Bewegung. Während danach der Lkw weiter beschleunigt wird, rollt der Pkw mit einer Fahrwiderstandszahl $\mu = 0{,}04$. Nach wieviel Sekunden strafft sich das Seil zum zweiten Male?

2.10.10. Ein Auto ($m_1 = 1{,}2$ t) fährt mit einer Geschwindigkeit von 72 km/h. Plötzlich sieht der Fahrer 40 m vor sich einen auf der Fahrbahn stehenden Anhänger ($m_2 = 0{,}64$ t). Nach einer Reaktionszeit von 0,9 s bremst er. Es entsteht eine Verzögerung von 9 m/s².

a) Wie groß ist die Bremskraft und welche Reibungszahl zwischen Reifen und Straße muß mindestens gewährleistet sein?
b) Mit welcher Geschwindigkeit stößt das Auto auf den Anhänger?
c) Welche Geschwindigkeit hat dieser nach dem Stoß, wenn das Auto nach dem Aufprall innerhalb von nur 8 cm zum Stehen kommt und das Fahrzeug auch nach dem Stoß weitergebremst wird?
d) Wie weit rollt der Anhänger, wenn er sich mit einer Widerstandszahl $\mu = 0{,}1$ bewegt?
e) Welcher Bruchteil der kinetischen Energie des auftreffenden Autos wurde verbraucht (z.B. beim Verbeulen der Stoßstange)?

2.10.11. Drei Stahlkugeln hängen so, daß ihre Mittelpunkte auf einer Geraden liegen und sie sich fast berühren. Die zweite und die dritte Kugel befinden sich in Ruhe, während die erste mit der Geschwindigkeit v_{1a} auf die zweite auftrifft. In welchem Verhältnis stehen die drei Massen m_1, m_2 und m_3, wenn nach dem elastischen Stoß m_2 in Ruhe bleibt, m_1 und m_3 aber mit gleichen Geschwindigkeiten nach links bzw. nach rechts hinausfliegen? Vergleiche diese Geschwindigkeit mit v_{1a}.

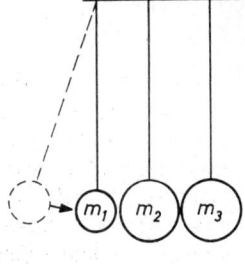

2.10.12. Ein Tennisball ($m_1 = 200$ g) trifft mit 15 m/s auf einen mit der Geschwindigkeit 18 m/s entgegengeführten Schläger ($m_2 = 900$ g). Mit welcher Geschwindigkeit und in welcher Richtung fliegt der Tennisball zurück? (Der Stoß möge vollelastisch erfolgen. Die Masse der Hand und die Kraft, mit der sie den Schläger führt, mögen außer Ansatz bleiben. Der Schläger wird nach dem Stoß in der ursprünglichen Richtung weitergeführt (Winkelangaben s. Abb.).

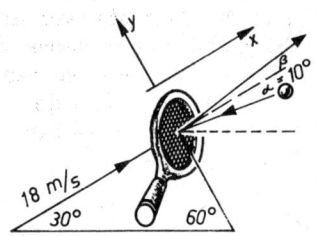

2.10.13. Warum ist der in manchen Physikbüchern stehende Satz: „Beim elastischen Stoß gilt der Energiesatz, beim unelastischen aber nicht" falsch und wie muß er richtig heißen?

2.10.14. Ein Käfig mit einem Vogel hängt an einem empfindlichen Federkraftmesser. Wie ändert sich dessen Anzeige, wenn der Vogel von seiner Stange abfliegt und schließlich den Käfig verläßt?

2.11. Gleichförmige Kreis- und Drehbewegung

Zentripetalkraft	F_p	N
Zentrifugalkraft (Fliehkraft)	F_f	N
Drehfrequenz, Frequenz	n, f	s^{-1}, min^{-1}
Winkelgeschwindigkeit	ω	s^{-1}
Umlaufdauer	T	s

$$\omega = 2\pi n = \frac{2\pi}{T} \qquad \vec{v} = \vec{\omega} \times \vec{r} \qquad \vec{F}_p = -\vec{F}_f$$

$$a_r = \frac{v^2}{r} = r\omega^2 \qquad F_f = F_p = m\frac{v^2}{r} = mr\omega^2$$

2.11.1. Die Schaufel eines Dampfturbinenläufers hat eine Masse von 100 g und wird im Läuferrad 40 cm von der Achse entfernt von einer Verankerung festgehalten, die mit einer Kraft bis zu 6 kN beansprucht werden darf. Welches ist die höchste Drehfrequenz, mit der die Turbine laufen darf?

2.11.2. Eine Straße führt über eine Brücke und hat dort eine Wölbung mit dem Krümmungsradius $r_1 = 25$ m. Welche Geschwindigkeitsbegrenzung ist vorzuschreiben, damit sich ein über die Wölbung fahrendes Auto nicht vom Boden abhebt? Welchen Krümmungsradius r_2 muß die Fahrbahn vor und nach der Kuppe mindestens haben, daß dort ein mit der vorgeschriebenen Höchstgeschwindigkeit fahrendes Auto nicht mehr als 20% scheinbare Gewichtszunahme erfährt?

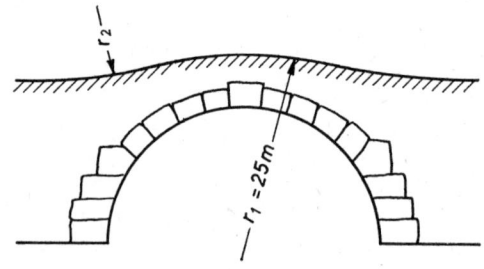

2.11.3. Ein Wagen mit der Masse 0,8 kg und so kleinen Rädern, daß ihre Rotationsenergie nicht berücksichtigt zu werden braucht, rollt bei vernachlässigbarer Reibung durch eine Schleifenbahn ABC ($r = 0,3$ m).

a) Wie groß muß die Geschwindigkeit in B mindestens sein, damit der Wagen die Bahn nicht verläßt?
b) Wie groß muß für diesen Grenzfall die Ausgangshöhe h des Punktes A sein?
c) Wie groß ist die kinetische Energie des Wagens in B?
d) Welche Geschwindigkeit hat der Wagen in C?

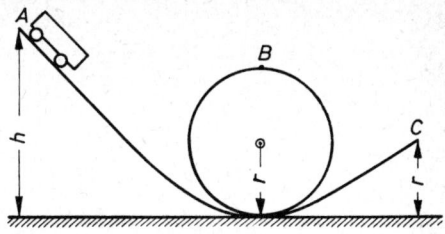

2.11.4. Auf einer Schiffsschaukel erreicht jemand eben einen vollen Überschlag. Schaukel und Person haben zusammen eine Masse von 120 kg. Wie groß ist die Beanspruchung der Aufhängung

a) beim Durchgang durch den Punkt, der sich mit der Aufhängung in gleicher Höhe befindet,
b) beim Durchgang durch den tiefsten Bahnpunkt?

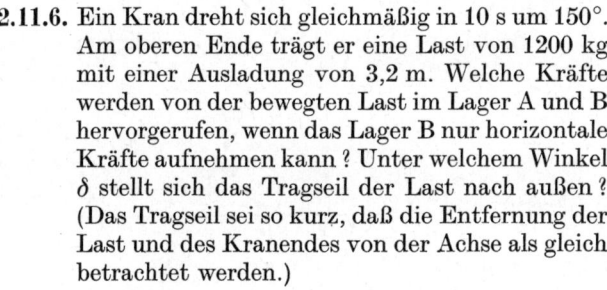

2.11.5. Ein Kettenkarussell dreht sich so, daß seine Sitze (Masse mit Fahrgast je 80 kg) unter 30° nach außen fliegen. Wie groß ist die Fliehkraft eines Sitzes? In welcher Zeit muß sich das Karussell einmal drehen, damit diese Fliehkraft entsteht?

2.11.6. Ein Kran dreht sich gleichmäßig in 10 s um 150°. Am oberen Ende trägt er eine Last von 1200 kg mit einer Ausladung von 3,2 m. Welche Kräfte werden von der bewegten Last im Lager A und B hervorgerufen, wenn das Lager B nur horizontale Kräfte aufnehmen kann? Unter welchem Winkel δ stellt sich das Tragseil der Last nach außen? (Das Tragseil sei so kurz, daß die Entfernung der Last und des Kranendes von der Achse als gleich betrachtet werden.)

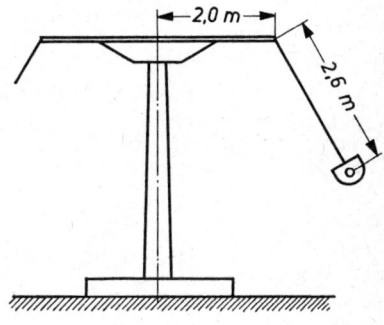

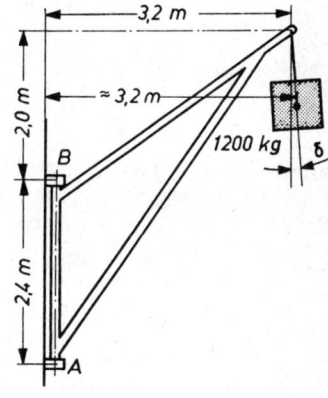

2.11.7. Eine Wasserrutschbahn besteht aus zwei Kreisbogen AB und CD mit den Mittelpunkten M_1 und M_2 und den Radien r_1 und r_2 von je 2,4 m. Dazwischen befindet sich ein geradliniges Stück BC mit einem Höhenunterschied $h_2 = 1,6$ m. Der Punkt B befindet sich an der Stelle des Bogens AB, an der ein von A aus ohne Reibung abgleitender Körper sich von der Bahn ablösen würde. Wie groß ist die Horizontalentfernung x, in der der Körper auf die Wasseroberfläche auftrifft?

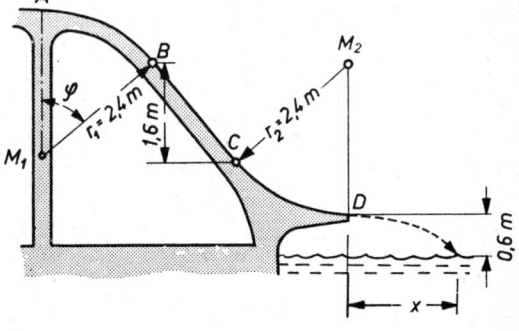

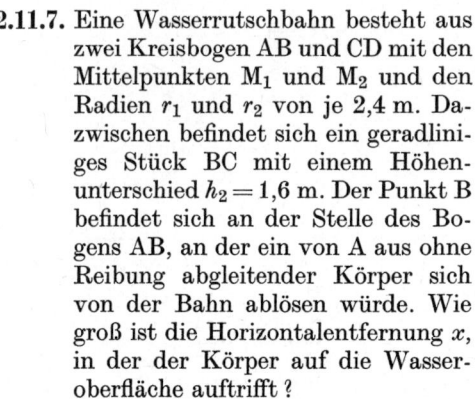

2.11./2.12. Gleichförmige Kreis- und Drehbewegung/Corioliskraft

2.11.8. Ein Auto ($m = 1300$ kg, Spurbreite $b = 1,4$ m, Schwerpunktshöhe $h = 0,65$ m) fährt mit 54 km/h gegen eine Kurve, die nicht überhöht ist und einen Krümmungsradius $r = 20$ m hat. Mit welcher Kraft muß das Auto auf einer Strecke $s = 40$ m vor der Kurve gebremst werden, damit in der Kurve das Kippmoment der Fliehkraft geringer als die Hälfte des Standmoments bleibt? Wie groß sind dann beim Durchfahren der Kurve die Auflagekräfte auf den beiden Innen- bzw. auf den beiden Außenrädern? Welche Reibungszahl gegen seitliches Rutschen muß zwischen Boden und Reifen mindestens bestehen, damit das Auto nicht ins Rutschen kommt?

2.11.9. Auf einem Wagen, der mit der Geschwindigkeit $v = 45$ km/h fährt, steht eine Granitsäule von $d = 0,8$ m Durchmesser und 1,2 m Höhe.

a) Mit welchem kleinsten Kurvenradius darf der Wagen auf horizontaler Strecke fahren, ohne daß der Stein kippt?

b) In welcher kürzesten Zeit darf der Wagen zum Stillstand gebremst werden, ohne daß der Stein umkippt?

c) Welche Reibungszahl muß mindestens zwischen Stein und Unterlage bestehen, damit er nicht vor dem Kippen wegrutscht?

2.11.10. Ein Motorradfahrer fährt durch eine Kurve mit dem Krümmungsradius $r = 30$ m die nach außen 4,5° überhöht ist. Welches ist die größte Geschwindigkeit, mit der er diese Kurve durchfahren darf, wenn die Reibungszahl gegen seitliches Rutschen aus Sicherheitsgründen nur mit 0,5 angesetzt wird? Unter welchem Winkel muß sich der Motorradfahrer nach innen neigen?

2.11.11*. Ein 98,1 cm langer, schlanker, gerader und homogener Stab ist über ein Drehgelenk mit einer raumfesten, vertikalen Drehachse verbunden. Wie groß ist der Auslenkungswinkel φ des Stabes, wenn sich die Drehachse mit der Winkelgeschwindigkeit 5,48 s^{-1} dreht.

2.11.12*. Ein schlanker, gerader, homogener Stab der Länge $2l = 40$ cm und der Masse $m_1 = 1$ kg ist unter dem Winkel $\varphi = 45°$ fest mit einer gelagerten Achse der Länge $s = 1$ m und der Masse $m_s = 0,5$ kg verbunden. Man berechne die maximal auftretende Lagerkraft bei 286,5 Umdrehungen pro Minute.

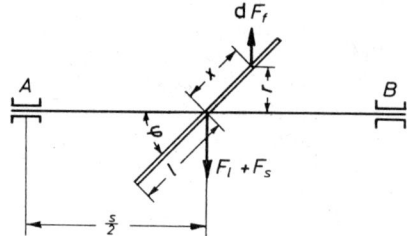

2.12. Corioliskraft

Die Corioliskraft F_C ist die Trägheitskraft, die ein Körper zusätzlich erfährt, wenn er in einem drehenden System eine Eigenbewegung mit einer Geschwindigkeitskomponente senkrecht zur Drehachse ausführt.

$$\vec{F}_C = 2\,m\,(\vec{v}{*} \times \vec{\omega})$$
$$F_C = 2\,m\,v^{*}\,\omega\,\sin\vartheta$$

Winkel zwischen der Richtung der Eigenbewegung und der Drehachse ϑ
Geschwindigkeit relativ zum bewegten System v^{*} m s^{-1}

Winkelgeschwindigkeit, mit der sich das System dreht ω s^{-1}
Geographische Breite φ

2.12.1. Wie groß ist die Corioliskraft auf ein Auto ($m = 1000$ kg), das in 49,5° nördlicher geographischer Breite mit einer Geschwindigkeit $v = 72$ km/h nord-südwärts fährt? Um wieviele % unterscheiden sich die Auflagekräfte rechts und links von ihrem Mittelwert $G/2$, wenn die Spurbreite des Autos doppelt so groß ist wie seine Schwerpunktshöhe?

2.12.2. Ein D-Zug fährt mit einer Geschwindigkeit von $v_Z = 108$ km/h durch eine Kurve mit dem Krümmungsradius 400 m. Bestimme Größe und Richtung der Corioliskraft, die auf eine Person ($m_P = 75$ kg) wirkt, die mit der Geschwindigkeit $v_P = 0,4$ m/s in Fahrtrichtung durch den Zug geht. Zeige, daß in diesem Fall die Corioliskraft praktisch nichts anderes ist als die Erhöhung der Fliehkraft, weil die Person infolge ihrer Eigengeschwindigkeit sich schneller durch die Kurve bewegt als der Zug.

2.12.3. Ein Auto fährt mit einer Geschwindigkeit von 36 km/h durch eine Kurve mit dem Krümmungsradius 50 m. Die Kolbenbewegung verläuft in einer horizontalen Ebene (Boxermotor). Die maximale Kolbengeschwindigkeit beträgt 8 m/s. Wie groß ist die maximale Corioliskraft des Kolbens ($m = 0,6$ kg) auf die Wand des Zylinders?

2.12.4*. Berechne die Ablenkung, die ein von einem 80 m hohen Turm in 49,5° geographischer Breite herunterfallender Stein infolge der Corioliskraft aus der Lotrichtung erfährt.

2.12.5. Ein flacher Kreiskegel („Teufelsscheibe", wie man sie auf Rummelplätzen findet) dreht sich mit der Winkelgeschwindigkeit $\omega = 1,5$ s^{-1}. Ein Kind ($m = 40$ kg) läuft mit 0,5 m/s direkt auf die Spitze zu. Wie groß ist die Corioliskraft, wie groß die gesamte Trägheitskraft in $s = 1,6$ m Abstand von der Spitze?

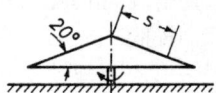

2.13. Allgemeine Bewegung

Krümmungsradius der Bahnkurve r
Tangentialkomponente der Beschleunigung a_t
Normalkomponente der Beschleunigung a_n

$$\vec{v} = \vec{v}_t = \vec{v}_x + \vec{v}_y; \qquad v = \sqrt{v_x^2 + v_y^2}$$
$$\vec{a} = \vec{a}_x + \vec{a}_y = \vec{a}_t + \vec{a}_n; \qquad a = \sqrt{a_x^2 + a_y^2} = \sqrt{a_t^2 + a_n^2}$$
$$a_t = \frac{dv}{dt}; \qquad a_n = \frac{v^2}{r}$$

2.13.1. Ein Rad von 40 cm Durchmesser wird am Umfang von einem Riemen angetrieben, den man mit 0,4 m s^{-2} aus dem Stillstand beschleunigt. Man gebe die resultierende Beschleunigung eines Punktes am Radumfang als Funktion der Zeit an. Wie groß ist die Beschleunigung nach 1 s?

2.13.2. Ein Karussell beschleunigt aus dem Stand mit der konstanten Winkelbeschleunigung 1 s^{-2}. Unter welchem Winkel ψ zur Vertikalen und in welche Richtung φ in bezug auf die Bahntangente muß ein 3 m von der Drehachse entfernter Mitfahrer 1 s nach dem Anfahren stehen, wenn er sich nicht festhält?

2.13./2.14. Allgemeine Bewegung/Gravitation

2.13.3*. Ein Gegenstand wird mit der Anfangsgeschwindigkeit 10 m/s waagerecht abgeworfen. Wie groß sind Geschwindigkeit, Tangential- und Normalbeschleunigung im Augenblick des Starts, 1 s nach dem Start und nach sehr langer Zeit?

2.13.4. Eine Bahn beschleunigt aus dem Stand (A konstant mit 2 m/s² auf Schienen mit dem Krümmungsradius 20 m. Nach welcher Zeit und nach welcher Wegstrecke $\overline{AB}$ ist die Beschleunigung parallel zur Strecke $\overline{AO}$? Wie groß ist die Beschleunigung in B?

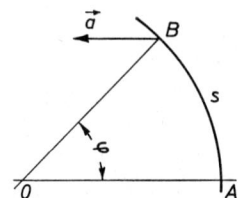

2.14. Gravitation

Gravitationskonstante $f = 6{,}67 \cdot 10^{-11} \dfrac{\text{m}^3}{\text{kg s}^2}$

Fallbeschleunigung an der Erdoberfläche $g_0 = 9{,}81$ m/s²   Erdradius $r_0 = 6370$ km
Erdmasse $m_0 = 5{,}98 \cdot 10^{24}$ kg
Fallbeschleunigung in der Entfernung r vom Erdmittelpunkt: g

$F = f \dfrac{m_1 m_2}{r^2}$	$g = g_0 \dfrac{r_0^2}{r^2}$

2.14.1. Auf welche Geschwindigkeit muß eine Rakete einen Körper beschleunigen, damit er auf einer Kreisbahn vom Radius 6500 km die Erde umkreisen kann? Wie lange braucht ein solcher Körper für einen Umlauf?

2.14.2. Berechne aus der Umlaufzeit der Erde um die Sonne $T = 365{,}26$ d, ihrem mittleren Bahnradius $r = 149{,}5 \cdot 10^9$ m und dem Radius der Sonne $r_S = 0{,}696 \cdot 10^9$ m die Fallbeschleunigung an der Sonnenoberfläche.

2.14.3. Die Masse des Planeten Jupiter ist 318mal so groß wie die Masse der Erde. Der Erdradius ist 6370 km, der des Jupiter 71 000 km. Er dreht sich in 9 h 50 min einmal um seine Achse. Wie groß ist die Fallbeschleunigung am Äquator des Jupiter?

2.14.4. Um welchen Betrag wird das Lot am Hang eines Berges aus seiner ursprünglichen Richtung abgelenkt, wenn man annehmen darf, daß das Volumen des Berges 1 km³ beträgt, seine Dichte $\varrho = 2400$ kg/m³ ist und das Anziehungszentrum von der Meßstelle in horizontaler Richtung 1 km entfernt ist?

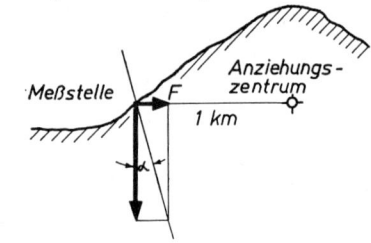

2.14.5*. Welche Energie wird benötigt, um eine Rakete der Masse 2 t von der Erdoberfläche 15 000 km hoch zu schießen?

2.14.6*. Ein Spiralnebel hat den Durchmesser d, seine Dicke soll gegenüber dem Durchmesser vernachlässigt werden. Seine Gesamtmasse sei m_S; zur Vereinfachung nehme man an, daß m_S homogen über den Nebel verteilt ist. Auf der Achse des Systems im Abstand s vom Nebel befindet sich ein Stern mit der Masse m. Wie groß ist die Gravitationskraft, die auf den Stern wirkt?

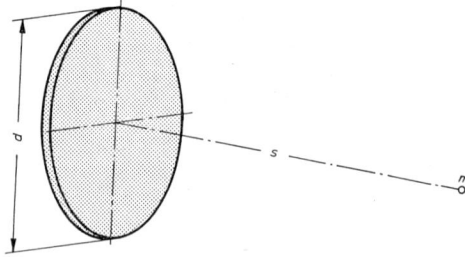

2.14.7*. Ein Meteorit fliegt aus dem freien Weltraum geradlinig auf den Mond zu. Die Erde befindet sich zu diesem Zeitpunkt auf der Verlängerung der Linie Meteorit-Mond. Mit welcher Geschwindigkeit trifft der Meteorit auf die Mondoberfläche?

($m_E = 5{,}98 \cdot 10^{24}$ kg; $m_M = 7{,}35 \cdot 10^{22}$ kg; $r_M = 1{,}74 \cdot 10^6$ m; $e = \overline{EM} = 3{,}84 \cdot 10^8$ m)

2.15. Beschleunigte Drehbewegung

Drehmoment	$\vec{M}$	$N \cdot m = kg \cdot m^2 \cdot s^{-2}$
Massenträgheitsmoment	$J = \int r^2 \cdot dm = r_i^2 \cdot m$	$kg \cdot m^2 = N \cdot s^2 \cdot m$
Trägheitsradius	r_i	m
Winkelbeschleunigung	$\vec{\alpha}$	s^{-2}
Winkelgeschwindigkeit	$\vec{\omega}$	s^{-1}
Drehmomentstoß	$\vec{D} = \int \vec{M}\, dt = \vec{M}_m \cdot \Delta t$	$N \cdot m \cdot s = kg \cdot m^2 \cdot s^{-1}$
Drehimpuls (Drall)	$\vec{L} = J \cdot \vec{\omega}$	$N \cdot m \cdot s = kg \cdot m^2 \cdot s^{-1}$

Abstand der Drehachse von der dazu parallelen Schwerpunktsachse s m

---

Grundgesetz $\vec{M} = J \cdot \vec{\alpha}$

Satz von Steiner $J = J_S + s^2 m$

1. Form des Drehimpulssatzes $\int \vec{M} \cdot dt = J(\vec{\omega}_e - \vec{\omega}_a)$

$\vec{M}$ ist dabei die Summe aller am System angreifenden Momente. In einem abgeschlossenen System, das aus n Körpern mit den Massenträgheitsmomenten J_i besteht, gilt die zweite Form des Drehimpulssatzes

$$\sum_{i=1}^{n} J_{ia} \cdot \vec{\omega}_{ia} = \sum_{i=1}^{n} J_{ie} \cdot \vec{\omega}_{ie}$$

Jede Gleichung der Längsbewegung geht in eine Gleichung der Drehbewegung über, wenn man die folgenden Größen gegenseitig ersetzt.

Längsbewegung			Drehbewegung		
Zeit	t	s	Zeit	t	s
Weg	$\vec{s}$	m	Drehwinkel	$\vec{\varphi}$	—
Geschwindigkeit	$\vec{v}$	m/s	Winkelgeschwindigk.	$\vec{\omega}$	s^{-1}
Beschleunigung	$\vec{a}$	m/s²	Winkelbeschleunig.	$\vec{\alpha}$	s^{-2}
Masse	m	kg	Trägheitsmoment	J	$kg\,m^2 = N\,s^2\,m$
Kraft	$\vec{F}$	N	Drehmoment	$\vec{M}$	$Nm = kg\,m^2\,s^{-2}$
Impuls	p	$\frac{kg\,m}{s} = N\,s$	Drehimpuls	$\vec{L}$	$\frac{kg\,m^2}{s} = Nm\,s$
Mechanische Arbeit	W	$Ws = Nm = J$	Dreharbeit	W	$Ws = Nm = J$
kinetische Energie	E_{kin}	$Ws = Nm = J$	Rotationsenergie	E_{rot}	$Ws = Nm = J$
Leistung	P	$W = \frac{Nm}{s}$	Leistung	P	$W = \frac{Nm}{s}$

2.15. Beschleunigte Drehbewegung

2.15.1. Ein Schwungrad hat die Masse 5000 kg und den Trägheitsradius $r_i = 1,2$ m. Es läuft in einem Lager mit dem Durchmesser 160 mm bei einer Reibungszahl 0,01. Wie lange dauert es, bis es von einem Antriebsmoment $M_a = 3000$ Nm auf die Betriebsdrehfrequenz $n = 240$ min^{-1} beschleunigt ist? Welche Leistung ist zum Betrieb bei dieser gleichbleibenden Drehzahl erforderlich? Wie groß ist die Rotationsenergie? Wie lange dauert der Auslauf nach dem Abschalten des Antriebs?

2.15.2. Ein Schleifstein ($d = 60$ cm, Breite 15 cm, $\varrho = 2,4$ kg/dm^3) ist mit einer Achse von 18 mm Durchmesser gelagert ($\mu = 0,16$). Er wird an einer Kurbel ($r = 24$ cm) gleichmäßig mit einer Kraft $F = 20$ N gedreht. Wie lange dauert es, bis er eine Drehfrequenz von 90 min^{-1} hat?

2.15.3. Eine zylindrische Schleifscheibe ($d = 30$ cm, $h = 6$ cm, $\varrho = 2,5$ g/cm^3) benötigt im Leerlauf für eine gleichbleibende Betriebsdrehfrequenz von 900 min^{-1} eine Antriebsleistung von 0,2 W. Wie groß ist ihr Reibungsmoment? Wie groß ist die mittlere Leistungsaufnahme beim Schleifen, wenn beim Andrücken eines Werkstückes mit der Kraft 12 N (Reibungszahl zwischen Werkstück und Scheibe $\mu = 0,4$) die Drehfrequenz in 3 s um 10% sinkt?

2.15.4. Ein Ventilator erreicht 5 s nach dem Einschalten bei einer mittleren Leistungsaufnahme von 30 W eine Betriebsdrehfrequenz von 3000 min^{-1}. Nach dem Abschalten dauert der Auslauf 45 s. Wie groß ist das mittlere Bremsmoment durch Reibung und Luftwiderstand und welches Trägheitsmoment besitzt das rotierende System des Ventilators?

2.15.5. Eine Schlagschere hat ein Schwungrad mit der Masse 400 kg und dem Trägheitsradius 0,5 m. Es läuft mit der Drehfrequenz $n = 180$ min^{-1}. Während eines Schnittes sinkt die Drehfrequenz auf 150 min^{-1} ab. Wie groß ist der Widerstand des Materials, wenn dessen Dicke 24 mm beträgt und der mechanische Wirkungsgrad der Maschine mit $\eta = 90\%$ angesetzt werden darf? Wie groß muß die mittlere Antriebsleistung sein, damit (ebenfalls bei einem Wirkungsgrad 0,9) nach 10 s die ursprüngliche Drehfrequenz wiederhergestellt ist?

2.15.6. Ein Gerät erhält sekundlich nur während 0,1 s einen Antriebsimpuls. Um es in der Zwischenzeit von 0,9 s bis zum nächsten Impuls bei einem mittleren Leistungsbedarf von 3 W in Betrieb zu halten, hat es ein Schwungrad, dessen Drehfrequenz während dieser Zeit von 3000 min^{-1} auf 2700 min^{-1} absinkt. Wie groß ist das Trägheitsmoment des Schwungrades? Welchen Durchmesser muß man ihm geben, wenn es als Stahlzylinder ($\varrho = 7,8$ g/cm^3) mit $h = r/2$ ausgebildet ist?

2.15.7. Ein Hebel besteht aus einem Stab ($l = 30$ cm, $m_1 = 0,4$ kg) und einer als Gegengewicht dienenden Kugel ($r = 5$ cm, $m_2 = 1,6$ kg). Er befindet sich in horizontaler Lage und ist um den Punkt D drehbar. Mit welcher Winkelbeschleunigung beginnt er sich aus dieser Stellung zu drehen, wenn er freigegeben wird? Welche Winkelgeschwindigkeit erreicht er beim Durchgang durch die vertikale Lage?

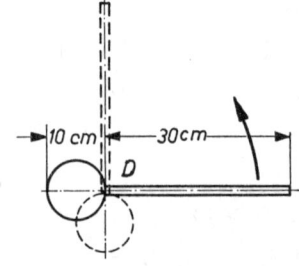

2.15.8. Auf einer Achse sitzen zwei unabhängig voneinander drehbare Räder, die mit einer Kupplung verbunden werden können. Das erste Rad, das zusammen mit der ersten Kupplungsscheibe das Trägheitsmoment $J_1 = 1,2$ kgm² hat, läuft mit einer Drehfrequenz $n_{1a} = 1200$ min⁻¹. Das zweite Rad, das zusammen mit der zweiten Kupplungsscheibe das Trägheitsmoment $J_2 = 1,8$ kgm² hat, ruht. Die Kupplung überträgt ein gleichbleibendes Moment von 12 Nm. Welche gemeinsame Enddrehfrequenz stellt sich nach dem Kupplungsvorgang ein? Wie lange dauert der Kupplungsvorgang bis zur Angleichung der Drehfrequenzen? Welcher Bruchteil der Rotationsenergie wird an den Kupplungsscheiben in Wärme verwandelt?

2.15.9. Eine Walze (Masse m_1, Durchmesser $2r$) wird von der Gewichtskraft einer zweiten Masse m_2, die über einen Faden und eine Rolle am Umfang der Walze angreift, in Bewegung versetzt. Welche Geschwindigkeiten erreichen die Massen, wenn m_2 um die Strecke h herabsinkt? (Masse von Rolle und Faden sind zu vernachlässigen.)

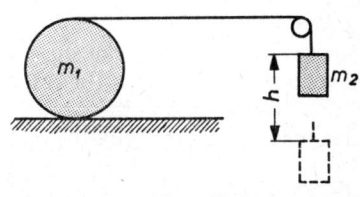

2.15.10. Eine Scheibe ($d_1 = 60$ mm) ist starr mit einer Achse ($d_2 = 6$ mm) verbunden. Auf beiden Seiten der Scheibe ist je ein Faden auf der Achse aufgerollt, deren Enden oben in A und B befestigt sind. Wie verhält sich die Zeit, in der die Scheibe um die Strecke h herabsinkt, zu der für diese Strecke erforderlichen Fallzeit? (Die Masse der Achse ist zu vernachlässigen.)

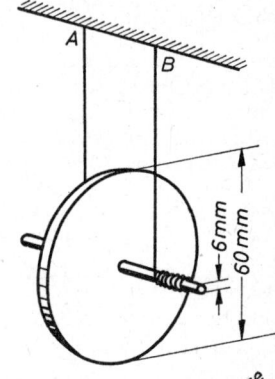

2.15.11. Wie groß darf die Neigung einer schiefen Ebene höchstens sein, damit eine Kugel auf ihr abrollt, ohne zu gleiten, wenn der Koeffizient der Haftreibung zwischen Kugel und Ebene $\mu = 0,2$ beträgt?

2.15.12. Aus einer zylindrischen Scheibe (Dicke $h = 1$ cm, Dichte $\varrho = 2$ g/cm³, $r_1 = 20$ cm) ist ein Loch vom Radius $r_2 = 10$ cm ausgeschnitten (Abb.). Man bestimme das Massenträgheitsmoment um die angegebene Achse.

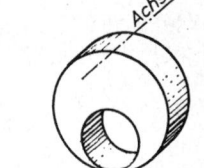

2.15.13*. Ein rechtwinkliges Dreieck aus dünnem Blech hat die Masse 20 g und die Katheten $a = 20$ cm und $b = 30$ cm. Es rotiert um die Kathete a. Man berechne das Massenträgheitsmoment in bezug auf die Drehachse.

2.15.14*. Eine sehr dünne, homogene, kreisförmige Scheibe hat die Masse 100 g und den Radius $R = 20$ cm. Man berechne das Massenträgheitsmoment in bezug auf eine Achse die im Körper liegt und durch den Kreismittelpunkt geht.

2.15.15*. Ein inhomogener, schlanker, gerader Stab von 1 m Länge und 90 g Masse besitzt an einem Ende die Dichte $\varrho_1 = 1$ g/cm³, die sich linear auf $\varrho_2 = 2$ g/cm³ am anderen Stabende erhöht. Man berechne das Massenträgheitsmoment um eine senkrecht zum Stab liegende Achse, die durch das erste Ende geht.

3. MECHANIK DER FLÜSSIGKEITEN UND GASE

3.1. Druck und Druckkräfte in Flüssigkeiten

Druck p $N/m^2 = Pa$; $1\,bar = 10^5\,Pa$; $1\,mbar = 10^2\,Pa$
Dichte ϱ kg/dm^3; g/cm^3
Fläche A m^2, cm^2

Flächenträgheitsmoment bezogen auf die Schwerpunktsachse parallel zum Flüssigkeitsspiegel J_{AS} m^4; cm^4
Abstand eines Flächenelementes dA von der Schwerlinie y m; cm
Tiefe unter dem Flüssigkeitsspiegel h m, cm
Tiefe des Schwerpunkts der Fläche A unter dem Flüssigkeitsspiegel h_S
Tiefe des Druckmittelpunktes der Fläche A unter dem Flüssigkeitsspiegel h_p

$$\text{Druck } p = \frac{F}{A} \qquad J_{AS} = \int y^2\,dA \qquad \text{Hydrostatischer Druck } p = h \cdot \varrho \cdot g$$

$$\begin{aligned}
\text{Bodendruckkraft} \quad & F_B = h_B \cdot \varrho \cdot g \cdot A_B \quad (A_B \text{ Bodenfläche}) \\
\text{Aufdruckkraft} \quad & F_D = h_D \cdot \varrho \cdot g \cdot A_D \quad (A_D \text{ Deckfläche}) \\
\text{Seitendruckkraft} \quad & F_S = h_S \cdot \varrho \cdot g \cdot A_S \quad (A_S \text{ Seitenfläche}) \\
\text{Tiefe des Druckmittelpunktes} \quad & h_p = h_S + \frac{J_{AS}}{A_S h_S}
\end{aligned}$$

3.1.1. Der Abfluß eines Fischteiches kann durch einen in den Staudamm eingebauten Schieber geregelt werden. Dieser ist 1,2 m breit, taucht 0,8 m tief ins Wasser und hat die Masse 40 kg. Er kann in einer vertikalen Führung mit einer Reibungszahl $\mu = 0{,}3$ hochgezogen werden. Welche Kraft ist erforderlich, um den Schieber aus seiner tiefsten Stellung hochzuziehen? Auf welchen Betrag nimmt die Kraft ab, wenn der Schieber schon 40 cm hochgezogen ist?

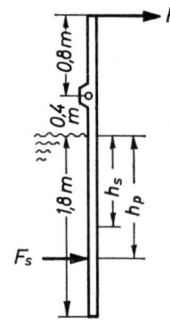

3.1.2*. Ein Wasserkanal von 3 m Breite und 1,8 m Tiefe wird durch ein Klappwehr gestaut. Welche Kraft F muß senkrecht zum Wehr ziehen, um es in vertikaler Lage festzuhalten?

3.1.3. Eine Gießform für eine quadratische Platte (Seite 48 cm, Höhe 8 cm) mit einem aufgesetzten Zylinder ($r = 18$ cm, $h = 6$ cm) hat ein Oberteil von 20 cm Höhe. Berechne die Aufdruckkraft, die das Oberteil erfährt, wenn die Form bis zum oberen Rand mit Grauguß gefüllt ist? ($\varrho = 7{,}3$ kg/dm^3)

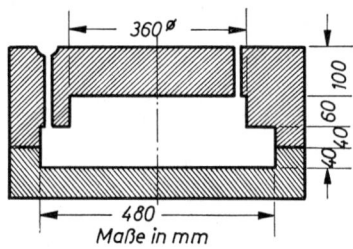

3.1.4.* In der Seitenwand eines Behälters befinden sich drei gleiche kreisförmige Öffnungen ($d = 4$ cm), deren Mittelpunkte sich 0,5 m, 1 m und 2 m unter der Wasseroberfläche befinden. Wie tief liegt bei den drei Öffnungen der Druckmittelpunkt unter dem Kreismittelpunkt und wie groß sind die Seitenkräfte?

3.1.5. In der Seitenwand eines Behälters, der 50 cm hoch mit Wasser gefüllt ist, befindet sich unmittelbar über dem Boden eine 20 cm hohe und 15 cm breite Öffnung. Berechne Größe und Angriffspunkt der auf die Öffnung wirkenden Seitendruckkraft.

3.1.6. In einem U-Rohr befindet sich unten Quecksilber ($\varrho_1 = 13{,}6$ g/cm³), darüber auf der einen Seite eine 32 cm hohe Wassersäule, auf der anderen Seite eine 23 cm hohe Säule aus Benzin ($\varrho_2 = 0{,}8$ g/cm³). Welchen Höhenunterschied zeigen die Enden der Quecksilbersäule auf beiden Seiten des Rohres?

3.2. Auftrieb

Auftriebskraft	F_A	N
Dichte	ϱ	g/cm³; kg/dm³
Volumen	V	cm³; m³
Eintauchvolumen	V^*	cm³; m³

$$\text{Auftriebskraft } \vec{F}_A = -V^* \varrho_{Fl} \vec{g}$$
$$\text{Schwimmbedingung: } \vec{G} = V^* \varrho_{Fl} \vec{g}$$
$$m = V^* \varrho_{Fl}$$

3.2.1. Um die Dichte eines Holzstückes zu bestimmen, verbindet man es mit einem Messingstück und taucht beide vollständig unter Wasser. Mit einer Federwaage bestimmt man folgende Kräfte: Holzstück in Luft 0,45 N; Messingstück in Luft 0,79 N; Messingstück in Wasser 0,696 N; beide Körper verbunden in Wasser 0,521 N. Der Auftrieb in Luft darf vernachlässigt werden. Welche Dichte besitzen beide Körper?

3.2.2. Die Gewichtskraft eines Marmorstücks beträgt in Luft 0,83 N, in Wasser 0,484 N und in Benzin 0,55 N. Berechne daraus die Dichte von Marmor und Benzin.

3.2.3. Eine Aluminiumhohlkugel ($\varrho_{Al} = 2{,}8$ g/cm³) vom Durchmesser 10 cm schwimmt auf Wasser und taucht dabei gerade zur Hälfte ein. Wie groß ist ihre Wandstärke?

3.2.4. Ein kegelförmiger Körper mit dem Radius 5 cm und der Höhe 15 cm besitzt eine Stahlspitze ($\varrho_1 = 7{,}8$ g/cm³) von der Höhe 3 cm, während der übrige Teil aus Holz ($\varrho_2 = 0{,}75$ g/cm³) besteht. Wie tief taucht er in Wasser ein?

3.2.5. Ein Mensch ($m = 65$ kg, $\varrho_1 = 1{,}02$ kg/dm³) möchte mit einem Gürtel aus Schaumstoff ($\varrho_2 = 0{,}065$ kg/dm³) ohne Schwimmbewegungen schwimmen, so daß dabei ein Teil seines Kopfes (etwa 5% seines Volumens) über die Wasseroberfläche herausragt. Wie groß muß das Volumen des Schwimmgürtels sein, wenn dieser vollständig eintaucht?

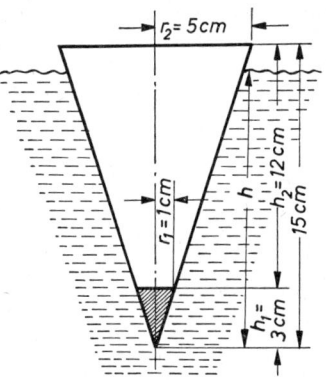

3.2./3.3. Auftrieb/Statik der Gase

3.2.6. Ein Floß besteht aus zwei Pontons (Länge 2,4 m, Breite 0,6 m, Höhe 0,6 m) mit je einer Eigenmasse von 150 kg. Über ihnen liegt eine Plattform von 2,4 m Länge und 2,0 m Breite (Eigenmasse 260 kg). Wie groß ist die Tragfähigkeit, wenn sie so bemessen ist, daß die Pontons bei voller Belastung zur Hälfte ins Wasser tauchen? Welche Neigung erhält das Floß, wenn diese Vollbelastung 0,4 m seitlich von der Mittelachse des Floßes aufliegt?

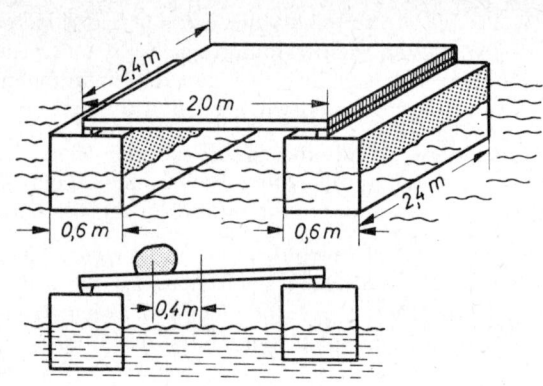

3.2.7*. Ein Holzstab (Länge 60 cm, $\varrho = 0{,}6$ g/cm³) taucht in vertikaler Lage teilweise in Wasser. a) Wie hoch muß man ihn herausziehen, damit er nach dem Freilassen gerade ganz ins Wasser hineinsinkt? (Dabei soll er in vertikaler Lage bleiben und der Widerstand des Wassers vernachlässigt werden.) b) Wie tief taucht er noch unter die Wasseroberfläche, wenn er anfangs eben ganz aus dem Wasser gezogen wird?

3.2.8. Berechne die Lage des Metazentrums für einen Holzquader ($\varrho_K = 0{,}7$ g/cm³) mit den Abmessungen $l = 40$ cm, $b = 20$ cm, $h = 10$ cm beim Schwimmen in Wasser. Bei der Berechnung beschränke man sich auf kleine Neigungswinkel φ.

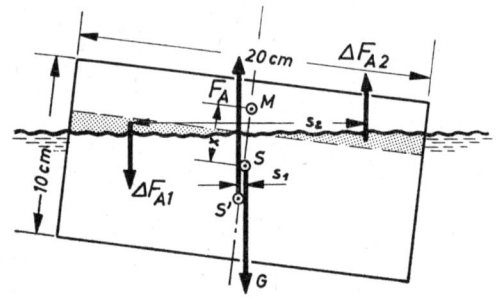

3.3. Statik der Gase

Boylesches Gesetz für eine Gasmenge bei konstanter Temperatur:

$$p_1 V_1 = p_2 V_2$$

3.3.1. Eine 75 cm lange, an einem Ende geschlossene Röhre wird 60 cm hoch mit Quecksilber ($\varrho_{Hg} = 13{,}6$ g/cm³) gefüllt, dann verschlossen, umgestürzt und wieder geöffnet, nachdem das offene Ende der Röhre 5 cm tief in eine Wanne mit Quecksilber eingetaucht wurde. Bis zu welcher Höhe h fließt das Quecksilber aus, wenn der äußere Luftdruck 960 mbar beträgt?

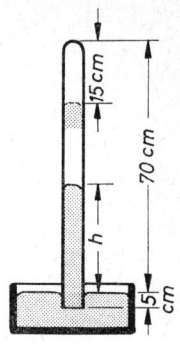

3.3.2. Ein unten offenes Gefäß hat die Masse $m = 2{,}4$ kg, die Höhe $h = 40$ cm und die Grundfläche $A = 200$ cm². Es wird auf eine Wasseroberfläche aufgesetzt, ohne daß die darin enthaltene Luft entweicht. Berechne die Eintauchtiefe x und die Höhe y, bis zu der das Wasser ins Innere des Gefäßes eindringt (äußerer Luftdruck $p_L = 960$ mbar)?

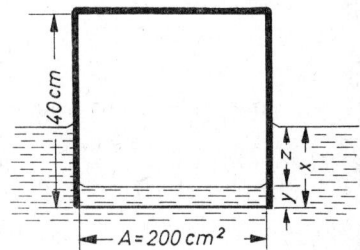

3.3.3. Ein an einem Ende zugeschmolzenes U-Rohr soll als geschlossenes Manometer dienen. Bei einem Außendruck von 1 bar steht die abschließende Quecksilberfüllung ($\varrho = 13{,}6$ g/cm³) in beiden Schenkeln gleich hoch und schließt im Meßschenkel einen Luftraum von 8 cm Länge ab. In welcher Entfernung vom zugeschmolzenen Rohrende muß die Marke für 2 bar angebracht werden?

3.3.4. Zwei Behälter haben das Volumen $V_1 = 11$ l und $V_2 = 4$ l. Der zweite ist unter einem Druck von 2 bar gefüllt. Auf welchen Druck war der erste Behälter gefüllt, wenn sich nach der Verbindung der beiden Behälter ein gemeinsamer Druck von 4,2 bar einstellt?

3.3.5. Wie groß ist die Masse eines Aluminiumstückes ($\varrho_{Al} = 2{,}7$ g/cm³), dem auf einer Waage von 64,265 g das Gleichgewicht gehalten wird? Die aufgelegten Gewichte bestehen aus Messing ($\varrho_{Me} = 8{,}6$ g/cm³) und sind für das Vakuum geeicht ($\varrho_L = 0{,}00124$ g/cm³).

3.3.6. Ein mit Wasserstoff ($\varrho_H = 0{,}090$ kg/m³) gefüllter Ballon hat mit seiner Füllung die Gesamtmasse 520 kg. Er kann bis zu einer Höhe steigen, in der die Dichte der Luft nur noch 0,94 kg/m³ beträgt. Um wieviel muß seine Nutzlast vermindert werden, damit er mit einer Heliumfüllung ($\varrho_{He} = 0{,}179$ kg/m³) die gleiche Höhe erreicht? (Beide Füllungen nehmen schon am Boden das ganze Volumen des Ballons ein.)

3.3.7*. Die Bodenstation eines Wetterballons mißt den Luftdruck $p_S = 1000$ mbar und die Luftdichte $\varrho_S = 1{,}28$ kg/m³. Der Luftdruck an Bord beträgt $p_B = 700$ mbar. Wie hoch steht der Ballon unter der Annahme, daß die Lufttemperatur konstant ist?

3.3.8. Ein Behälter ($V_B = 100$ l) soll mit einer Drehschieber-Vakuumpumpe vom Ausgangsdruck $p_a = 1000$ mbar auf den Enddruck $p_e = 10$ mbar evakuiert werden. (Kammervolumen der Pumpe $V_P = 0{,}2$ l; zwei Kammern pro Umdrehung, Drehfrequenz $f = 100$ min⁻¹). Die Temperatur bleibt konstant. Welche Zeit ist dazu notwendig?

3.3./3.4. Statik der Gase/Innere Reibung

3.3.9. Helium hat bei sonst gleichen Bedingungen etwa die doppelte Dichte wie Wasserstoff. Warum unterscheidet sich trotzdem die Nutzlast eines heliumgefüllten Ballons nur wenig von der eines Ballons mit Wasserstoffüllung?

3.4. Innere Reibung

Innere Reibung F_{Ri} N
Dynamische Viskosität η kg/m·s = N·s/m² = Pa·s
Geschwindigkeitsgefälle senkrecht zur umströmten Fläche dv/dy s^{-1}
Schichtdicke, die von der Strömung erfaßt wird d
Volumenstrom, Volumendurchfluß $\dot V =$ dV/dt m³/s

$$F_{Ri} = \eta A \frac{dv}{dy} \qquad \text{falls} \qquad d < \sqrt{\frac{\eta \cdot l}{\varrho \cdot \Delta v}}$$

Reibungskraft auf eine laminar umströmte Kugel (Stokessche Formel)
$$F_{Ri} = 6\pi r \eta v$$

Gesetz von Hagen-Poiseuille für laminar durchströmte Röhren:
$$\dot V = \frac{r^4 \pi \cdot \Delta p}{8 l \eta} \qquad \bar v = \frac{r^2 \cdot \Delta p}{8 l \eta}$$

Bei den folgenden Aufgaben ist gewährleistet, daß $Re < Re_{krit}$ (siehe Abschnitt 3.6); die Strömungen sind also laminar.

3.4.1. Auf einer unter dem Winkel $\alpha = 30°$ geneigten Fläche liegt ein Gegenstand (Masse $m = 265$ g) mit einer Auflagefläche von 20 cm². Zwischen Fläche und Körper befindet sich eine 0,5 mm dicke Ölschicht $\left(\eta = 0{,}8 \dfrac{\text{kg}}{\text{m s}}\right.$; $\varrho = 0{,}985 \dfrac{\text{g}}{\text{cm}^3}\left.\right)$. Mit welcher Geschwindigkeit gleitet der Gegenstand nach unten? Man überprüfe die Gültigkeit der verwendeten Formel!

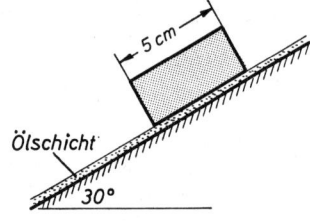

3.4.2. Ein Ölbehälter soll durch ein Rohr (Durchmesser 2 cm) mit 0,6 dm³/s gefüllt werden. Welchen Druck muß die Pumpe erzeugen, wenn das Rohr mit einer Länge von 3,5 m vertikal verläuft $\left(\varrho_{öl} = 0{,}9 \dfrac{\text{kg}}{\text{dm}^3}, \eta_{öl} = 0{,}2 \dfrac{\text{Ns}}{\text{m}^2}\right)$.

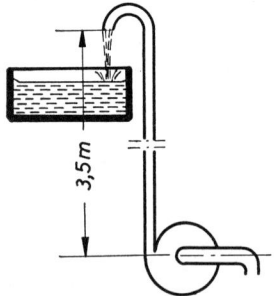

3.4.3. In einer Flüssigkeitsbremse werden 20 cm³ Glyzerin $\left(\eta = 1{,}47 \dfrac{\text{kg}}{\text{m s}}\right)$ durch eine 12,5 cm lange Röhre von 2,5 mm Durchmesser bei einer mittleren Druckdifferenz von 1,6 bar gepreßt. Berechne die Zeitdauer des Vorgangs.

3.4.4*. Ein mit Glyzerin ($\varrho = 1{,}26$ g/cm³) gefüllter Standzylinder (Querschnittsfläche 10 cm²) hat an seinem unteren Ende eine dünne, horizontale Kapillare als Ausflußöffnung. Aus den Daten von Kapillare und Glyzerin wurde die Konstante des Hagen-Poiseuille-Gesetzes $\dfrac{r^4 \pi}{8 l \eta} = 4{,}94 \cdot 10^{-11} \dfrac{\text{m}^4 \text{s}}{\text{kg}}$ bestimmt. Das Glyzerin läuft so langsam aus, daß der Staudruck vernachlässigt werden darf. Wie lange dauert es, bis die Flüssigkeitshöhe von $h_\text{a} = 30$ cm auf $h_\text{e} = 10$ cm abgesunken ist?

3.4.5. Berechne die Zähigkeit eines Schmieröls ($\varrho_\text{Fl} = 0{,}8$ kg/dm³), in dem eine Stahlkugel ($\varrho_\text{K} = 7{,}8$ kg/dm³) von 2 mm Durchmesser eine Fallstrecke von 25 cm in 15 s mit gleichbleibender Geschwindigkeit durchfällt.

3.4.6. Welchen Durchmesser haben Nebeltröpfchen, die bei ruhender Luft mit einer Geschwindigkeit von 1,5 mm/s zu Boden sinken ($\eta = 1{,}8 \cdot 10^{-5}$ Ns/m²).

3.5. Das Gesetz von Bernoulli

Mittlere Geschwindigkeit $\bar{v}$ m/s
Druckverlust zwischen den Stellen 1 und 2 infolge Reibung Δp_R N/m²

> Kontinuitätsgleichung: $A_1 \bar{v}_1 = A_2 \bar{v}_2$
>
> Volumendurchfluß, Volumenstrom: $\dot{V} = A \bar{v}$
>
> Staudruck $p_\text{St} = \frac{1}{2} \varrho \bar{v}^2$
>
> Gesetz von Bernoulli: $p_1 + \varrho g h_1 + \frac{1}{2} \varrho \bar{v}_1^2 = p_2 + \varrho g h_2 + \frac{1}{2} \varrho \bar{v}_2^2 + \Delta p_\text{R}$

3.5.1. In einer horizontal verlaufenden Wasserleitung mit 40 mm Innendurchmesser ist zur Messung des Volumenstroms ein Venturirohr eingebaut, das an seiner engsten Stelle einen Durchmesser von 30 mm besitzt. Welchen Druckunterschied zeigt es bei einem Durchfluß von 2l/s?

3.5.2. In die Leitung einer Flüssigkeit mit der Dichte $\varrho = 0{,}9$ kg/dm³ vom Durchmesser 16 cm wird ein Venturirohr eingebaut, dessen engster Querschnitt den Durchmesser 10 cm besitzt. Dabei entsteht am Manometer ein Druckunterschied von 160 mbar. Berechne die mittlere Strömungsgeschwindigkeit und den Volumenstrom.

3.5.3. Ein kurzes Schlauchmundstück hat an der Eintrittsstelle einen Durchmesser $d_1 = 25{,}4$ mm, der sich bis zur Austrittsöffnung auf $d_2 = 10$ mm verengt. Beim Eintritt in das Mundstück steht das Wasser unter einem Überdruck von 2,4 bar. Wie groß ist die Ausströmgeschwindigkeit? Welches ist die größte Weite in der Mündungswaagerechten, die man mit dem austretenden Wasserstrahl erreichen kann, wenn der Luftwiderstand vernachlässigt wird?

3.5.4. Mit einem Staurohr soll die Geschwindigkeit von Luft gemessen werden. Das an das Staurohr angeschlossene Mikromanometer ist mit Methylalkohol ($\varrho_\text{Fl} = 0{,}79$ kg/dm³) gefüllt, und sein Schenkel bildet mit der Waagerechten einen Winkel von 10°. Wie weit sind die Marken für 5 m/s und 10 m/s von der Nullmarke entfernt ($\varrho_\text{L} = 1{,}25$ kg/m³)?

3.5./3.6. Das Gesetz von Bernoulli/Ausflußvorgänge

3.5.5. Aus einem Behälter fließt Alkohol-Wasser-Gemisch ($\varrho = 0{,}9$ g/cm³, $\eta = 2{,}5 \cdot 10^{-3}$ N s/m²) durch eine 30 cm lange, horizontale Röhre mit dem Durchmesser 4 mm. Wie groß ist der Volumenstrom, wenn der Flüssigkeitsspiegel im Behälter auf einer Höhe von 12 cm über der Ausflußöffnung konstant gehalten wird?

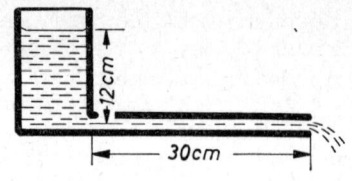

3.5.6. Bei einem sich verjüngenden Wasserrohr liegt die Mitte der 10 cm² großen Eintrittsöffnung 2,4 cm höher als die Mitte der 4 cm² großen Austrittsöffnung. Welcher Druckunterschied entsteht an dem Rohr, wenn je Minute 120 l Wasser hindurchfließen? (Energieverluste sollen vernachlässigt werden.)

3.5.7. Ein Behälter ist zum Teil mit Wasser gefüllt; darüber befindet sich komprimierte Luft. Der Überdruck läßt aus einer Düse am Ende eines Steigrohres je Minute 24 l Wasser ausströmen. Die Düse befindet sich 3,5 m über dem Wasserspiegel, ihr Durchmesser ist nur die Hälfte vom Durchmesser des Steigrohres, in dem das Wasser mit 5 m/s strömt. Berechne den Druck der Luft im Behälter und die von ihr auf das Wasser übertragene Leistung (äußerer Luftdruck $p_L = 1$ bar, von Reibungsverlusten wird abgesehen).

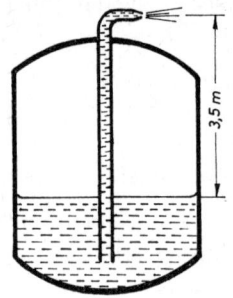

3.6. Ausflußvorgänge

Ausflußzahl μ unbenannt
Volumenstrom $\dot V$ m³/s, l/s
Ausflußquerschnitt A cm²

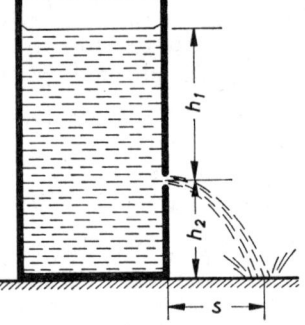

Torricellisches Ausflußgesetz:	$v = \sqrt{2g h_1}$
Volumenstrom:	$\dot V = \mu A \sqrt{2gh}$
Sprungweite:	$s = 2\sqrt{h_1 h_2}$

3.6.1. Ein Behälter ist 3 m hoch mit Wasser gefüllt; 2 m unter dem Wasserspiegel befindet sich eine Öffnung mit 4 cm² Querschnitt. Berechne die Ausflußgeschwindigkeit, den Volumenstrom bei einer Ausflußziffer $\mu = 0{,}62$ und die Sprungweite. Wie vermindern sich diese Größen, wenn der Wasserspiegel um 1 m gesunken ist?

3.6.2. Der Spiegel eines Wasserbehälters liegt 1,2 m über der Austrittsöffnung eines Ablaufrohres. Berechne die Ausflußgeschwindigkeit, wenn die Verlusthöhe in dem Rohr 45 cm beträgt.

3.6.3. Ein 40 cm hoch mit Wasser gefülltes Becken hat unten eine Abflußöffnung. An ihr ist eine Ablaufrinne mit dem Gefälle $\tan\alpha = \frac{1}{4}$ angebracht. An welcher Stelle trifft der Wasserstrahl die Rinne?

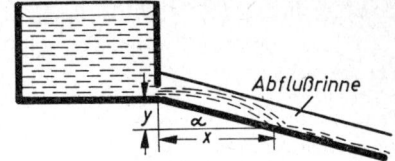

3.6.4*. Ein Standgefäß, das $h = 40$ cm hoch mit Wasser gefüllt ist, soll eine seitliche Öffnung erhalten. Wie hoch über dem Boden muß die Öffnung liegen, damit die Sprungweite ein Maximum wird?

3.7. Reynolds-Zahl

Strömungen bei geometrisch ähnlichen Körpern haben gleichartige Eigenschaften, wenn ihre Reynolds-Zahl Re den gleichen Wert hat. Für jeden umströmten Körper gibt es einen kritischen Wert Re_{krit} der Reynolds-Zahl; Strömungen mit $Re < Re_{krit}$ sind laminar, Strömungen mit $Re > Re_{krit}$ sind turbulent.

Dynamische Viskosität $\eta \quad \dfrac{\text{kg}}{\text{m s}} = \dfrac{\text{N s}}{\text{m}^2}$

Kinematische Viskosität $\nu \quad \dfrac{\text{m}^2}{\text{s}}$

$Re = \dfrac{l \cdot \varrho \cdot v}{\eta} = \dfrac{l \cdot v}{\nu}$, wobei l eine anzugebende Abmessung des Körpers ist.

Strömung in einem schlanken Rohr mit dem Radius r: $l = 2r$; $Re_{krit} = 2300$

Umströmte Kugel mit dem Radius r: $l = 2r$; $Re_{krit} \approx 2$

3.7.1. Bei welcher Geschwindigkeit setzt für die folgenden Strömungen in Röhren die Wirbelbildung ein? Welcher Druckunterschied herrscht dann an den Enden einer Röhre von 1 m Länge, wenn die Anwendbarkeit des Hagen-Poiseuilleschen Gesetzes auch bei dieser Grenzgeschwindigkeit angenommen und die Flüssigkeit nicht beschleunigt wird:

a) bei Öl $\left(\eta = 0{,}2 \dfrac{\text{kg}}{\text{m s}}, \varrho = 0{,}9 \text{ kg/dm}^3\right)$ und einem Röhrendurchmesser $d = 2$ cm,

b) bei Wasser ($\eta = 0{,}001$ kg/ms) und einem Röhrendurchmesser $d = 2$ cm,

c) bei Öl und einem Röhrendurchmesser von 10 cm,

d) bei Wasser und einem Röhrendurchmesser von 4 mm?

3.7.2. Ein Wasserbecken ($\eta = 0{,}001$ kg/m s) fließt durch eine Röhre ($h_0 = 40$ cm, $d = 1{,}6$ mm) aus. Bei welcher Höhe des Wasserstandes im Becken glättet sich der ausfließende Wasserstrahl, der bei genügender Fallhöhe anfangs turbulent ausströmt.

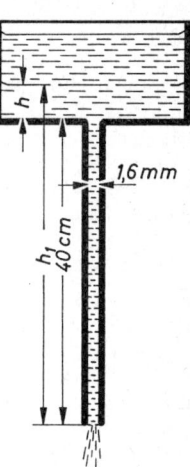

3.7./3.8. Reynolds-Zahl/Strömungswiderstand

3.7.3. Wie groß darf der Radius einer Aluminiumkugel ($\varrho_{Al} = 2{,}8$ kg/dm³) höchstens sein, damit sie eben noch ohne Wirbelbildung durch Öl ($\eta = 0{,}2$ kg/m s, $\varrho_{Öl} = 0{,}8$ kg/dm³) herabsinkt?

3.7.4. In einem Überdruckwindkanal wird bei einem Druck von 5 bar und einer Luftgeschwindigkeit von 80 m/s der Strömungswiderstand eines im Maßstab 1 : 10 verkleinerten Fahrzeugmodells mit 135 N gemessen. Die Stirnfläche des Kraftwagens beträgt in Wirklichkeit 1,9 m². Welcher Fahrgeschwindigkeit des Kraftwagens entspricht der Modellversuch? Wie groß ist der Widerstandsbeiwert c_w des Fahrzeugs? Welche Motorenleistung ist zur Überwindung des Strömungswiderstandes erforderlich? Beim wirklichen Fahrzeug rechne man mit einem Druck von 1 bar und der Luftdichte $\varrho_L = 1{,}21$ kg/m³. (Die Zähigkeit der Gase ist vom Druck unabhängig.)

3.8. Strömungswiderstand

Strömungswiderstand F_w N   Widerstandsbeiwert c_w unbenannt
Stirnfläche (Querschnitt senkrecht zur Strömungsrichtung) A_0 m²

$$\text{Strömungswiderstand bei turbulenter Strömung: } F_w = c_w \frac{\varrho}{2} v^2 A_0$$

3.8.1. Ein Kahn mit einer Wasserverdrängung von 480 m³ schwimmt mit einer im Wasser liegenden Stirnfläche von 9 m² und einem Widerstandsbeiwert $c_w = 0{,}1$. Welche Kraft ist erforderlich, um ihn mit einer Geschwindigkeit von 9 km/h zu schleppen? Berechne zum Vergleich die Kraft, die benötigt würde, um die gleiche Last auf einer Straße bei einer Fahrwiderstandszahl $\mu = 0{,}03$ zu bewegen.

3.8.2. Welchen Strömungswiderstand erfährt der Rückspiegel eines Autos bei einer Fahrgeschwindigkeit von 100 km/h ($A_0 = 64$ cm², $c_{w1} = 1{,}25$, $\varrho_L = 1{,}225$ kg/m³)? Welcher Bruchteil des Gesamtströmungswiderstandes ist das, wenn das Auto eine Stirnfläche von 2 m² und einen Widerstandsbeiwert $c_{w2} = 0{,}4$ hat? Wie groß wäre der Widerstand eines Stromlinienkörpers mit einer Stirnfläche gleich der des Rückspiegels ($c_{w3} = 0{,}056$)?

3.8.3. Welchen Durchmesser muß ein Fallschirm ($c_w = 1{,}4$) besitzen, damit ein Pilot (Masse mit Ausrüstung 80 kg) nicht rascher auf den Boden auftrifft, als bei einem Sprung ohne Fallschirm aus 2 m Höhe (Luftdichte $\varrho_L = 1{,}22$ kg/m³).

3.8.4. Ein Segelboot hat eine im Wasser eintauchende Stirnfläche von $A_1 = 0{,}6$ m² und einen Widerstandsbeiwert $c_{w1} = 0{,}12$. Es trägt ein Segel mit einer Fläche $A_2 = 12$ m² ($c_{w2} = 1{,}2$). Die Windgeschwindigkeit ist $v_2 = 12$ m/s, die Dichte der Luft $\varrho_L = 1{,}25$ kg/m³. Welche Maximalgeschwindigkeit erhält das Boot, wenn die Fläche des Segels senkrecht auf der Windrichtung steht und es parallel zum Wind segelt?

3.8.5. Ein Lkw ($m = 4000$ kg, $A_0 = 4{,}5$ m²) fährt mit einer Motorenleistung von 48 kW, die mit einem Wirkungsgrad $\eta = 70\%$ auf die Räder übertragen wird. Er erzielt dabei auf einer horizontalen Straße bei einer Fahrwiderstandszahl $\mu = 0{,}03$ und einer Luftdichte $\varrho = 1{,}22$ kg/m³ eine Geschwindigkeit $v = 63$ km/h. Welchen Widerstandsbeiwert besitzt das Fahrzeug?

3.8.6. Welche Motorennutzleistung benötigt ein Pkw ($m = 1000$ kg, $\mu = 0{,}03$, $A_0 = 2$ m², $c_W = 0{,}38$) bei einer Luftdichte von 1,22 kg/m³ für die Geschwindigkeiten 36 km/h, 72 km/h und 108 km/h?

3.8.7. Welche Geschwindigkeit erzielt ein Pkw auf horizontaler Straße bei einer Nutzleistung von 25 kW ($m = 930$ kg, $\mu = 0{,}035$, $c_W = 0{,}37$, $A_0 = 2$ m², $\varrho_L = 1{,}22$ kg/m³)? Auf welchen Betrag vermindert sie sich auf einer 10%igen Steigung (sin $\alpha \approx 0{,}1$, cos $\alpha \approx 1$)?

3.8.8*. Ein Fallschirm hat den Durchmesser $d = 6$ m, die Masse mit Springer beträgt 90 kg, $c_W = 1{,}4$, $\varrho_L = 1{,}2$ kg/m³. Wie groß ist die Endgeschwindigkeit v_∞? Der Fallschirm öffnet sich bei der Geschwindigkeit $v_0 = 20$ m/s. Wie lange dauert es dann noch, bis die Geschwindigkeit des Springers sich nurmehr 10% von der Endgeschwindigkeit unterscheidet?

3.8.9. Man zeige, daß bei alleiniger Berücksichtigung der Grenzflächenreibung zwischen Schi und Schnee die Beschleunigung eines Rennläufers unabhängig von seinem Gewicht ist.

Warum kann ein Läufer mit großem Gewicht eine höhere Endgeschwindigkeit erreichen als ein gleichguter Konkurrent mit geringerem Gewicht?

3.9. Dynamischer Auftrieb

Dynamischer Auftrieb F_a N   Auftriebsbeiwert c_a unbenannt
Bei Flugzeugen: Flächeninhalt der Tragflügel A'
Beiwerte, bezogen auf diese Fläche c'_w, c'_a

$$F_a = c_a \frac{\varrho}{2} v^2 A_0$$

Bei Flugzeugen: $F_w = c'_w \dfrac{\varrho}{2} v^2 A'$ $F_a = c'_a \dfrac{\varrho}{2} v^2 A'$

3.9.1. Ein Segelflugzeug ($m = 200$ kg) fliegt mit 72 km/h unter einem Gleitwinkel $\alpha = 4°$. Berechne den Auftrieb und den Luftwiderstand. Wie groß sind der auf die Tragflügelfläche $A' = 16$ m² bezogene Widerstandsbeiwert c'_w und Auftriebsbeiwert c'_a (Luftdichte $\varrho_L = 1{,}22$ kg/m³)?

3.9.2. Ein Flugzeug ($m = 28\,000$ kg) fliegt horizontal. Die Tragflächen haben einen Inhalt $A' = 60$ m². Für das ganze Flugzeug gelten die Beiwerte $c'_w = 0{,}025$, $c'_a = 0{,}34$. Welche Geschwindigkeit ist für den Flug erforderlich? Welche Zugkraft entwickelt dabei die Luftschraube? Unter welchem Gleitwinkel sinkt das Flugzeug nach dem Abstellen des Motors (Luftdichte $\varrho_L = 1{,}1$ kg/m³)?

3.9.3. Mit welcher Geschwindigkeit fliegt ein Flugzeug ($m = 6000$ kg) horizontal durch eine Kurve mit $r = 600$ m, wenn es seine Tragflügel unter 75° nach innen neigen muß? Wie groß ist sein Auftriebsbeiwert c'_a bei einem Tragflächeninhalt $A' = 28$ m² und einer Luftdichte $\varrho_L = 1{,}22$ kg/m³.

4. WÄRMELEHRE

4.1. Wärmeausdehnung von festen und flüssigen Stoffen

Celsius-Temperatur ϑ	°C
Temperaturdifferenz $\Delta\vartheta$	K
Längen-Ausdehnungskoeffizient α	K^{-1}
Volumen-Ausdehnungskoeffizient γ	K^{-1}
Elastizitätsmodul E	kN/mm^2
Wärmespannung σ_ϑ	N/mm^2
Durch die Wärmespannung verursachte Kraft F_ϑ	N
Dehnung ε	m/m

$$\alpha = \frac{1}{l_0}\frac{dl}{d\vartheta} \qquad \gamma = \frac{1}{V_0}\frac{dV}{d\vartheta}$$

Sind α bzw. γ im betrachteten Temperaturbereich konstant, so gilt

$$\Delta l = \alpha\, l\, \Delta\vartheta \qquad \Delta V = \gamma\, V\, \Delta\vartheta \qquad \gamma = 3\alpha$$

$$l_2 = l_1(1 + \alpha\,\Delta\vartheta) \qquad V_2 = V_1(1 + \gamma\,\Delta\vartheta)$$

$$\sigma_\vartheta = \alpha\, E\, \Delta\vartheta \qquad F_\vartheta = \sigma_\vartheta\, A$$

4.1.1. Eine 420 m lange Leitung aus Stahlrohr ($\alpha = 14 \cdot 10^{-6}\,K^{-1}$) wird von Heißdampf ($\vartheta = 520\,°C$) durchströmt. Welche Längenänderung ergibt sich gegenüber einer Ausgangstemperatur von 20 °C? In welchen Abständen ist jeweils ein Ausdehnungsbogen einzubauen, der eine Ausdehnung von 35 cm aufnehmen kann?

4.1.2. Eine Straßenlampe ($m = 15$ kg) hängt über der Mitte einer 12 m breiten Straße. Wie weit hängt sie im Sommer bei 30 °C durch, wenn sie im Winter bei -15 °C 20 cm durchhängt? Wie ändert sich dabei die Zugkraft im Aufhängedraht ($\alpha = 12 \cdot 10^{-6}\,K^{-1}$)?

4.1.3. Auf eine runde Scheibe (Außendurchmesser bei 20 °C $d_1 = 382$ mm) soll ein Stahlreifen (Innendurchmesser bei 20 °C $d_2 = 381{,}7$ mm, Dicke 2 mm, Breite 30 mm, $\alpha = 12 \cdot 10^{-6}\,K^{-1}$, $E = 210\,kN/mm^2$) warm aufgezogen werden. Auf welche Temperatur muß er vor dem Aufziehen mindestens erwärmt werden? Welche Spannung und welche Zugkraft entstehen in dem Reifen nach dem Erkalten?

4.1.4. Ein Bimetallstreifen besteht aus einem Kupferband ($\alpha_1 = 16{,}5 \cdot 10^{-6}\,K^{-1}$) und einem Zinkband ($\alpha_2 = 36 \cdot 10^{-6}\,K^{-1}$). Beide besitzen eine Dicke $d_1 = d_2 = 0{,}4$ mm und die Länge 20 cm. Um welchen Winkel φ krümmt sich das Streifenende bei 40 °C, wenn der Streifen bei 10 °C gerade ist?

4.1.5. Eine Warmwasserheizung enthält bei 10 °C 580 dm³ Wasser. Bei dieser Temperatur erreicht der Wasserstand eben die Bodenöffnung eines 15 dm³ fassenden Überlaufgefäßes. Bei welcher Wassertemperatur ist das Überlaufgefäß ganz voll (mittlerer Ausdehnungskoeffizient des Wassers zwischen 10 °C und 80 °C $\gamma = 0{,}0004\,K^{-1}$, $\alpha_{Stahl} = 12 \cdot 10^{-6}\,K^{-1}$)?

4.1.6. In eine 40 mm lange, 25 mm breite und 15 mm tiefe Nut eines Graugußstückes soll ein quaderförmiger Stahlklotz ($\alpha = 11 \cdot 10^{-6}\,\text{K}^{-1}$, $E = 210\,\text{kN/mm}^2$) eingesetzt werden. Zu diesem Zweck wird er in flüssigem Stickstoff auf $-196\,°\text{C}$ abgekühlt und in die Nut eingefügt. Man darf annehmen, daß sich dabei die Breite der Nut nicht ändert.
Mit welcher Breite muß der Stahlklotz bei 24 °C gefertigt werden, damit er bei $-196\,°\text{C}$ gerade in die Nut paßt? Welche Kraft ist bei 24 °C zum Herausziehen des Klotzes nötig, wenn die Haftreibungszahl zwischen Grauguß und Stahl $\mu = 0{,}25$ beträgt?

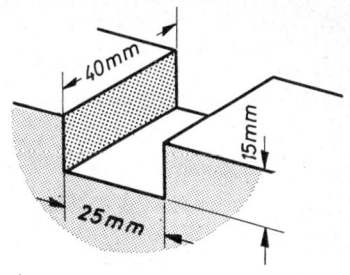

4.1.7. Ein Präzisionsthermometer soll eine in 0,01 K eingeteilte Skala erhalten, deren Intervalle 0,6 mm lang sind. Wie groß muß zu diesem Zweck die Quecksilbermenge gewählt werden, wenn die Kapillare einen Durchmesser von 0,12 mm hat ($\gamma_{Hg} = 180 \cdot 10^{-6}\,\text{K}^{-1}$, $\gamma_{Gl} = 25 \cdot 10^{-6}\,\text{K}^{-1}$)?

4.1.8. Um den Volumen-Ausdehnungskoeffizienten von Benzol zu bestimmen, füllt man diese Flüssigkeit in eine U-förmige Röhre und bringt den einen Schenkel in Eiswasser, den anderen in ein erwärmtes Bad. Welchen Ausdehnungskoeffizienten besitzt Benzol, wenn die Flüssigkeit im kalten Schenkel 167 mm, im warmen Schenkel bei einer Temperatur von 48,3 °C 177 mm hoch steht?

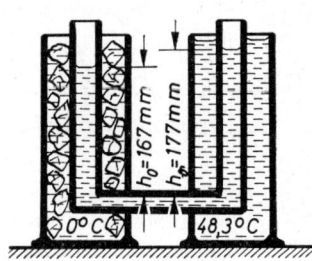

4.1.9. Ein Quecksilberthermometer ragt vom Skalenteil $\vartheta_{gr} = 50\,°\text{C}$ an in eine Umgebung von $\vartheta_u = 19\,°\text{C}$, während die Quecksilberkugel sich im Innern eines Raumes befindet, dessen Temperatur gemessen werden soll. Der Quecksilberfaden zeigt eine Stellung $\vartheta_f = 253\,°\text{C}$ an. Wie groß ist die wirkliche Temperatur ϑ in dem zu messenden Raum $\left(\gamma_{Hg} - \gamma_{Gl} = \dfrac{1}{6300}\,\text{K}^{-1}\right)$?

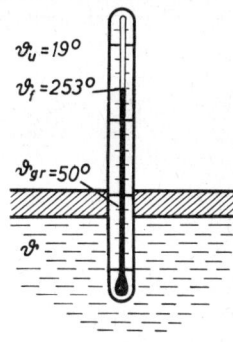

4.1.10. Bei 30 °C mißt man an einem Barometer eine Quecksilbersäule von 745 mm Höhe. Wie groß ist der Luftdruck in mbar? ($\gamma_{Hg} = 180 \cdot 10^{-6}\,\text{K}^{-1}$, Dichte des Quecksilbers bei 0 °C $\varrho_0 = 13{,}59\,\text{g/cm}^3$).

4.1.11*. Die Temperaturabhängigkeit des Wasservolumens wird im Temperaturbereich zwischen 0 °C und 10 °C durch die experimentell ermittelte Beziehung $V = V_0(1 + C_1\vartheta + C_2\vartheta^2)$ wiedergegeben. ($C_1 = -6{,}1 \cdot 10^{-5}\,°\text{C}^{-1}$; $C_2 = 7{,}73 \cdot 10^{-6}\,°\text{C}^{-2}$; $V_0 =$ Wasservolumen bei 0 °C). Man gebe den Volumen-Ausdehnungskoeffizienten als Funktion der Temperatur an! Bei welcher Temperatur ist die Dichte ein Maximum? Wie groß ist bei dieser Temperatur der Volumen-Ausdehnungskoeffizient?

4.1.12. Weshalb eignet sich Wasser nicht als Thermometerflüssigkeit?

4.2. Die allgemeine Gasgleichung

Thermodynamische Temperatur (Kelvin-Temperatur)	T	K
Molare Masse (Masse eines Mols)	m_m	g/mol
Relative Atommasse	A_r	unbenannt
Relative Molekülmasse	M_r	unbenannt
Stoffmenge (Anzahl der Mole)	n	mol
Allgemeine Gaskonstante	R	J/mol K
	$R = 8{,}314$ J/mol K	
Spezifische Gaskonstante	R_s	J/kg K

(R_s hat bei speziellen Angaben den Index des betreffenden Gases, z.B. bei Wasserstoff R_{H2})

$$\frac{T}{K} = 273 + \frac{\vartheta}{°C}; \qquad R_s = \frac{R}{m_m}; \qquad n = \frac{m}{m_m}; \qquad m_m = M_r \frac{g}{mol}$$

Boyle-Gay-Lussacsches Gesetz $\qquad \dfrac{p_1 V_1}{T_1} = \dfrac{p_2 V_2}{T_2}$

Allgemeine Gasgleichung $\qquad pV = m R_s T = \dfrac{m}{m_m} RT = nRT$

Ausgangszustand: Index 1;   Endzustand: Index 2

4.2.1. Eine eingeschlossene Gasmenge wird bei konstantem Volumen um 100 K erwärmt. Der dabei entstehende Enddruck verhält sich zum Anfangsdruck wie 4 : 3. Wie groß sind die Temperaturen vor und nach dem Erwärmen?

4.2.2. Eine Taucherglocke wird bei 970 mbar und 27 °C ins Wasser gesenkt. Wie weit dringt das Wasser ins Innere, wenn die Unterkante 4,5 m tief unter dem Wasserspiegel liegt und der Luftinhalt sich dort auf 7 °C abgekühlt hat? Wie groß ist dann die Auftriebskraft (Querschnitt der Glocke $A = 4$ m²) und wie verändert er sich während des Absenkens ($\varrho_{Hg} = 13{,}6$ g/cm³)?

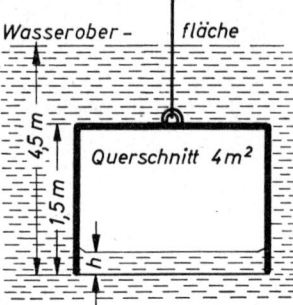

4.2.3. 15 m unter der Oberfläche eines Sees herrscht eine Wassertemperatur von 4 °C. Dort entsteht eine Gasblase von 12 mm Durchmesser. Auf welchen Wert wächst der Durchmesser an, wenn die Blase die Wasseroberfläche erreicht, an der ein Druck von 1 bar herrscht und die Gasblase sich auf 22 °C erwärmt hat?

4.2.4. Aus einer Sauerstoffflasche (Masse des Stahlmantels 15 kg, Innenvolumen 15 dm³) können bei 975 mbar 2000 dm³ Sauerstoff entnommen werden. Bis zu welchem Druck war die Flasche gefüllt? Vergleiche die Masse der Füllung mit der des Behälters (Temperatur beim Füllen und bei der Entnahme 20 °C, Gaskonstante $R_{O2} = 259{,}8$ J/kg · K).

4.2.5. In einem druckfesten Behälter von 2 dm³ Inhalt werden bei 20 °C und 990 mbar 30 g Trockeneis $\left(\text{festes } CO_2,\ R_{CO2} = 188{,}9 \dfrac{J}{kg\,K}\right)$ gebracht. Welcher Gesamtdruck der

Luft und des verdampften Kohlendioxids entsteht in dem Behälter bei 40 °C? Die Volumenänderung des Behälters darf vernachlässigt werden.

4.2.6. In einem Behälter mit dem Volumen 1,2 dm³ befinden sich bei 20 °C und 975 mbar 0,77 g eines Gases. Um welches Gas kann es sich handeln?

4.2.7. Bei einer Hochdruckwetterlage im Winter ($p_L = 1000$ mbar, $\varrho_{L0} = 1{,}293$ g/dm³, $\vartheta = -10$ °C) verbrennt ein Ofen bei gutem Zug Kohle zu Kohlendioxid. Weil es eine höhere Dichte besitzt als Luft, bildet sich im Kamin von 16 m Höhe ein Gasgemisch mit der Dichte $\varrho_0 = 1{,}40$ g/dm³ und der mittleren Temperatur 250 °C. Wie groß ist der Unterschied zwischen Außendruck und Innendruck bei der Brennstelle am unteren Ende des Kamins? Wie groß ist dieser Druckunterschied bei Tiefdruckwetter ($p_L = 940$ mbar, $\vartheta = 0$ °C), wenn wegen des schlechteren Zuges die mittlere Temperatur im Kamin nur 180 °C beträgt? (Wegen des sehr kleinen Druckunterschieds darf bei der Berechnung der Dichte im Kamin der Außendruck verwendet werden.)

4.2.8. Die drei wesentlichen Bestandteile der Luft sind: 78 Vol.-% Stickstoff ($M_r = 28$), 21 Vol.-% Sauerstoff ($M_r = 32$) und 1 Vol.-% Argon ($M_r = 40$). Berechne aus diesen Angaben die Gewichtsprozente der drei Anteile, die mittlere relative Molekülmasse der Luft und ihre Dichte beim Normalzustand.

4.2.9. Bei einem Luftdruck $p_1 = 970$ mbar und $\vartheta_1 = 25$ °C wird ein Glaskolben mit angesetzter Kapillare ($l = 8$ cm, $d = 1$ mm) mit der Spitze nach unten in ein Glycerin-Wasser-Gemisch $\left(\eta = 0{,}012 \dfrac{\text{kg}}{\text{m s}};\ \varrho = 1{,}02 \text{ g/cm}^3\right)$ getaucht und der Kolben mit kaltem Wasser auf $\vartheta_2 = 10$ °C gekühlt. Wie groß ist der Volumenstrom zu Beginn des Vorgangs, wenn die Flüssigkeit gerade den Kolben erreicht? Wie und aus welchen Gründen ändert sich der Volumenstrom im Verlauf des Experiments? ($\Delta h = 5$ cm)

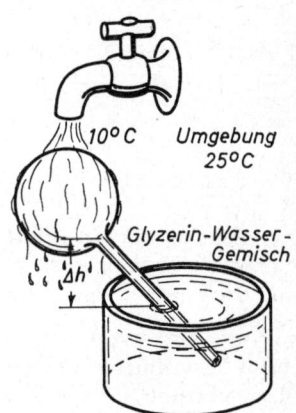

4.2.10. Was versteht man unter dem Begriff „ideales Gas"? Welche Eigenschaften kennzeichnen die Moleküle eines idealen Gases? Wann darf auch bei nicht idealen Gasen die allgemeine Gasgleichung als gute Näherung verwendet werden?

4.3. Wärmemenge

Wärmemenge	Q	$\text{J} = \text{Ws} = \text{N m}$
Spezifische Wärmekapazität	c	$\dfrac{\text{J}}{\text{g K}} = \dfrac{\text{W s}}{\text{g K}}$
Isochore spezifische Wärmekapazität	c_v	$\dfrac{\text{J}}{\text{g K}}$
Isobare spezifische Wärmekapazität	c_p	$\dfrac{\text{J}}{\text{g K}}$
Wärmekapazität	C	J/K

4.3. Wärmemenge

> Mischungsregel: Abgegebene Wärme = aufgenommene Wärme
> oder: Summe aller Wärmeinhalte am Anfang
> = Summe aller Wärmeinhalte am Ende
>
> $c =$ konst   Wärmeinhalt bezogen auf 0 °C $Q = m\,c\,\vartheta = C\,\vartheta$
>
> Wärmeabgabe bzw.-aufnahme bei einer Temperaturänderung:
>
> $\Delta Q = m\,c\,(\vartheta_2 - \vartheta_1)$
>
> $c = f(\vartheta)$ $\Delta Q = \int\limits_{\vartheta_1}^{\vartheta_2} m\,c\,\mathrm{d}\vartheta$

4.3.1. In einen zylinderförmigen, oben offenen Aluminiumtopf (Außenmaße $d := 20$ cm, $h := 12$ cm, Wandstärke $s = 2{,}5$ mm, $\varrho_{Al} = 2{,}7$ g/cm³, $c_{Al} = 0{,}896$ J/gK), der die Temperatur $\vartheta_1 = 15$ °C der Umgebung angenommen hat, werden 2,2 dm³ Wasser von der Temperatur $\vartheta_2 = 80$ °C eingefüllt ($c_w = 4{,}19$ J/gK). Welche Ausgleichstemperatur ergibt sich kurz nach dem Eingießen?

4.3.2. Um die Temperatur in einem Brennofen zu bestimmen, wird in ihm eine Stahlkugel ($m = 28$ g, $c = 0{,}63$ J/g K) erwärmt und dann in ein Kalorimeter ($C = 64$ J/K) mit 154,8 g Wasserfüllung von der Temperatur 13,6 °C gebracht. Es ergibt sich eine Mischungstemperatur von 31,5 °C. Welche Ofentemperatur folgt hieraus? Ein Entweichen von Wasserdampf wird durch eine Einführungsschleuse verhindert, so daß alle Wärmeverluste beim Einbringen vernachlässigt werden dürfen.

4.3.3. In ein Kalorimeter ($C = 52$ J/K) mit einer Wasserfüllung von $m_1 = 182$ g und der Temperatur $\vartheta_1 = 12{,}4$ °C wird ein Stück Aluminium $m_2 = 94{,}3$ g gebracht, das zuvor in einem Wasserbad auf $\vartheta_2 = 99{,}1$ °C erwärmt wurde. Es entsteht eine Endtemperatur von 20,5 °C. Welche spezifische Wärmekapazität hat das Aluminium? Wie groß ist die Unsicherheit des Ergebnisses, wenn alle Temperaturen nur auf $\pm 0{,}1$ K abgelesen werden können?

4.3.4. Eine Kalorimeterapparatur besitzt zusammen mit ihrer Wasserfüllung von der Temperatur 13,7 °C die Masse 192 g. Nachdem Wasser von 21,0 °C hinzugegossen wurde, steigen die Temperatur auf 17,1 °C und die Gesamtmasse auf 265 g. Danach wird ein Kupferstück von 82 g hineingebracht, das zuvor auf 98,5 °C erwärmt wurde. Dabei ergibt sich eine Mischungstemperatur von 20,8 °C. Berechne daraus die spezifische Wärmekapazität des Kupfers.

4.3.5*. Im Vorwärmer einer Feuerungsanlage sollen stündlich 2 t Anthrazit von 25 °C auf 200 °C erhitzt werden. Welche Heizleistung ist erforderlich, wenn die spezifische Wärmekapazität von Anthrazit nach der Gleichung $c = (0{,}885 + 1{,}33 \cdot 10^{-3}\,\text{K}^{-1} \cdot \vartheta - 7{,}1 \cdot 10^{-10}\,\text{K}^{-3} \cdot \vartheta^3)\,\dfrac{\text{J}}{\text{g K}}$ von der Temperatur abhängt.

4.3.6*. Die experimentell ermittelten Werte der spezifischen Wärmekapazität für Hartporzellan sind: $c_1 = 0{,}82$ J/g K bei 20 °C und $c_2 = 0{,}91$ J/g K bei 200 °C. Man bestimme c als lineare Funktion der Temperatur $c(\vartheta) = c_0 + k\,\vartheta$. Wie groß ist die mittlere spezifische Wärmekapazität zwischen 50 °C und 200 °C. Auf welche Endtemperatur erwärmt sich eine Meßkammer ($C = 80$ J/K) mit der Anfangstemperatur $\vartheta_1 = 25$ °C, wenn ein Porzellanstück von $m_2 = 100$ g und der Temperatur $\vartheta_2 = 200$ °C hineingebracht wird?

4.3.7. Beim kurzen Lüften eines Zimmers im Winter erneuert sich nur ein großer Teil der Zimmerluft, während die Wände in der kurzen Zeit sich kaum abkühlen. Bei lang dauerndem Öffnen der Fenster werden jedoch auch die Wände, der Boden und die Decke abgekühlt. Vergleiche den Wärmebedarf, um die Luft ($\varrho_1 = 1{,}25$ kg/m³, $c_1 = 1{,}01$ J/g K) in einem Zimmer ($l = 6$ m, $b = 4$ m, $h = 2{,}5$ m) um 10 K zu erwärmen, mit der Wärmemenge, die zur Erwärmung des Mauerwerks der Wände, des Bodens und der Decke (Dicke je 0,25 m) um 10 K erforderlich ist? (Mittlere Dichte $\varrho_2 = 2500$ kg/m³, mittlere spezifische Wärmekapazität $c_2 = 1{,}26$ J/g K).

4.3.8. Aus einem Wärmebad ($\vartheta = 48{,}5°$) strömt Sauerstoff langsam ($\Delta p \approx 0$) durch die Rohrschlange eines Durchflußkalorimeters (Wärmekapazität von Kalorimeter mit Rohrschlange 905 J/K). Dabei kühlt er sich im Durchschnitt auf eine Endtemperatur von 21,8 °C ab und wird dann bei einem Druck von 965 mbar in einem großen Behälter aufgefangen. Nachdem der Versuch eine gewisse Zeit gelaufen ist, wird ein Auffangvolumen von 765 dm³ gemessen, und die Temperatur der Wasserfüllung ($m = 1230$ g) des Kalorimeters ist von 12,7 °C auf 16,6 °C angestiegen. Wie groß ist die spezifische Wärmekapazität des Sauerstoffs bei diesem Versuch $\left(R_{O_2} = 259{,}8 \dfrac{\text{J}}{\text{kg K}}\right)$?

4.3.9. Ein zugeschmolzenes Glasgefäß von 40 cm³ Inhalt ist bei 18 °C mit Wasserstoff von 1,5 bar gefüllt. Welche Wärmemenge darf dem Wasserstoff durch eine elektrische Heizspirale zugeführt werden, bis sein Druck auf 2 bar gestiegen ist? (Ausdehnung und Wärmeaufnahme des Glasgefäßes sollen nicht in Rechnung gesetzt werden.)

$$\left(m_\text{m} = 2{,}02 \ \dfrac{\text{g}}{\text{mol}}, \qquad c_\text{p} = 14{,}3 \ \text{J/g K}, \qquad \varkappa = 1{,}4.\right)$$

Man zeige, daß diese Wärmemenge weder vom Ausgangsdruck noch von der Ausgangstemperatur abhängt sondern allein von der Druckdifferenz.

4.4. Heizwert

Spezifischer Brennwert (oberer Heizwert)	H_0	kJ/kg; J/g; kWh/kg
Spezifischer Heizwert (unterer Heizwert)	H_u	kJ/kg; J/g; kWh/kg
Auf das Normvolumen bezogener Heizwert	H_un	kJ/m³; kWh/m³
Normvolumen	V_n	m³

$$\boxed{\text{Verbrennungswärme} \quad Q = H_\text{u} \qquad m = H_\text{un} V_\text{n}}$$

4.4.1. Heizöl hat einen spezifischen Heizwert $H_\text{u} = 11{,}2 \ \dfrac{\text{kWh}}{\text{kg}}$ und eine Dichte $\varrho = 0{,}9$ kg/dm³. Wie viele Liter Öl müssen an einem Wintertag verbrannt werden, um ein Haus warm zu halten, das einen Wärmebedarf von 14 kW hat, wenn die Wärme des Heizgenerators zu 45% ausgenützt werden kann?

4.4.2. Zur Bestimmung der Wärmekapazität eines Verbrennungskalorimeters werden in ihm 0,924 g Alkohol ($H_0 = 8{,}31$ kWh/kg) verbrannt. Der mitverbrennende Zünddraht erzeugt 38 J. Wie groß ist die gesamte Wärmekapazität der Apparatur (Kalorimeter, Verbrennungsbombe und Wasserfüllung), wenn ein Temperaturanstieg um 2,104 K beobachtet wird?

4.4.3. Welchen spezifischen Brennwert besitzt Anthrazit, wenn in einem Verbrennungskalorimeter (Wärmekapazität von Kalorimeter, Rührwerk und Verbrennungsbombe 1710 J/K) mit einer Wasserfüllung von 3227 g beim Verbrennen von 1,106 g Anthrazit eine Temperaturerhöhung von 2,51 K entsteht (Verbrennungswärme des Zünddrahtes 50 J)?

4.4.4. In einer Verbrennungsbombe sollen 1,201 g Kohle verbrannt werden. Bis zu welchem Druck muß der Inhalt von 320 cm³ bei 18 °C mit Sauerstoff gefüllt werden, wenn zur vollständigen Verbrennung eine doppelt so große Sauerstoffmenge zur Verfügung stehen muß, wie sie zur Oxydation wirklich gebraucht wird?
Welche Temperaturerhöhung entsteht, wenn der spezifische Brennwert der Kohle 31,8 kJ/g beträgt und die Apparatur mit ihrer Wasserfüllung eine Wärmekapazität von 15 kJ/K hat? Wie groß ist der Partialdruck des entstehenden Kohlendioxids? (Sauerstoff: $m_m = 32$ g/mol; Kohlendioxid: $m_m = 44,01$ g/mol.)

4.4.5. Stadtgas hat einen auf das Normvolumen bezogenen Heizwert $H_{un} = 4,9$ kWh/m³. Welchen Wirkungsgrad hat eine Gasflamme, die beim Luftdruck $p_L = 970$ mbar je Minute 8 l Gas von der Ausgangstemperatur 22 °C verbrennt und in 6 min 2 l Wasser von 10 °C auf 50 °C erwärmt?

4.5. Schmelz- und Verdampfungswärme

Spezifische Schmelzwärme $\quad q \quad$ J/g; kWh/kg
Spezifische Verdampfungswärme $\quad r \quad$ J/g; kWh/kg

(Gesamte) Schmelzwärme $\quad Q_q = m\,q$
(Gesamte) Verdampfungswärme $\quad Q_r = m\,r$

4.5.1. In einem Kalorimeter (Wärmekapazität $C = 105$ J/K) befinden sich 472 g Wasser von 19 °C. Bringt man ein Stück Eis von 65 g und -6 °C hinein, so entsteht nach dem Schmelzen eine Endtemperatur von 7,4 °C. Welche spezifische Schmelzwärme errechnet sich daraus ohne Berücksichtigung des Wärmeaustausches mit der Umgebung? Ist der errechnete Wert der Schmelzwärme zu groß oder zu klein, wenn in der Umgebung Zimmertemperatur herrscht ($c_{Eis} = 2,1$ J/g K)?

4.5.2. Ein Eisblock von 0,8 kg und -10 °C wird in ein Gefäß ($C = 168$ J/K) mit 1,56 kg Wasser von 35 °C gebracht. Wieviel Eis ist noch übrig, wenn sich das Wasser auf 0 °C abgekühlt hat? Welche Wärmemenge muß noch aus der Umgebung aufgenommen werden, bis das Gefäß mit seinem ganzen Inhalt sich an die Umgebungstemperatur von 18 °C angeglichen hat ($c_{Eis} = 2,1$ J/g K, $q = 335$ J/g)?

4.5.3. Ein Trinkglas ($m = 135$ g, $c_{Gl} = 0,84$ J/g K) hat die Temperatur 20 °C. Es wird mit 0,25 dm³ Wasser von 15 °C gefüllt. Dann wird zur Kühlung aus dem Gefrierfach eines Kühlschranks, in dem die Temperatur -8 °C herrscht, ein Eiswürfel ($\varrho_{Eis} = 0,926$ g/cm³, $c_{Eis} = 2,1$ J/g K, $q_{Eis} = 335$ J/g) mit 3 cm Kantenlänge dazugegeben. Welche Temperatur nimmt das Glas mit dem Wasser an, wenn das Eis geschmolzen ist und keine Wärmeaufnahme aus der Umgebung berücksichtigt wird?

4.5.4. Bei senkrechtem Auftreffen übertragen die Sonnenstrahlen je Minute auf 1 m² der Erdoberfläche 80 kJ. Berechne die Dicke einer Eisschicht von 0 °C, die die Sonnenstrahlung im Verlauf von 24 Std. am 21. Juni am Nordpol abtauen könnte, wenn ihre Wärme ohne Verlust dafür zur Verfügung stünde? ($\varrho_{Eis} = 0{,}92$ kg/dm³, Winkel der Strahlen mit der Erdoberfläche 23,5°, $q = 335$ J/g.)

4.5.5. In einem Kalorimeter ($C = 126$ J/K) befinden sich 240 g Wasser von 12 °C. Nach dem Einleiten von 6,5 g gesättigtem Wasserdampf von 99° steigt die Temperatur auf 26,7 °C. Berechne daraus die Verdampfungswärme des Wassers bei dieser Temperatur.

4.5.6. Dem Kondensator einer Dampfmaschine strömen in einer Stunde 90 kg überhitzten Wasserdampfes von 105 °C bei 1 bar Druck zu. Wieviel Kühlwasser von 12 °C muß je Stunde mindestens eingeleitet werden, damit die Temperatur im Kondensator nicht über 35 °C steigt ($r = 2260$ J/g; $c_p = 2{,}0$ J/g K; Siedepunkt bei 1 bar: 99,6 °C).

4.5.7. Welche Wärmemenge ist erforderlich, um aus 12 kg Wasser von 15 °C überhitzten Wasserdampf von 240 °C bei 15 bar herzustellen? (Siedepunkt bei 15 bar 198,3 °C, spezifische Verdampfungswärme bei dieser Temperatur 1950 J/g, $c_p = 2{,}26$ J/g K.)

4.5.8. Wieviel Wasserdampf von 100 °C ($r = 2260$ J/g) muß in einen Behälter mit 60 kg Wasser von 0 °C eingeleitet werden, in dem oben eine 2 cm dicke Schicht des Wassers (Länge 50 cm, Breite 40 cm) zu Eis gefroren ist ($\varrho_{Eis} = 0{,}9$ kg/dm³, $q = 335$ J/g), bis die Temperatur auf 25 °C angestiegen ist, wenn 10% der vom Dampf abgegebenen Wärme an die Umgebung verlorengehen?

4.5.9. In eine Esse mit 7,5 kg Wasser von 50 °C werden mehrere glühende Eisenstücke ($\vartheta = 720$ °C) mit einer Gesamtmasse von 8 kg ($c = 0{,}6$ J/g K) gebracht. Wieviel Wasser würde dabei verdampfen, wenn die Wärme sich gleichmäßig auf die ganze Wassermenge verteilte? Wie verläuft der Vorgang wirklich? (Verdampfungstemperatur 100 °C; Verdampfungswärme 2260 J/g.)

4.5.10. In ein evakuiertes Gefäß von 5,6 dm³ Inhalt werden 100 g Wasser von 40 °C gebracht. Wieviel g Wasser verdampfen und um wieviel Grad kühlt sich dabei der Rest des Wassers ab? (Spezifische Verdampfungswärme des Wassers bei 40 °C $r = 2410$ J/g; Sättigungsdichte des Wasserdampfes bei 40 °C $\varrho_s = 51{,}1$ g/m³; der Wärmeaustausch mit dem Gefäß und der Umgebung sowie das Volumen des verdunsteten Wassers sollen nicht berücksichtigt werden.)

4.5.11. Was versteht man unter innerer und äußerer Verdampfungswärme?

4.6. Luftfeuchtigkeit

Druck des in der Luft enthaltenen Wasserdampfes	p_D	mbar	Absolute Feuchte	ϱ_D g/m³
			Relative Feuchte	f_r —
Sättigungsdruck	p_s	mbar	Sättigungsmenge	ϱ_s g/m³

$$p_D \approx f_r \cdot p_s \qquad \varrho_D = f_r \varrho_s$$
$$p_D \approx \varrho_D R_{H_2O} T \qquad p_s \approx \varrho_s R_{H_2O} T$$

4.6. Luftfeuchtigkeit

Genauere Werte als aus den letzten Formeln erhält man aus der folgenden Tabelle:

Sättigungsdruck p_s (in mbar) und Sättigungsmenge ϱ_s (in g/m³) des Wasserdampfes als Funktion der Temperatur ϑ (in °C)

ϑ	p_s	ϱ_s	ϑ	p_s	ϱ_s	ϑ	p_s	ϱ_s	ϑ	p_s	ϱ_s
−25	0,7	0,6	5	8,7	6,8	15	17,1	12,8	25	31,7	23,0
−20	1,1	0,9	6	9,3	7,3	16	18,1	13,6	26	33,6	24,4
−15	1,6	1,4	7	10,0	7,8	17	19,3	14,5	27	35,6	25,8
−10	2,7	2,1	8	10,7	8,3	18	20,7	15,4	28	37,7	27,2
−5	4,0	3,2	9	11,5	8,8	19	22,0	16,3	29	40,0	28,7
0	6,1	4,8	10	12,3	9,4	20	23,3	17,3	30	42,4	30,3
1	6,5	5,2	11	13,1	10,0	21	24,8	18,3	35	56,3	39,6
2	7,1	5,6	12	14,0	10,7	22	26,4	19,4	40	73,7	51,1
3	7,6	6,0	13	14,9	11,4	23	28,1	20,6	45	95,9	65,4
4	8,1	6,4	14	16,0	12,1	24	29,9	21,8	50	123,3	83,0

4.6.1. In einen Behälter von 6 dm³ Inhalt, der zu 60% mit Wasserdampf gesättigte Luft enthält, wird 1 kg Wasser gefüllt; dann wird er verschlossen. Unmittelbar danach herrschen im Innern eine Temperatur von 20 °C und ein Druck von 990 mbar. Welcher Druck stellt sich ein, wenn nach einiger Zeit die Luft vollständig mit Wasser gesättigt ist? Wieviel Wasser ist dann verdampft? Wieviel Wasser verdampft außerdem noch, wenn der Behälter auf 50 °C erwärmt wird, und welcher Druck entsteht dann? (Das Volumen des verdunsteten Wassers darf vernachlässigt werden.)

4.6.2. Bei welcher Oberflächentemperatur beschlagen sich die Innenflächen der Fenster in einem Zimmer (Raumtemperatur 21 °C, relative Feuchtigkeit $f_r = 65\%$)? Wie groß ist der gesamte Wassergehalt der Luft in dem 5 m · 8 m · 2,5 m großen Raum?

4.6.3. Bei einem Temperatursturz von 17 °C auf 5 °C fällt aus einer Wolke ein Niederschlag von 4 mm Höhe. Welche vertikale Ausdehnung folgt daraus für die von der Abkühlung betroffene Wolke? Wie groß ist die auf 1 km² niedergeschlagene Wassermenge?

4.6.4. Berechne die Sättigungsmenge des Wasserdampfes für 25 °C aus dem Sättigungsdruck nach der allgemeinen Gasgleichung ($R_{H_2O} = 0{,}461$ Ws/g K). Warum stimmt das Rechenergebnis nicht genau mit dem Tabellenwert überein?

4.6.5. An einem Wintertag herrschen im Freien eine Temperatur von −10 °C und eine relative Feuchtigkeit von 60%. Welche relative Feuchtigkeit entsteht in einem Zimmer, das nach einer guten Durchlüftung auf 20 °C erwärmt wird? Wieviel Wasser muß in dem Raum (Abmessungen 4 m · 5 m · 2,5 m) verdampft werden, bis die relative Feuchtigkeit auf 65% gestiegen ist?

4.6.6. Warum ist die relative Feuchte eines Wohnraums im Sommer größer als im Winter?

4.6.7. Warum herrscht bei einem Hoch meist schönes Wetter?

4.7. Wärmedurchgang

Wärmeleitkoeffizient (Wärmeleitfähigkeit)	λ	W/K m
Wärmeübergangskoeffizient	α	W/K m²
Wärmedurchgangskoeffizient	k	W/K m²
Temperatur des inneren Mediums	ϑ_i	°C
Temperatur des äußeren Mediums	ϑ_a	°C
Temperatur der Innenseite der Trennwand	ϑ_{wi}	°C
Temperatur der Außenseite der Trennwand	ϑ_{wa}	°C
Temperaturdifferenz zwischen den Oberflächen der Trennwand 1	$\Delta\vartheta_1$	°C
Wärmestrom	$\dot{Q}$	W = $\dfrac{J}{s}$

$$\frac{1}{k} = \frac{1}{\alpha_i} + \frac{d_1}{\lambda_1} + \frac{d_2}{\lambda_2} + \cdots + \frac{1}{\alpha_a} \qquad \frac{dQ}{dt} = \dot{Q} = k\,A\,\Delta\vartheta \qquad \Delta\vartheta = \vartheta_i - \vartheta_a$$

$$\vartheta_i - \vartheta_{wi} = \frac{k}{\alpha_i}\Delta\vartheta; \qquad \Delta\vartheta_1 = \frac{d_1 k}{\lambda_1}\Delta\vartheta; \ldots; \qquad \vartheta_{wa} - \vartheta_a = \frac{k}{\alpha_a}\Delta\vartheta$$

$$(\vartheta_i - \vartheta_{wi}) : \Delta\vartheta_1 : \Delta\vartheta_2 : \cdots : (\vartheta_{wa} - \vartheta_a) : \Delta\vartheta = \frac{1}{\alpha_i} : \frac{d_1}{\lambda_1} : \frac{d_2}{\lambda_2} : \cdots : \frac{1}{\alpha_a} : \frac{1}{k}$$

Ist die von der Wärme durchströmte Fläche A einer Trennwand innen und außen nicht gleich, so rechnet man bei kleinen Schichtdicken mit der Mittelfläche. Bei großer Schichtdicke ist das nicht mehr statthaft; man muß dann die Lösung der Gleichung $\dot{Q} = -A(x)\,\lambda\,\dfrac{d\vartheta}{dx}$ suchen. Wenn die Temperaturdifferenz, die den Wärmedurchgang hervorruft, sich zwischen dem Anfang und dem Ende des Vorganges geringfügig ändert, rechne man mit einer mittleren Temperaturdifferenz. Bei starker zeitlicher Änderung der Temperaturdifferenz berechnet man sie mit der Formel

$$\vartheta_{i(t)} - \vartheta_{a0} = (\vartheta_{i0} - \vartheta_{a0})\,e^{-\frac{kA}{mc}t}$$

($\vartheta_{i(t)}$ zeitlich veränderliche Innentemperatur; ϑ_{i0} Innentemperatur zum Zeitpunkt $t=0$; ϑ_{a0} konstante Außentemperatur; $e = 2{,}718$; m Stoffmenge, deren Temperaturänderung betrachtet wird; c deren spezifische Wärmekapazität.) Ist die Außentemperatur veränderlich, so sind die Indizes i und a zu vertauschen.
Bei dünnen, gut leitenden Schichten, die dem Wärmestrom fast keinen Widerstand entgegensetzen, sind in manchen Aufgaben keine Angaben gemacht. Solche Schichten sollen dann unberücksichtigt bleiben (vgl. Aufg. 4.7.1).

4.7.1. Welche Temperatur muß das Wasser eines Warmwasserheizkörpers haben, damit durch seine Oberfläche $A = 2{,}5$ m² genau der Wärmestrom $\dot{Q} = 0{,}93$ kW geht, der nötig ist, um den Raum auf der gleichbleibenden Temperatur von 22 °C zu halten ($\alpha_i = 580$ W/K m²; $\alpha_a = 7$ W/K m²)? Begründe, warum eine Angabe der Stärke (einige mm) und des Wärmeleitkoeffizienten (etwa 50 W/K m) der Heizkörperwandung überflüssig ist.

4.7. Wärmedurchgang

4.7.2. Ein Zimmer (Innentemperatur 20 °C) grenzt rechts, links, mit dem Boden und der Decke an gleichtemperierte Räume. Die Außenwand (4 m · 2,5 m) hat die Stärke 0,4 m und den Wärmeleitkoeffizienten $\lambda = 0{,}7$ W/K m. Sie enthält ein Fenster (2 m · 1,5 m), das doppelt verglast ist und bei einem Luftabstand von 10 cm an den Scheiben den Äquivalentleitkoeffizienten $\lambda^* = 0{,}6$ W/K m besitzt. Die gegenüberliegende Wand ($d = 0{,}2$ m, $\lambda = 0{,}9$ W/K m) grenzt an einen Flur ($\vartheta = 14$ °C) und enthält eine Tür (1 m · 2 m) aus einer 3 cm starken Holzplatte ($\lambda = 0{,}14$ W/K m). Welchen Wärmebedarf hat der Raum bei einer Außentemperatur von -12 °C ($\alpha_i = 8$ W/K m², $\alpha_a = 23$ W/K m² im Freien)? Wie groß muß die wärmeabgebende Fläche eines Heizkörpers sein (Wassertemperatur 65 °C, $k = 7$ W/K m²), um den Wärmebedarf des Raumes zu decken?

4.7.3. Vergleiche den Wärmedurchgang bei zwei Wänden von 6 m Länge und 2,5 m Höhe bei einem Temperaturunterschied von 20 K. Die eine besteht aus 30 cm starkem Mauerwerk ($\lambda = 0{,}7$ W/K m) und enthält ein großes Fenster von 4 m Breite und 2 m Höhe, das mit 6 mm starkem Glas verschlossen ist ($\lambda = 0{,}9$ W/K m). Die andere besteht aus 24 cm starkem Mauerwerk ($\lambda = 0{,}7$ W/K m) mit einer 6 cm starken Auflage aus Hartschaumstoff ($\lambda = 0{,}05$ W/K m) und enthält nur ein kleineres, doppelt verglastes Fenster (Breite 2,4 m, Höhe 1,25 m, Scheibenstärke 4 mm, Zwischenluftschicht 10 cm, Äquivalentleitkoeffizient $\lambda^* = 0{,}6$ W/K m; $\alpha_i = 8$ W/K m²; $\alpha_a = 23$ W/K m²).

4.7.4. Die Außenwand eines Zimmers mit der Innentemperatur 20 °C besitzt die Dicke 40 cm und den Wärmeleitkoeffizienten $\lambda = 0{,}8$ W/K m. Berechne den Wärmedurchgangskoeffizienten und die Temperaturen an der Innen- und Außenseite der Wand bei einer Außentemperatur von -10 °C ($\alpha_i = 8$ W/K m²; $\alpha_a = 23$ W/K m²).

4.7.5. Durch ein dünnwandiges Stahlrohr vom Durchmesser 40 mm werden je Sekunde 0,3 dm³ Wasser mit der Eingangstemperatur $\vartheta_1 = 20$ °C geleitet. Es wird von Flammengasen ($\vartheta_a = 1400$ °C, $\alpha_i = 2900$ W/K m², $\alpha_a = 145$ W/K m²) umströmt. Wie groß ist der Temperaturanstieg $\vartheta_2 - \vartheta_1$ in einem 1 m langen Stück des Rohres? (Man berücksichtige, daß dieser Temperaturanstieg klein ist im Vergleich zur Temperatur der Flammgase.) Auf welchen Wert vermindert sich der Temperaturanstieg, wenn sich im Rohr ein 3 mm starker Belag von Kesselstein ($\lambda = 0{,}7$ W/K m) gebildet hat?

4.7.6. Ein Quecksilberthermometer hat eine Kugel von 6 mm Innendurchmesser und 0,6 mm Wandstärke. Es wird aus einer Umgebung von 20 °C in ein Gefäß mit Wasser von 35 °C gebracht. Mit welcher Geschwindigkeit (K/s) beginnt das Thermometer zu steigen? Wie lange dauert es, bis es die Wassertemperatur nur noch mit einem Fehler von 0,1 K anzeigt? ($\varrho_{Hg} = 13{,}6$ g/cm³, $c_{Hg} = 0{,}138$ J/g K, $\lambda_{Glas} = 0{,}8$ W/K m; $\alpha_{H_2O} = 580$ W/K m²; $\alpha_{Hg} = 3500$ W/K m².)

4.7.7. Die Temperatur in einem Wassergefäß wird mit dem Quecksilberthermometer von Aufg. 4.7.6 gemessen. Die Wassertemperatur steigt in 6 min gleichmäßig von 10 °C auf 100 °C. Um welchen Betrag zeigt das Thermometer während des Temperaturanstiegs zu niedrig an?

4.7.8. Welches ist der höchste Wärmedurchgangskoeffizient, bei der sich auf der Innenseite einer Hauswand noch kein Schwitzwasser bildet, wenn die Innentemperatur 20 °C und die Außentemperatur -15 °C betragen, und die Innenluft die relative Feuchtigkeit $f_r = 70\%$ aufweist ($\alpha_i = 8$ W/K m²)?

4.7.9. Eine Mauer ($d_1 = 25$ cm, $\lambda_1 = 0{,}75$ W/K m) soll mit einer Leichtbauplatte ($\lambda_2 = 0{,}075$ W/K m) so isoliert werden, daß bei einer relativen Feuchtigkeit $f_r = 75\%$, einer Innentemperatur von 20 °C und einer Außentemperatur von -15 °C sich noch kein Schwitzwasser bildet ($\alpha_i = 8$ W/K m², $\alpha_a = 23$ W/K m²). Welche Stärke muß die Leichtbauplatte erhalten?

4.7.10*. Ein dünnwandiger, zylindrischer Warmwasserbehälter von 40 cm Innendurchmesser und 1,2 m Länge ist mit einer Isolierschicht (Dicke $s = 6$ cm, $\lambda = 0{,}07$ W/K m) umgeben und ganz mit Wasser von 75 °C gefüllt. Um wieviel Kelvin kühlt sich der Inhalt bei einer Außentemperatur von 20 °C in einer Stunde ab ($\alpha_a = 7$ W/K m²)? Man berechne die Temperaturänderung zunächst exakt und dann unter der Annahme, daß die Temperaturänderung klein ist, so daß $\vartheta_i - \vartheta_a$ angenähert konstant bleibt. Welche Voraussetzung muß für die Anwendbarkeit der Näherungslösung erfüllt sein? In welcher Zeit kühlt sich der Inhalt auf 60 °C ab?

4.7.11*. Ein Rohr von 10 cm Außendurchmesser ist mit 5 cm Glaswollmatte isoliert ($\lambda = 0{,}035$ W/K m). Die Rohrtemperatur beträgt 200 °C; die Außentemperatur der Isolierschicht 40 °C. Wie groß ist der Verlustwärmestrom pro m Rohrlänge? Wie groß wird der Fehler, wenn man mit der mittleren Fläche der Isolierschicht rechnet? Man zeige durch Reihenentwicklung des Logarithmus unter welcher Bedingung man die Näherung verwenden darf.

4.7.12*. Ein kugelförmiger Behälter für flüssige Luft soll so stark isoliert werden, daß in der Stunde höchstens 0,5 kg verdampfen. Der Behälterdurchmesser beträgt 30 cm, Wandstärke und Einfüllstutzen sollen vernachlässigt werden, Temperatur der flüssigen Luft $\vartheta_L = -194$ °C, Verdampfungswärme $r^* = 197$ J/g. Wie dick muß die Isolierschicht aus Schaumstoff ($\lambda = 0{,}04$ W/K m) werden, wenn die Schichtoberfläche die Temperatur 20 °C besitzt?

4.7.13. Warum hat das Kühlblech eines Transistors nebenstehende Form? Warum ist die Oberfläche mattschwarz? In welcher Lage soll sich der Kühlkörper während des Betriebs befinden?

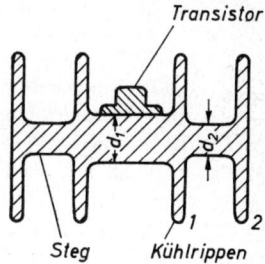

4.7.14. Zur Verbesserung der Wärmeisolation soll eine Wand mit einer Wärmedämmplatte verkleidet werden. Ist es zweckmäßiger, diese auf der Innen- oder auf der Außenseite anzubringen?

4.8. Wärmestrahlung

Oberflächentemperatur	T_1 K
Umgebungstemperatur	T_2 K
Strahlungskonstante	$\sigma = 5{,}67 \cdot 10^{-8}$ W/m² K⁴
Emissionsgrad	ε unbenannte Materialkonstante

4.8. Wärmestrahlung

Wärmeübergangskoeffizient der Strahlung α_S W/K m²
Wärmeübergangskoeffizient der Konvektion α_k W/K m²
Temperaturfaktor a_s K³ (von T_1 und T_2 abhängig)
Wellenlänge der stärksten Energieausstrahlung λ_{max} cm, nm

$\alpha_S = \sigma \cdot \varepsilon \cdot a_s$ $a_s = T_1^3 + T_1^2 T_2 + T_1 T_2^2 + T_2^3$

Stefan-Boltzmannsches Gesetz: $\dot{Q} = \sigma \varepsilon A (T_1^4 - T_2^4)$

oder: $\dot{Q} = \alpha_S \cdot A \cdot (T_1 - T_2)$

Gesamter durch Wärmeübergang und Wärmestrahlung abgegebener Wärmestrom

$$\dot{Q}_{ges} = (\alpha_k + \alpha_S) \cdot A \cdot (T_1 - T_2)$$

Bei der Berechnung der Wärmedurchgangskoeffizienten sind zur Berücksichtigung der Strahlung in den Formeln von Nr. 4.7 der Wärmeübergangskoeffizient α_a durch $\alpha_{ka} + \alpha_S$ und α_i durch $\alpha_{ki} + \alpha_S$ zu ersetzen.

Wiensches Verschiebungsgesetz: $\lambda_{max} T = 0{,}2898$ cm K

4.8.1. Die Heizgase in einem Ofenrohr ($d = 14$ cm, $l = 2$ m) erzeugen bei ihm eine Oberflächentemperatur von 470 °C. Wie groß ist der gesamte Wärmestrom in die Umgebung ($\vartheta_a = 20$ °C) durch Wärmeübergang ($\alpha_a = 12$ W/K m²) und Wärmestrahlung a) bei geschwärzter Oberfläche ($\varepsilon_1 = 0{,}9$), b) bei einer mit Aluminiumbronze gestrichenen Oberfläche ($\varepsilon_2 = 0{,}4$)?

4.8.2. Bei welcher Oberflächentemperatur darf man neben der abgegebenen Wärmestrahlung die aus der Umgebung ($T_2 = 300$ K) aufgenommene vernachlässigen, weil sie weniger als 1% ausmacht?

4.8.3. Eine 100-W-Lampe besitzt eine Glühwendel mit einer Oberfläche von $A_1 = 0{,}72$ cm² ($\varepsilon_1 = 0{,}35$). Sie wird auf eine solche Temperatur erhitzt, daß praktisch die ganze zugeführte Energie wieder als Strahlung abgegeben wird. Welche Temperatur besitzt dann die Wendel? Welcher Teil der Strahlung wird im Glas des Kolbens absorbiert, wenn er nach kurzer Brenndauer die gleichbleibende Temperatur 70 °C annimmt? (Oberfläche des Kolbens $A_2 = 120$ cm²; $\alpha_k = 7$ W/K m², $a_s = 1{,}3 \cdot 10^8$ K³, $\vartheta_2 = 20$ °C.)

4.8.4. Auf 1 m² der Erdoberfläche fällt bei senkrechter Sonnenbestrahlung und Fehlen einer Absorption durch die Atmosphäre je Minute eine Strahlungsenergie von 80 kJ. Die Entfernung Erde-Sonne beträgt $149 \cdot 10^6$ km, der Sonnenradius $0{,}7 \cdot 10^6$ km. Welche Temperatur hat die Sonnenoberfläche, wenn sie wie ein schwarzer Körper strahlt? Wie groß ist der gesamte von der Sonne ausgehende Strahlungsfluß? Bei welcher Wellenlänge liegt das Maximum der Strahlungsintensität?

4.8.5. Ein Transformator formt eine Leistung von 1,2 MW mit einem Wirkungsgrad von 97,5% um. Wie groß muß die Oberfläche für die Wärmeabgabe (eventuell durch Kühllamellen) gemacht werden, damit die Öltemperatur bei einer Außentemperatur von 20 °C nicht über 80 °C steigt? ($\alpha_i = 35$ W/K m²; $\alpha_{ka} = 12$ W/K m²; $\alpha_S = 7$ W/K m²)

4.8.6. Auf welchen Bruchteil vermindert sich die gesamte Wärmeabgabe eines sehr gut wärmeleitenden Körpers an die Umgebung ($\vartheta_a = 25$ °C), dessen Temperatur auf 100 °C gehalten wird, wenn seine ungeschützte Oberfläche ($\alpha_{kao} = 9$ W/K m², $\varepsilon = 0{,}9$, $a_s =$

$1{,}5 \cdot 10^8$ K^3) mit einer 8 cm dicken Isolierschicht ($\lambda = 0{,}05$ W/K m) verkleidet und ihr Emissionsgrad durch einen Anstrich mit Aluminiumbronze auf $\varepsilon = 0{,}4$ vermindert wird ($\alpha_{\text{kam}} = 7$ W/K m^2; $a_\text{s} = 1{,}2 \cdot 10^8$ K^3)? Welche Oberflächentemperatur nimmt die Isolierschicht an?

4.8.7. Auf eine Seite einer 6 cm dicken Holzwand ($\lambda = 0{,}17$ W/K m) fallen Sonnenstrahlen, wobei 670 W/m^2 absorbiert werden. Welche Oberflächentemperatur nehmen die beiden Seiten der Wand nach einiger Zeit im Temperaturgleichgewicht an? ($\alpha_\text{k} = 6$ W/K m^2; Wärmeübergangskoeffizient der Strahlung auf der Sonnenseite $\alpha_{\text{s}1} = 6{,}5$ W/K m^2; auf der Schattenseite $\alpha_{\text{s}2} = 5{,}8$ W/K m^2; Umgebungstemperatur $\vartheta_\text{a} = 20$ °C.)

4.8.8*. Der Wolframfaden einer Glühbirne hat die Oberfläche $A = 0{,}8$ cm^2, die Masse 40 mg, die spezifische Wärmekapazität 0,134 J/g K und den Emissionsgrad 0,4. Er besitzt bei normalem Betriebsstrom die Temperatur 2600 °C; bei 600 °C ist gerade noch ein Leuchten zu erkennen. Wie lange leuchtet der Faden nach dem Abschalten nach?

4.9. Kinetische Wärmetheorie

Masse eines Atoms (Moleküls)	m_A, m_M	kg, g
Anzahl der Moleküle im Mol (Avogadro-Konstante)	$N_\text{A} = 6{,}02 \cdot 10^{23}$ mol^{-1}	
Boltzmann-Konstante	$k = 1{,}38 \cdot 10^{-23}$ J K^{-1}	
Normzustand	$T_\text{n} = 273{,}2$ K; $p_\text{n} = 1013$ mbar	
Molares Normvolumen	$V_{\text{mn}} = V_\text{n}/n = 22{,}41$ dm^3/mol	
Volumenbezogene Anzahl der Moleküle	$N_\text{V} = \dfrac{N}{V}$ cm^{-3}	

Volumenbezogene Anzahl der Moleküle im Normzustand
$$N_{\text{Vn}} = N/V_\text{n} = N_\text{A}/V_{\text{mn}} = 2{,}69 \cdot 10^{19} \text{ cm}^{-3}$$

Durchmesser eines Moleküls d cm

$$k = \frac{R}{N_\text{A}}; \qquad R_\text{s} = \frac{R}{m_\text{m}}; \qquad \text{Gasdruck } p = \frac{1}{3}\varrho\,\overline{v^2}$$

Wurzel aus dem mittleren Geschwindigkeitsquadrat $\sqrt{\overline{v^2}} = \sqrt{3\,R_\text{s}\,T} = \sqrt{3\,k\,T/m_\text{M}}$

Mittlere Energie eines Moleküls pro Freiheitsgrad $E_\text{f} = \tfrac{1}{2}kT$

Anzahl der Freiheitsgrade f

freies Atom $f = 3$; freies zweiatomiges Molekül $f = 5$; freies Molekül mit räumlicher Struktur $f = 6$; gebundenes Atom $f = 6$

$$c_v = \frac{f}{2} R_\text{s}; \qquad c_p = \left(\frac{f}{2} + 1\right) R_\text{s}; \qquad \varkappa = \frac{f+2}{f}$$

Mittlere freie Weglänge
$$\overline{s} = \frac{1}{d^2\,\pi\,\sqrt{2}} \frac{V_{\text{mn}}\,p_\text{n}\,T}{N_\text{A}\,p\,T_\text{n}} = \frac{1}{d^2\,\pi\,\sqrt{2}} \frac{1}{N_\text{V}}$$

Translationsenergie eines Gases $\tfrac{1}{2} m \overline{v^2} = \tfrac{3}{2} m R_\text{s} T$

4.9./4.10. Kinetische Wärmetheorie/Zustandsänderungen und Umwandlung

4.9.1. Ein Behälter von 4 dm³ ist bei einem Druck von 1,5 bar und 27 °C mit Helium gefüllt. Welche Geschwindigkeit $\sqrt{\overline{v^2}}$ haben die Heliumatome und wie groß ist ihre gesamte kinetische Energie? Wie ändern sich die Ergebnisse, wenn der Behälter statt Helium ($A_r = 4$) Argon ($A_r = 39,9$) oder Stickstoff ($M_r = 28$) enthält ($R = 8,314$ Ws/mol K)?

4.9.2. Wie groß ist die mittlere freie Weglänge der Moleküle in Luft bei 27 °C und 1013 mbar? Auf welchen Druck muß ein Glaskolben mindestens evakuiert werden, damit die Moleküle im Mittel seinen Durchmesser von 5 cm ohne Zusammenstoß durchlaufen (Mittelwert der Moleküldurchmesser bei Luft $d = 2 \cdot 10^{-8}$ cm)?

4.9.3. Welche Temperatur muß Wasserstoff besitzen, damit die Moleküle die Geschwindigkeit $\sqrt{\overline{v^2}} = 5$ km/s haben? Wie groß ist dann die mittlere Translationsenergie eines Moleküls ($m_m = 2{,}016$ g/mol)?

4.9.4. Man bestimme mit Hilfe der kinetischen Wärmetheorie die spezifische Wärmekapazität von Wasserstoff ($M_r = 2{,}016$).

4.9.5. Begründe die Dulong-Petitsche Regel nach der kinetischen Wärmetheorie.

4.10. Zustandsänderungen und Umwandlung von Wärme in mechanische Arbeit

Spezifische isochore Wärmekapazität c_v J/g K
Spezifische isobare Wärmekapazität c_p J/g K
Innere Energie U J
Enthalpie H J
Entropie S J/K

Festlegungen: Positiv zählen die einem System zugeführte Wärme und die vom System abgegebene Arbeit. (In der chemischen Literatur wird dagegen die zugeführte Arbeit positiv gezählt.) Innere Energie, Enthalpie und Entropie werden bei 0 °C willkürlich Null gesetzt. (In der chemischen Literatur findet man auch 20 °C als Bezugspunkt.) Der Ausgangszustand eines Systems erhält den Index 1; der Endzustand den Index 2.

Zustands-änderung	Gleichung ohne T	Gleichung ohne p	Gleichung ohne V	Mechanische Arbeit W_{mech}	Zugeführte Wärmemenge Q
Isochor	$V_1 = V_2$	$V_1 = V_2$	$\dfrac{p_1}{T_1} = \dfrac{p_2}{T_2}$	0	$m\,c_v\,(T_2 - T_1)$
Isobar	$p_1 = p_2$	$\dfrac{V_1}{T_1} = \dfrac{V_2}{T_2}$	$p_1 = p_2$	$p(V_2 - V_1)$	$m\,c_p\,(T_2 - T_1)$
Isotherm	$p_1 V_1 = p_2 V_2$	$T_1 = T_2$	$T_1 = T_2$	$m\,R_s\,T \ln \dfrac{V_2}{V_1}$	$m\,R_s\,T \ln \dfrac{V_2}{V_1}$
Adiabatisch	$p_1 V_1^\varkappa = p_2 V_2^\varkappa$	$T_1 V_1^{\varkappa - 1} = T_2 V_2^{\varkappa - 1}$	$\dfrac{p_1^{\varkappa - 1}}{T_1^\varkappa} = \dfrac{p_2^{\varkappa - 1}}{T_2^\varkappa}$	$-m\,c_v \cdot (T_2 - T_1)$	0
Polytrop	$p_1 V_1^n = p_2 V_2^n$	$T_1 V_1^{n-1} = T_2 V_2^{n-1}$	$\dfrac{p_1^{n-1}}{T_1^n} = \dfrac{p_2^{n-1}}{T_2^n}$	$-\dfrac{m\,R_s}{n-1} \cdot (T_2 - T_1)$	$m\,R_s \dfrac{n - \varkappa}{(n-1)(\varkappa - 1)} \cdot (T_2 - T_1)$

$$\frac{c_p}{c_v} = \varkappa; \qquad c_p - c_v = R_\mathrm{s}; \qquad c_v = \frac{R_\mathrm{s}}{\varkappa - 1}; \qquad c_p = \frac{\varkappa R_\mathrm{s}}{\varkappa - 1}$$

$$\mathrm{d}Q = \mathrm{d}U + \mathrm{d}W$$

Bei reiner Volumenänderungsarbeit:

$$\mathrm{d}W = p \cdot \mathrm{d}V$$

$$\mathrm{d}U = m\, c_v\, \mathrm{d}T; \qquad \Delta U = U_{12} = m \int_1^2 c_v\, \mathrm{d}T = m\, \overline{c_v}\, (T_2 - T_1)$$

$$H = U + pV$$

Bei idealen Gasen: $\mathrm{d}H = m\, c_p\, \mathrm{d}T; \qquad H_{12} = m\, c_p\, (T_2 - T_1)$

Technische Arbeit eines Gases (Nutzarbeit eines offenen Systems):

$$W_{\mathrm{techn}\,12} = H_1 - H_2 = -\int_1^2 V\, \mathrm{d}p = \overline{c_p}\, m\, (T_1 - T_2)$$

$\mathrm{d}S = \mathrm{d}Q/T$. Bei konstanter Temperatur: $\Delta S = \Delta Q/T$

Bei idealen Gasen:

$$\Delta S = m \left(c_v \ln \frac{T_2}{T_1} + R_\mathrm{s} \ln \frac{V_2}{V_1} \right) = m \left(c_p \ln \frac{T_2}{T_1} - R_\mathrm{s} \ln \frac{p_2}{p_1} \right)$$

Bei festen und flüssigen Stoffen mit konstanter spezifischer Wärme:

$$\Delta S = m\, c \ln \frac{T_2}{T_1}$$

Effektiver Wirkungsgrad eines Kreisprozesses

$$\eta_{\mathrm{eff}} = \frac{\text{Nutzarbeit des Kreisprozesses}}{\text{Zugeführte Wärme}}$$

Thermischer Wirkungsgrad

$$\eta_{\mathrm{th}} = 1 - \frac{T_\mathrm{u}}{T_\mathrm{o}} \qquad T_\mathrm{o} > T_\mathrm{u}$$

4.10.1. Mit dem in der Abb. dargestellten Apparat kann die spezifische Wärmekapazität von Flüssigkeiten bestimmt werden. Dreht man an der Kurbel, so wird ein Gewichtsstück ($m = 10$ kg) von der Reibungskraft zwischen Band und Trommelumfang angehoben. Bei richtig gewählter, gleichbleibender Drehfrequenz bringt man das Gewichtsstück zum Schweben. Die Kraft am Trommelumfang ($d = 48$ mm) ist dann gleich der Gewichtskraft. Wie groß ist die spezifische Wärmekapazität von Wasser, wenn nach $k = 120$ Umdrehungen die Temperatur in der Trommel ($C = 54$ J/K; Wasserfüllung 47 g) um 6,7 K angestiegen ist? Welches sind die wichtigsten Gründe für die Unsicherheit des Meßergebnisses?

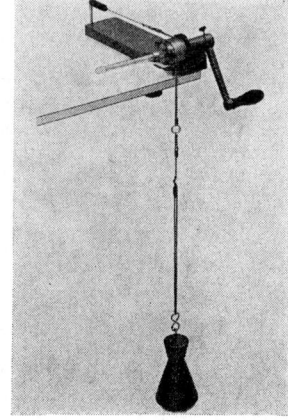

4.10. Zustandsänderungen und Umwandlung von Wärme in mechanische Arbeit

4.10.2. In einem Kalorimeter läuft zum besseren und rascheren Temperaturausgleich ein Rührwerk, das von einem Elektromotor mit 12 W Leistungsaufnahme bei einem Wirkungsgrad von 80% betrieben wird. Die Wärmekapazität des Kalorimeters mit Rührwerk und Füllung beträgt 700 J/K. Berechne den vom Rührwerk verursachten zeitlichen Temperaturanstieg. Wie groß ist der Temperaturanstieg in 1 min?

4.10.3. In einem Zylinder sollen 6 dm³ Luft von 1 bar und 27 °C auf 8 bar komprimiert werden. Auf wie viele dm³ muß der Kolben das Volumen vermindern, wie groß sind die Endtemperaturen, welche mechanische Arbeit ist erforderlich und welche Wärme muß abgeführt werden, wenn der Vorgang a) isotherm, b) polytrop mit $n=1{,}3$, c) adiabatisch ($\varkappa=1{,}4$) verläuft?

4.10.4. 2 kg Stickstoff stehen bei 20 °C unter einem Druck von 950 mbar ($c_\mathrm{V}=0{,}743$ J/g K; $\varkappa=1{,}4$; $R=8{,}314$ J/mol K; $m_\mathrm{m}=28$ g/mol). Das Gas wird zuerst isobar auf das Doppelte seines Anfangsvolumens ausgedehnt und dann wieder adiabatisch auf das Anfangsvolumen verdichtet. Welchen Druck und welche Temperatur hat der Stickstoff nach diesen beiden Zustandsänderungen? Welche Wärmemenge nimmt er auf? Wie groß sind die beim Entspannen abgegebene und die beim Verdichten notwendige mechanische Arbeit? Wie groß ist die Gesamtarbeit?

4.10.5. In welchem Verhältnis muß die angesaugte Luft in einem Dieselmotor mit 2,5 dm³ Anfangsvolumen adiabatisch komprimiert werden, wenn sie bei einer Temperatur von 50 °C und 1 bar angesaugt wird und eine Endtemperatur von 650 °C erzielt werden soll? Welcher Enddruck entsteht vor dem Einspritzen des Kraftstoffs? Wie groß ist die erforderliche Kompressionsarbeit ($\varkappa=1{,}4$)?

4.10.6. Ein Kompressor soll je Minute 20 kg Druckluft von 15 bar erzeugen. Er saugt die Luft bei 1 bar und 18 °C an. Die Kompression darf als adiabatisch betrachtet werden ($\varkappa=1{,}4$). Welche Nutzleistung muß der Antriebsmotor haben? Mit welcher Temperatur wird die Preßluft abgegeben ($c_\mathrm{p}=1{,}006$ J/g K)?

4.10.7. Bei einer Explosion wird ein Sprengstück ($m=20$ kg) fortgeschleudert und hat kurz vor seinem Aufprall eine Geschwindigkeit von 320 m/s. Auf welchen Druck wird die umgebende Luft ($\varrho_1=1{,}20$ kg/m³, $\vartheta_1=17$ °C, $p_1=1$ bar) auf der Vorderseite des Sprengstückes zusammengepreßt und welche Temperatur entsteht an dieser Stelle, wenn die Verdichtung nach einer Polytrope mit $n=1{,}35$ erfolgt? Welche Temperaturerhöhung entsteht an der Auftreffstelle, wenn sich die Energie kurz nach dem Aufprall auf das Sprengstück selbst und außerdem noch auf 10 kg Materie (mittlere spezifische Wärmekapazität von Sprengstück und Materie $c=0{,}8$ J/g K) übertragen hat?

4.10.8. Ein Benzinmotor besitzt eine Leistung von 40 kW und verbraucht dazu je Stunde 14 l Benzin mit dem Heizwert 44 kJ/g ($\varrho=0{,}8$ kg/dm³). Unmittelbar bei der Verbrennung entsteht eine Temperatur von 2100 °C; im Auspuff besitzen die Verbrennungsgase noch eine Temperatur von 500 °C. Wie groß sind thermischer und tatsächlich erreichter effektiver Wirkungsgrad?

4.10.9. Wieviel größer als bei 0 °C ist die Enthalpie von 30 kg Wasserdampf bei 25 bar und 300 °C? Welchen Anteil daran haben innere Energie und Verdrängungsarbeit? (Siedepunkt des Wassers bei 25 bar: 224 °C, mittlere spezifische Wärmekapazität zwischen 0 °C und 224 °C: $\bar{c}=4{,}3$ J/g K, Verdampfungswärme: 1845 J/g, spezifisches Volumen des Dampfes bei 25 bar und 300 °C: 100 dm³/kg, mittlere spezifische Wärmekapazität des Dampfes zwischen 224 °C und 300 °C: $\bar{c}_\mathrm{p}=2{,}72$ J/g K.) Man betrachte den Wasserdampf als ideales Gas.

4.10.10. Um welchen Betrag wächst die Entropie, wenn ein Eisenstück von 4 kg und der Temperatur 400 °C in 10 kg Wasser von 15 °C abgeschreckt wird ($c_{Fe} = 0{,}58$ J/g K)?

4.10.11. Zwei gleiche Behälter von je 1 dm³ Inhalt sind mit Stickstoff bzw. Sauerstoff von jeweils 1 bar und 25 °C gefüllt. Um welchen Betrag steigt die Entropie, wenn man die Gefäße verbindet, so daß sich die Gase mischen können und die Temperatur nach der Mischung wieder 25 °C erreicht.

4.10.12. Zwei Behälter von je $V_a = 1$ dm³ Inhalt sind bei 25 °C mit Sauerstoff von $p_{1a} = 2$ bar bzw. $p_{2a} = 1$ bar gefüllt. Um welchen Betrag steigt die Entropie, wenn man die beiden Gefäße verbindet, so daß Druckausgleich möglich ist und die Temperatur nach dem Mischen wieder 25 °C beträgt?

4.10.13. 0,4 kg Luft ($c_p = 1$ J/g K, $\varkappa = 1{,}4$) von $\vartheta_1 = 27$ °C werden durch Wärmezufuhr aus einem heißen Behälter mit der Temperatur $\vartheta_2 = 127$ °C bis zum Temperaturausgleich isochor erwärmt. Danach wird sie adiabatisch bis zur Anfangstemperatur entspannt und schließlich wieder isotherm auf das Anfangsvolumen komprimiert. Berechne den effektiven und den thermischen Wirkungsgrad dieses Kreisprozesses und die dabei auftretende Entropieänderung. Weshalb liegt der erreichte Wirkungsgrad unter dem maximal möglichen und weshalb ist die Entropieänderung nicht Null?

4.10.14. In einem Behälter mit Trennwand befinden sich auf beiden Seiten der Trennwand
   a) die gleiche Gasart bei gleichem Druck
   b) zwei verschiedene Gase mit gleichem Druck
   c) die gleiche Gasart mit unterschiedlichem Druck.

   Wie ändert sich in jedem der drei Fälle die Entropie, wenn man die Trennwand entfernt?

4.10.15. Wie ist es zu erklären, daß bei der Osmose Moleküle des Lösungsmittels in die Lösung hineindiffundieren, obwohl in ihr der Druck infolge der Osmose höher ist als beim Lösungsmittel?

5. SCHWINGUNGSLEHRE

5.1. Lineare Schwingungen

Rücktreibende Kraft	F_r	N
Richtgröße	D	N/m = kg/s²
Elongation, Augenblickswert der Auslenkung	x	m
Scheitelwert, Amplitude	$\hat{x}$	m
Periodendauer, Schwingungsdauer	T	s
Frequenz	f	s⁻¹
Kreisfrequenz, Winkelfrequenz	ω	s⁻¹
Phasenwinkel	$\omega t + \varphi_0$	—
Nullphasenwinkel	φ_0	—
Phasenverschiebungswinkel	φ	—

$$f = \frac{1}{T} \qquad \omega = \frac{2\pi}{T} = 2\pi f \qquad \varphi = \varphi_{02} - \varphi_{01}$$

Für die harmonische Schwingung gilt:

$$F_r = -Dx; \qquad \omega = \sqrt{\frac{D}{m}} \qquad T = 2\pi \sqrt{\frac{m}{D}}$$

$$x = \hat{x}\cos(\omega t + \varphi_0); \quad v = -\hat{x}\omega\sin(\omega t + \varphi_0); \quad a = -\hat{x}\omega^2\cos(\omega t + \varphi_0)$$

Beginnt die Schwingung im Umkehrpunkt, ist $\varphi_0 = 0$

Beginnt die Schwingung im Nullpunkt, ist $\varphi_0 = -\pi/2$

5.1.1. Ein Körper von der Masse 200 g schwingt unter dem Einfluß einer Richtgröße 15 N/m. Bestimme seine Schwingungsdauer und seine Frequenz. Wie lautet die Gleichung für seine Bewegung, wenn der Körper in 6 cm Entfernung von seiner Ruhelage freigegeben wird? Nach welchen Zeiten und mit welchen Geschwindigkeiten bewegt er sich durch die Punkte, die 2 cm von der Ruhelage entfernt sind?

5.1.2. Bei einer harmonischen Sinusschwingung bewegt sich ein Körper durch einen Punkt mit der Elongation 10 cm. 0,8 s später passiert er den gleichen Punkt auf dem Rückweg und nach weiteren 3,2 s wieder in der Richtung wie beim ersten Durchgang. Berechne die Amplitude und die Frequenz der Schwingung.

5.1.3. Ein Auto hat leer die Masse 740 kg. Eine Nutzlast von 300 kg senkt den Wagen in den Radfedern um 6 cm. Welche Periodendauer hat die vertikale Schwingung, die der Wagen mit Last, z.B. nach dem Fahren über eine Querrinne, ausführt?

5.1.4. Am Ende einer horizontalen Blattfeder, deren Masse vernachlässigbar klein ist, wird ein Körper befestigt. Dadurch wird die Feder um 12 mm nach unten gebogen. Welche Periodendauer hat das System?

5.1.5. Bei Erschütterungen schwingt der an einem elastischen Bügel befestigte Sitz eines Traktors ohne Fahrer mit der Frequenz 10,5 s⁻¹, mit dem Fahrer ($m = 72$ kg) mit der Frequenz 1,5 s⁻¹. Um welche Strecke senkt sich der Sitz, wenn sich der Fahrer daraufsetzt?

5.1.6. An einem Körper mit der Masse 200 g zieht rechts und links eine gleiche Feder mit der Federkonstante $D = 40$ N/m. (Die Masse der Feder ist zu vernachlässigen.) a) Welche Dauer haben die horizontalen Schwingungen des Körpers? b) Wie ändert sich die Periodendauer, wenn beide Federn um 5 cm vorgespannt werden? c) Wie groß wird die Periodendauer, wenn rechts und links je zwei Federn mit $D = 40$ N/m befestigt sind? d) Wie ändern sich die Ruhelage und die Periodendauer, wenn eine der vier Federn bricht und die Zugkraft einer Feder in der Lage c) $F_0 = 6$ N beträgt?

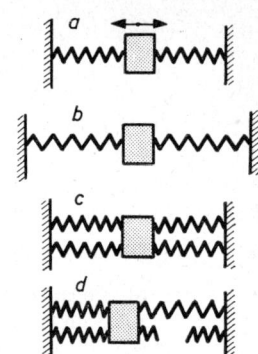

5.1.7. Die Masse 30 g eines Federpendels der Kreisfrequenz $2\ \text{s}^{-1}$ befindet sich zum Zeitpunkt $t = 0$ in 3 cm Entfernung von der Ruhelage; seine Geschwindigkeit beträgt 6 cm/s. Wie groß sind Amplitude, Maximalgeschwindigkeit, maximale Beschleunigung $\hat{a}$ und Nullphasenwinkel? Welche Gesamtenergie hat das System?

5.1.8. Zwei Federpendel hängen nebeneinander. Sie führen die Schwingungen $x_1 = \hat{x} \cos(\omega_1 t + \varphi_{01})$ und $x_2 = \hat{x} \cos(\omega_2 t + \varphi_{02})$ aus. Zu welchen Zeiten zwischen $t = 0$ s und $t = 5$ s zeigen beide Pendel den gleichen Ausschlag, wenn $\hat{x}_1 = \hat{x}_2 = \hat{x}$, $\omega_1 = 4\ \text{s}^{-1}$, $\omega_2 = 2\ \text{s}^{-1}$, $\varphi_{01} = 135°$ und $\varphi_{02} = 225°$?

5.1.9*. Steigert man die Masse eines Federpendels um $1°/_{00}$, so wächst die Periodendauer um 0,05 s. Wie groß ist die Periodendauer des Systems?

5.1.10. 90 g Wasser befinden sich in einer U-förmig gebogenen Röhre mit konstantem Querschnitt. Wie groß ist die Periodendauer in den Fällen a) bis d)? a) Rohrquerschnitt 2,25 cm², Röhre steht senkrecht. b) Rohrquerschnitt 1 cm², Röhre steht senkrecht. c) Rohrquerschnitt 2,25 cm², Winkel zwischen Röhre und der Vertikalen $\alpha = 60°$. d) Welche Quecksilbermenge muß in die Röhre gebracht werden, damit die Periodendauer der Schwingung mit der von 90 g Wasser übereinstimmt?

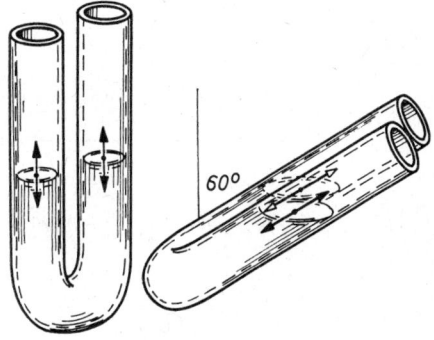

5.1.11*. Ein Behälter trägt oben eine Röhre von 12 mm Durchmesser. Von einer Kugel ($m = 7$ g), die genau in die Röhre paßt, wird ein Luftvolumen von 2 dm³ abgeschlossen. Welche Periodendauer besitzt die Kugel in der Röhre bei kleinen Schwingungen? (Wegen der raschen Schwingung wird die Luft adiabatisch komprimiert; $\varkappa = 1,4$; Außendruck 1 bar.)

5.1.12*. Eine Kugel rollt auf der in der Abb. gezeigten Bahn (Neigungswinkel $\beta = 30°$) ohne zu gleiten. Man bestimme die Periodendauer, wenn die Kugel zum Zeitpunkt $t = 0$ 43,8 cm von der Ruhelage entfernt losgelassen wird, und der Übergang vom einen zum anderen Teil der Bahn ohne Geschwindigkeitsverlust erfolgt. Man zeichne qualitativ $v(t)$ und $a(t)$. Wie wirkt es sich auf die Periodendauer und die graphische Darstellung aus, wenn der Übergang zwischen den beiden Teilen der Bahn längs einer Abrundung (punktierte Linie) erfolgt?

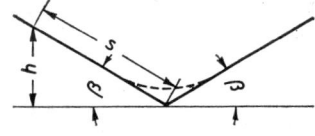

5.1./5.2. Lineare Schwingungen/Drehschwingungen und Pendel

5.1.13*. Ein Kurbelgetriebe wird mit konstanter Winkelgeschwindigkeit ω angetrieben. Anfangsbedingung: $t_0 = 0$; $\varphi_0 = 0$

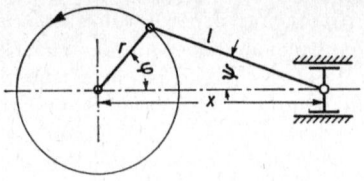

a) Man bestimme $x(t)$

b) Unter welcher Bedingung verläuft die Bewegung des Kreuzkopfes näherungsweise harmonisch (Nullte Näherung)

c) Man gebe eine Näherungslösung für $\frac{r}{l} \ll 1$ an (Erste Näherung).

d) Man ermittle für diese Näherung Geschwindigkeit und Beschleunigung des Kreuzkopfes als Funktion der Zeit.

e) Es sei $l = 4$ dm; $r = 1$ dm. Bei welchen Winkeln φ wird die Geschwindigkeit des Kreuzkopfes ein Maximum?

5.1.14. Ein Holzquader und eine Holzkugel schwimmen auf Wasser. Warum ist die vertikale Schwingung, die beide Körper ausführen können, abgesehen von der starken Dämpfung, beim Quader harmonisch, bei der Kugel aber nicht?

5.2. Drehschwingungen und Pendel

Rücktreibendes Moment	M_r	Nm	Trägheitsmoment um die Drehachse	J	kgm² = Nms²
Winkelrichtgröße	D^*	Nm			
Winkelausschlag	φ^*	—	Trägheitsmoment um die zur Drehachse parallele Schwerpunktsachse	J_S	kgm² = Nms²
Winkelamplitude	$\hat{\varphi}^*$	—			
Pendellänge	l	cm, m			
			Entfernung Drehpunkt-Schwerpunkt	s	cm, m

Harmonische Drehschwingungen: $\varphi^* = \hat{\varphi}^* \cos(\omega t + \varphi_0)$

$$D^* = \frac{M_r}{\varphi^*} \qquad \omega = \sqrt{\frac{D^*}{J}} \qquad T = 2\pi\sqrt{\frac{J}{D^*}} = 2\pi\sqrt{\frac{J_S + ms^2}{D^*}}$$

Mathematisches Pendel bei kleinen Ausschlägen: $T = 2\pi\sqrt{\dfrac{l}{g}}$

Physisches Pendel bei kleinen Ausschlägen: $T = 2\pi\sqrt{\dfrac{J_S + ms^2}{mgs}}$

Man achte auf eine strenge Unterscheidung von Winkelausschlag φ^* und Phasenwinkel φ.

5.2.1. Wie groß ist die Länge eines Fadenpendels, dessen Periodendauer genau 1 s beträgt?

5.2.2. Eine Kugel vom Durchmesser 5 cm ist an einem Faden so aufgehängt, daß die Entfernung vom Drehpunkt bis zum Schwerpunkt 20 cm beträgt. Welcher Fehler (in %) ergibt sich, wenn die Periodendauer nach der Formel eines mathematischen Pendels statt der für ein physisches Pendel gerechnet wird?

5.2.3. Berechne die Periodendauer der Schwingung einer Kreisscheibe vom Durchmesser 40 cm, die an einem Punkt ihres Umfangs aufgehängt ist.

5.2.4. Zur Bestimmung des Trägheitsmomentes eines Rades mit der Masse $m = 2$ kg um seine horizontale Achse wird es an einer parallelen Achse, die 25 cm über der Schwerpunktsachse liegt, drehbar befestigt. Die Periodendauer der Schwingung um diese Achse beträgt 1,2 s. Wie groß ist das Trägheitsmoment um die Schwerpunktsachse?

5.2.5. Bei einem Metronom besteht der Taktschläger aus einem festen Gegengewicht an einem Stab und einer verschiebbaren Masse. Der feste Teil besitzt die Masse $m_0 = 50$ g, das Trägheitsmoment $J_0 = 1000$ g cm² um die Drehachse und einen Schwerpunkt, der 4 cm unter der Drehachse liegt. Der Schwerpunkt der als punktförmig anzusehenden Schiebemasse ($m_1 = 10$ g) liegt in der tiefsten Stellung 2 cm, in der höchsten Stellung 15 cm über der Drehachse. Bei jeder Schwingung gibt der Taktschläger zwei Schläge. Berechne die kleinste und die größte Taktzahl je Minute.

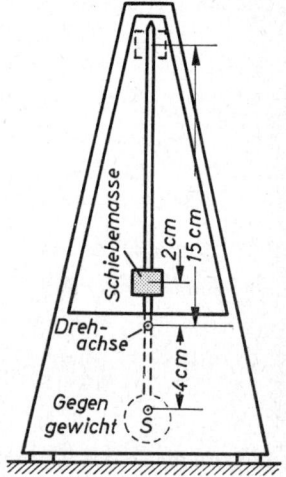

5.2.6. Ein Stab ($m = 0,4$ kg, $l = 0,6$ m) ist in vertikaler Lage am oberen Ende mittels einer Stahllamelle pendelnd aufgehängt. Wie groß ist das von der Lamelle ausgeübte rücktreibende Moment bei einem Ausschlag von 10°, wenn die Periodendauer 1 s beträgt? (Masse und Länge der Lamelle dürfen vernachlässigt werden.)

5.2.7. Eine runde Scheibe ($J = 0,002$ kgm²) ist um ihre horizontale durch die Mitte gehende Achse drehbar. Eine Spiralfeder erzeugt eine Winkelrichtgröße $D^* = 0,2$ Nm. Berechne die Periodendauer der Schwingung. In welchem Abstand darf senkrecht unter der Drehachse eine Masse angebracht werden, ohne daß sich dadurch die ursprüngliche Periodendauer von Schwingungen mit kleiner Amplitude ändert.

5.2.8*. Ein 1 m langer vertikaler Stab soll um eine horizontale Achse drehbar befestigt werden. Wie weit muß die Drehachse vom Stabende entfernt sein, damit die Periodendauer seiner Pendelschwingungen möglichst klein wird?

5.2.9. Wie groß ist die Periodendauer der Drehschwingung eines Zylinders, der an seinem Umfang mit zwei Fäden der Länge l aufgehängt ist bei kleiner Auslenkung?

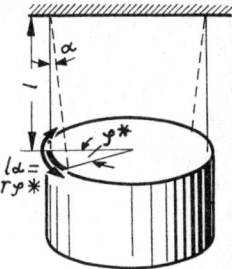

5.2.10. Ein um seinen oberen Endpunkt reibungsfrei drehbares, schlankes, homogenes Rohr (Länge 1 m, Masse 200 g) soll als Uhrpendel dienen. Wo muß man eine durchbohrte Kugel der Masse 200 g, deren Ausdehnung vernachlässigt werden darf, anbringen, damit die Periodendauer 1,5 s beträgt? Wo muß die Masse sitzen, wenn die Periodendauer ein Minimum werden soll?

5.2.11. Warum ist wohl eine Armbanduhr, nicht aber eine Pendeluhr weltraumgeeignet?

5.3. Dämpfung

Dämpfung durch äußere Reibung:

Ursache: Konstante Festkörperreibung (Reibungskraft F_R; Reibungsmoment M_R).

Wirkung: Aufeinanderfolgende Amplituden nehmen um einen gleichbleibenden Betrag ab, und zwar
bei linearen Schwingungen um $\Delta \hat{x} = 4\,F_R/D$ je volle Schwingung,
bei Drehschwingungen um $\Delta \hat{\varphi}^* = 4\,M_R/D^*$ je volle Schwingung.

Die Schwingung kommt zum Stillstand, sobald ein Umkehrpunkt in den Bereich zwischen $-F_R/D$ und $+F_R/D$ (bzw. $-M_R/D^*$ und $+M_R/D^*$) fällt.
Die Periodendauer stimmt mit der einer ungedämpften Schwingung überein.

Geschwindigkeitsproportionale Dämpfung:

Ursache: Geschwindigkeitsproportionale innere Reibung bei Flüssigkeiten und Gasen oder das Entstehen von Wirbelströmen.

Wirkung: Die abnehmenden, aufeinanderfolgenden Amplituden besitzen einen gleichbleibenden Quotienten, das Amplitudenverhältnis q.

Kreisfrequenz ohne Dämpfung ω_0 s^{-1} Abklingkonstante δ s^{-1}
Kreisfrequenz mit Dämpfung ω_d s^{-1} Amplitudenverhältnis q —
Geschwindigkeit einer linearen Schwingung v cm/s
Winkelgeschwindigkeit einer Drehschwingung ω^* s^{-1}

Lineare Schwingung	Drehschwingung
$\delta = \dfrac{F_R}{2\,m\,v}$	$\delta = \dfrac{M_R}{2\,J\,\omega^*}$
$\omega_d = \sqrt{\omega_0^2 - \delta^2}$ $T_d = \dfrac{2\pi}{\omega_d}$	$\omega_d = \sqrt{\omega_0^2 - \delta^2}$ $T_d = \dfrac{2\pi}{\omega_d}$
$q = \dfrac{\hat{x}_{n+1}}{\hat{x}_n} = e^{-\delta T_d}$	$q = \dfrac{\hat{\varphi}^*_{n+1}}{\hat{\varphi}^*_n} = e^{-\delta T_d}$

Gleichung der entstehenden periodischen Schwingung:

$x = \hat{x}_0\,e^{-\delta t}\cos(\omega_d t + \varphi_0)$ $\varphi^* = \hat{\varphi}^*_0\,e^{-\delta t}\cos(\omega_d t + \varphi_0)$

Es entsteht eine periodische Schwingung, wenn $\delta < \omega_0$
der aperiodische Grenzfall, wenn $\delta = \omega_0$
ein aperiodischer Rückgang des Ausschlags, wenn $\delta > \omega_0$

Bei schwacher Dämpfung ($\delta \leq 0{,}1\,\omega_0$ bzw. $q \geq 0{,}5$) gilt mit höchstens 0,5% Fehler $T_d \approx T_0$ und $\omega_d \approx \omega_0$.

5.3.1. Ein Klotz mit der Masse 2 kg befindet sich zwischen zwei Federn mit einer Federkonstante von je $D_0 = 1{,}2$ N/cm. Er kann auf seiner Unterlage mit der Reibungszahl $\mu = 0{,}3$ hin- und hergleiten.

Berechne die Periodendauer und die Amplitudenabnahme je Schwingung. Nach wievielen Schwingungen (n) und an welcher Stelle ($\hat{x}_n$) kommt der Klotz zur Ruhe, wenn er bei der Amplitude $\hat{x}_0 = 21$ cm freigegeben wird? Wie ändern sich Ruhelage, Periodendauer und Amplitudenabnahme, wenn man die Unterlage um 30° gegen die Horizontale neigt?

5.3.2. Spule und Zeiger eines Drehspulinstruments haben zusammen eine Masse 15 g und das Trägheitsmoment 50 g cm². Die Winkelrichtgröße der Rückstellfeder beträgt 0,2 N mm. Berechne die Periodendauer des reibungsgedämpften Systems. Wie groß darf der Durchmesser der Achse höchstens sein, damit der durch die Lagerreibung ($\mu = 0{,}2$) bedingte Anzeigefehler des Meßwerks nicht mehr als 0,3° beträgt?

5.3.3. Ein nicht genau ausgewuchtetes Rad mit der Masse 5 kg und dem Trägheitsradius $r_i = 18$ cm schwingt um seine horizontale Achse mit einer Periodendauer von 9 s. Aus aufeinanderfolgenden auf der gleichen Seite liegenden Umkehrpunkten ergibt sich eine gleichbleibende Amplitudenabnahme $\Delta\hat{\varphi}^* = 15°$. Wie weit liegt der Schwerpunkt neben der Achse? Mit welcher Reibungszahl ist die Achse des Rades auf beiden Seiten in einem Lager mit dem Durchmesser $2r = 10$ mm gelagert?

5.3.4. Ein schlanker Stab von der Länge 60 cm kann um sein oberes Ende Pendelschwingungen ausführen. Bei der Bewegung durch die Luft entsteht eine geschwindigkeitsproportionale Dämpfung. Die Anfangsamplitude von 5° geht nach einer vollen Schwingung auf 4,6° zurück. Berechne die Zeit und die Amplitude des Umkehrpunktes nach drei ganzen Schwingungen.

5.3.5. Ein schwingungsfähiger Körper hat die Masse 300 g und die Richtgröße 10 N/m. Er wird von einer geschwindigkeitsproportionalen Kraft gedämpft, die bei $v = 1$ m/s den Betrag 0,75 N annimmt. Berechne die Periodendauer der gedämpften Schwingung und den Quotienten zweier Amplituden, zwischen denen eine volle Periode liegt.

5.3.6. Ein Pendel besteht aus einer Aluminiumkugel ($\varrho_1 = 2{,}7$ kg/dm³), die mit einem dünnen Stab aufgehängt ist. (Der Stab und das Trägheitsmoment der Kugel um ihre Schwerpunktsachse sollen in der Rechnung vernachlässigt werden.) Der Schwerpunkt ist 20 cm vom Drehpunkt entfernt. Die Kugel bewegt sich in Öl ($\varrho_2 = 0{,}9$ kg/dm³, $\eta = 0{,}6$ kg/ms). Wie groß muß der Radius der Kugel sein, damit das Pendel gerade aperiodisch in die Ruhelage zurückkehrt?

5.3.7. Der Zeiger und die drehbaren Teile eines Meßinstruments haben ein Trägheitsmoment von 13,5 g cm². Eine Spiralfeder erzeugt eine Winkelrichtgröße von 10^{-4} Nm. Wie groß muß das dämpfende Moment bei einer Winkelgeschwindigkeit von 120° in einer Sekunde sein, damit der Zeiger aperiodisch in seine Endstellung geht?

5.3.8*. Man beweise die Gültigkeit der in der Vorbemerkung angegebenen Näherungsformel für schwache Dämpfung. Zugelassen ist ein Fehler der berechneten Periodendauer von höchstens 0,5%. Wie groß darf die Abklingkonstante höchstens werden? Wie groß ist im Grenzfall das Amplitudenverhältnis?

5.3.9. Vergleiche Reibungsdämpfung und geschwindigkeitsproportionale Dämpfung im Hinblick auf ihre Entstehung, ihren Einfluß auf die Amplitude einer Schwingung und ihre Anwendbarkeit zur Dämpfung von Meßinstrumenten.

5.4. Erzwungene Schwingung, Resonanz, gekoppelte Schwingungen

(Die folgenden Angaben gelten für lineare Schwingungen in eingeschwungenen Systemen; bei Drehschwingungen sind x durch φ^*, $\hat{x}$ durch $\hat{\varphi}^*$, F durch M, D durch D^*, m durch J zu ersetzen.)

Abklingkonstante	δ s^{-1}	Eigenkreisfrequenz	ω_0 s^{-1}
Erregeramplitude	$\hat{x}_a$ cm	(Kreisfrequenz der un-	
Erregerkraft	F_a N	gedämpften Schwingung)	
		Erregerkreisfrequenz	ω_a s^{-1}
		Phasenverschiebungswinkel	φ

Erregerkraft: $F_a = \hat{F}_a \sin \omega_a t$

Gleichung der angeregten Schwingung: $x = \hat{x} \sin(\omega_a t - \varphi)$ mit

$$\hat{x} = \frac{\hat{F}_a/m}{\sqrt{(\omega_0^2 - \omega_a^2)^2 + 4\delta^2 \omega_a^2}} \qquad \tan \varphi = \frac{2\delta \omega_a}{\omega_0^2 - \omega_a^2}$$

Frequenzresonanz: $\omega_a = \omega_0$; $\qquad \hat{x} = \frac{\hat{F}_a}{2m\delta\omega_a}$; $\qquad \varphi = \frac{\pi}{2}$

Amplitudenresonanz: $\omega_{a\,res} = \sqrt{\omega_0^2 - 2\delta^2} \qquad$ mit $\qquad \delta < \frac{\omega_0}{\sqrt{2}}$

$$\tan \varphi_{res} = \frac{\omega_{a\,res}}{\delta}; \qquad \hat{x}_{res} = \frac{\hat{F}_a}{2m\delta\sqrt{\omega_0^2 - \delta^2}}$$

Ist speziell $\delta \ll \omega_0$, so wird

$$\omega_{a\,res} \approx \omega_0; \qquad \hat{x}_{res} \approx \frac{\hat{F}_a}{2m\delta\omega_0}$$

Sonderfall: $F_a = D x_a = \omega_0^2 m x_a$

$$\hat{x} = \frac{\hat{x}_a \omega_0^2}{\sqrt{(\omega_0^2 - \omega_a^2)^2 + 4\delta^2 \omega_a^2}} \qquad \hat{x}_{res} = \frac{\hat{x}_a \omega_0^2}{2\delta\sqrt{\omega_0^2 - \delta^2}} \qquad \hat{x}_{res} \approx \frac{\hat{x}_a \omega_0}{2\delta} = \frac{\hat{x}_a \pi}{\delta T_0}$$

Gekoppelte Schwingungen zweier Systeme mit gleicher Eigenfrequenz ω_0 und Amplitude x bei einer koppelnden Kraft $F_k = D_k(x_2 - x_1)$:

Grundfrequenzen: $\omega_1 = \omega_0 = \sqrt{\dfrac{D}{m}} \qquad \omega_2 = \sqrt{\dfrac{D + 2D_k}{m}}$

Frequenz der gekoppelten Schwingung $\omega = \dfrac{\omega_1 + \omega_2}{2}$

Schwebungsfrequenz $\omega_2 - \omega_1$

Gleichung der gekoppelten Schwingungen:

$$x_1 = x \cos\left(\frac{\omega_2 - \omega_1}{2}t\right) \cos\left(\frac{\omega_1 - \omega_2}{2}t\right) \qquad x_2 = x \sin\left(\frac{\omega_2 - \omega_1}{2}t\right) \sin\left(\frac{\omega_1 + \omega_2}{2}t\right)$$

5.4.1. Bei einem schwingungsfähigen System nimmt der Ausschlag während der Periodendauer von 0,6 s infolge einer geschwindigkeitsproportionalen Dämpfung um 12% ab. Welche Amplitude kann seine Schwingung erreichen, wenn er mit einer Anregungsamplitude von 3 cm in seiner Eigenfrequenz angeregt wird?

5.4.2. Ein Gleichstrommeßinstrument besitzt ein drehbares Meßsystem mit dem Trägheitsmoment $J = 30$ g cm^2 und eine Winkelrichtgröße $D^* = 4{,}7 \cdot 10^{-4}$ Nm. Wie lang ist die Dauer einer Schwingung ohne Dämpfung? Welchen Wert muß die Abklingkonstante δ besitzen, damit das System möglichst rasch den Endausschlag anzeigt? Welchen Bruchteil des Anregungswinkels zeigt das Instrument an, wenn Wechselstrom mit der Frequenz $f = 50$ Hz durch die Spule geschickt wird?

5.4.3. Ein Fadenpendel von 36 cm Länge wird dadurch erregt, daß man den Aufhängepunkt periodisch horizontal verschiebt ($f_a = 2$ s^{-1}; $\hat{x}_a = 4$ cm). Die Dämpfung ist vernachlässigbar klein. Welche Amplitude kann die erzwungene Schwingung erreichen?

5.4.4. Ein Drehpendel, das über eine Spiralfeder angeregt wird, hat die Eigenperiodendauer $T_0 = 2$ s. Aus dem Verhältnis seiner Resonanzamplitude zur Anregungsamplitude soll die Abklingkonstante bestimmt werden. Bis zu welchem Wert von δ kann die Näherungsformel $\delta_N \approx \dfrac{\omega_0 \hat{x}_a}{2\, x_{\text{res}}}$ verwendet werden, wenn der Fehler des Ergebnisses nicht mehr als 10% betragen darf?

5.4.5. Ein Federpendel der Eigenkreisfrequenz 10 s^{-1} hat die Pendelmasse 0,2 kg und wird durch ein Ölbad gedämpft. Bei einem Maximalwert $\hat{F}_a = 3$ N der Erregerkraft erreicht es die Resonanzamplitude 0,2 m. Wie groß ist die Abklingkonstante? Mit welcher Frequenz muß der Erreger arbeiten? Der Maximalwert der Erregerkraft wird auf konstant 3 N gehalten. Bei welchen Erregerfrequenzen erreicht die Amplitude der erzwungenen Schwingung 90% der Resonanzamplitude? Wie groß ist in diesen Fällen der Phasenverschiebungswinkel?

5.4.6. Zwei gleiche schlanke Stäbe von je 50 cm Länge und 250 g Masse sind beide an ihrem oberen Ende als Pendel in gleicher Höhe so drehbar aufgehängt, daß sie in der gleichen Vertikalebene schwingen können. Am unteren Ende sind sie durch eine Schraubenfeder mit der Federkonstanten $D_k = 0{,}5$ N/m verbunden. Der linke Stab wird so angestoßen, daß er seine Gleichgewichtslage nach rechts verläßt. Wie lange dauert es, bis der rechte Stab die ganze Energie des linken Stabes übernommen hat? (Voraussetzung: kleine Auslenkungen.)

5.5. Wellen

Wellenlänge λ m, cm   Fortpflanzungsgeschwindigkeit c m/s, cm/s
Längenbezogene Masse eines Seiles oder einer Saite $\mu = \mathrm{d}m/\mathrm{d}l = A\varrho$ kg/m, g/cm
Frequenz f Hz, s^{-1}

5.5. Wellen

$$\lambda f = c$$

Amplitudenabnahme einer Oberflächenwelle $\quad \hat{y} = \hat{y}_0 \sqrt{\dfrac{r_0}{r}}$

Amplitudenabnahme einer räumlichen Welle $\quad \hat{y} = \hat{y}_0 \dfrac{r_0}{r}$

Fortpflanzungsgeschwindigkeit einer Seilwelle $\quad c = \sqrt{\dfrac{F}{\mu}}$

(F Zugkraft im Seil)

Fortpflanzungsgeschwindigkeit einer elastischen Welle

in festen Stoffen $\quad c = \sqrt{\dfrac{E}{\varrho}} \quad$ (E Elastizitätsmodul)

in Flüssigkeiten $\quad c = \sqrt{\dfrac{1}{\chi \varrho}} \quad \left(\chi \text{ Kompressibilität} = -\dfrac{1}{V}\left(\dfrac{\partial V}{\partial p}\right) \right)$

in Gasen $\quad c = \sqrt{\dfrac{\varkappa p}{\varrho}} = \sqrt{\varkappa R_s T} \quad \left(\varkappa = \dfrac{c_p}{c_v} \right)$

Gleichung einer in Richtung der positiven x-Achse laufenden linearen Welle:

$$y = \hat{y} \sin 2\pi \left(\frac{t}{T} - \frac{x}{\lambda} \right) = \hat{y} \sin \omega \left(t - \frac{x}{c} \right)$$

Energiestrom einer Welle durch die Fläche A: $\quad P = cA \tfrac{1}{2} \varrho \hat{y}^2 \omega^2$

Dopplereffekt bei elastischen Wellen:

$\quad$ Geschwindigkeit des Senders $\quad v_S$
$\quad$ Frequenz der ausgesandten Wellen $\quad f_S$
$\quad$ Geschwindigkeit des Beobachters $\quad v_B$
$\quad$ Frequenz der empfangenen Welle $\quad f_B$

Sender und Empfänger bewegen sich auf ihrer Verbindungsgeraden. Der Zahlenwert von v ist bei Annäherung positiv, bei Entfernung negativ einzusetzen.

$$f_B = f_S \frac{1 + \dfrac{v_B}{c}}{1 - \dfrac{v_S}{c}}$$

Dopplereffekt bei elektromagnetischen Wellen:

Relativgeschwindigkeit zwischen Sender und Beobachter v; Vorzeichen wie bei der elastischen Welle:

$$f_B = f_S \frac{1 + \dfrac{v}{c}}{\sqrt{1 - \dfrac{v^2}{c^2}}} \approx f_S \left(1 + \frac{v}{c} + \frac{v^2}{2c^2} \right) \approx f_S \left(1 + \frac{v}{c} \right)$$

5.5.1. Auf einer Wasseroberfläche wird in einem Punkt von einem periodisch mit der Frequenz $f = 6\ \text{s}^{-1}$ eintauchenden Stift eine Oberflächenwelle erregt. Wie groß ist ihre Wellenlänge, wenn sie sich mit der Geschwindigkeit 24 cm/s ausbreitet? Die Amplitude der Welle beträgt in 1 cm Entfernung vom Erregerzentrum 4 mm; wie groß ist sie in der Entfernung 25 cm, wenn im Wasser keine Energieabsorption eintritt? Berechne Elongation und Phasenwinkel 1,6 s nach dem Abgang der ersten Welle in einer Entfernung von 25 cm.

5.5.2. Zur Untersuchung der Fortpflanzungsgeschwindigkeit einer Seilwelle wird ein Gummischlauch an seinem einen Ende befestigt und am anderen Ende mit einer Frequenz $f = 4\ \text{s}^{-1}$ zu Wellen angeregt. Aus der angeregten und der am festen Ende reflektierten Welle setzt sich eine stehende Welle zusammen, bei der die Entfernung zweier aufeinanderfolgender Knoten 1,15 m beträgt. Berechne die Fortpflanzungsgeschwindigkeit. Dann wird ein Teil des Gummischlauches innen mit Sand gefüllt, so daß dort seine längenbezogene Masse viermal so groß ist als im leeren Teil des Schlauches. Wie groß sind dann die Knotenabstände im gefüllten Teil, wenn sie im leeren die unveränderte Länge 1,15 m haben?

5.5.3. Ein gespanntes Gummiseil von 2 m Länge ($\varrho = 1{,}25\ \text{g/cm}^3$) und 6 mm² Querschnitt wird in der Mitte von einer quer zum Seil wirkenden Kraft $F_y = 12$ N um 8 cm ausgelenkt. Berechne die Frequenz der Schwingung, die entsteht, wenn es nach der Auslenkung freigegeben wird?

5.5.4. Im Zeitpunkt $t = 0$ beginnt gleichzeitig in A und B (AB = 70 cm) die Erregung einer longitudinalen Kugelwelle. Die von A ausgehende Welle hat die Frequenz 2,5 Hz und in 1 cm Entfernung die Amplitude 5 cm. Die von B ausgehende Welle hat die Frequenz 2 Hz und in 1 cm Entfernung die Amplitude 2 cm. Beide Wellen breiten sich mit der Geschwindigkeit 10 cm/s aus. In welchem Punkt der Verbindungslinie haben beiden Wellen gleiche Amplitude? Nach welcher Zeit tritt dort eine Erregung durch beide Wellenzüge ein? Wann löschen sich dort zum ersten Male beide Anregungen aus? Weshalb entsteht an diesem Punkt keine dauernde Auslöschung?

5.5.5. In einer Wellenwanne erzeugen zwei im Abstand von 2 cm mit der Frequenz 12 Hz eintauchende Stifte A und B zwei sich überlagernde Oberflächenwellen. Die Punkte, in denen sich die beiden Wellen auslöschen, liegen auf Hyperbeln, die in einiger Entfernung von den Erregerzentren durch ihre Asymptoten genähert werden können. Die der Mittelsenkrechten von AB am nächsten gelegene bildet mit der Verbindungslinie AB einen Winkel von 60°. Wie groß ist die Fortpflanzungsgeschwindigkeit der Wellen? (Die Aufgabe benötigt einige Eigenschaften der Hyperbel.)

5.5.6. Eine ungedämpfte Wasserwelle mit ebener Wellenfront (Frequenz 3 Hz, Wellenlänge 1,4 cm, Amplitude 0,4 cm) beginnt zum Zeitpunkt $t = 0$ in positiver x-Richtung zu laufen. (Anfangsbedingung: $t = 0$; $x = 0$.) Nach welcher Zeit hat die Welle ein Wassermolekül an der Stelle $x = 8{,}4$ cm erfaßt? Mit welcher Geschwindigkeit und in welche Richtung schwingt dieses Molekül nach 2,2 s? Was ändert sich, wenn zwischen der Ausgangswellenfront und P ein Schirm mit der Öffnung A bzw. mit den Öffnungen A und B eingefügt wird?

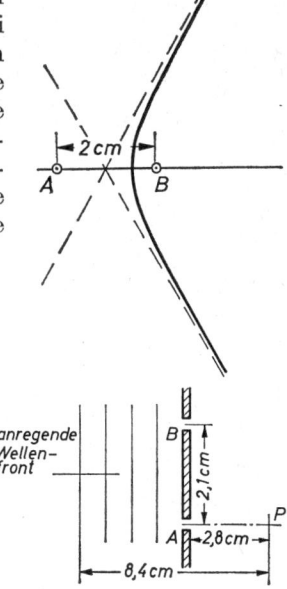

5.5./5.6. Wellen/Schall

5.5.7. Welche Leistung überträgt die Druckwelle einer Explosion, die sich durch die Luft ($\varrho = 1{,}3$ kg/m³) vom Zentrum aus als Kugelwelle mit einer Geschwindigkeit von 320 m/s ausbreitet und in einer Entfernung von 100 m noch eine Amplitude von 2 mm besitzt, wenn die mittlere Frequenz der Schwingung 60 Hz beträgt?

5.5.8. Ein Holzzylinder (Durchmesser 8 cm, Höhe 6 cm, Dichte 0,6 g/cm³) schwimmt mit vertikaler Achse in Wasser.

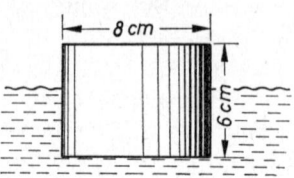

a) Berechne die Periodendauer der vertikalen Schwingungen, die er um seine Gleichgewichtslage ausführen kann bei Vernachlässigung der Dämpfung.

b) Wie groß ist die Anfangsenergie des schwingenden Zylinders, wenn seine Amplitude zu Beginn der Schwingung 2 cm beträgt?

c) Der schwingende Zylinder regt in dem umgebenden Wasser eine Oberflächenwelle an. Welche Bedeutung hat diese Welle für die Schwingung des Zylinders?

5.5.9*. Warum muß in der Formel für die Berechnung der Fortpflanzungsgeschwindigkeit von elastischen Wellen in Gasen die adiabatische und nicht die isotherme Kompressibilität eingesetzt werden? Man bestimme aus den Gasgleichungen die isotherme und die adiabatische Kompressibilität.

5.5.10*. Bis zu welcher Relativgeschwindigkeit darf man bei elektromagnetischen Wellen die Frequenzänderung durch den Dopplereffekt mit $f_B - f_S \approx f_S \dfrac{v}{c}$ angeben, wenn 1% Fehler zugelassen sind?

5.5.11*. Der Stern Algol im Sternbild des Perseus verändert seine Helligkeit regelmäßig mit einer Periode von 3,96 d. Dabei verschiebt sich die Wellenlänge der H_α-Linie mit der gleichen Periode zwischen 655,57 nm und 657,37 nm. Die Ursache dieser Erscheinung liegt darin, daß der Stern mit einem dunklen Begleiter um den gemeinsamen Schwerpunkt kreist. Die Erde steht nahezu in der Ebene der Kreisbahn, so daß die Linienverschiebung eine Folge des Dopplereffekts bei der abwechselnd auf die Erde zu und von ihr weg gerichteten Bewegung ist. Wie groß sind die Bahngeschwindigkeit und der Durchmesser der von dem hellen Stern beschriebenen Kreisbahn?

5.5.12. Um die Geschwindigkeit zu bestimmen, mit der eine Rakete fliegt, wird sie von der Startstelle aus mit Radarwellen verfolgt. Sie treffen die Rakete in Richtung der Fluggeschwindigkeit und werden von ihr reflektiert. Überlagert man im Empfänger die ausgesandte Welle mit der (empfangenen und entsprechend verstärkten) reflektierten Welle, so erhält man eine im Kopfhörer wahrnehmbare Schwebungsfrequenz. Welche Geschwindigkeit hat eine Rakete, wenn die ausgesandte Welle die Frequenz 10^8 Hz ($c = 300\,000$ km/s) und die Schwebung die Frequenz 500 Hz aufweisen?

5.6. Schall

Effektiver Schalldruck	p_{eff}	N/m²	Schallintensität	I	W/m²
Schallpegel	L	dB	Lautstärke	Λ	phon
Schluckgrad,			Schallschluckung	A_S	m²
Schall-Absorptionsgrad	α		Raumvolumen	V	m³
			Größe der absorbierenden Fläche	A_W	m²

Schallgeschwindigkeit = Fortpflanzungsgeschwindigkeit einer elastischen Welle (vgl. Nr. 54). Sie ist in:

festen Körpern $c = \sqrt{\dfrac{E}{\varrho}}$, Flüssigkeiten $c = \sqrt{\dfrac{1}{\chi \varrho}}$,

Gasen $c = \sqrt{\dfrac{\varkappa p}{\varrho}}$

Grundfrequenz einer gespannten Saite $f = \dfrac{1}{\lambda} \sqrt{\dfrac{F}{\mu}} = \dfrac{1}{\lambda} \sqrt{\dfrac{F}{A \varrho}}$

(μ Längenbezogene Masse)

$L = 20 \text{ dB} \lg \dfrac{p_\text{eff}}{p_\text{eff 0}}$ $\qquad p_\text{eff 0} = 2 \cdot 10^{-5}$ N/m²

$L = 10 \text{ dB} \lg \dfrac{I}{I_0}$ $\qquad I_0 = 10^{-12}$ W/m²

(Bei der Frequenz 1000 Hz gelten beide Formeln auch für die Lautstärke, wenn dB durch phon ersetzt wird.)

$p_\text{eff} = \sqrt{\dfrac{I}{0{,}0025 \text{ W/m}^2}}$ N/m² $\qquad I = \left(\dfrac{p_\text{eff}}{20 \text{ N/m}^2}\right)^2$ W/m²

Schallschluckung $A_S = \alpha_1 A_{w1} + \alpha_2 A_{w2} + \cdots$

Nachhallzeit bei 22 °C $\quad T = 0{,}16 \dfrac{\text{s}}{\text{m}} \dfrac{V}{A_S}$ (Formel von Sabine)

5.6.1. Berechne die Schallgeschwindigkeit
a) in Messing (Elastizitätsmodul $E = 80$ kN/mm², $\varrho = 8{,}5$ kg/dm³),
b) in Wasser (Krompressibilität $\chi = 5 \cdot 10^{-5}$ bar⁻¹),
c) in Luft bei 0 °C und 20 °C ($\varrho_0 = 1{,}293$ kg/m³, $\varkappa = 1{,}4$),
d) in Kohlendioxid bei 20 °C ($\varrho_0 = 1{,}96$ kg/m³, $\varkappa = 1{,}3$).

5.6.2. Eine Stimmgabel hat die Frequenz 440 Hz. Wie groß ist die Wellenlänge der von ihr in die Luft abgestrahlten Welle ($c = 340$ m/s)? Wie hoch muß eine 30 cm lange Röhre mit Wasser gefüllt werden, damit die darüber befindliche Luftsäule mit schwingt, wenn die Stimmgabel über ihr offenes Ende gehalten wird?

5.6.3. Bei einer Kundtschen Röhre wird ein Messingstab von 0,85 m Länge, der in der Mitte eingespannt ist, zu einer Grundschwingung von 1860 Hz angeregt. In der Röhre entstehen dann bei dem Korkmehl Häufungen im Abstand von 9,15 cm. Wie groß ist die Schallgeschwindigkeit in Luft und in Messing? Welchen Elastizitätsmodul besitzt das Messing ($\varrho = 8{,}5$ kg/dm³)?

5.6.4. Zwei Stahldrähte ($\varrho = 7{,}8$ kg/dm³) von 1,2 m Länge, von denen der eine den Durchmesser 0,4 mm, der andere 0,5 mm hat, sind an ihren Enden eingespannt. Der dünnere wird von einer Kraft 85 N, der stärkere von 120 N gespannt. Welche Schwebungsfrequenz entsteht, wenn gleichzeitig beide Drähte in ihrer Grundschwingung angeregt werden?

5.6. Schall

5.6.5*. Eine Violine besitzt eine Stahl-e-Saite ($f = 660$ Hz, $\varrho = 7{,}8$ kg/dm³, $E = 210$ kN/mm²) mit einer schwingenden Länge von 36 cm. Sie ist bei 18 °C richtig gestimmt und wird in einen Raum mit 25 °C gebracht. Um wieviel Hz verstimmt sie sich dabei ($\alpha_\text{Stahl} = 14 \cdot 10^{-6}$ K⁻¹, $\alpha_\text{Holz} = 3 \cdot 10^{-6}$ K⁻¹)?

5.6.6. Vor dem offenen Ende einer Röhre befindet sich eine Galtonpfeife (Pfeife für sehr hohe Töne und Ultraschall). Diese regt im Innern der Röhre eine stehende Welle an, deren Bäuche (bewegte Luftteilchen) einen in der Röhre angebrachten elektrisch geheizten Glühdraht stärker kühlen als die Knoten (ruhende Luftteilchen).

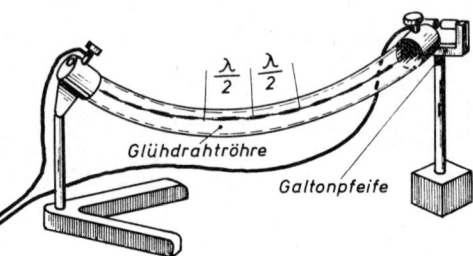

Berechne aus dem Abstand 2,1 cm der hellen Stellen des Glühdrahtes die Frequenz des Tones (Temperatur in der Röhre wegen des Glühdrahtes etwa 80 °C, Schallgeschwindigkeit bei 0 °C $c_0 = 331$ m/s).

5.6.7. Mit welcher Geschwindigkeit muß sich ein Fahrzeug mit einer auf ihm angebrachten Schallquelle bewegen, damit für einen ruhenden Beobachter die Tonfrequenzen des Fahrzeugs beim Herankommen und danach beim Wegfahren wie 10:9 verhalten ($c = 340$ m/s)?

5.6.8. Ein von der Schallquelle A ausgehender Ton von 1000 Hz hat im Punkt B die Lautstärke 50 phon (nur Direktschall). Er wird an einer Wand diffus (ohne Phasenbeziehung) reflektiert.

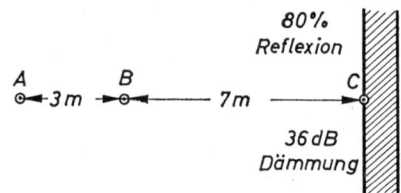

a) Wie groß sind im Punkt B der Effektivwert der hervorgerufenen Druckschwankung und die Schallintensität?

b) Wie groß sind die Schallintensität und Lautstärke der direkten Welle in C?

c) Wie groß sind in C die Gesamtschallintensität und die Gesamtlautstärke der Überlagerung aus der direkten und reflektierten Welle, wenn an der Wand 80% der Schallintensität zurückgeworfen werden?

d) Wie groß sind Schallintensität und Lautstärke hinter der Wand, wenn die Dämmung 36 dB beträgt?

Löse die Fragen auch für einen Ton von 100 Hz unter Benützung des Schall-Lautstärkediagramms.

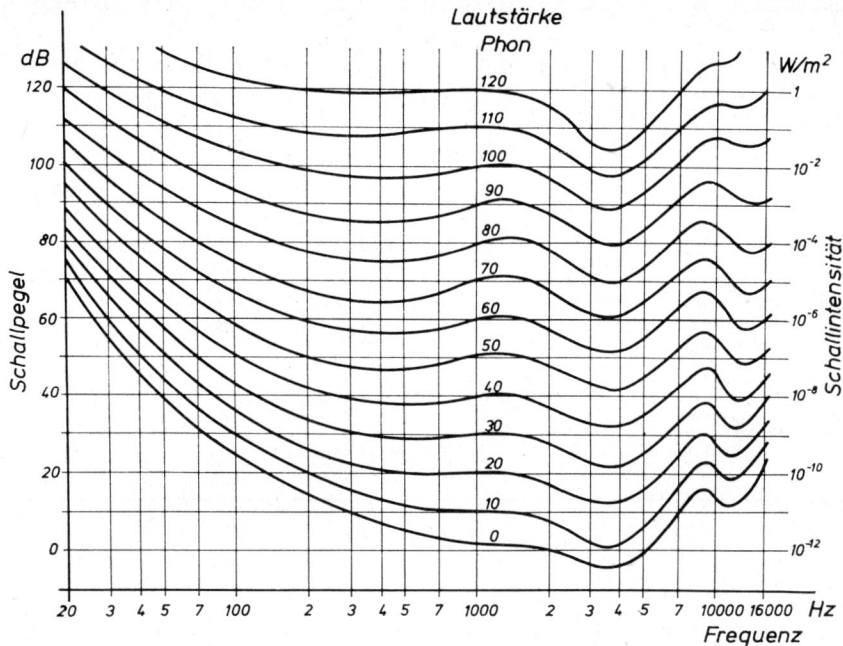

5.6.9. Berechne die Nachhalldauer in einem Lehrsaal mit den Abmessungen $8 \text{ m} \cdot 10 \text{ m} \cdot 3{,}5 \text{ m}$, wenn der mittlere Schallabsorptionsgrad der Wände 5%, des Bodens 3% und der mit Schallschluckplatten verkleideten Decke 20% beträgt. Der Saal enthält 50 Sitzplätze. Jeder leere Sitz ist mit $0{,}06 \text{ m}^2$ und jeder mit einer Person besetzte Sitz mit $0{,}45 \text{ m}^2$ Schallschluckung in Rechnung zu setzen. Berechne die Nachhalldauer des leeren und des mit 40 Personen besetzten Saales.

6. OPTIK

6.1. Photometrie

Ausgesandter Gesamtlichtstrom	Φ_0	lm	Beleuchtungstechnischer Wirkungsgrad	η	unbenannt
Auffallender Lichtstrom	Φ	lm	beleuchtete Fläche	A	m²
Lichtstärke	I	cd	Sichtfläche einer Leuchte	A_s	cm²
Beleuchtungsstärke	E	lx = lm/m²	Reflexionsgrad	ϱ	unbenannt
Leuchtdichte	L	cd/m²	Raumwinkel	Ω	sr

Winkel zwischen Lichtstrahl und Flächennormale ε

Beleuchtungsstärke:
(allgemein) $\quad E = \dfrac{\Phi}{A}$

direkte Beleuchtungsstärke bei
punktförmiger Lichtquelle: $\quad E = \dfrac{I \cos \alpha}{r^2}$

Erforderlicher Lichtstrom $\quad \Phi = EA/\eta$

Leuchtdichte einer Leuchte $\quad L = I/A_s$

Leuchtdichte einer beleuchteten Fläche $\quad L = \dfrac{\varrho}{\pi} \dfrac{E}{\text{lx}} \dfrac{\text{cd}}{\text{m}^2}$

$I = \dfrac{d\Phi_0}{d\Omega} \qquad \Phi_0 = \oint I \, d\Omega$

6.1.1. Eine Kugelleuchte, die nach allen Seiten die gleiche Lichtstärke 135 cd besitzt, hängt 2,4 m über dem Boden eines Zimmers. Welche Beleuchtungsstärke entsteht (ohne Berücksichtigung des von Decke und Wänden reflektierten Lichtes)
a) senkrecht unter der Lampe auf dem Boden,
b) senkrecht unter der Lampe auf einem 0,8 m hohen Tisch,
c) auf einem 3 m seitlich gelegenen Punkt des Bodens,
d) auf dem Tisch, wenn er 3 m zur Seite gerückt wird?

6.1.2. Eine Straßenlampe befindet sich 8 m über dem Boden. Ein Schirm bewirkt, daß die Lichtstärke in dem ganzen nach unten gerichteten Winkelbereich fast gleichmäßig 4000 cd beträgt. Berechne die Beleuchtungsstärke senkrecht unter der Lampe. In welcher Entfernung längs der Straße ist die nächste Lampe anzubringen, wenn in der Mitte zwischen beiden Lampen die Beleuchtungsstärke nicht unter 5 lx absinken soll?

6.1.3*. Eine Lampe besitzt einen Schirm, so daß in einem weiten Winkelbereich nach unten eine gleichbleibende Lichtstärke von 100 cd ausgestrahlt wird. Sie soll an einer Wand angebracht werden, die von einem Arbeitsplatz die Horizontalentfernung 1 m hat. In welcher Höhe ist die Lampe anzubringen, damit sie am Arbeitsplatz eine möglichst hohe Beleuchtungsstärke erzeugt?

6.1.4. Zwei Lampen befinden sich mit einem horizontalen Abstand von 3 m in 2 m Höhe über einer Ebene. Sie haben in Richtung auf diese Ebene die gleichbleibende Lichtstärke $I_1 = 100$ cd und $I_2 = 200$ cd. An welchem Punkt A der Ebene sind die von beiden Lampen erzeugten Beleuchtungsstärken gleich? Unter welchem Winkel φ muß ein in der Mitte B zwischen L_1 und L_2 auf der Ebene liegendes Flächenstück geneigt werden, damit es von beiden Lampen die gleiche Beleuchtungsstärke empfängt?

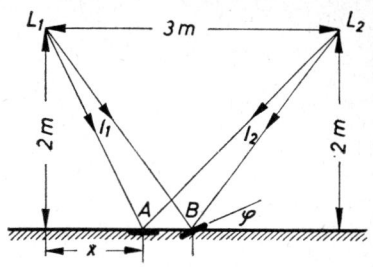

6.1.5. Bei einem Photometer bestrahlt eine Normlichtquelle die Meßstelle aus einer Entfernung von 0,5 m mit der Lichtstärke 60 cd. Um die Leuchtverteilungskurve der Lampe zu bestimmen, wird die Lichtstärke bei verschiedenen Stellungen und Neigungen der Lampe gemessen. Welches ist ihre größte Lichtstärke, wenn die größte Entfernung, bei der die Lampe im Photometer die gleiche Beleuchtungsstärke wie die Normlampe erzeugt, 90 cm beträgt? Auf welche Entfernung muß die Lampe an das Photometer herangerückt werden, wenn in der Richtung geringster Ausstrahlung nur die Lichtstärke 15 cd erzeugt wird?

6.1.6. Eine Glühlampe von 100 W ($\Phi_0 = 1450$ lm) soll, um eine Blendung zu vermeiden, mit einer Milchglaskugel umgeben werden, so daß ihre Leuchtdichte nur noch $4 \cdot 10^3$ cd/m^2 beträgt. Wie groß muß der Durchmesser der Kugel sein, wenn das Milchglas 15% des Lichtes absorbiert?

6.1.7. Welche Lichtstärke muß eine Lampe in Richtung auf eine 2 m entfernte Fläche mit dem Reflexionsvermögen $\varrho = 0,4$ haben, damit sie auf ihr bei einem Einfallswinkel von 45° eine Leuchtdichte von 32 cd/m^2 erzeugt?

6.1.8. Ein außen schwarz gestrichener Kasten ($\varrho_1 = 0,08$) besitzt eine kleine Öffnung, so daß fast alles ins Innere eintretende Licht absorbiert wird ($\varrho_2 = 10^{-5}$). Bestrahlt man den Kasten mit einem kräftigen Lichtstrom, der auf seiner Oberfläche eine Beleuchtungsstärke von 2000 lx erzeugt, so erscheint die Kastenwand neben dem Loch als leuchtend weiß.

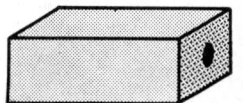

Begründe diese Beobachtung durch Berechnung der Leuchtdichte der Fläche und des Loches und den Vergleich mit den Leuchtdichten auf einem bedruckten Blatt Papier bei 200 lx, wenn der Reflexionsgrad des Papiers $\varrho_3 = 0,7$ und der der Druckbuchstaben $\varrho_4 = 0,05$ beträgt.

6.1.9. Wie viele 100 W-Glühlampen mit dem Lichtstrom 1250 lm müßten in einem Zimmer mit der Bodenfläche 25 m^2 installiert werden, um bei einem Wirkungsgrad von 50% dieselbe Beleuchtungsstärke 100 000 lx zu erzeugen wie die Sonne an einem Junitag im Freien?

6.1.10. Ein Wohnraum besitzt die Abmessungen 6 m · 5 m · 2,5 m. Vergleiche den für eine mittlere Beleuchtungsstärke von 100 lx erforderlichen Lichtstrom, die elektrische Leistung und die Zahl und Art der Lampen, wenn

    a) eine 12flammige Leuchte mit Glühlampen bei vorwiegend direkter Beleuchtung und einem Wirkungsgrad $\eta_1 = 0,4$,

6.1.11. Ein 6 m langer, 2 m breiter und 2,5 m hoher Flur wird von zwei 75 W-Deckenlampen ($\Phi_0 = 960$ lm) in der nebenstehenden Anordnung beleuchtet. Auf dem Boden wird in A die Beleuchtungsstärke 28 lx, in B 44 lx, in C 42 lx gemessen; als Mittel vieler Messungen ergibt sich 38 lx. Berechne den Wirkungsgrad der Beleuchtung und in A, B und C den Anteil der direkten und der indirekten Beleuchtung. (Die Lichtstärken der Lampen in den verschiedenen Richtungen sind in der Abb. eingetragen.)

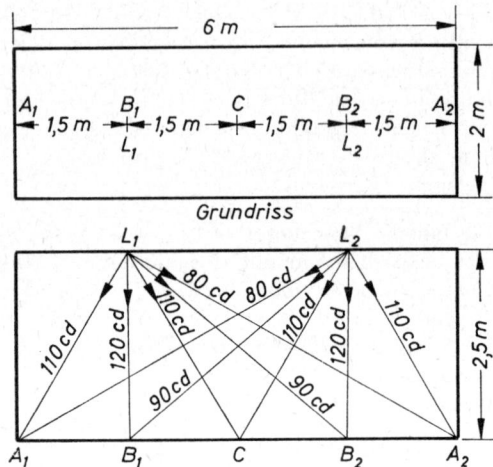

6.2. Reflexion und Brechung an ebenen Flächen

Alle Winkel zwischen Strahl und Lot ε
(Einfallswinkel ε, Reflexionswinkel ε', Brechungswinkel ε_1, ε_2 ...)
Brechzahlen n_1, n_2 ...
(Ist bei Luft $n_1 \approx 1$, so kann man statt n_2 einfach n schreiben)
Brechender Winkel eines Prismas $\quad \alpha$
Gesamtablenkung eines Strahles $\quad \delta$

Reflexionsgesetz: $|\varepsilon| = |\varepsilon'|$

Brechungsgesetz: $n_1 \sin \varepsilon_1 = n_2 \sin \varepsilon_2$

Prisma: $\varepsilon_2 + \varepsilon_3 = \alpha$; $\quad \delta = \varepsilon_1 + \varepsilon_4 - \alpha$

Bei Minimalablenkung (symmetrischem Strahlengang):

$\varepsilon_1 = \varepsilon_4$; $\quad \varepsilon_2 = \varepsilon_3$; $\quad n = \dfrac{\sin \dfrac{\alpha + \delta}{2}}{\sin \dfrac{\alpha}{2}}$

Bei kleinen Winkeln $\delta = (n-1)\alpha$

Grenzwinkel der Totalreflexion ε_g, wenn
$n_1 > n_2 \qquad \sin \varepsilon_g = n_2/n_1$

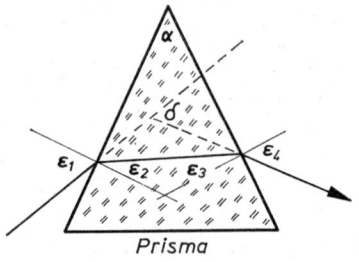

Prisma

6.2.1. Vor einer Autoausfahrt soll zur besseren Übersicht über die außen vorbeiführende enge Straße ein Spiegel CD angebracht werden. Welchen Winkel α muß er mit der Richtung BC einschließen und welche Breite $b = CD$ muß er besitzen, damit man von einem Punkt P aus, der auf der Mittellinie der Einfahrt liegt, in 10 m Entfernung die ganze Straßenbreite $AB = 4$ m überblicken kann?

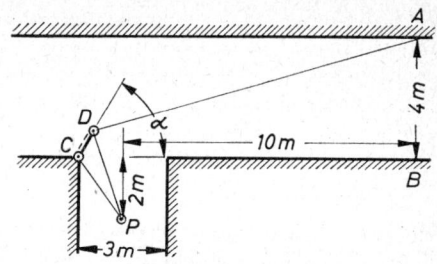

6.2.2. Ein einfarbiger Lichtstrahl erfährt beim Durchgang durch eine planparallele Platte eine Parallelverschiebung s. Stelle eine Gleichung für s auf, aus der ihre Abhängigkeit von der Dicke d der Platte, von der Brechzahl und vom Einfallswinkel ersichtlich ist. Wie dick muß eine Platte aus Kronglas ($n = 1{,}51$) sein, damit bei $\varepsilon_1 = 45°$ eine Verschiebung $s = 1$ cm entsteht?

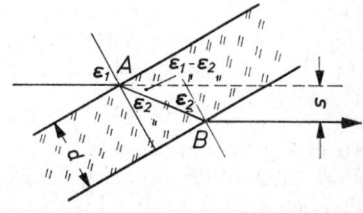

6.2.3. Fällt ein Strahl mit kleinem Einfallswinkel auf ein Prisma mit kleinem brechendem Winkel α, so erhält man die Ablenkung δ nach der Näherungsformel $\delta = (n-1)\alpha$. Prüfe die Genauigkeit dieser Formel bei einem Strahl, der unter $\varepsilon_1 = 3°$ auf ein Prisma mit $\alpha = 4°$ trifft, und einem Strahl, der unter $\varepsilon_1^* = 9°$ auf ein Prisma mit $\alpha^* = 12°$ trifft ($n = 1{,}51$).

6.2.4. Ein Prisma ($\alpha = 60°$) wird von einem Strahl symmetrisch durchsetzt, der dabei eine Ablenkung um $40°$ erfährt. Berechne daraus die Brechzahl des Glases. Zeige, daß bei unverändertem einfallendem Strahl eine kleine Drehung des Prismas, z.B. um $3°$ die Richtung des abgelenkten Strahles kaum ändert.

6.2.5. Auf einen Glaskörper ($n = 1{,}51$) mit dem gezeichneten Querschnitt fällt ein Lichtstrahl unter $\varepsilon_1 = 45°$. Verfolge seinen Weg durch den Glaskörper und berechne seine Gesamtablenkung.

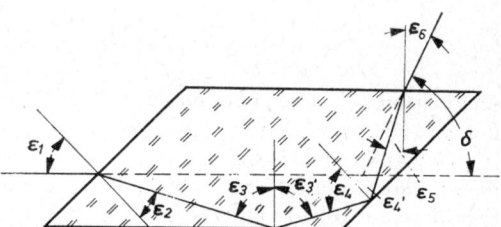

6.2.6. Welchen brechenden Winkel besitzt ein Prisma aus Leichtflint ($n = 1{,}65$), wenn ein Lichtstrahl, der unter $\varepsilon_1 = 30°$ auf das Prisma trifft um $25°$ abgelenkt wird? (Strahlengang wie in der Einleitung.)

6.2.7*. Auf einen Glaszylinder ($r = 4$ cm, $n_{\text{rot}} = 1{,}74$, $n_{\text{viol}} = 1{,}81$) fällt ein Strahl, der gegen den zu ihm parallelen Durchmesser um $s = 3$ cm versetzt ist. Berechne den Winkel zwischen dem roten und dem violetten Rand des austretenden Strahles elementar und mit Hilfe der Differentialrechnung.

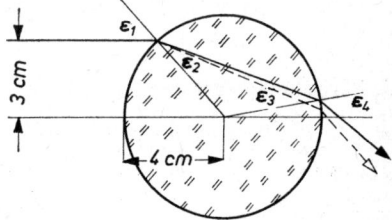

6.2.8. Zwei dünne Prismen sollen zu einem achromatischen Prisma mit der Gesamtablenkung 3° zusammengesetzt werden. Die Brechzahlen sind beim ersten Prisma $n_{1r} = 1{,}513$, $n_{1b} = 1{,}521$, beim zweiten Prisma $n_{2r} = 1{,}743$, $n_{2b} = 1{,}772$. Berechne die brechenden Winkel der beiden Prismen.

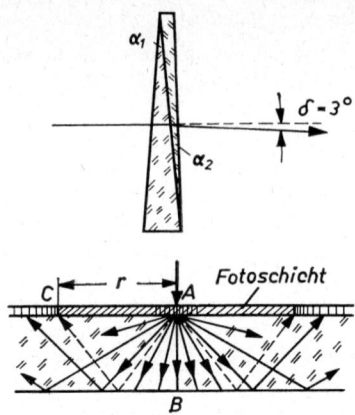

6.2.9. Bei einer fotografischen Platte befindet sich die lichtempfindliche Schicht auf einer 1,5 mm dikken Glasplatte ($n = 1{,}52$). Das auftreffende Licht wird in der Fotoschicht teils absorbiert, teils diffus zerstreut. Vom gestreuten Licht tritt ein Teil in die Glasplatte ein und trifft auf deren Rückseite.

In einem kreisförmigen Bereich um den Punkt B wird nur wenig Licht reflektiert. Von einer Stelle an tritt jedoch Totalreflexion auf, so daß bei höherer Intensität des bei A einfallenden Lichtes das reflektierte Licht in der Fotoschicht einen kreisförmigen Lichthof erzeugt. Berechne dessen Fadius AC.

6.2.10. Zwei gleiche Prismen ($n = 1{,}52$) werden nacheinander von einem einfarbigen Lichtstrahl symmetrisch durchsetzt, so daß eine Gesamtablenkung um 90° entsteht. Wie sind die Prismen aufzustellen und welchen brechenden Winkel müssen sie haben?

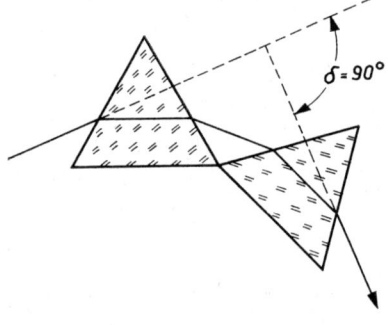

6.2.11. Ein Prisma ($n = 1{,}52$) hat den brechenden Winkel $\alpha = 60°$. Welchen brechenden Winkel α^* muß ein anliegendes zweites Prisma ($n^* = 1{,}66$) haben, damit ein unter $\varepsilon_1 = 30°$ ankommender Strahl keine Ablenkung erfährt?

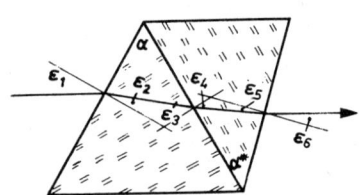

6.3. Sphärische Spiegel und Linsen

Gegenstandsweite	g	cm	Gegenstandsgröße	G	cm
Bildweite	b	cm	Bildgröße	B	cm
Brennweite	f	cm	Brechwert	D	dpt = m^{-1}

Sphärische Spiegel und Linsen 6.3.

> Brennweite eines sphärischen Spiegels $f = \dfrac{r}{2}$
>
> Brennweite einer dünnen Linse $\dfrac{1}{f} = (n-1)\left(\dfrac{1}{r_1} + \dfrac{1}{r_2}\right)$
>
> Brechwert $D = \dfrac{1}{f}$
>
> Abbildungsgleichung $\dfrac{1}{g} + \dfrac{1}{b} = \dfrac{1}{f}$ Abbildungsmaßstab $\beta = \dfrac{B}{G} = \dfrac{b}{g}$
>
> Bei sammelnden Flächen sind r und f positiv, bei zerstreuenden negativ.
> Reelle Gegenstands- und Bildweiten sind positiv, virtuelle negativ.
>
> Gesamtbrennweite zweier dünner Linsen im Abstand e $f_g = \dfrac{f_1 f_2}{f_1 + f_2 - e}$

6.3.1. Welche Brennweite muß eine Sammellinse haben, damit sie einen Gegenstand in 24facher Vergrößerung auf einem Schirm abbildet, der vom Gegenstand 6,25 m entfernt ist?

6.3.2. Von einem Gegenstand soll mit einer Linse von 7,5 cm Brennweite ein dreifach vergrößertes a) reelles, b) virtuelles Bild erzeugt werden. Berechne die Gegenstands- und Bildweiten.

6.3.3. Ein Hohlspiegel ($f = 30$ cm) erzeugt von einem Gegenstand ein dreifach vergrößertes reelles Bild. Der gleiche Gegenstand kann auf dem gleichen Schirm in gleicher Weise mit einer Linse abgebildet werden. Berechne Brennweite und Ort der Linse.

6.3.4. Von einem leuchtenden, 24 mm großen Gegenstand wird mit Hilfe einer Sammellinse auf einem 98 cm vom Gegenstand entfernten Schirm ein scharfes, vergrößertes Bild entworfen. Verschiebt man die Linse um 14 cm in Richtung auf den Schirm, so entsteht ein verkleinertes, scharfes Bild. Berechne die Brennweite der Linse und die Größe der Bilder.

6.3.5. Vor einem Hohlspiegel mit dem Krümmungsradius $r = 48$ cm befindet sich das Drahtmodell eines Gegenstandes, der sich in der Richtung der optischen Achse 4 cm weit erstreckt. Berechne den Abbildungsmaßstab seiner Vorderseite, die 12 cm vom Spiegel entfernt ist und seiner Rückseite, die 16 cm vom Spiegel entfernt ist sowie den Tiefenmaßstab.

6.3.6. Zur Bestimmung der Brennweite wird auf beiden Seiten einer dünnen Linse die Höhe einer Kugelkappe von 20 mm Durchmesser an einer Dickenmeßuhr abgelesen. Berechne die Brennweite, wenn $h_1 = 0{,}62$ mm, $h_2 = 0{,}38$ mm und $n = 1{,}516$ ist.

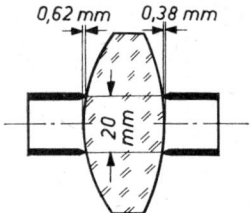

6.3.7. Ein Linsensystem besteht aus zwei dünnen Sammellinsen mit den Brennweiten $f_1 = 5$ cm und $f_2 = 6$ cm im Abstand e. Von einem Gegenstand, der von der ersten Linse 6 cm entfernt ist, entsteht nach dem Strahlendurchgang durch beide Linsen auf einem Schirm ein 15fach vergrößertes Bild. Berechne den Abstand beider Linsen und die Lage des Schirmes.

6.4. Linsenfehler

6.4.1. Eine Bikonvexlinse aus Flintglas ($n_r = 1{,}743$, $n_v = 1{,}811$) hat die Krümmungsradien $r_1 = r_2 = 20$ cm und 6 cm Durchmesser. Welchen Durchmesser u hat der violette Saum des auf Rot scharf eingestellten Bildes eines fernen Gegenstandes?

6.4.2. Die beiden Begrenzungsflächen einer Bikonvexlinse mit $r_1 = r_2 = 100$ mm und dem Durchmesser 40 mm laufen an ihrem Rand scharfkantig zusammen. Berechne die Brennweite nach der Gleichung für dünne Linsen ($n = 1{,}516$). Vergleiche damit die Schnittweite eines achsenparallelen Randstrahles.

6.4.3. Ein achromatisches Objektiv von 1 m Brennweite besteht aus einer Bikonvexlinse aus Kronglas ($n_r = 1{,}513$, $n_{bl} = 1{,}521$) und einer plankonkaven Linse aus Flintglas ($n_r^* = 1{,}743$, $n_{bl}^* = 1{,}772$). Wie groß sind die Krümmungsradien, wenn die inneren Linsenflächen verkittet sind?

6.4.4. Auf eine plankonvexe Linse ($r = 100$ mm, $n = 1{,}51$) trifft durch eine schmale horizontale Blende ein Bündel aus parallelen Lichtstrahlen auf. Wie groß ist die Brennweite, wenn das Bündel a) parallel zur Achse, b) unter einem Neigungswinkel von 20° zur Achse auftrifft?

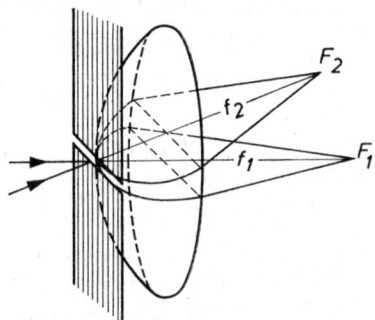

6.4.5. Weshalb ist zur Abbildung sehr ferner Gegenstände ein Parabolspiegel vorteilhafter als ein sphärischer? Welche Spiegelform wäre die geeignetste, um einen kleinen (punktförmigen) Gegenstand mit der endlichen Entfernung g ohne sphärische Aberration abzubilden? Warum werden solche Spiegel nur sehr selten verwendet?

6.4.6. Weshalb ist die Korrektur eines Hohlspiegels durch eine in der Ebene des Krümmungsmittelpunktes angebrachte Korrektionsplatte günstiger als die Korrektur durch Änderung der Spiegelkrümmung?

6.5. Auge, Brille, Lupe

Entfernung eines Gegenstandes oder Bildes vom Auge s
Bezugssehweite $s_0 = 25$ cm
Sehwinkel mit optischem Instrument σ_B
Sehwinkel ohne optisches Instrument σ_G
Abbildungsmaßstab β Vergrößerung Γ

$$\tan \sigma_G = \frac{G}{s} \qquad \tan \sigma_B = \frac{B}{s}$$

Größe des Netzhautbildes $B_n = 22{,}8$ mm tan σ

$$\beta = \frac{B}{G} \qquad \Gamma = \frac{\tan \sigma_B}{\tan \sigma_G}$$

Standardvergrößerung einer Lupe $\Gamma_{\text{S Lupe}} = \frac{s_0}{f}$

6.5.1. Hornhaut und Augenlinse bilden ein optisches System von 22,8 mm Brennweite. Welchen Abstand haben die Sehzäpfchen im mittleren Teil der Netzhaut, wenn zwei Gegenstände, die unter dem Sehwinkel 2′ erscheinen, vom Auge noch getrennt wahrgenommen werden können, daß sich also zwischen ihren Netzhautbildern noch mindestens ein nicht angeregtes Zäpfchen befindet? Wie eng dürfen zwei Objektpunkte in der Bezugssehweite $s_0 = 25$ cm voneinander entfernt sein, wenn sie vom Auge noch getrennt wahrgenommen werden sollen?

6.5.2. Eine kurzsichtige Person kann ohne Brille nur in einer Entfernung zwischen 10 und 30 cm scharf sehen. Welchen Brechwert muß eine Brille haben, damit der Fernpunkt des Sehbereichs ins Unendliche verlegt wird? Wo liegt dann beim Sehen mit der Brille sein Nahpunkt?

6.5.3. Eine weitsichtige Person verwendet eine Brille mit dem Brechwert 5 dpt. Die Entfernung des Brillenglases vom Auge beträgt 2,5 cm. Welche Vergrößerung ergibt sich, wenn die Person zuerst ohne und dann mit Brille a) eine Schrift in 20 cm Entfernung vom Auge, b) einen weit entfernten Gegenstand betrachtet?

6.5.4. Welche Vergrößerung erzielt jemand beim Betrachten seines Gesichts, wenn er zuerst einen ebenen Spiegel und dann einen Hohlspiegel mit 20 cm Brennweite benutzt und wenn dabei a) sein Gesicht sich jeweils 15 cm vor dem Spiegel befindet, b) die Entfernung vom Auge zum Bild jeweils 30 cm beträgt?

6.5.5. Jemand kann sein Auge von ∞ bis auf 14 cm akkommodieren. In welchem Entfernungsbereich vor einem Hohlspiegel mit 20 cm Brennweite darf sich sein Auge befinden, damit es ein scharfes, virtuelles Bild von sich selbst erblicken kann?

6.5.6. Eine Linse mit 4 cm Brennweite dient als Lupe. Berechne die Standardvergrößerung. Ein Objekt hat von der Lupe die Entfernung 3,75 cm. Berechne Lage und Größe des von der Lupe erzeugten Bildes. Welche Vergrößerung ergibt sich für ein Auge, das sich 2 cm über der Lupe befindet?

6.5.7. Ein Leseglas hat eine Brennweite von 10 cm und 60 mm Durchmesser. Es wird 9 cm über eine Schrift gehalten. Berechne die Standardvergrößerung, den Durchmesser des Objektfeldes auf dem Papier mit der Schrift und die Gebrauchsvergrößerung für ein Auge, das sich 15 cm vor der Lupe befindet.

6.6. Fotoapparat

Durchmesser der Eintrittspupille des Objektivs	d
Blendenzahl	K
Durchmesser des Unschärfenkreises	u
Aufnahmeentfernung, angegeben am Einstellring des Objektivs	p
Eingestellte Gegenstandsweite	g_0
Auszug, Objektivverschiebung	z

$b = f + z$ für dünne Linsen: $p = g + b$ $b = \dfrac{p}{2} - \sqrt{\dfrac{p^2}{4} - pf}$

falls $\dfrac{f}{p} \ll 1$ wird $b \approx f + \dfrac{f^2}{p} + 2\dfrac{f^3}{p^2}$ $K = \dfrac{f}{d}$

Zulässiges u meist $u = \dfrac{\text{Formatdiagonale}}{1000}$

Nahgrenze der Schärfentiefe $g_{\min} = \dfrac{g_0 f^2}{f^2 + Ku(g_0 - f)}$

Ferngrenze der Schärfentiefe $g_{\max} = \dfrac{g_0 f^2}{f^2 - Ku(g_0 - f)}$

Belichtungszeit proportional $(b/d)^2$; falls $g \gg f$ ist, wird $b \approx f$ und die Belichtungszeit proportional $(f/d)^2 = K^2$.

6.6.1. Ein Fotoobjektiv ($f = 5$ cm) ist in einer Gewindefassung mit einer Ganghöhe von 4 mm in eine Kamera eingebaut. Welches ist die kürzeste Aufnahmeentfernung, wenn das Objektiv in seiner Fassung um 330° gedreht werden kann? Wie groß ist der Drehwinkel zwischen den Entfernungseinstellmarken „3 m" und „5 m"?

6.6.2. Ein Fotoapparat mit einem Objektiv von 50 mm Brennweite hat einen Einstellbereich von ∞ bis zu 75 cm. Durch einen Zwischenring, der den Abstand des Objektivs von der Filmebene vergrößert, soll der Einstellbereich von 75 cm an auf geringere Entfernungen erweitert werden. Berechne die Höhe des Zwischenringes und die geringste Aufnahmeentfernung die sich bei Verwendung des Ringes noch scharf einstellen läßt.

6.6.3. Ein Fotoapparat für technische Zwecke besitzt ein Objektiv mit der Brennweite 105 mm, dessen Abstand von der Fotoplatte durch einen Auszug zwischen 105 mm und 252 mm verändert werden kann. Welches ist die kleinste Aufnahmeentfernung? In welchem linearen Größenverhältnis stehen dann Bild und Gegenstand? Welche Belichtungszeit ist bei einer solchen Aufnahme mit vollem Auszug erforderlich, wenn auf der Blendenskala der Wert 5,6 eingestellt ist und ein Belichtungsmesser für die Blende 2,8 die Belichtungszeit 1/250 s anzeigt?

6.6.4. Bei einer Kamera mit einem Objektiv von 50 mm Brennweite beträgt die geringste Aufnahmeentfernung $\breve{p} = 1$ m. Wie groß sind dann Bildweite und Objektivverschiebung? Um eine Zeichnung vom Format DIN A 3 (29,6 cm · 42 cm) so aufzunehmen, daß die größere Seite auf dem Film 35 mm lang wird, benötigt man eine Vorsatzlinse mit der Brennweite 1 m, die unmittelbar vor das Objektiv gesetzt wird. Wie groß werden dann Gegenstands- und Bildweite für die Aufnahme der Zeichnung?

6.6.5. Ein Fotoapparat besitzt ein Objektiv mit der Brennweite $f_a = 50$ mm. Die geringste Aufnahmeentfernung beträgt $p_1 = 75$ cm. Welche Brennweite f_b muß eine unmittelbar vor dem Objektiv angebrachte Nahvorsatzlinse haben, damit der Bereich der Aufnahmeentfernungen ohne Lücke auch auf ein möglichst großes Gebiet unter 75 cm erweitert wird? Welches ist dann die geringste mit der Vorsatzlinse scharf einstellbare Aufnahmeentfernung?

6.6.6. Ein Teleobjektiv besteht aus einem sammelnden vorderen Linsensystem mit der Brennweite $f_1 = 72$ mm und einem zerstreuenden hinteren Linsensystem mit der Brennweite $f_2 = -33{,}3$ mm, die einen gegenseitigen Abstand von 52 mm haben. Wie groß ist die Gesamtbrennweite des Teleobjektivs? Wie groß ist die Entfernung vom vorderen Teil des Objektivs bis zum Film? Wie groß ist das Bild eines fernen Gegenstandes, der unter einem Sehwinkel von 10° erscheint?

6.6.7. Ein Fotoapparat ($f = 75$ mm, Bildformat 6 cm · 6 cm) ist auf die Objektweite $g_0 = 7{,}2$ m scharf eingestellt. Berechne die Bildweite, die gegenstandseitige Ausdehnung des scharf aufgenommenen Bildfeldes und die Schärfentiefe bei Blende 5,6 und einem zulässigen Durchmesser des Unschärfekreises von 0,05 mm.

6.6.8. Mit einer Kleinbildkamera (Format 24 × 36 mm², $f = 50$ mm) soll bei Blende 2 ein Läufer von 1,8 m Größe als 12 mm großes Bild aufgenommen werden. Er bewegt sich unter einem Winkel $\varphi = 30°$ zur optischen Achse mit der Geschwindigkeit 9 m/s auf die Kamera zu. Berechne die Aufnahmeentfernung und für eine zulässige Unschärfe entsprechend der Vereinbarung die größte zulässige Belichtungszeit und den Schärfentiefebereich.

6.6.9. Mit einem Fotoapparat ($f = 105$ mm) sollen gleichzeitig Gegenstände zwischen 8 m und 18 m Objektweite aufgenommen werden, ohne daß die Unschärfe größer als 0,05 mm wird. Berechne die günstigste Aufnahmeentfernung und die erforderliche Blende.

6.6.10. Ein Fotoapparat ($f = 50$ mm) ist auf eine Häuserfront $G_1 G_0 G_2$ gerichtet, die mit der optischen Achse einen Winkel von 45° einschließt. Die Entfernung OG_0 beträgt 10 m. Welche Länge s hat das Stück $G_1 G_2$ der Häuserfront, das auf dem 36 mm breiten Bild Platz findet? Welches ist die geringste und die größte auf der optischen Achse gemessene Gegenstandsweite g_{min} und g_{max}. Zeige, daß OG_0 zugleich die einzustellende Gegenstandsweite g_0 ist, damit die Schärfentiefe von g_{min} bis g_{max} reicht.

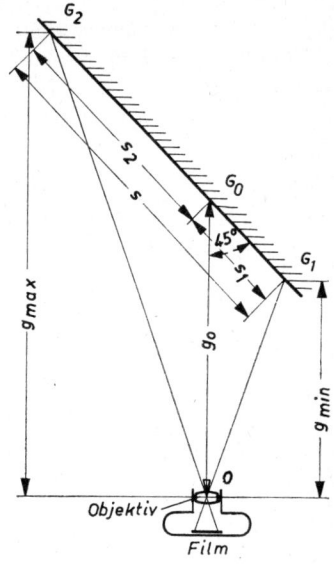

6.6.11. Eine Kamera besitzt das Bildformat 24 mm · 36 mm. Vergleiche die Abmessungen (Breite, Höhe und Tiefe) des abgebildeten gegenstandseitigen Raumes bei der eingestellten Objektweite $g_0 = 5$ m und der Blende 4 bei einer zulässigen Unschärfe $u =$ Formatdiagonale/1000 a) für ein normales Objektiv mit $f_1 = 50$ mm, b) für ein Weitwinkelobjektiv mit $f_2 = 28$ mm.

6.6.12*. Man beweise die in der Einleitung angegebene Formel für die Bildweite als Funktion der Aufnahmeentfernung sowie die Näherung für große Aufnahmeentfernungen.

6.7. Mikroskop

Objektivbrennweite f_1 Okularbrennweite f_2
Gegenstandsgröße G Größe des Zwischenbildes B_1
Größe des vom Okular erzeugten Bildes B_2
Optische Tubuslänge $t =$ Entfernung zwischen den einander zugekehrten Brennpunkten von Objektiv und Okular $= 160$ mm (Norm)

Abbildungsmaßstab des Objektivs $\beta_1 = \dfrac{t}{f_1}$

Vergrößerung des Okulars $\Gamma_2 = \dfrac{s_0}{f_2}$

Standardvergrößerung des Mikroskops $\Gamma_S = \beta_1 \Gamma_2 = \dfrac{t s_0}{f_1 f_2}$

Gebrauchsvergrößerung $\Gamma = \dfrac{\tan \sigma_B}{\tan \sigma_G} = \dfrac{B_2/s_2}{G/s_0}$

($s_2 =$ Entfernung von B_2 bis zum Auge)

6.7.1. Ein Mikroskop besitzt ein Objektiv mit der Brennweite $f_1 = 2{,}5$ mm und ein Okular mit der Brennweite $f_2 = 20$ mm. Berechne den Abbildungsmaßstab des Objektivs, die Okular- und die Gesamtvergrößerung. Das Okular gestattet ein Zwischenbild von 10 mm Durchmesser zu überblicken. Wie groß ist der Durchmesser des Objektfeldes? Welchen Abstand haben zwei Objektpunkte, deren Entfernung im Okular unter einem Sehwinkel von 3' erscheint?

6.7.2. Berechne die Standardvergrößerung eines Mikroskops, dessen Objektiv die Brennweite $f_1 = 6{,}4$ mm und dessen Okular die Brennweite $f_2 = 25$ mm besitzen. Welche Gebrauchsvergrößerung entsteht für ein Auge, das sich 2 cm hinter der Okularlinse befindet und bei der Beobachtung auf Bezugssehweite akkommodiert ist?

6.7.3. Ein Okular mit 15facher Vergrößerung besitzt den Bildfeldwinkel $2\sigma_B = 40°$. Wie groß ist das Objektfeld, wenn das Okular zusammen mit einem Objektiv mit dem Abbildungsmaßstab 16 verwendet wird?

6.7.4. Um mit einem Mikroskop ($f_1 = 8$ mm, $f_2 = 10$ mm) mikroskopische Aufnahmen machen zu können, wird am Okular eine Kamera ohne Objektiv befestigt. Um welche Strecke muß der Mikroskoptubus (Objektiv und Okular sind bei einem Mikroskop nicht einzeln verstellbar) nach oben verschoben werden, damit auf dem Film in 50 mm Abstand von der Okularlinse ein scharfes Bild entsteht, wenn das Mikroskop zuvor für ein auf ∞ akkommodiertes Auge scharf eingestellt war?

6.8. Fernrohr

Die Brennweiten und Durchmesser der Linsen sind in Richtung des Strahlenganges durchnumeriert. Abgesehen von Aufgabe 6.8.3 werden nur Feldlinsen behandelt, die sich genau am Ort des Zwischenbildes befinden. Die folgenden Formeln gelten für ein auf ∞ akkommodiertes Auge.
Durchmesser der Eintrittspupille
(meist gleich der freien Öffnung des Fernrohrobjektivs) d_1

Astronomisches Fernrohr mit Objektiv, Feldlinse und Augenlinse:

$$\Gamma_S = \frac{f_1}{f_3} = \frac{d_1}{AP} \qquad \text{Austrittspupille} = \frac{d_1}{\Gamma_S} \qquad \text{Lichtstärke} = \left(\frac{d_1}{\Gamma_S \, \text{mm}}\right)^2$$

$$\text{Dämmerungszahl} = \sqrt{\frac{d_1 \Gamma_S}{\text{mm}}}$$

Objektfeldwinkel $2\sigma_G \qquad \tan\sigma_G = \dfrac{d_2}{2 f_1}$

Bildfeldwinkel $2\sigma_B \qquad \tan\sigma_B = \dfrac{d_2}{2 f_3}$

Galileisches Fernrohr mit Objektiv und Okularlinse: $\Gamma_S = \dfrac{f_1}{f_2}$

Terrestrisches Fernrohr mit Objektiv, 1. Feldlinse, Umkehrlinse, 2. Feldlinse und Augenlinse:

$$\Gamma_S = \frac{f_1}{f_5} \qquad \text{Austrittspupille} = \frac{d_1}{\Gamma_S} \qquad \text{Lichtstärke} = \left(\frac{d_1}{\Gamma_S \, \text{mm}}\right)^2$$

$$\tan\sigma_G = \frac{d_2}{2 f_1} \qquad \tan\sigma_B = \frac{d_4}{2 f_5}$$

6.8.1. Ein Prismenglas besitzt ein Objektiv ($f_1 = 240$ mm, $d_1 = 40$ mm) und ein Okular aus einer Feldlinse ($f_2 = 40$ mm, $d_2 = 24$ mm) und einer Augenlinse ($f_3 = 30$ mm). Berechne die Standardvergrößerung, den Durchmesser und die Lage der Austrittspupille, die Lichtstärke, die Dämmerungszahl, Objektfeldwinkel und Bildfeldwinkel für ein auf ∞ akkommodiertes Auge. Bis zu welcher geringsten Entfernung kann ein Gegenstand noch scharf eingestellt werden, wenn das Okular von der Einstellung auf ∞ noch um 10 mm verstellt werden kann?

6.8.2. Das Fernrohr einer Skalenablesung hat ein Objektiv ($f_1 = 20$ cm) und eine Okularlinse ($f_2 = 4$ cm). Es ist auf ∞ eingestellt. Welchen Abstand haben die beiden Linsen? Welche Standardvergrößerung hat das Fernrohr? Wo entsteht das Bild der 10 m vom Objektiv entfernten Skala? Auf welche Entfernung muß also das Auge akkommodieren, das sich am Ort der Austrittspupille befindet? Wie groß wird ein Skalenintervall von 1 cm abgebildet? Welche Vergrößerung ergibt sich für das Auge?

6.8. Fernrohr

6.8.3. Bei einem Huygensschen Okular mit der Gesamtbrennweite f besitzt die Feldlinse die Brennweite $2f$, die Augenlinse die Brennweite $\frac{2}{3}f$, und der Abstand der beiden Linsen ist $\frac{4}{3}f$. Berechne Brennweite und Ort der Feld- und Augenlinse für ein Huygenssches Okular, das an einem astronomischen Fernrohr mit einem Objektiv von 300 cm Brennweite für ein auf ∞ akkommodiertes Auge eine 100fache Vergrößerung erzeugt. Welchen Durchmesser muß die Feldblende im Okular haben und wie groß ist der Bildfeldwinkel, wenn der Objektfeldwinkel 30′ betragen soll?

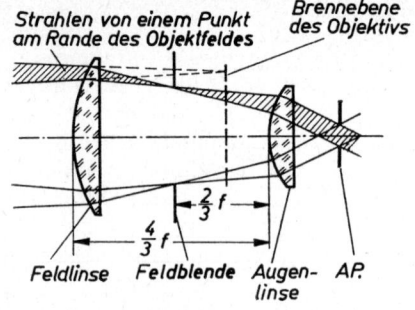

6.8.4. Ein Spiegelteleskop (Bauart Cassegrain) besteht aus einem Parabolspiegel ($f_1 = 180$ cm, $d_1 = 36$ cm) und einem zerstreuenden Fangspiegel ($f_2 = -72$ cm), der in 132 cm Entfernung vom Hauptspiegel angebracht ist. Wo liegt die Brennebene des Spiegelsystems, wenn die zweimal reflektierten Strahlen durch eine Bohrung des Hauptspiegels nach hinten austreten können? Welche Vergrößerung erzielt man bei Okularen mit Brennweiten zwischen 60 mm und 6 mm? Wie groß sind die zugehörigen Lichtstärken und Objektfeldwinkel, wenn alle Okulare Bildfeldwinkel von 40° besitzen? Wie groß ist das von den Spiegeln erzeugte Bild des Mondes, wenn er dem unbewaffneten Auge unter einem Sehwinkel von 32′ erscheint?

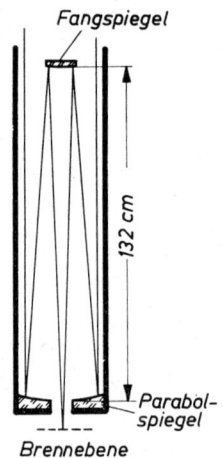

6.8.5. Ein Opernglas besitzt ein Objektiv ($f_1 = 10$ cm, $d_1 = 4$ cm) und ein Okular ($f_2 = -2,5$ cm). Welche Vergrößerung und welche Länge besitzt das Fernrohr bei Einstellung für ein auf ∞ akkommodiertes Auge? Wie groß ist der Bildfeldwinkel, wenn sich das Auge 1,5 cm hinter der Okularlinse befindet?

6.8.6. Ein terrestrisches Fernrohr besteht aus einem Objektiv ($f_1 = 32$ cm, $d_1 = 6$ cm), einer Umkehrlinse ($f_3 = 4$ cm), einer Okularlinse ($f_5 = 4$ cm) und zwei Feldlinsen. Der Objektfeldwinkel beträgt 6°, die Austrittspupille liegt 2 cm von der Augenlinse entfernt. Welche Vergrößerung und welche Gesamtlänge (vom Objektiv bis zur AP) besitzt das Fernrohr? Berechne den günstigsten Durchmesser der Umkehrlinse sowie den Durchmesser und die Brennweite der beiden Feldlinsen. Zeige, daß der Durchmesser der Austrittspupille sich als Quotient des Objektivdurchmessers und der Vergrößerung bestimmen läßt.

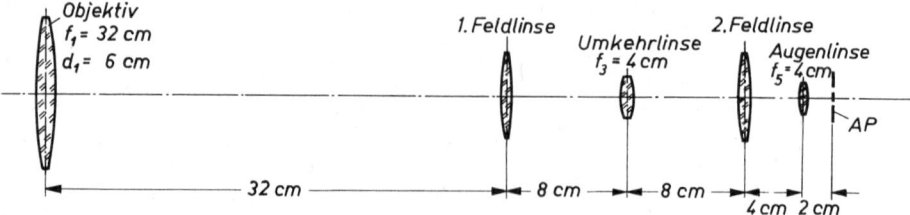

6.8.7. Wie viele Grad beträgt der Objektfeldwinkel, den man aus einem Schacht oder einem U-Boot durch ein Rohr (Länge der Mittelachse 310 cm, Innendurchmesser 12 cm) mit zwei ebenen Spiegeln, aber ohne Linsen überblicken kann? Wie ändert sich die Größe des Objektfeldwinkels und welche Vergrößerung wird erzielt, wenn das Rohr als Sehrohr nach der Abb. mit einem Objektiv ($f_1 = 60$ cm, $d_1 = 6$ cm), einer Feldlinse ($d_2 = 12$ cm), einer Umkehrlinse, einer weiteren Feldlinse ($f_4 = 12$ cm) und einer Augenlinse ($f_5 = 10$ cm, $d_5 = 1,5$ cm) ausgestattet wird? Berechne die fehlenden Brennweiten und Linsendurchmesser, wenn die Entfernung der Umkehrlinse vom Objektiv auf der optischen Achse 180 cm beträgt.

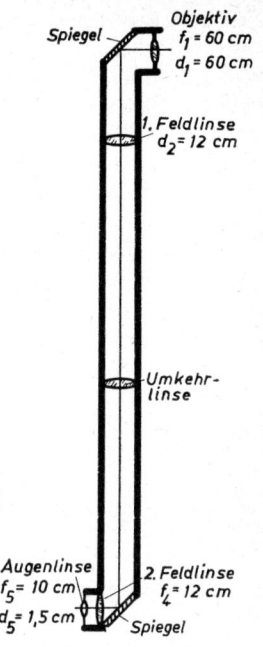

6.8.8. Ein Prismenglas ($f_1 = 36$ cm, $d_1 = 50$ mm, $\Gamma = 10,2 \; \sigma_G = 4,8°$) ist auf ein fernes Objekt für ein auf ∞ akkommodiertes Auge scharf eingestellt. Mit dieser Einstellung wird es vor einen Fotoapparat ($f = 50$ mm, 24 mm · 36 mm) gebracht, so daß die Austrittspupille des Fernrohres sich mit der Eintrittspupille des Fotoobjektivs deckt. Auf welche Entfernung muß der Fotoapparat eingestellt werden, damit auf dem Film ein scharfes Bild entsteht? Welche Blende ist mindestens einzustellen? Welche Brennweite müßte ein Fotoobjektiv haben, um das Filmbild unmittelbar zu erzeugen? Wie groß erscheint das Bildfeld des Fernrohrs auf dem Film, paßt es ganz auf das Filmformat des Fotoapparates?

6.9. Projektion, Mikroprojektion, Spektrograph

$$\text{Abbildungsmaßstab} \quad \beta = \frac{b}{f} - 1$$

Der Kondensor muß die Lichtquelle auf das Projektionsobjektiv abbilden. Der Durchmesser des Lichtkegels muß an der Stelle des zu projizierenden Objekts dieses ganz ausleuchten.

6.9.1. Mit einem Projektionsapparat soll ein Diapositiv vom Format 85 · 100 mm² auf eine 9 m vom Objektiv entfernte Wand abgebildet werden. Die Objektivbrennweite beträgt $f_2 = 36$ cm. Die Kondensorlinsen haben eine Gesamtbrennweite von $f_1 = 15$ cm. Die Glühwendel der Projektionslampe erfüllt eine quadratische Fläche von 20 · 20 mm². Berechne die Größe des auf die Wand geworfenen Bildes und die gegenseitige Anordnung von Lampe, Kondensor, Diapositiv und Objektiv. Welchen Durchmesser muß der Kondensor und das Objektiv besitzen, wenn der Abstand des Diapositivs vom Kondensor 10 mm beträgt? (Die Dicke der Linsen ist zu vernachlässigen.)

6.9./6.10. Projektion, Mikroprojektion, Spektrograph/Wellenoptik

6.9.2. Welche Brennweite muß das Objektiv eines Kinoprojektors besitzen, wenn es auf einer 9,06 m entfernten Bildwand von einem 24 · 36 mm² großen Filmbild ein 3,6 · 5,4 m² großes Projektionsbild erzeugen soll?

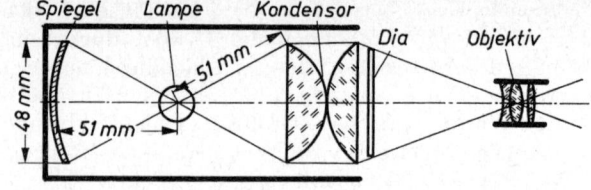

Die Projektionslampe befindet sich im Krümmungsmittelpunkt eines Kugelspiegels mit dem Krümmungsradius $r = 51$ mm und dem Durchmesser 48 mm, der 90% des auffallenden Lichtes reflektiert. Auch die Kondensorlinse hat 48 mm Durchmesser, und ihr Rand ist 51 mm von der Lichtquelle entfernt. Die Projektionswand soll bei einem mittleren Reflexionsgrad $\varrho = 0,6$ eine Leuchtdichte von 50 cd/m² erhalten. Welchen Lichtstrom muß die Lampe aussenden, wenn sie nach allen Seiten gleichmäßig strahlt und der Wirkungsgrad infolge der Verluste durch Streuung, Reflexion und Absorption 85% beträgt?

6.9.3. Wenn ein Mikroskop für eine Mikroprojektion verwendet wird, kann man den Abbildungsmaßstab genähert nach der Formel $\beta_{\text{ges}} = \dfrac{t}{f_1}\left(\dfrac{b_2}{f_2} - 1\right)$ berechnen, wobei b_2 die Entfernung des Projektionsschirmes vom Okular bedeutet. Leite diese Formel ab. Welcher Abbildungsmaßstab ergibt sich aus ihr, wenn ein Mikroskop mit einem Objektiv ($\beta_1 = 16$) und 12,5fach vergrößerndem Okular zur Projektion auf einen 1,5 m vom Okular entfernten Schirm benützt wird? Wie groß ist der Unterschied des wirklichen Abbildungsmaßstabes gegenüber dem Ergebnis der Formel?

6.9.4. Ein Mikroskop ($f_1 = 16$ mm, $f_2 = 25$ mm) ist für ein auf ∞ akkommodiertes Auge scharf eingestellt. Berechne nach der in Aufgabe 6.9.3 angegebenen Formel die Entfernung, die ein Projektionsschirm vom Okular haben muß, um den Abbildungsmaßstab 200:1 zu erzielen. Um welche Strecke muß der Mikroskoptubus aus der Stellung für visuelle Beobachtung bewegt werden, bis die Projektion scharf wird?

6.9.5. Auf ein Prisma ($\alpha = 60°$, $n_{\text{rot}} = 1,75$, $n_{\text{blau}} = 1,81$) eines Spektrographen fällt vom Kollimatorobjektiv her ein weißes Parallelstrahlenbündel unter dem Einfallswinkel $\varepsilon_1 = 63°$. Das Kameraobjektiv hat die Brennweite 40 cm. Welche Breite hat das Spektrum zwischen den beiden durch die angegebenen Brechzahlen gekennzeichneten Stellen in Rot und Blau?

6.10. Wellenoptik

Wellenlänge	λ	m, µm, nm	Abstand zweier Spalte oder Gitterkonstante	g m, µm, nm
Abstand des Maximums k-ter Ordnung vom Maximum 0-ter Ordnung auf dem Bildschirm	y	m	Abstand des Schirmes von Spalt oder Gitter	l m
			Gangunterschied	δ m, µm
			Geometrischer Lichtweg	s m
Anzahl der Reflexionen am Medium mit größerer Brechzahl				m

Wellenoptik 6.10.

$$\delta = n\,\Delta s + m\,\frac{\lambda}{2}$$

Überlagern sich zwei kohärente Wellenzüge, so erhält man

maximale Intensität für $\delta = k\,\lambda$ minimale Intensität für $\delta = \dfrac{\lambda}{2} + k\,\lambda$

Ablenkungswinkel des Maximums k-ter Ordnung bei Mehrfachspalt und Gitter

$$\sin\alpha = \frac{k\,\lambda}{g}$$

$y = l\,\tan\alpha$ für kleine Winkel $y \approx \dfrac{k\,\lambda\,l}{g}$

Auflösungsvermögen des Mikroskops $\Delta x = \dfrac{\lambda}{2A}$

wobei $A = n\,\sin\sigma$ (Numerische Apertur)

Auflösungswinkel eines Fernrohres $\sin\sigma = 1{,}22\,\dfrac{\lambda}{d}$

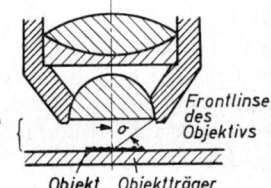

6.10.1. Das Licht einer Natriumdampflampe fällt durch einen schmalen Spalt und trifft danach auf einen zu diesem Spalt parallelen Doppelspalt. Auf einem Schirm, der vom Doppelspalt die Entfernung $l = 390$ cm hat, erhält man neben dem hellen Mittelstreifen abwechselnd dunkle und helle Linien.

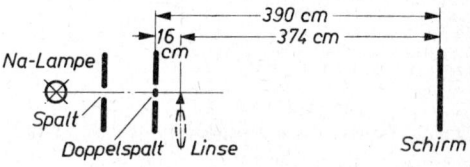

Die erste helle Linie hat vom Mittelstreifen einen Abstand von 5,5 mm. Zur Messung der Spaltbreite führt man zwischen Doppelspalt und Schirm eine Linse ein und erhält bei $g = 16$ cm und $b = 374$ cm auf dem Schirm ein Bild des Doppelspaltes mit 9,8 mm Abstand der beiden Spaltöffnungen. Welche Wellenlänge hat das verwendete Licht?

6.10.2. Ein Gitter hat 540 Linien auf je 1 mm Breite. Durchstrahlt man es mit dem Licht aus dem engen Spalt einer Quecksilberdampflampe und vereinigt die Strahlen mit einer Linse auf einem 2,1 m entfernten Schirm, so liegen seitlich vom weißen Spaltbild in 51 cm Entfernung ein blaues, in 64,8 cm ein grünes und in 69,0 cm Entfernung ein gelbes Spaltbild. Berechne die Wellenlängen der drei hellsten Quecksilberlinien.

6.10.3*. Ein Strichgitter mit der Gitterkonstanten $g = 0{,}0025$ mm wird zur Erzeugung eines Spektrums mit einem Parallelstrahlenbündel von weißem Licht durchstrahlt. Das austretende Licht wird durch eine Linse mit der Brennweite $f = 1$ m in der Brennebene vereinigt. Welche Länge hat das Spektrum erster Ordnung (Gangunterschied λ) zwischen Rot ($\lambda_r = 650$ nm) und Violett ($\lambda_v = 400$ nm)? Welchen Abstand haben im Spektrum 2. Ordnung (Gangunterschied 2λ) die beim Licht einer Quecksilberdampflampe auftretenden beiden eng benachbarten gelben Hg-Linien mit der Wellenlänge 577 nm und 579,1 nm (Lösung mit Differentialrechnung)?

6.10. Wellenoptik

6.10.4. Legt man eine plankonvexe Linse mit einem Krümmungsradius $r = 12$ m auf eine ebene Glasplatte, so kann man aus den entstehenden Newtonschen Ringen die Wellenlänge des Lichtes bestimmen. Bei Natriumlicht wird in der Reflexion ein dunkles Zentrum abwechselnd von hellen und dunklen Ringen umgeben. Welche Wellenlänge hat das Natriumlicht, wenn der Radius des fünften dunklen Ringes 5,95 mm beträgt? Wie ändert sich dieser Radius, wenn der Spalt zwischen Linse und Glasplatte mit Wasser ($n = 1{,}34$) gefüllt wird?

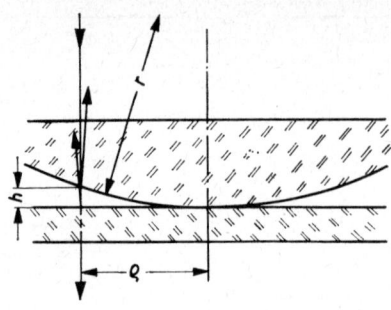

6.10.5. Beim Linsenschleifen wird die Krümmung der zu schleifenden Linsen geprüft, indem man auf die Linse eine genau entgegengesetzt gekrümmte Probelinse auflegt und prüft, ob die im reflektierten Licht auftretenden Newtonschen Ringe genügend weit werden. Um wieviel unterscheidet sich der positive Krümmungsradius einer zu untersuchenden Linsenfläche von dem negativen Krümmungsradius $r = -18$ cm, wenn der erste dunkle Ring bei Na-Licht ($\lambda = 591$ nm) einen Radius $\varrho = 15$ mm hat?

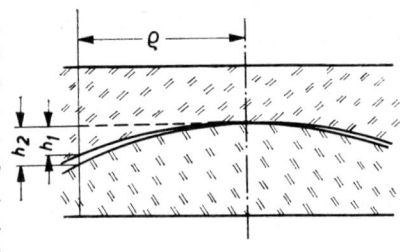

6.10.6. Zwei quadratische Stäbe vom Querschnitt $40 \cdot 40$ mm² sollen genau gleichlang sein. Zur Kontrolle stellt man beide Stäbe auf eine ebene Glasplatte und bedeckt ihre reflektierend polierte Oberfläche mit einer durchsichtigen Platte. Welchen Längenunterschied haben die Stäbe, wenn sich bei Na-Licht ($\lambda = 591$ nm) an der Abdeckplatte Interferenzstreifen im Abstand von 14,4 mm ergeben?

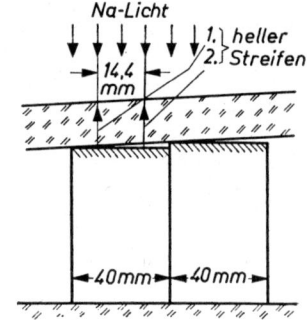

6.10.7. Welchen Objektivdurchmesser muß ein Fernrohr mindestens haben, um den Doppelstern ε im Sternbild der Leier (Winkelabstand seiner beiden Komponenten $3{,}2''$) auflösen zu können? Welche Brennweite hat dieses Objektiv bei der relativen Öffnung 1:15? Welche Brennweite muß das Okular haben, damit der Sehwinkel, den die beiden Sterne bilden, auf mindestens $3'$ vergrößert wird ($\lambda = 550$ nm)?

6.10.8. Die Frontlinse eines Mikroskopobjektivs hat einen Durchmesser von 1,2 mm und benötigt in Luft einen freien Objektabstand von 0,22 mm. Wie groß ist seine numerische Apertur? Wie groß ist sein Auflösungsvermögen bei Licht mit der Wellenlänge $\lambda = 550$ nm? Welche Vergrößerung ist erforderlich, um zwei eben noch auflösbare Objektpunkte unter einem Sehwinkel von $3'$ sehen zu können?

7. ELEKTRIZITÄTSLEHRE (Gleichstrom)

7.1. Ohmsches Gesetz und Widerstandsformel

Spannung	U	V	Strom (Stromstärke)	I	A
Widerstand	R	Ω	Temperaturkoeffizient	k	K^{-1}
Spezifischer Widerstand	ϱ	$\dfrac{\Omega\,\text{mm}^2}{\text{m}}$	Dichte hier	ϱ_d	g cm^{-3}

Ohmsches Gesetz $\quad I = \dfrac{U}{R}$

Widerstandsformel $\quad R = \int \dfrac{\varrho}{A}\,dl \quad$ falls $\quad A = \text{const}: R = \dfrac{\varrho\, l}{A}$

Temperaturabhängigkeit des Widerstandes $\quad R_\vartheta = R_{20}\,[1 + k(\vartheta - 20°)]$

$\qquad\qquad\qquad\qquad\qquad\qquad\qquad\qquad\quad \varrho_\vartheta = \varrho_{20}\,[1 + k(\vartheta - 20°)]$

7.1.1. Wie groß ist der Strom in einer Glühlampe für 220 V bei einem Widerstand von 810 Ω? Welchen Widerstand besitzt der Glühdraht beim Einschalten (Betriebstemperatur 2300 °C, Zimmertemperatur 20 °C, Temperaturkoeffizient des Widerstandes 0,004 K^{-1})? Welcher Strom fließt unmittelbar nach dem Einschalten?

7.1.2. Ein Gerät hat einen Widerstand von 2,3 Ω und benötigt zu seinem Betrieb einen Strom von 5 A. Welchen Durchmesser müssen die beiden Kupferdrähte ($\varrho = 0{,}018$ Ω mm^2/m) des 9 m langen Zuleitungskabels mindestens haben, welches das Gerät mit einer 12 V-Spannungsquelle verbindet?

7.1.3. Wie lang ist der Draht einer Heizwicklung aus Nickelindraht ($\varrho = 0{,}43$ Ω mm^2/m) vom Querschnitt 0,5 mm^2, durch die bei einer Spannung von 220 V ein Strom von 5,5 A fließen soll?

7.1.4. Welchen spezifischen Widerstand muß der 6 m lange Draht einer Heizwicklung haben, damit durch sie bei einer Spannung von 220 V ein Strom von 2,7 A fließt, wenn der Drahtdurchmesser aus Festigkeitsgründen nicht kleiner als 0,2 mm genommen werden darf? Erkläre aufgrund des Ergebnisses, warum sich Kupferdraht nicht für Heizwicklungen eignet.

7.1.5. Zwei aufeinanderliegende Streifen (Breite 5 cm, Länge 20 m) aus Aluminiumfolie sind voneinander durch eine Papierschicht ($\varrho = 10^{13}$ Ω mm^2/m) von 0,1 mm Stärke isoliert. Welcher Strom geht durch die Isolation, wenn zwischen den Aluminiumbelägen eine Spannung von 220 V liegt?

7.1.6. Eine Spule aus Kupferdraht ($\varrho_{20} = 0{,}018$ Ω mm^2/m, $k = 0{,}0039$ K^{-1}) wird eine Zeitlang an 24 V angelegt. Dabei nimmt sie schließlich eine Temperatur von 50 °C an, und es fließt ein Strom von 0,375 A. Welche Länge besitzt der Spulendraht, wenn 10 cm eine Masse von 12 mg (Dichte 8,9 g/cm^3) besitzen?

7.1.7. Wenn die Lötstellen eines aus Eisen- und Konstantandraht bestehenden Stromkreises auf verschiedene Temperatur gebracht werden, entsteht in ihm je Grad Temperaturdifferenz eine Thermospannung von 0,000053 V. Welcher Strom fließt in einem

7.1./7.2. Ohmsches Gesetz u. Widerstandsformel/Schaltung u. Eigensch. von Spannungsquellen

Stromkreis, der aus einem Konstantanstück ($l = 4$ cm, $A = 0{,}5$ cm^2, $\varrho = 0{,}5\,\Omega\,\text{mm}^2/\text{m}$) und einem Eisenbügel ($l = 12$ cm, $A = 0{,}5$ cm^2, $\varrho = 0{,}12\,\Omega\,\text{mm}^2/\text{m}$) besteht, wenn sich seine eine Lötstelle in Wasser von 15 °C befindet, während die andere mit einer Flamme auf 190 °C erwärmt wird?

7.1.8. Eine Kupferleitung hat den Querschnitt 1 mm^2 und die Masse 1 kg. Wie groß sind Querschnitte und Massen einer Aluminium- und einer Stahlleitung von gleicher Länge und gleichem Widerstand? (Kupfer: $\varrho_d = 8{,}9$ g/cm^3, $\varrho = 0{,}018\,\Omega\,\text{mm}^2/\text{m}$; Aluminium: $\varrho_d = 2{,}7$ g/cm^3, $\varrho = 0{,}029\,\Omega\,\text{mm}^2/\text{m}$; Stahl: $\varrho_d = 7{,}8$ g/cm^3, $\varrho = 0{,}150\,\Omega\,\text{mm}^2/\text{m}$.)

7.1.9*. Ein Zylinderkondensator für Hochspannung besitzt die Länge $h = 10$ cm. Der Radius der Innenelektrode beträgt $r_i = 2$ cm; der Radius der Außenelektrode $r_a = 3$ cm. Das Dielektrikum hat den spezifischen Widerstand $\varrho = 2 \cdot 10^{12}\,\Omega$ cm. Wie groß ist der Isolationswiderstand? (Berechnung durch Näherung unter der Annahme $r_a - r_i \ll \bar{r}$ und exakt.)

7.1.10. Um einen temperaturunabhängigen Widerstand mit dem Wert $R = 1\,\Omega$ zu realisieren, schaltet man einen Konstantanwiderstand ($k_K = -3 \cdot 10^{-5}\,\text{K}^{-1}$) und einen Nickelwiderstand ($k_N = 1 \cdot 10^{-4}\,\text{K}^{-1}$) in Reihe. Welchen Widerstandswert müssen die beiden bei 20 °C haben?

7.2. Schaltung und Eigenschaften von Spannungsquellen

Quellenspannung (Leerlaufspannung) einer Spannungsquelle	U_q	V
Klemmenspannung	U_k	V
Innerer Widerstand einer Spannungsquelle	R_i	Ω
Äußerer Widerstand	R_a	Ω
Anzahl der in Reihe geschalteten Quellen	n	
der parallel geschalteten Quellen	m	

$$U_q = U_k + I R_i$$

Parallelschaltung: $\quad I = \dfrac{U_q}{R_a + R_i/m}$

Reihenschaltung: $\quad I = \dfrac{n U_q}{R_a + n R_i}$

Gruppenschaltung: $\quad I = \dfrac{n U_q}{R_a + n R_i/m}$

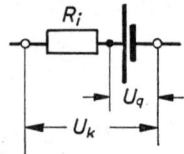

Ersatzschaltbild einer Spannungsquelle mit innerem Widerstand

7.2.1. Ein Bleiakkumulator hat bei einer Stromentnahme von 20 A eine Klemmenspannung von 1,98 V, bei einer Stromentnahme von 5 A eine Klemmenspannung von 2,04 V. Wie groß sind seine Quellenspannung und sein innerer Widerstand? Welcher Strom fließt bei einem Kurzschluß, bei dem der ganze Außenwiderstand nur aus einem 2,5 m langen Kupferdraht von 1,5 mm^2 Querschnitt ($\varrho = 0{,}018\,\Omega\,\text{mm}^2/\text{m}$) und einem Übergangswiderstand von 0,016 Ω an der Kurzschlußstelle besteht?

7.2.2. Eine Autobatterie hat eine Quellenspannung von 6,15 V und einen inneren Widerstand von 0,003 Ω. Die Zuleitung zum Anlasser hat einen Widerstand von 0,004 Ω und die Rückleitung über die Automasse 0,0015 Ω. Zum Anlassen wird ein Strom von 120 A gebraucht. Berechne die Klemmenspannung an der Batterie und am Anlasser beim Beginn des Anlassens (ohne Berücksichtigung der entstehenden Induktionsspannung).

7.2.3. Eine Gleichspannung von 24 V soll zum Laden von drei in Reihe geschalteten Akkumulatoren aus je drei Zellen ($R_i = 0{,}015\ \Omega$) verwendet werden. Zur Stromzuführung dienen Kupferdrähte mit insgesamt $0{,}025\ \Omega$ Widerstand. Welcher Vorschaltwiderstand ist erforderlich, wenn zu Beginn des Ladens jede Zelle noch eine Leerlaufspannung von 1,8 V besitzt und die Akkumulatoren höchstens mit 5 A geladen werden dürfen? Bis zu welchem Wert darf der Widerstand während des Ladens zurückgenommen werden, wenn die Zellen eine Leerlaufspannung von 2,1 V erreichen?

7.2.4. Wie viele Akkuzellen ($U_q = 1{,}25$ V, $R_i = 0{,}04\ \Omega$, $I_{max} = 5$ A) müssen mindestens parallel geschaltet werden, wenn der Außenwiderstand des Stromkreises $0{,}06\ \Omega$ beträgt? Welcher Strom fließt dann?

7.2.5. Ein Gerät mit dem Widerstand $0{,}75\ \Omega$ benötigt zu seinem Betrieb einen Strom von 6,4 A. Als Spannungsquellen stehen zwei Bleiakkus ($U_q = 2{,}2$ V, $R_i = 0{,}02\ \Omega$, $I_{max} = 8$ A) und zwei NiFe-Akkus ($U_q = 1{,}3$ V, $R_i = 0{,}04\ \Omega$, $I_{max} = 5$ A) zur Verfügung. Wie sind die Akkus zu schalten und welcher Vorschaltwiderstand ist nötig?

7.2.6. Die Quellenspannung eines galvanischen Elements und die der Parallelschaltung zweier Elemente ist gleich. Da der Innenwiderstand galvanischer Elemente meist sehr klein ist, ändert sich der Gesamtwiderstand des Stromkreises kaum; die Stromstärke bleibt nahezu konstant. Welchen Sinn hat dann eine solche Parallelschaltung?

7.3. Schaltung von Verbrauchern

Gesamtspannung U_g Gesamtstrom I_g Gesamtwiderstand R_g
Teilspannungen $U_1, U_2 \ldots$ Teilströme $I_1, I_2 \ldots$ Teilwiderstände $R_1, R_2 \ldots$

Reihenschaltung:
$$U_g = U_1 + U_2 + \cdots$$
$$I_g = I_1 = I_2 = \cdots$$
$$U_1 : U_2 : \cdots = R_1 : R_2 : \cdots$$
$$R_g = R_1 + R_2 + \cdots$$

Parallelschaltung:
$$U_g = U_1 = U_2 = \cdots$$
$$I_g = I_1 + I_2 + \cdots$$
$$I_1 : I_2 : \cdots = \frac{1}{R_1} : \frac{1}{R_2} : \cdots$$
$$\frac{1}{R_g} = \frac{1}{R_1} + \frac{1}{R_2} + \cdots$$

Kirchhoffsche Gesetze:
In jedem Verzweigungspunkt gilt: $\Sigma I = 0$
Längs des Umfangs einer Masche in einem Stromnetz gilt: $\Sigma U = \Sigma I R$

7.3.1. Eine Kinobogenlampe benötigt eine Betriebsspannung von 65 V und einen Betriebsstrom von 20 A. Berechne den Vorschaltwiderstand, der zum Anschluß der Lampe an die Netzspannung von 220 V erforderlich ist.

7.3. Schaltung von Verbrauchern

7.3.2. Ein Gerät mit dem Widerstand $R_G = 12\,\Omega$ soll so angeschlossen werden, daß die an dem Gerät liegende Spannung stufenlos zwischen 60 V und 160 V regulierbar ist. Um hierzu die Netzspannung von 220 V verwenden zu können, benötigt man einen Vorwiderstand, der zwischen zwei Werten R_{min} und R_{max} verändert werden kann. Berechne diese beiden Werte des Vorwiderstandes und die erforderliche Strombelastbarkeit.

7.3.3. Bei einer Spannungsteilerschaltung liegt an den Enden A und B eines Widerstandes $R = 55\,\Omega$ die Netzspannung von 220 V. Zwischen seinem Ende A und einem Gleitkontakt C ist ein Gerät mit einem Widerstand $R_G = 200\,\Omega$ angeschlossen. Welche Spannung liegt an dem Gerät, wenn sich der Gleitkontakt C genau in der Mitte zwischen A und B befindet? Wie groß sind dann die Ströme in den Widerständen R_1, R_2 und R_G? Wie hoch muß die Strombelastbarkeit des Widerstandes R sein?

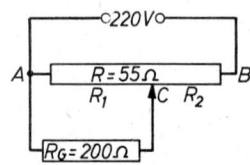

7.3.4. Ein Gerät ($R_G = 100\,\Omega$), das eine Spannung von 80 V benötigt, wird an einen Spannungsteilerwiderstand von 120 Ω angeschlossen, dessen Enden an der Netzspannung 220 V liegen. Berechne die Teilwiderstände R_1 und R_2, in die der Spannungsteiler durch den Abgriff getrennt wird, und die Ströme in allen Teilwiderständen.

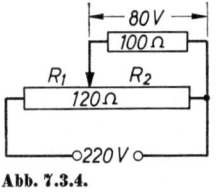

Abb. 7.3.4.

7.3.5. Welchen Gesamtwiderstand besitzen die drei Widerstände $R_1 = 11\,\Omega$, $R_2 = 22\,\Omega$ und $R_3 = 33\,\Omega$ in den nebenstehenden vier Schaltungen?

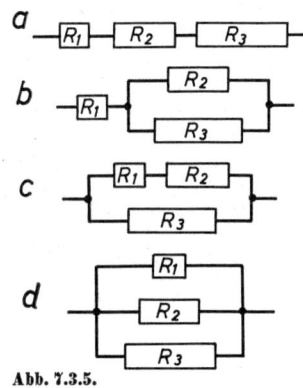

Abb. 7.3.5.

7.3.6. Berechne den Gesamtwiderstand der nebenstehenden Schaltung?

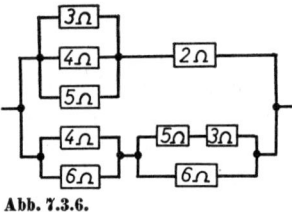

Abb. 7.3.6.

7.3.7. Wie groß muß in der nebenstehenden Schaltung der Widerstand R_x gemacht werden, damit sich ein Gesamtwiderstand von 2 Ω ergibt?

Abb. 7.3.7.

7.3.8. Berechne für alle Widerstände in der nebenstehenden Schaltung den Strom und den Spannungsabfall sowie den Gesamtwiderstand und den Gesamtstrom.

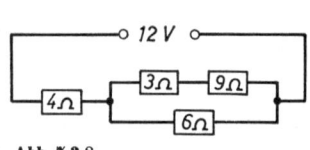

Abb. 7.3.8.

7.3.9. Berechne mit Hilfe der Kirchhoffschen Sätze über die Stromsumme und die Spannungssumme alle Ströme der in der Abb. dargestellten Schaltung.

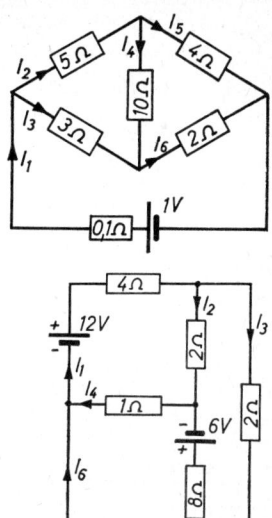

7.3.10. Berechne die Ströme in allen Zweigen der nebenstehenden Schaltung.

7.3.11. Ein Strommesser besitzt für einen Meßbereich von 15 mA einen Nebenschluß von 30 Ω und für einen Meßbereich von 0,5 A einen Nebenschluß von 0,606 Ω. Welchen Vorwiderstand braucht man, um das Instrument als Spannungsmesser mit einem Meßbereich von 150 V zu verwenden?

7.4. Energie und Leistung des elektrischen Stromes, Stromwärme

Elektrische Leistung P W, kW Arbeit des elektrischen Stromes W Ws, kWh
Stromwärme Q J, kJ

$$P = IU = I^2 R = \frac{U^2}{R} \qquad W = \int P\,dt$$

Stromwärme im Widerstand R: $Q = W_R$

Falls $P = $ const: $W = IUt = I^2 Rt = \dfrac{U^2}{R} t$

7.4.1. Welche elektrische Leistung entsteht in einem Heizwiderstand, der aus 9 m Nickelindraht ($\varrho = 0{,}43$ Ω mm²/m) mit dem Querschnitt 0,09 mm² besteht, wenn er an die Netzspannung von 220 V angeschlossen wird? Wie groß ist die in ihm in zwei Stunden erzeugte Wärme?

7.4.2. Zwei Verbraucher für 110 V mit den Leistungen $P_1 = 75$ W und $P_2 = 60$ W werden in Reihe an eine Spannung von 220 V gelegt. Mit welcher Leistung arbeiten sie, wenn angenommen werden darf, daß ihr Widerstand beim Anschluß an 110 V und 220 V gleich bleibt?

7.4.3. Ein elektrisches Heizgerät besitzt zwei Heizwiderstände von je 48,4 Ω und einen Dreistufenschalter. Bei Stufe I sind beide Widerstände in Reihe geschaltet, bei Stufe II ist nur einer in Betrieb, bei Stufe III sind beide parallel geschaltet. Berechne die Leistung des Gerätes in den drei Stufen bei 220 V Netzspannung.

7.4. Energie und Leistung des Stromes, Stromwärme

7.4.4. Ein Gerät besitzt beim Anlegen an 220 V eine Leistung von 250 W. Berechne Größe und Belastbarkeit (in W) eines Vorwiderstandes, mit dem man die Leistung des Geräts stufenlos bis auf 100 W drosseln kann.

7.4.5. Ein Gerät besitzt bei einer Spannung von 220 V die Leistung 500 W. Auf welchen Betrag steigt diese, wenn eine Überspannung von 225 V angelegt wird und gleichzeitig der Widerstand infolge der höheren Temperatur um 0,9% anwächst?

7.4.6*. Eine Spannungsquelle mit der Quellenspannung 4,5 V und dem inneren Widerstand 1,2 Ω wird nacheinander über die Außenwiderstände 0,5 Ω, 1 Ω, 1,2 Ω, 1,5 Ω, 2 Ω geschlossen. Wann ist die äußere Leistungsabgabe am größten? Beweise das Ergebnis auch mit Hilfe der Differentialrechnung.

7.4.7. Der Motor eines Baukranes ist über ein 180 m langes Kupferdoppelkabel (ϱ = 0,018 Ω mm²/m) an 220 V angeschlossen. Welchen Querschnitt muß dieses mindestens haben, damit bei einer Gesamtleistungsaufnahme von 9 kW höchstens 5% davon verlorengehen?

7.4.8. Bei welchem Strom erwärmt sich eine blanke Luftleitung aus Kupfer (ϱ_{80} = 0,022 Ω mm²/m) mit 1 mm² Querschnitt auf die für Dauerbelastung höchste zulässige Temperatur von 80 °C (Umgebungstemperatur 20 °C, Wärmeübergangskoeffizient α = 23 W/K m², Strahlung wird vernachlässigt).

7.4.9. Welche Mehrkosten entstehen im Verlauf eines Monats, wenn eine 60 W-Glühlampe durch eine 100 W-Glühlampe ersetzt wird und die Lampe an 30 Tagen durchschnittlich 5 Std benutzt wird (Preis 0,11 DM/kWh)?

7.4.10. Ein Gerät besitzt zwei Widerstände und vier Leistungsstufen. In Stufe I sind beide Widerstände in Reihe geschaltet und besitzen eine Leistung von 24 W, in Stufe IV sind sie parallel geschaltet und besitzen die Leistung 100 W. Wie groß sind die Leistungen der Stufen II und III, bei denen die Widerstände einzeln in Betrieb sind?

7.4.11. Ein Heizgerät besitzt zwei Widerstände und vier Leistungsstufen. Bei Stufe I sind R_1 und R_2 in Reihe geschaltet, bei Stufe II ist nur der größere Widerstand R_1, bei Stufe III nur der kleinere R_2 eingeschaltet und bei Stufe IV sind beide Widerstände parallel geschaltet. In welchem Verhältnis müssen R_1 und R_2 zueinander stehen, damit die Leistung je zweier aufeinanderfolgender Stufen stets dasselbe Verhältnis aufweist?

7.4.12. Eine elektrisch angetriebene Pumpe besitzt eine Leistungsaufnahme von 1,4 kW. Der Motor arbeitet mit einem Wirkungsgrad von 90%, die Pumpe selbst mit 80%. Welche Zeit ist erforderlich, um 20 m³ Wasser aus einer 6,8 m tiefen Grube zu pumpen?

7.4.13. Welche Leistung muß ein elektrisches Durchlaufheizgerät besitzen, wenn es bei einem Wirkungsgrad von 90% je Minute 0,8 l Wasser von 10 °C auf 60 °C erwärmen soll (c = 4,19 J/g K)?

7.4.14. In welcher Zeit kann ein Tauchsieder von 600 W bei einem Wirkungsgrad von 98% 2 kg Wasser von 12 °C beim Normdruck zum Sieden bringen, wenn während der Erwärmung 1,8 g Wasser verdunstet (Verdampfungswärme des Wassers r = 2260 J/g; c = 4,19 J/g K).

7.4.15. Eine Schmelzsicherung aus Silberdraht (Dichte $= 10{,}5$ g/cm³, $\varrho = 0{,}016\ \Omega$ mm²/m $c = 0{,}23$ J/g K, Schmelzwärme $q = 105$ J/g) besitzt den Querschnitt $0{,}03$ mm² und schmilzt bei 960 °C. Wie lange dauert es, bis sie geschmolzen ist, wenn bei einem Kurzschluß plötzlich ein Strom von 30 A fließt (Anfangstemperatur des Schmelzdrahtes 20 °C)? Um wieviel K erwärmt sich in dieser Zeit die Leitung, wenn sie aus Kupferdraht ($\varrho = 0{,}018\ \Omega$ mm²/m, Dichte $= 8{,}9$ g/cm³, $c = 0{,}39$ J/g K, $A = 1{,}5$ mm²) besteht? Die Wärmeabgabe an die Umgebung kann vernachlässigt werden.

7.4.16*. Durch den Wirkwiderstand $R = 5\ \Omega$ fließt ein Strom, der in 20 s linear von 2 A auf 12 A ansteigt. Wie groß ist die in Wärme umgewandelte Energie?

7.4.17*. Ein Kondensator ist auf 20 V aufgeladen. Bei der Entladung durch den Wirkwiderstand $R = 10\ \Omega$ sinkt die Spannung nach der Exponentialfunktion $U = U_0\ e^{-t/\tau}$; $\tau = 1$ ms. Wie groß ist die Anfangsleistung? Nach wieviel s ist sie auf 20 W gesunken? Wie groß ist die in Wärme umgewandelte elektrische Energie?

7.5. Chemische Wirkungen des elektrischen Stromes

Elektrochemisches Äquivalent $\ddot{A}$ mg/As, g/Ah
Faradaysche Konstante $F = 96\,500$ As/mol
Molare Masse m_m g/mol

$$\text{Abgeschiedene Stoffmenge}\quad m = \ddot{A} I t \qquad \ddot{A} = \frac{m_m}{F \cdot \text{Wertigkeit}}$$

7.5.1. Welche Aluminiummenge kann ein Aluminiumwerk in 24 h erzeugen, das 8 Aluminiumöfen in dauerndem Betrieb hat, durch die je ein Strom von 80 000 A fließt ($\ddot{A} = 0{,}0936$ mg/As $= 0{,}337$ g/Ah)?

7.5.2. Berechne aus der molaren Masse $63{,}57$ g/mol des Kupfers (2-wertig) und der Faradayschen Konstante $F = 96\,500$ As/mol das elektrochemische Äquivalent des Kupfers. Welcher Strom scheidet aus einer Kupfersulfatlösung in 4 Std an einer Kupferkathode $13{,}2$ g Kupfer ab?

7.5.3. Ein Zylinder von 12 cm Durchmesser und 60 cm Länge soll in einem Nickelsalzbad galvanisch mit einer $0{,}1$ mm starken Nickelschicht überzogen werden. Die Stromdichte soll $0{,}25$ A/dm² nicht übersteigen. Welcher Strom ist erforderlich? Wie lange muß der Zylinder im Bad bleiben ($\varrho_{Ni} = 8{,}7$ g/cm³, $\ddot{A} = 1{,}094$ g/Ah)?

7.5.4. Wie dick wird die Silberschicht, die sich in einem Silbersalzbad auf einem Gegenstand abscheidet, wenn dieser bei einer Stromdichte von $0{,}5$ A/dm² 12 Std im Bad bleibt ($\ddot{A} = 1{,}118$ mg/As $= 4{,}025$ g/Ah, $\varrho = 10{,}5$ g/cm³)?

7.5.5. Ein Aluminiumwerk besitzt 12 Aluminiumöfen, die von einem in einem benachbarten Kraftwerk stehenden Gleichstromgenerator betrieben werden. Die Öfen sind in Reihe geschaltet; an jedem liegt eine Spannung von $4{,}8$ V, und er soll in der Stunde 22 kg Aluminium liefern. Die Verbindungsleitungen aus Kupfer ($\varrho = 0{,}018\ \Omega$ mm²/m) besitzen einen Querschnitt von 64 cm² und zusammen eine Länge von 240 m. Welche Klemmenspannung muß der Generator erzeugen ($\ddot{A} = 0{,}337$ g/Ah)?

7.5./7.6. Chemische Wirkungen des Stromes/Elektrisches Feld und Kondensator

7.5.6. In einem Wasserzersetzungsapparat werden bei einer Temperatur von 22 °C und einem Luftdruck von 990 mbar in 11 min 65 cm³ Knallgas aufgefangen. Das Wasser steht dann im Zylinder 17,7 cm über dem Wasserspiegel im Gefäß. Wie groß ist das elektrochemische Äquivalent für Knallgas in cm³/As bei Normbedingungen, wenn ein Strom von 0,5 A fließt?

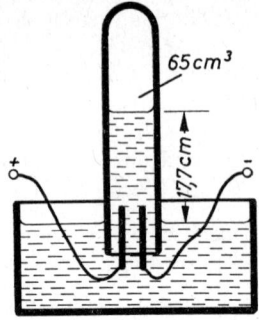

7.6. Elektrisches Feld und Kondensator

Elektrische Feldstärke	E	V/m, V/cm
Elektrische Flußdichte, Verschiebungsdichte	D	C/m² = As/m²
Felderzeugende Ladung	Q	C = As
Ins Feld gebrachte Ladung	Q^*	C = As
Elektrische Kapazität	C	C/V = F, µF, pF
Elektrische Feldkonstante	$\varepsilon_0 = 8{,}86 \cdot 10^{-12}$ As/Vm	
Dielektrizitätszahl	ε_r (unbenannte Verhältniszahl)	
Dielektrizitätskonstante	$\varepsilon = \varepsilon_0 \varepsilon_r$ As/Vm	

$$E = \frac{dU}{ds}; \quad U_{12} = \int_1^2 \vec{E}\,d\vec{s}; \quad \vec{D} = \varepsilon \vec{E}; \quad Q = \oint \vec{D}\,d\vec{A}; \quad W = QU$$

Kraft auf die kleine Ladung Q^*: $\vec{F} = Q^* \cdot \vec{E}$

Homogenes Feld zwischen zwei Platten: $E = \dfrac{U}{s} \qquad D = \dfrac{Q}{A}$

Coulombsches Gesetz bei punktförmigen Ladungen: $F = \dfrac{Q_1 Q_2}{4\pi \varepsilon r^2}$

Kapazität eines Kondensators bei kleinem Abstand s der Beläge: $C = \varepsilon \dfrac{A}{s}$

Kapazität einer Kugel gegen eine ferne Umgebung: $C = 4\pi\varepsilon r$

Ladung eines Kondensators: $Q = CU = \int I\,dt$

Gesamtkapazität mehrerer Kondensatoren bei:

Parallelschaltung $C_g = C_1 + C_2 + \cdots$

Reihenschaltung $\dfrac{1}{C_g} = \dfrac{1}{C_1} + \dfrac{1}{C_2} + \cdots$

In einem Kondensator gespeicherte Energie: $E = \tfrac{1}{2} C U^2 = \tfrac{1}{2} \dfrac{Q^2}{C}$

7.6.1. Zwei runde Platten mit dem Durchmesser 12 cm befinden sich in einem Abstand $s = 18$ mm und sind auf eine Spannung von 270 V aufgeladen. Wie groß ist die elektrische Feldstärke im Raum zwischen den Platten? Wie groß sind die Verschiebungsdichte und die Gesamtladung auf jeder der beiden Platten? Welche Kapazität besitzt der von den Platten gebildete Kondensator?

7.6.2. Ein mit einer Ladung $Q^* = 3{,}2 \cdot 10^{-19}$ As behaftetes Teilchen von der Masse $m = 3 \cdot 10^{-9}$ g erfährt in einem Plattenkondensator, dessen Platten 2 cm Abstand besitzen, infolge der elektrischen Feldstärke die Beschleunigung $a = 5$ cm/s². Welche Spannung liegt an dem Kondensator?

7.6.3. Die Platten eines Kondensators mit 25 pF besitzen einen Luftabstand $s = 8$ mm und sind auf 1000 V aufgeladen. Berechne die Ladung des Kondensators und die elektrische Feldstärke in seinem Innern. Auf welchen Wert ändern sich Kapazität und Feldstärke, wenn in den Kondensator eine 2 mm starke Glasscheibe ($\varepsilon_r = 6$) eingebracht wird und die Platten ganz an die Glasscheibe herangeschoben werden?

7.6.4. Wie groß ist die Kapazität der Erdkugel ($r = 6370$ km)?

7.6.5. Auf welche Spannung darf eine Metallkugel vom Durchmesser 80 cm aufgeladen werden, wenn die Feldstärke an ihrer Oberfläche 20 000 V/cm nicht übersteigen soll? Welche Ladung befindet sich dann auf der Kugel?

7.6.6. Bei einem Elektroskop sind zwei gleiche leitende Kügelchen ($m = 0{,}02$ g, $r_k = 0{,}2$ cm) als Doppelpendel an zwei 6 cm langen leitenden Fäden aufgehängt. Welche Ladung trägt ein jedes, wenn die abstoßende Kraft die Kügelchen auf eine Entfernung von $r = 2$ cm aufspreizt? Auf welche Spannung sind sie geladen? (Berechne die Kapazität der benachbarten Kügelchen genähert nach der Formel für die Kapazität einer einzelnen Kugel.)

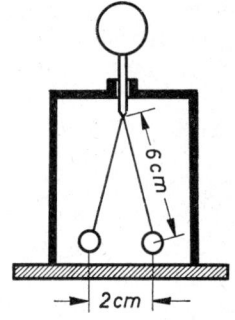

7.6.7. Ein Wickelkondensator besteht aus zwei 5 cm breiten Bändern aus Aluminiumfolie, die durch Paraffinpapier ($d = 0{,}03$ mm, $\varepsilon_r = 2{,}4$) isoliert sind. Wie lang müssen die Bänder sein, damit die Kapazität 4 µF beträgt?

7.6.8. Ein Kondensator besitzt die Kapazität 80 µF und ist auf 10 000 V Durchschlagfestigkeit geprüft. Welche Energie wird in dem Funken frei, wenn der Kondensator bis zur Prüfspannung geladen ist und zur Entladung gebracht wird?

7.6.9. Berechne die Gesamtkapazität von vier gleichen Kondensatoren mit je 3 µF in der nebenstehenden Schaltung.

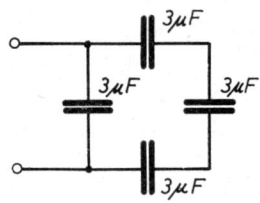

7.6.10. Zu zwei Kondensatoren mit den Kapazitäten $C_1 = 5$ µF und $C_2 = 7{,}5$ µF soll ein dritter nach der nebenstehenden Schaltung hinzugeschaltet werden, daß sich eine Gesamtkapazität von 9 µF ergibt. Welche Spannungen liegen dann an den drei Kondensatoren, wenn an die ganze Schaltung die Spannung 220 V angelegt wird a) kurz nach dem Anlegen der Spannung; b) nach längerer Zeit, wenn die Innenwiderstände der Kondensatoren alle gleich groß sind?

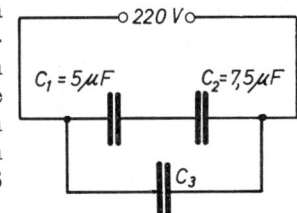

7.6.11*. Innerhalb von 10 s steigt der Strom durch einen Leiter von 0 auf 5 A an. Wie groß ist die durch den Leiter geflossene Ladung, wenn der Strom a) linear, b) exponentiell entsprechend $I = I_{\max}(1 - e^{-t/\tau})$ mit $\tau = 5$ s ansteigt?

7.6./7.7. Elektr. Feld u. Kondensator/Freie Elektronen im elektr. Feld, Elektronenröhre

7.6.12*. Eine Metallkugel mit dem Radius $r_0 = 4$ cm befindet sich in Luft ($\varepsilon_r \approx 1$) weit entfernt von geladenen Körpern und trägt die Ladung $-2 \cdot 10^{-10}$ As. a) Wie groß ist die Feldstärke an der Kugeloberfläche? b) Man skizziere den Verlauf der Feldstärke vom Kugelmittelpunkt bis zu großen Entfernungen. c) Welche Kraft erfährt ein Elektron an der Kugeloberfläche? d) In welchem Abstand von der Kugel ist diese Kraft auf die Hälfte gefallen? e) Welche Energie erhält ein Elektron, das sich von der Kugeloberfläche ($r = r_0$) in die Entfernung $r = 2r_0$ bzw. $r \gg r_0$ bewegt?

7.6.13*. Die Drahtachsen einer Doppelleitung in Luft ($\varepsilon_r \approx 1$) sind $2d = 20$ cm voneinander entfernt. Die längenbezogene Ladung beträgt beim linken Leiter $+2 \cdot 10^{-8}$ C/m; beim rechten Leiter $-2 \cdot 10^{-8}$ C/m. Zur Festlegung der Punkte im Raum wird ein rechtwinkliges Koordinatensystem so gelegt, daß die x-Achse die beiden Leiter verbindet und die y-Achse Symmetrieachse wird. Wie groß sind die Feldstärken in den Punkten $P_1(0; 0)$ und $P_2(0; d)$? Wie groß ist die Spannung zwischen den Leitern, wenn der Drahtradius $R = 1$ cm beträgt?

7.6.14*. Ein Koaxialkabel (Radius des Leiters $R_1 = 2$ mm, Radius der Abschirmung $R_3 = 6$ mm) hat ein geschichtetes Dielektrikum. Zwischen R_1 und $R_2 = 4$ mm beträgt die Dielektrizitätszahl $\varepsilon_{r12} = 4$, zwischen R_2 und R_3 $\varepsilon_{r23} = 2$. Wie groß ist die längenbezogene Kapazität? Man berechne die Feldstärken bei $U_{13} = 1$ kV für die Radien R_1, R_2 (beide Medien) und R_3 und skizziere $E = f(r)$ unter Berücksichtigung von $r < R_1$ und $r > R_3$. Welche Vorteile bringt das geschichtete Dielektrikum gegenüber dem billigeren Einschichtmaterial?

7.6.15*. Ein Kondensator mit der Kapazität 1 µF wird über den Widerstand 2 MΩ an eine Spannungsquelle (Quellenspannung U_q, Innenwiderstand vernachlässigbar) angeschlossen. Wie lange nach dem Einschalten hat die Spannung am Kondensator den Wert $U_q/2$ erreicht?

7.7. Freie Elektronen im elektrischen Feld. Elektronenröhre

Emissionsstrom I_e A   Anodenstrom I_a A   Gitterstrom I_g A
Steuerspannung U_{St} V   Anodenspannung U_a V   Gitterspannung U_g V
Durchgriff D —   Steilheit S mA/V   Innenwiderstand R_i Ω
Großbuchstaben: Gleichstromgrößen; Kleinbuchstaben: Wechselstromgrößen

---

Richardsonsche Gleichung $I_e = C A T^2 e^{-T_0/T}$ (C, T_0 Materialkonstanten)

$D = -\dfrac{u_g}{u_a}$ bei konstantem Anodenstrom

$S = \dfrac{i_a}{u_g}$ bei konstanter Anodenspannung

$R_i = \dfrac{u_a}{i_a}$ bei konstanter Gitterspannung

Barkhausensche Röhrenformel $D S R_i = 1$

Anodenstromänderung $i_a = S(u_g + D u_a)$

Spannungsverstärkung $\left|\dfrac{u_a}{u_g}\right| = \dfrac{1}{D} \dfrac{R_a}{R_i + R_a}$

Maximale Spannungsverstärkung bei sehr großem Außenwiderstand $\left|\dfrac{u_a}{u_g}\right| \to \dfrac{1}{D}$

Freie Elektronen im elektr. Feld, Elektronenröhre /Magn. Wirkungen d. elektr. Stromes 7.7./7.8.

7.7.1*. Welcher Emissionsstrom geht von einer zylinderförmigen Wolframkathode ($C = 60$ A/cm² K², $T_0 = 52500$ K, Länge 20 mm, Durchmesser 0,4 mm) aus, wenn sie auf 2400 K aufgeheizt wird? Auf welchen Wert steigt der Emissionsstrom, wenn die Temperatur auf 2500 K erhöht wird? Man bestimme allgemein die relative Zunahme des Emissionsstromes mit der relativen Temperaturzunahme. Um wieviel K darf die Kathodentemperatur von 2400 K schwanken, wenn der Emissionsstrom auf 1% konstant gehalten werden soll?

7.7.2. Wie groß muß die Oberfläche einer mit Bariumoxid ($C = 10$ mA/cm² K², $T_0 = 11500$ K) überzogenen Nickelkathode sein, damit sie einen Strom von 32 mA abgeben kann, wenn sie nicht über 900 K erhitzt werden darf, weil sonst die BaO-Schicht verdampft?

7.7.3. Eine Elektronenröhre besitzt an ihrem Arbeitspunkt eine Kennlinie mit der Steilheit $S = 2,8$ mA/V und einem Durchgriff $D = 3,5\%$. Welche maximale Spannungsverstärkung läßt sich mit der Röhre erzielen? Um welchen Betrag wächst der Anodenstrom, wenn die Gitterspannung um 0,2 V ansteigt und kein Außenwiderstand im Anodenstromkreis liegt? Welche Spannungsänderung entsteht an einem im Anodenstromkreis liegenden Außenwiderstand von 75000 Ω bei der gegebenen Gitterspannungsänderung? Wie groß ist in diesem Falle die Anodenstromänderung? Welche Spannungsverstärkung wird hierbei erzielt?

7.7.4. An eine Röhre wird die Anodenspannung $U_a = 180$ V und eine Gittervorspannung $U_g = -2,4$ V angelegt; es fließt dann ein Anodenstrom von 1,5 mA. Der Durchgriff beträgt 4,2%, die Steilheit 3 mA/V. Der Außenwiderstand im Anodenstromkreis hat 60000 Ω. Zwischen welchen Grenzen schwanken Anodenstrom und Anodenspannung, wenn der Gittervorspannung eine Gitterwechselspannung $u_g = 0,25$ V sin ωt überlagert wird?

7.7.5. Welche Bedeutung hat das Steuergitter in einer Triode und welche das Schirm- und das Bremsgitter in einer Pentode?

7.7.6. Wie entstehen Kathodenstrahlen? Welche Bedeutung hat eine Glühkathode für ihre Erzeugung?

7.7.7. Beschreibe den Bau und die Wirkungsweise einer Röntgenröhre. Wodurch ist die Härte der Strahlen bedingt und durch welche Bedienung kann man sie von außen willkürlich ändern?

7.7.8. Beschreibe eine Braunsche Röhre. Durch welche äußeren Einstellungen kann man die Helligkeit und die Schärfe des Bildpunktes verändern?

7.8. Magnetische Wirkungen des elektrischen Stromes

Magn. Feldstärke	H	A/m	Magn. Feldkonstante	$\mu_0 = 1{,}256 \cdot 10^{-6}$	Vs/Am
Windungszahl	N	—	Permeabilitätszahl	μ_r	—
Magn. Flußdichte (Induktion)	B	Vs/m² = T	Permeabilität	$\mu = \mu_0 \mu_r$	Vs/Am
			Magn. Spannung	$\int \vec{H}\,\vec{dl}$	A
Magn. Fluß	Φ	Vs = Wb	Magn. Durchflutung	IN	A

7.8. Magnetische Wirkungen des elektrischen Stromes

Magnetische Spannung längs einer geschlossenen magnetischen Feldlinie = magnetische Durchflutung $\int \vec{H}\,d\vec{l} = NI$

Feldstärke im Innern einer langen eisenfreien Spule $H = \dfrac{IN}{l}$

Magnetische Flußdichte bei nichtferromagnetischen Stoffen $B = \mu H$, bei ferromagnetischen Stoffen aus dem B-H-Diagramm (s. unten).

Magnetischer Fluß $\Phi = \int \vec{B}\,d\vec{A}$ im homogenen Feld $\Phi = \vec{B}\vec{A}$

Kraft auf einen stromdurchflossenen Leiter im homogenen Magnetfeld (l = Länge innerhalb des Feldes) $\vec{F} = I(\vec{l} \times \vec{B})$

Stehen Leiter und Feldrichtung senkrecht aufeinander gilt, $F = IlB$

Drehmoment auf eine Stromwindung mit der Fläche A im homogenen Magnetfeld $\vec{M} = I(\vec{A} \times \vec{B})$

Tragkraft eines Magneten (Luftspalt vernachlässigt) $F = \dfrac{B^2 A}{2\mu_0}$

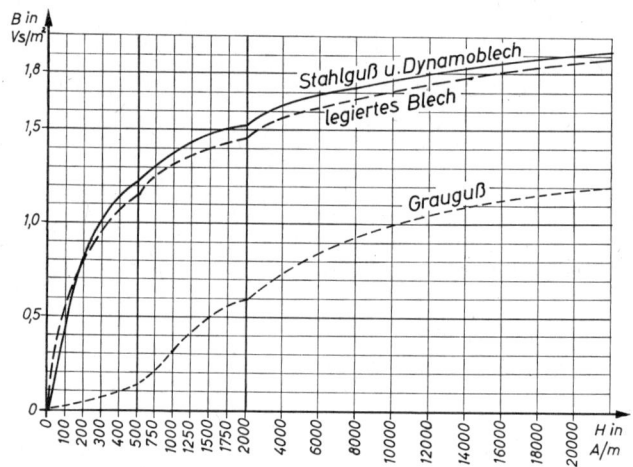

7.8.1. Wie groß sind die magnetische Feldstärke, die Flußdichte und der gesamte magnetische Fluß im Innern der in der Abb. dargestellten eisenfreien Ringspule mit 600 Windungen, wenn sie von einem Strom von 3 A durchflossen wird?

7.8.2. Wie viele Windungen müssen auf einer eisenfreien Zylinderspule vom Durchmesser 3 cm und der Länge 10 cm angebracht werden, damit bei einem Strom von 2,8 A in ihrem Innern ein magnetischer Fluß von $4 \cdot 10^{-6}$ Vs erzielt wird?
Warum kann man diese Spule genähert noch mit einfachen Formeln berechnen? Aus welchen Gründen erhält man nur eine Näherung und weshalb nimmt die Flußdichte gegen das Spulenende zu ab?

7.8.3. Mit welchem Strom kann man in einer eisenfreien Spule von 4 cm Durchmesser und 250 Windungen auf 10 cm denselben magnetischen Fluß erzielen wie mit einer ebenfalls eisenfreien Spule von 4,8 cm Durchmesser mit 400 Windungen auf 12 cm Länge bei einem Strom von 2 A?

7.8.4. Ein Stahlring besitzt die in der Abb. eingetragenen Abmessungen. Berechne zunächst ohne Luftspalt bei einer magnetischen Flußdichte von 1,5 T den gesamten magnetischen Fluß und die erforderliche magnetische Durchflutung. Welcher Strom ist dazu in einer Wicklung von 360 Windungen nötig?

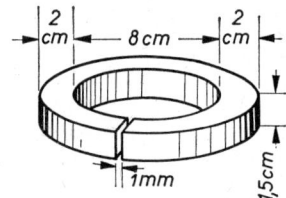

Wie müssen Durchflutung und Strom geändert werden, wenn der Ring von einem 1 mm breiten Luftspalt unterbrochen ist und der gleiche magnetische Fluß erzielt werden soll ($\mu_r = 650$)?

7.8.5. Der Kern eines Elektromagneten besteht aus Dynamoblechen. Kern und Anker haben die in der Abb. angegebenen Abmessungen und überall den gleichen Querschnitt von $2 \cdot 2$ cm². Der Kern trägt zwei Wicklungen mit je 600 Windungen, durch die ein Strom von 0,75 A fließt. Die mittlere Länge der magnetischen Feldlinien ist 20 cm. Wie groß ist der entstehende magnetische Fluß? Um wie viele % erhöht er sich, wenn die magnetische Durchflutung durch einen Strom von 1,5 A verdoppelt wird?

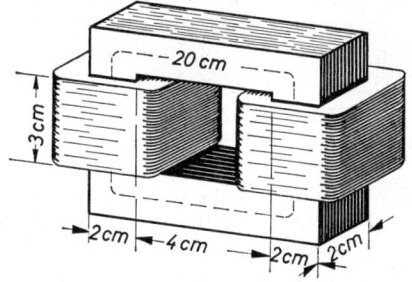

7.8.6. Eine Spule mit 150 Windungen hat einen Kern und einen Anker aus Dynamoblech mit den in der Abb. eingetragenen Abmessungen. Welche magnetische Durchflutung und welcher Strom sind in der Spule erforderlich, um einen magnetischen Fluß $3,6 \cdot 10^{-4}$ Vs zu erhalten?

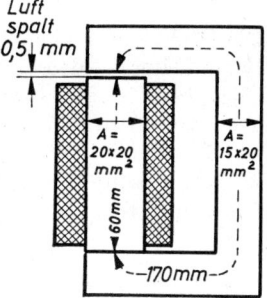

7.8.7. Ein Hufeisenmagnet mit den in der Abb. angegebenen Abmessungen soll eine Tragkraft von 2 kN entwickeln. Welche Zahl von Windungen muß jede der beiden Spulen haben, wenn sie höchstens mit einem Strom von 2 A belastet werden dürfen? (Man nehme bei dem zu hebenden Gegenstand den gleichen Querschnitt $A = 10$ cm² wie beim Kern des Magneten und einen Eisenweg von 12 cm in Stahlguß an.)

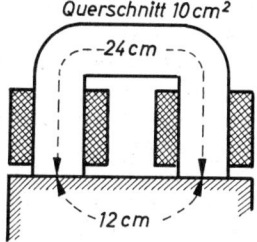

7.8. Magnetische Wirkungen des elektrischen Stromes

7.8.8. Welches maximale Drehmoment erzeugt eine flache Rechteckspule (Fläche $A =$ 4 cm · 5 cm) mit 80 Windungen, die von 1,8 A durchflossen werden, in einem homogenen Magnetfeld mit der Flußdichte 0,4 T?

7.8.9. Im Luftspalt des Stahlmagneten eines Drehspulmeßwerkes herrscht die konstante magnetische Flußdichte $B = 0{,}4$ T. Die Feldlinien stehen senkrecht auf dem Wickelkörper. Die Spule hat 400 Windungen mit je einer Windungsfläche von 1,2 cm². Bei welchem Strom schlägt der Zeiger über die ganze Skala aus, wenn das von den Spiralfedern erzeugte Rückstellmoment am Ende der Skala $1{,}2 \cdot 10^{-4}$ Nm beträgt?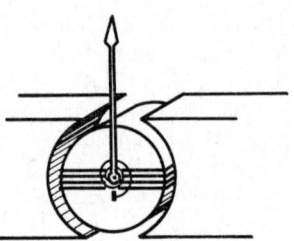

7.8.10*. In 1 m Entfernung von einem langen, geraden, stromdurchflossenen Draht in Luft mißt man die maximale magnetische Flußdichte $2{,}51 \cdot 10^{-6}$ T. Wie groß sind Tangential- und Radialkomponente der magnetischen Feldstärke? Welcher Strom fließt im Leiter? Wie ändert sich die magnetische Feldstärke im betrachteten Punkt, wenn man die Stromrichtung umpolt? Wie groß ist die Feldstärke in 2 m Entfernung vom Leiter?

7.8.11*. Durch einen langen, geraden Leiter vom Durchmesser $2R = 10$ mm fließt der Strom 50 A. Man zeichne die Feldstärke in Draht und Luft als Funktion des Abstandes r von der Drahtachse. Wie groß ist der magnetische Fluß durch ein Rechteck ($a = 8$ cm; $b = 6$ cm; $r_1 = 20$ cm)?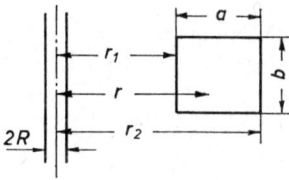

7.8.12. Die Drahtachsen einer Doppelleitung in Luft sind $2d = 20$ cm voneinander entfernt. Beide Leiter werden vom Strom 40 A parallel (beide Stromrichtungen in die Zeichenebene nach hinten) bzw. antiparallel (die linke Stromrichtung aus der Zeichenebene nach vorne) durchflossen. Zur Festlegung der Punkte im Raum wird ein rechtwinkliges Koordinatensystem so gelegt, daß die x-Achse die beiden Leiter verbindet und die y-Achse Symmetrieachse wird. Wie groß ist die Feldstärke im Punkt $P(0; b)$ mit $b = 15$ cm?

7.8.13. Zur Demonstration der Kraft auf einen stromdurchflossenen Leiter wird an einen waagerecht liegenden Stab der Länge $l = 1$ m mit Hilfe von Federn (Länge entspannt $s_0 = 2$ cm) ein zweiter gleichlanger Stab mit der Masse 10 g angehängt. Die Federn werden dadurch um $\Delta s = 2$ cm gedehnt, der Stababstand beträgt also jetzt 4 cm. Welchen Wert r nimmt der Stababstand an, wenn die Stäbe antiparallel vom Strom 100 A durchflossen werden? (Wegen der starken Erwärmung darf der Strom nur kurzzeitig fließen!)

7.8.14. Von zwei Stahlstäben ist der eine magnetisch, der andere unmagnetisch. Wie kann man ohne zusätzliche Hilfsmittel entscheiden, welcher magnetisch ist?

7.9. Elektromagnetische Induktion

Induktivität L Vs/A = H
Formfaktor einer Spule β —

Induktionsgesetz $U_{\text{ind}} = -N \dfrac{d\Phi}{dt}$

Induktionsspannung in einem mit der Geschwindigkeit v bewegten Leiter (Länge innerhalb des Magnetfeldes l) im homogenen Magnetfeld

$$u_{\text{ind}} = (\vec{v} \times \vec{B})\vec{l}$$

Scheitelwert der Induktionsspannung in einer im homogenen Magnetfeld umlaufenden Spule (Drehfrequenz n, Fläche A)

$$\hat{u}_{\text{ind}} = B \cdot 2\pi n \cdot A N = B \cdot 2\pi n \cdot 2 r l N$$

Induktivität einer Luftspule (Länge l) $L = \dfrac{\mu_0 A N^2}{l} \beta$

Induktivität einer eisengefüllten Spule $L = \dfrac{\mu A N^2}{l}$
(l = mittlere Länge einer Feldlinie)

Selbstinduktionsspannung einer Spule

$$U_{\text{ind}} = -L \dfrac{dJ}{dt}$$

In einer Spule gespeicherte Energie

$$E = \tfrac{1}{2} L I^2$$

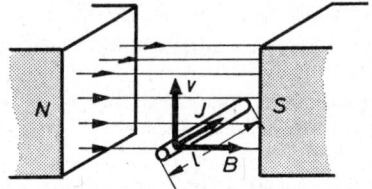

7.9.1. Der gesamte magnetische Fluß eines Hufeisenmagneten beträgt $8 \cdot 10^{-5}$ Vs. In einem Raum von 3 cm · 2 cm Querschnitt zwischen den beiden Polen herrscht ein homogenes Feld mit der Flußdichte 10^{-5} Vs/cm². Ein Leiter, der mit einem ballistischen Galvanometer ($R = 36\,\Omega$) verbunden ist, wird von einer weit entfernten Stelle durch das homogene Feld hindurch in die aus der Abbildung ersichtliche Lage gebracht. Welche Ladung wird dabei durch den Leiter bewegt?

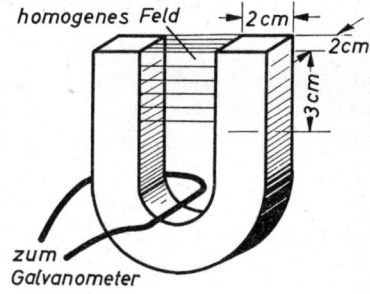

Welche Spannung und welcher Strom entstehen, wenn die Bewegung durch das homogene Feld in 0,5 s erfolgt (das äußere Streufeld soll hierbei vernachlässigt werden).

7.9.2. Eine flache Spule mit 30 Windungen und einem Querschnitt von 4 cm · 5 cm rotiert mit $n = 600$ min^{-1} in einem homogenen Magnetfeld von 0,45 T. Welchen Scheitelwert erreicht die induzierte Spannung? Welche Drehfrequenz ist erforderlich, um bei 80 Windungen unter sonst gleichen Voraussetzungen eine Scheitelspannung von 6 V zu erzielen?

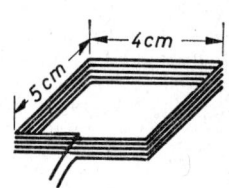

7.9. Elektromagnetische Induktion

7.9.3. Von den 360 Induktionswindungen eines Trommelankers tragen stets nur 270, die sich gleichzeitig im Feld des Elektromagneten befinden, voll zur Spannungserzeugung bei. Die die Induktion hervorrufenden Teile der Windungen haben je eine Länge von 20 cm und sind alle in Reihe geschaltet. Der Anker hat einen Durchmesser von 12 cm und läuft mit 900 min^{-1}. Welche Flußdichte ist im Magnetfeld erforderlich, damit eine Spannung von 224,5 V erzeugt wird? Bei welcher Stromentnahme wird die Klemmenspannung genau 220 V, wenn die Gesamtlänge der Wicklung 115 m und der Querschnitt der Drähte 23 mm^2 betragen ($\varrho = 0{,}018\ \Omega\ \text{mm}^2/\text{m}$)?

7.9.4. Eine eisenfreie Spule hat eine Länge von 12 cm. Sie trägt 1500 Windungen vom mittleren Durchmesser 4 cm. Der Formfaktor beträgt 0,88. Welche Induktivität hat die Spule? Welche Spannung entsteht in ihr, wenn der hindurchfließende Strom gleichmäßig in 0,03 s von 0 auf 1 A ansteigt?

7.9.5. Bestimme aus dem B-H-Diagramm die magnetische Flußdichte, bei der eine Spule mit 600 Windungen und einem Eisenkern (legiertes Blech) mit 32 cm Eisenweg und 4 cm^2 Querschnitt eine Induktivität von 0,5 H hat. Welcher Strom muß dann durch die Spule fließen, und wie groß ist der magnetische Fluß?

7.9.6. Weshalb hängt die Induktivität einer Spule mit Eisenkern von der Stärke des hindurchfließenden Stromes ab, während sie bei eisenfreien Spulen konstant ist?

7.9.7*. Ein Ringkern aus Ferrit hat einen quadratischen Querschnitt ($A = 4$ cm^2) und den Innenradius $r_i = 5$ cm. Er wird mit 1000 Windungen bewickelt. Bei der vorgesehenen Flußdichte sei $\mu_r = 1500$. Wie groß ist seine Induktivität? Welche Energie enthält das Magnetfeld der Spule, wenn sie vom Strom 1 A durchflossen wird?

7.9.8*. Beim Abschalten sinkt der Strom durch eine Spule mit der Induktivität 100 mH entsprechend der e-Funktion $I = I_0\,e^{-t/\tau}$ ($I_0 = 10$ A; $\tau = 0{,}02$ s). Wie groß ist die maximale induzierte Spannung? Wie groß ist sie nach 0,1 s?

8. ELEKTRIZITÄTSLEHRE (Wechselstrom)

8.1. Allgemeine Eigenschaften eines Wechselstromes

Frequenz f s^{-1} Periodendauer $T = \dfrac{1}{f}$ s

Kreisfrequenz $\omega = 2\pi f = \dfrac{2\pi}{T}$

Momentanwerte bei Strom und Spannung i, u; Scheitelwerte $\hat{i}, \hat{u}$

Phasenwinkel $\omega t + \varphi_i$; $\omega t + \varphi_u$

Nullphasenwinkel φ_i; φ_u

Phasenverschiebungswinkel $\varphi = \varphi_2 - \varphi_1 = \varphi_u - \varphi_i$

Bei sinusförmigem Wechselstrom: $u = \hat{u}\cos(\omega t + \varphi_u)$ $i = \hat{i}\cos(\omega t + \varphi_i)$

Linearer Mittelwert, Gleichwert $\quad \bar{u} = \dfrac{1}{T}\displaystyle\int_0^T u\,dt \quad\quad \bar{i} = \dfrac{1}{T}\displaystyle\int_0^T i\,dt$

Gleichrichtwert: $\quad |\bar{u}| = \dfrac{1}{T}\displaystyle\int_0^T |u|\,dt \quad\quad |\bar{i}| = \dfrac{1}{T}\displaystyle\int_0^T |i|\,dt$

bei vollweggleichgerichtetem, sinusförmigem Wechselstrom: $\quad |\bar{u}| = \dfrac{2}{\pi}\hat{u} \quad\quad |\bar{i}| = \dfrac{2}{\pi}\hat{i}$

Effektivwerte

allgemein: $\quad I^2 = I_{\text{eff}}^2 = \dfrac{1}{T}\displaystyle\int_0^T i^2\,dt \quad\quad U^2 = U_{\text{eff}}^2 = \dfrac{1}{T}\displaystyle\int_0^T u^2\,dt$

bei sinusförmigem Wechselstrom: $\quad I = I_{\text{eff}} = \dfrac{\sqrt{2}}{2}\hat{i} \quad\quad U = U_{\text{eff}} = \dfrac{\sqrt{2}}{2}\hat{u}$

8.1.1. Die Wechselspannung $u = \hat{u}\sin\omega t$ hat den Scheitelwert $\hat{u} = 85$ V und die Frequenz $16\tfrac{2}{3}$ Hz. Berechne die Dauer einer Periode. Wie groß ist der Momentanwert der Spannung 28 ms nach dem Durchgang durch den Nullwert? Berechne Phasenwinkel und Zeiten, bei denen die Spannung die ersten beiden Male den Momentanwert $u = -30$ V erreicht.

8.1.2. Zwei Spannungsquellen mit gleicher Frequenz und den sinusförmigen Wechselspannungen ($\hat{u}_1 = 60$ V, $\hat{u}_2 = 100$ V) und dem Phasenverschiebungswinkel $\varphi_{12} = 45°$ sind in Reihe geschaltet. Welchen Scheitelwert und welchen Phasenverschiebungswinkel gegen die Spannung u_1 besitzt die Gesamtspannung?

8.1.3. Berechne den bei Vollweggleichrichtung sich ergebenden Gleichrichtwert und den Effektivwert eines sinusförmigen Wechselstromes mit dem Scheitelwert $\hat{i} = 4{,}5$ A.

8.1.4. Ein sinusförmiger Wechselstrom von 35 A wird gleichgerichtet. In welcher Zeit scheidet er aus einer Magnesiumschmelze 10 g Magnesium (m_m = 24,3 g/mol, zweiwertig, F = 96 500 As/mol) aus?

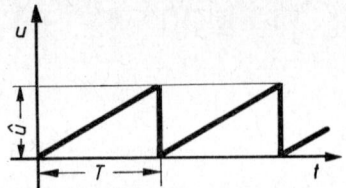

8.1.5*. Eine Wechselspannung verläuft in ihrer Zeitabhängigkeit nach einer Sägezahnkurve. Berechne den Mittelwert und den Effektivwert dieser Spannung.

8.1.6*. Bei der periodischen Entladung eines Kondensators über einen Wirkwiderstand ergibt sich nebenstehender Spannungsverlauf. Die Kurvenstücke gehorchen der Beziehung $i = \hat{i}\,e^{-t/\tau}$ mit $\hat{i} = 1$ mA. Wie groß sind Mittelwert und Effektivwert des Stromes für den Spezialfall $T = \tau$?

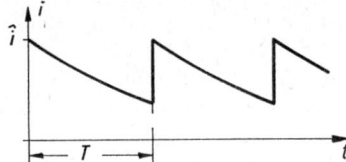

8.1.7*. Eine flache Spule (Fläche 3 cm², 1000 Windungen) rotiert in einem homogenen Magnetfeld ($B = 0{,}04$ Vs/m²) mit der Drehfrequenz 50 Hz. Man gebe die induzierte Spannung als Funktion der Zeit an, wenn zum Zeitpunkt $t = 0$ die Flächennormale parallel zum Feld steht. Wie groß ist die induzierte Spannung nach 0,007 s? Wie ändert sich die Funktion, wenn zum Zeitpunkt $t = 0$ der Winkel zwischen Flächennormalen und Feld 45° beträgt?

8.2. Wechselstromwiderstand

Wirkwiderstand	R	Ω
Blindwiderstand allgemein	X	Ω
Blindwiderstand einer Spule	X_L	Ω
Blindwiderstand eines Kondensators	X_C	Ω
Scheinwiderstand	Z	Ω

Phasenverschiebungswinkel des Stromes gegen die Spannung φ

$$X_L = \omega L \qquad X_C = \frac{1}{\omega C}$$

$$Z = \frac{U}{I} \qquad R = Z \cos\varphi \qquad X = Z \sin\varphi$$

Reihenschaltung eines ohmschen und eines induktiven Widerstandes:

$$Z = \sqrt{R^2 + X_L^2} = \sqrt{R^2 + \omega^2 L^2} \qquad \tan\varphi = \frac{X_L}{R} = \frac{\omega L}{R}$$

Reihenschaltung eines ohmschen und eines kapazitiven Widerstandes:

$$Z = \sqrt{R^2 + X_C^2} = \sqrt{R^2 + \frac{1}{\omega^2 C^2}} \qquad \tan\varphi = \frac{X_C}{R} = \frac{1}{\omega C R}$$

Reihenschaltung eines ohmschen, eines induktiven und eines kapazitiven Widerstandes:

$$X = \omega L - \frac{1}{\omega C} \qquad Z = \sqrt{R^2 + X^2} \qquad \tan\varphi = \frac{X}{R}$$

Resonanzfrequenz: $\quad f_{res} = \dfrac{1}{2\pi \sqrt{LC}} \qquad \varphi_{res} = 0$

Schwing- oder Sperrkreis für den Fall $\quad R \ll \dfrac{1}{\omega_{res} C} = \omega_{res} L$

$\omega_{res} \approx \dfrac{1}{\sqrt{LC}} \qquad I_L \approx I_C$

$R_{res} \approx \dfrac{X_{Lres} X_{Cres}}{R_L} = \dfrac{L}{R_L C}$

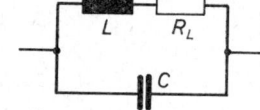

Komplexe Schreibweise:

$$\underline{X_L} = j\omega L \qquad \underline{X_C} = \frac{1}{j\omega C} \qquad \tan\varphi = \frac{\text{Imaginärteil}}{\text{Realteil}}$$

8.2.1. Eine Spule besitzt die Induktivität 0,4 H. Welcher Strom fließt beim Anlegen einer Wechselspannung von 220 V und 50 Hz, a) wenn man den ohmschen Widerstand vernachlässigen darf, b) bei einem ohmschen Widerstand $R = 80\,\Omega$? Welcher Phasenverschiebungswinkel zwischen Strom und Spannung ergibt sich?

8.2.2. An einer eisenfreien Spule von 12 cm Länge mit 560 Windungen (Formfaktor 0,91), dem mittleren Durchmesser 2,4 cm und einem Drahtquerschnitt von 0,075 mm² ($\varrho = 0{,}018\,\Omega\,\text{mm}^2/\text{m}$) liegt eine Wechselspannung von 3,6 V und 1000 Hz. Berechne den Strom und dessen Phasenverschiebungswinkel gegenüber der Spannung.

8.2.3. Eine Drosselspule mit geschlossenem Eisenkern aus Dynamoblech besitzt 1600 Windungen mit dem mittleren Windungsquerschnitt 3,2 cm². Die magnetischen Feldlinien haben einen Eisenweg von 24 cm. Der ohmsche Widerstand kann neben dem induktiven Widerstand vernachlässigt werden. Berechne den Blindwiderstand und die erforderliche Spannung a) für eine Frequenz 50 Hz bei einem Strom von 0,3 A, b) für eine Frequenz von 250 Hz bei einem Strom von 0,05 A.

8.2.4. Durch eine Spule fließen bei einer Gleichspannung von 220 V 2,8 A, bei einer Wechselspannung von 220 V und 50 Hz nur 0,78 A. Welche Induktivität besitzt die Spule?

8.2. Wechselstromwiderstand

8.2.5. An einem Kondensator mit der Kapazität 2 μF liegt eine Wechselspannung von 220 V und 50 Hz. Berechne den Blindwiderstand und den Strom in den Zuleitungen. Bei welcher Frequenz erhält man bei unveränderter Spannung den Strom 0,5 A?

8.2.6. Ein ohmscher Widerstand $R = 400\,\Omega$, eine Induktivität $L = 0,5$ H und eine Kapazität $C = 5,5$ μF sind in Reihe geschaltet. Berechne Stromstärke und Phasenverschiebungswinkel beim Anlegen einer Wechselspannung von 220 V und 50 Hz. Bei welcher Frequenz tritt Resonanz ein?

8.2.7. Welche Kapazität muß in Reihe zu einer Spule von 350 Ω und 0,9 H geschaltet werden, damit sich der Phasenverschiebungswinkel auf 25° vermindert ($f = 50$ Hz)?

8.2.8. Eine Leuchtstoffröhre benötigt eine Spannung von 60 V und einen Strom von 0,18 A; um sie an die Netzspannung von 220 V mit 50 Hz anschließen zu können, wird zu ihr in Reihe eine Drossel geschaltet. Welche Induktivität muß sie besitzen, wenn ihr ohmscher Widerstand neben ihrem Blindwiderstand vernachlässigt werden darf?

8.2.9. Ein Sperrkreis besteht aus einer Spule mit der Induktivität 0,25 H und dem ohmschen Widerstand 31,25 Ω und aus einem Kondensator mit der Kapazität 0,64 μF. Welche Frequenz wird von dem Sperrkreis gesperrt? Welcher Strom fließt in den Zuleitungen und im Innern des Sperrkreises, wenn an ihn eine Spannung von 36 V mit der Resonanzfrequenz angelegt wird?

8.2.10. Bei einem Schwingkreis läßt sich die Kapazität des Drehkondensators zwischen 40 pF und 500 pF beliebig verändern. Welche Induktivität muß die Spule besitzen, damit der Schwingkreis elektromagnetische Wellen bis zu einer Wellenlänge $\lambda = 640$ m empfangen kann? Welches ist die kürzeste empfangbare Wellenlänge? Zwischen welchen Werten verändert sich der Resonanzwiderstand des Schwingkreises, wenn der ohmsche Widerstand der Spule 6,5 Ω beträgt?

8.2.11. Erkläre anschaulich, weshalb der Blindwiderstand eines Kondensators mit zunehmender Frequenz abnimmt.

8.2.12*. Man leite die Näherungsformel für den Resonanzwiderstand eines Sperrkreises mit verlustfreiem Kondensator und verlustbehafteter Spule ab.

8.2.13*. Ein Serienresonanzkreis besteht aus der Kapazität C und der Spule L mit dem Spulenwirkwiderstand R_L. Man bestimme Resonanzfrequenz und Resonanzwiderstand. Welche Werte nehmen diese Größen an, wenn man auch den Verlust des Kondensators (R_C parallel C) berücksichtigt? Bei der Ableitung nehme man den in der Praxis häufigen Fall, daß $R_C \gg X_C$ und $R_C \gg X_L$ ist.

8.2.14*. Ein Drahtwiderstand hat selbst bei bifilarer Wicklung eine geringe Induktivität. Man kann sie aber durch Parallelschalten einer Kapazität C kompensieren; solange $\omega L \ll R$ ist sogar frequenzunabhängig. Wie groß muß C gemacht werden, wenn $R = 1$ kΩ, $f = 50$ Hz und $L = 30$ mH betragen?

8.2.15*. Eine Wechselspannung $U_{\text{eff}} = U_q = 220$ V mit $f = 50$ Hz wird an nebenstehende Schaltung angeschlossen. Wie groß müssen L und C werden, damit der Strom durch R unabhängig vom Wert dieses Widerstandes 1 A beträgt?

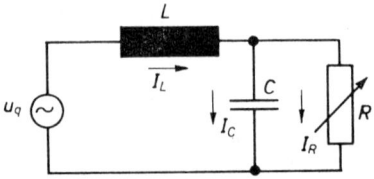

8.3. Wechselstromleistung

Scheinleistung P_s VA, kVA   Effektivwerte U, I V, A
Wirkleistung P_w W, kW   Wirkstrom I_w A
Blindleistung P_b Var, kVar   Blindstrom I_b A

$$P_s = UI = I^2 Z = \frac{U^2}{Z}$$
$$P_w = UI \cos \varphi = I^2 R = U I_w \qquad I_w = I \cos \varphi$$
$$P_b = UI \sin \varphi = I^2 X = U I_b \qquad I_b = I \sin \varphi$$
$$P_s^2 = P_w^2 + P_b^2 \qquad\qquad\qquad I^2 = I_w^2 + I_b^2$$

Kapazität eines Kondensators, der bei Parallelschaltung die Blindleistung P_b auf die Blindleistung P_b^* vermindert: $C = \dfrac{P_b - P_b^*}{U^2 \omega}$

8.3.1. Ein Gerät besitzt den Leistungsfaktor 0,82. Beim Anlegen an 220 V fließt ein Strom von 4,3 A. Berechne den Schein-, Wirk- und Blindwiderstand und die Schein-, Wirk- und Blindleistung.

8.3.2. Ein Einphasenelektromotor für 220 V soll bei einem Wirkungsgrad $\eta = 0{,}75$ eine mechanische Leistung von 0,8 kW abgeben. Welche Wirkleistung muß der Motor besitzen? Wie groß ist der Strom bei einem Leistungsfaktor 0,85?

8.3.3. Ein Gerät mit der Scheinleistung 60 VA arbeitet beim Anlegen einer Wechselspannung von 85 V und 50 Hz mit einem Leistungsfaktor $\cos \varphi_1 = 0{,}6$. Auf welchen Wert wird der Leistungsfaktor verbessert, wenn das Gerät mit einem Kondensator von 40 µF in Reihe geschaltet wird? Auf welchen Wert darf jetzt die Spannung vermindert werden, wenn die Wirkleistung unverändert bleiben soll?

8.3.4. Zum Betrieb einer Leuchtstofflampe (ohne Blindwiderstand) mit der Netzspannung von 220 V und 50 Hz ist eine Drossel vorgeschaltet. Durch Lampe und Drossel fließt bei einem Leistungsfaktor 0,41 ein Strom von 0,5 A. Die Drossel allein hat den Leistungsfaktor 0,1. Berechne den ohmschen Widerstand der Lampe und der Drossel sowie die Induktivität der Drossel. Wie groß ist die Wirkleistung der Lampe mit Drossel und der Lampe allein?

8.3.5. Ein Wechselstrommotor für 220 V und 50 Hz hat die Wirkleistung 1,4 kW und den Leistungsfaktor 0,85. Wie groß muß ein parallelgeschalteter Kondensator sein, damit sich der Leistungsfaktor auf 0,95 erhöht?

8.3.6. Ein Elektroheizgerät mit der Scheinleistung 300 VA hat den Leistungsfaktor 0,8. Wie groß ist seine Wärmeabgabe in 1 Std? Wie viele % der Wärmeentwicklung entfallen auf den Blindstrom?

8.3.7. Wie groß muß die Kapazität eines Kondensators sein, der parallel zu einem Gerät für 220 V und 50 Hz mit der Scheinleistung 500 VA und dem Leistungsfaktor 0,45 geschaltet werden muß, um seine Blindleistung vollständig zu kompensieren?

8.4. Drehstrom

Leiterspannung U V Strangspannung U_{st} V
Leiterstrom I A Strangstrom I_{st} A

Sternschaltung $\quad U = U_{st}\sqrt{3} \qquad\qquad I = I_{st}$
$\qquad\qquad\qquad P_s = 3\,U_{st}\,I_{st} = UI\sqrt{3}$

Dreieckschaltung $\quad U = U_{st} \qquad\qquad\quad I = I_{st}\sqrt{3}$
$\qquad\qquad\qquad P_s = 3\,U_{st}\,I_{st} = UI\sqrt{3}$

$P_w = P_s \cos\varphi \qquad P_b = P_s \sin\varphi$

8.4.1. Ein Drehstrommotor besitzt bei Sternschaltung in einem Netz mit 220/380 V eine Nutzleistung von 2,4 kW. Sein Leistungsfaktor beträgt cos $\varphi = 0{,}84$ und sein mechanischer Wirkungsgrad 0,8. Wie groß sind die Strang- und Leiterspannung sowie der Strang- und Leiterstrom? Wie ändern sich die berechneten Ströme, Spannungen und Leistungen, wenn der Motor in Dreieckschaltung angeschlossen wird?

8.4.2. Ein im Stern geschaltetes Drehstromgerät mit drei gleichen Strangwiderständen ist nur an zwei von den drei Leitern angeschlossen, während der dritte Leiter und der Mittelpunktsleiter offen sind. In den beiden angeschlossenen Leitern fließt ein Strom von 3,5 A. Auf welchen Wert steigt der Leiterstrom beim Anschluß aller Leitungen? Wie groß sind die Ströme bei zwei- und dreipoligem Anschluß, wenn das Gerät im Dreieck geschaltet ist?

8.4.3. Beim Anschluß des Drehstrommotors eines Lastaufzuges in Dreieckschaltung an ein Netz mit 220/380 V fließen in den Außenleitern Ströme von 16,5 A. Wie groß ist der Leistungsfaktor, wenn die Wirkleistung 9,5 kW beträgt? Wie groß sind Strangspannung und Strangstrom? Mit welcher Geschwindigkeit kann der Motor eine Last von 600 kg heben, wenn der mechanische Wirkungsgrad der ganzen Anordnung 0,7 beträgt?

8.4.4. Ein Drehstrommotor hat drei Wicklungen mit einem ohmschen Widerstand von je 7,4 Ω. Er wird in einem Netz mit 220/380 V in Sternschaltung bei einem anfänglichen Leistungsfaktor cos $\varphi_1 = 0{,}5$ angelassen. Danach wird er auf Dreieck umgeschaltet und gibt bei Vollast 3 kW Nutzleistung ab (cos $\varphi_2 = 0{,}88$, $\eta = 0{,}82$). Vergleiche die Strang- und Leiterströme unmittelbar nach dem Anschalten und bei Vollast.

8.4.5. Ein Heizkörper für Drehstrom besteht aus drei im Dreieck an ein Netz mit 220/380 V geschalteten Widerständen von je 76 Ω. Wie groß sind die aufgenommene Leistung und die in 2 Std abgegebene Wärme? Wie groß sind der Strang- und der Leiterstrom?

8.4.6. Ein Drehstromgerät ist im Dreieck an ein Netz mit 220/380 V angeschlossen. Die drei Stränge besitzen je einen ohmschen Widerstand von 50 Ω und eine Induktivität von 0,2 H. Berechne die Schein-, Wirk- und Blindleistung des Geräts. Welche Kapazität müssen drei gleiche Kondensatoren besitzen, die parallel zu den Strängen geschaltet werden, damit der Leistungsfaktor auf 0,9 verbessert wird?

8.5. Transformator

Windungszahl N unbenannt   Übersetzungsverhältnis $ü$ unbenannt

---

$ü = \dfrac{U_1}{U_2} = \dfrac{I_2}{I_1} = \dfrac{N_1}{N_2}$. (Diese Formel ist nur eine Näherung; sie gilt um so besser, je geringer die Streuverluste sind und je kleiner die Belastung des Transformators ist.)

Übertragene Leistung $P = I_1 U_1 = I_2 U_2$. (Auch diese Formel ist nur exakt, wenn die Verluste, die beim Umpolen der Magnetkerne und durch das Entstehen der Stromwärme verursacht werden, unberücksichtigt bleiben.)

8.5.1. Ein Transformator hat eine Primärwicklung mit 715 und eine Sekundärwicklung mit 26 Windungen. Wie groß ist das Übersetzungsverhältnis und wie groß die Sekundärspannung, wenn an die Primärspule 220 V angelegt werden? Welcher Strom fließt in der Primärspule, wenn im Sekundärstromkreis 3,3 A fließen? Welche Scheinleistung wird übertragen?

8.5.2. Ein Generator liefert die Spannung 3000 V, die von einem Transformator mit den Windungszahlen $N_1 = 40$ und $N_2 = 200$ für eine Doppelfernleitung von je 20 km aus einem Kupferkabel ($\varrho = 0{,}018\ \Omega\ \text{mm}^2/\text{m}$) von 12 mm Durchmesser umgespannt wird. Welche Leistung kann mit dieser Anlage übertragen werden, wenn der Spannungsverlust in den Leitungen höchstens 2% betragen darf? Wie groß sind dann die Ströme im Primär- und Sekundärkreis?

8.5.3. Ein Transformator arbeitet mit einem Wirkungsgrad von 96%. Welche Leistung kann mit ihm höchstens transformiert werden, wenn die Temperatur der Ölfüllung 80° nicht übersteigen darf und die Oberfläche, durch welche die Wärme mit einem Wärmedurchgangskoeffizienten von 12 W/K m² an die Umgebung mit einer Temperatur von 20° abgegeben wird, 5,4 m² beträgt?

8.6. Elektromagnetische Schwingungen

Thomsonsche Schwingungsformel: $f_{\text{res}} = \dfrac{1}{2\pi\sqrt{LC}}$ $T_{\text{res}} = 2\pi\sqrt{LC}$

Resonanzwiderstand eines Sperrkreises: $R_{\text{res}} = \dfrac{L}{R_L C}$ (R_L = Wirkwiderstand der Spule)

Dämpfungsverhältnis = Verhältnis zweier aufeinanderfolgender Schwingungsamplituden: $q = e^{-R_L T/2L}$

8.6.1. Ein Schwingkreis besteht aus einem Drehkondensator, dessen Kapazität stetig von 18,6 pF bis 200 pF verändert werden kann, und einer Spule. Welche Induktivität L_1 muß diese besitzen, damit die kürzeste mit dem Schwingkreis aufnehmbare Wellenlänge 180 m beträgt? Welches ist bei dieser Induktivität die längste empfangbare Welle? Wie groß muß eine Induktivität L_2 sein, damit Wellen mit einer Wellenlänge von 800 m und darüber empfangen werden können?

8.6./8.7. Elektromagnetische Schwingungen/Halbleiter

8.6.2. Eine Drosselspule mit der Induktivität 2,5 H und dem Wirkwiderstand 20 Ω soll mit einem Kondensator zu einem Schwingkreis für die Frequenz 50 Hz des technischen Wechselstromes geschaltet werden. Welche Kapazität muß der Kondensator erhalten? In welchem Verhältnis stehen aufeinanderfolgende Stromamplituden und nach wie vielen Perioden ist die Schwingung auf 1% der Anfangsamplitude abgeklungen, wenn die Anregung des Schwingkreises abgeschaltet wird?

8.6.3. Welche Resonanzfrequenz hat ein Schwingkreis mit der Induktivität 0,06 mH und der Kapazität 1 nF? Der Schwingkreis liegt im Kollektorstromkreis eines Transistors. Der Basis des Transistors wird ein Wechselsignal mit der Resonanzfrequenz des Sperrkreises zugeführt. Die Transistorkennwerte für Emitterschaltung sind beim gewählten Arbeitspunkt $h_{11} = 10$ kΩ; $h_{21} = 150$; $h_{22} = 10$ µS (s. Abschnitt 8.7). Wie groß darf der ohmsche Widerstand der Induktivität höchstens sein, wenn mindestens eine 150fache Spannungsverstärkung erzielt werden soll?

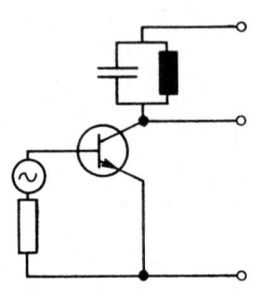

8.6.4. Beschreibe eine Lecherleitung. Wie kann man mit ihr die Fortpflanzungsgeschwindigkeit elektromagnetischer Wellen messen? Wie groß muß die Induktivität im Schwingkreis gewählt werden, wenn der Kondensator die Kapazität 12 pF hat und der Abstand zweier aufeinanderfolgender Spannungsbäuche 1,5 m betragen soll?

8.6.5*. Ein Frequenzgenerator liefert neben der gewünschten Kreisfrequenz $\omega_0 = 10^4$ s^{-1} wegen der unvermeidlichen Nichtlinearitäten auch die Oberfrequenz $2\omega_0$.

Durch ein Oberwellensieb (Abb.) soll die Leistung der Grundwelle möglichst ungeschwächt durchkommen, die Leistung der Oberwelle dagegen ausgeschaltet werden. Welchen Widerstand muß die Siebschaltung für die Grundfrequenz, welchen muß sie für die Oberfrequenz annehmen? Welche Werte müssen L_2 und C erhalten, wenn man $L_1 = 1$ mH macht?

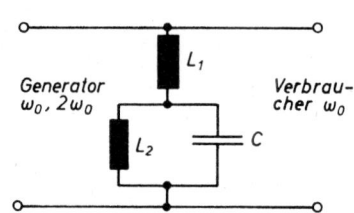

8.7. Halbleiter

Dichte der freien Elektronen bei Eigenleitung	n_i	cm^{-3}
Elektronendichte, Löcherdichte	n_-; n_+	cm^{-3}
Donatorendichte, Akzeptorendichte	n_D; n_A	cm^{-3}
Breite der verbotenen Energiezone	ΔW_0	eV

$$n_- n_+ = n_i^2 \qquad \text{Diffusionsspannung } U_D = \frac{kT}{e} \ln \frac{n_A n_D}{n_i^2}$$

Diode

$$\text{Flußrichtung} \quad I = \text{const} \cdot \left(e^{\frac{eU}{kT}} - 1 \right)$$

$$\text{Sperrichtung} \quad I = \text{const} \cdot e^{-\frac{\Delta W_0}{kT}}$$

Transistor

Wegen der großen Exemplarstreuungen dimensioniert man Transistorschaltungen meist mit Hilfe von Näherungsformeln. Transistorkennwerte werden den Datenblättern entnommen. Sie sind von der Wahl des Arbeitspunktes (I_c) abhängig.

Transistorkennwerte für Emitterschaltung:

Eingangswiderstand bei $U_{ce} = \text{const}$ $\quad h_{11} = u_{be}/i_b$
Stromverstärkung bei $U_{ce} = \text{const}$ $\quad h_{21} = i_c/i_b$
Ausgangsleitwert bei $I_b = \text{const}$ $\quad h_{22} = i_c/u_{ce}$

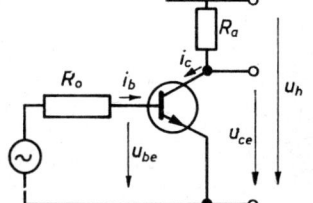

(Großbuchstaben: Gleichstromgrößen; Kleinbuchstaben: Wechselstromgrößen)

		Emitterschaltung	Basisschaltung	Kollektorschaltung
Eingangswiderstand	$R_{E1} \approx$	h_{11}	$\dfrac{h_{11}}{h_{21}}$ für $R_a \ll \dfrac{1}{h_{22}}$	$h_{11} + h_{21} R_a$ für $R_a \ll \dfrac{1}{h_{22}}$
Ausgangswiderstand	$R_{E2} \approx$	$\dfrac{1}{h_{22}}$	$\dfrac{1}{h_{22}} \left(1 + \dfrac{h_{21} R_0}{h_{11} + R_0} \right)$	$\dfrac{h_{11} + R_0}{h_{21}}$
Spannungsverstärkung	$v_u \approx$	$-\dfrac{h_{21}}{h_{11}} R_a$ für $R_a \ll \dfrac{1}{h_{22}}$	$\dfrac{h_{21}}{h_{11}} R_a$ für $R_a \ll \dfrac{1}{h_{22}}$	1 für $R_a \gg \dfrac{h_{11}}{h_{21}}$
Stromverstärkung	$v_i \approx$	h_{21} für $R_a \ll \dfrac{1}{h_{22}}$	-1 für $R_a \ll \dfrac{h_{21}}{h_{22}}$	$-h_{21}$ für $R_a \ll \dfrac{1}{h_{22}}$
Leistungsverstärkung	$v_p = |v_u v_i|$			

8.7. Halbleiter

8.7.1. Ein Germaniumplättchen ($n_i = 2{,}5 \cdot 10^{13}$ cm^{-3}) wird auf einer Seite mit Arsen ($5 \cdot 10^{16}$ Atome pro cm^3), auf der anderen Seite mit Indium ($2{,}5 \cdot 10^{17}$ Atome pro cm^3) dotiert und kontaktiert. a) Wie groß ist die Ladungsträgerdichte (gerundet) im p-Gebiet, im n-Gebiet und in der Sperrschicht? b) Wie groß ist der spezifische Widerstand in den drei Gebieten?

$\Big($Beweglichkeit bei Raumtemperatur

$$\frac{v_+}{E} = b_+ = 1800 \, \frac{\text{cm/s}}{\text{V/cm}} \qquad \frac{v_-}{E} = b_- = 3800 \, \frac{\text{cm/s}}{\text{V/cm}}\Big)$$

c) Welchen Betrag hat die Diffusionsspannung bei 20 °C?

8.7.2*. Eine Silizium- und eine Germaniumdiode haben bei 20 °C den gleichen Sperrstrom von 2 μA. a) Wieviel mal größer ist die Temperaturabhängigkeit dieses Sperrstromes bei Si ($\Delta W_0 = 1{,}1$ eV) im Vergleich zu Ge ($\Delta W_0 = 0{,}67$ eV)? b) Wie groß ist der Sperrstrom der beiden Dioden bei 100 °C?

8.7.3. Ab welcher Spannung darf man bei Raumtemperatur (20 °C) die Beziehung für den Durchlaßstrom einer Diode näherungsweise (1% Fehler) mit $I \approx \text{const} \, e^{eU/kT}$ beschreiben? Mit Hilfe dieser Näherung berechne man für die Spannungen 1 V und 2 V, um wieviel Prozent bezogen auf den Ausgangswert sich der Durchlaßstrom ändert, wenn die Temperatur von 20 °C auf 25 °C ansteigt.

8.7.4. Ein Transistor in Emitterschaltung hat ein Kennlinienfeld entsprechend der Abbildung. Die maximal zulässige Verlustleistung beträgt 6,5 W. a) Man zeichne in das Kennlinienfeld die Grenzkurve für das aus thermischen Gründen verbotene Gebiet. b) Die Hilfsspannung beträgt 24 V. Man bestimme zeichnerisch den für langsam veränderliche Vorgänge kleinsten zulässigen Arbeitswiderstand $R_{a\,\text{min}}$. c) Der Wechselstrom $i = i_0 + \hat{\imath} \sin \omega t$ wird in die Basis des Transistors gespeist. Wie groß müssen i_0 und $\hat{\imath}$ sein, wenn die Wechselspannung am Arbeitswiderstand einen Maximalwert annehmen soll? Verstärkt der Transistor in diesem Fall linear?

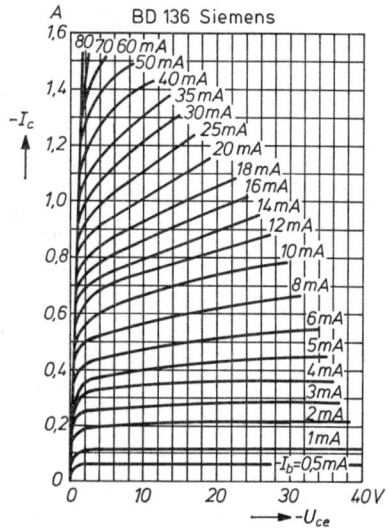

8.7.5. Ein Transistor mit dem abgebildeten Kennlinienfeld soll Wechselsignale verstärken. Der Arbeitswiderstand beträgt 1,2 kΩ, die Hilfsspannung 18 V. a) Wie groß ist die Stromverstärkung im Arbeitspunkt $U_{ce} = 8$ V bei Emitterschaltung, ermittelt aus dem Kennlinienfeld? b) Wie groß wäre die Stromverstärkung bei konstanter Kollektorspannung U_{ce}? c) Welche Aussage läßt sich aus a) und b) für die Abhängigkeit der Stromverstärkung vom Arbeitswiderstand machen? d) Dem Basisstrom I_b ist ein Wechselstrom mit der Amplitude $i_b = 10$ μA überlagert. Wie groß ist die Wechselspannungsamplitude am Lastwiderstand? e) Man bestimme die Transistorkennwerte aus der Steigung der Kurven in den drei Quadranten des Kennlinienfeldes für den gegebenen Arbeitspunkt. f) Man berechne damit Strom- und Spannungsverstärkung, Leistungsverstärkung und Eingangswiderstand für die drei Schaltungsarten. g) Welche Schaltung ist demnach geeignet für verlustarme Messung von Spannungen, verlustarme Messung von Strömen, große Spannungsverstärkung, große Stromverstärkung und große Leistungsverstärkung?

8.7.6. Warum nimmt die elektrische Leitfähigkeit der Metalle mit steigender Temperatur ab, die Leitfähigkeit der Elektrolyte und die Eigenleitfähigkeit der Halbleiter jedoch zu?

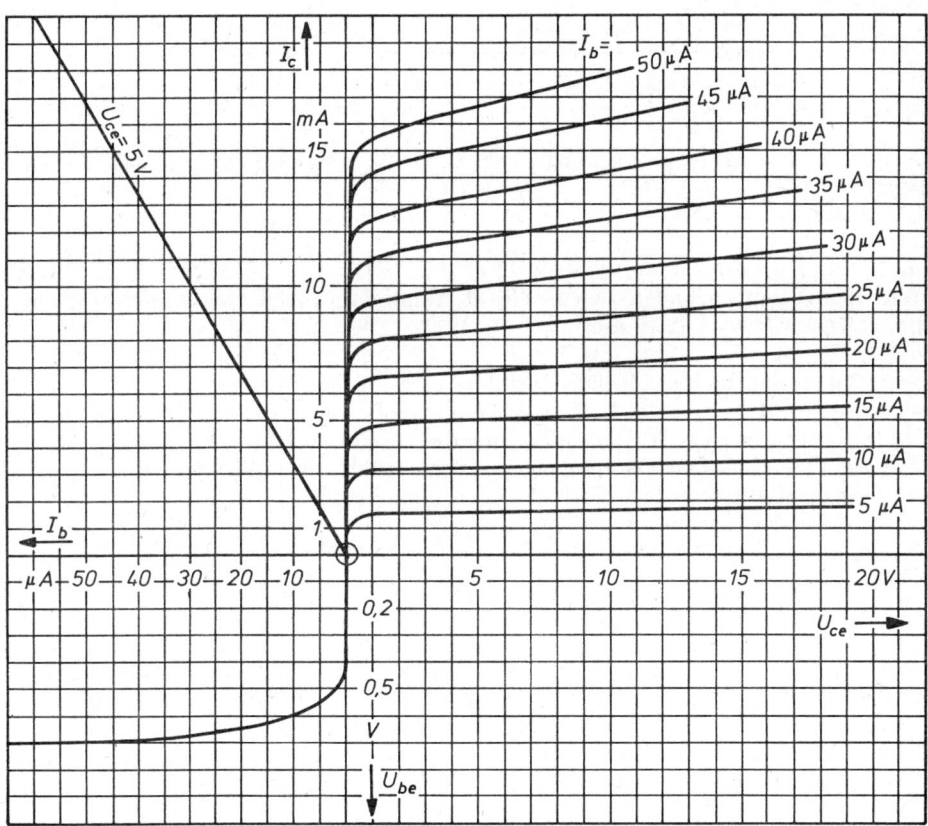

9. ATOM- UND KERNPHYSIK

9.1. Größe und Masse der Atome und Moleküle

Relative Atommasse (früher: Atomgewicht) A_r —
Relative Molekülmasse (früher: Molekulargewicht) M_r —
Molare Masse (Masse eines Mols) m_m g/mol
Avogadro-Konstante $N_A = 6{,}02 \cdot 10^{23}$ mol^{-1} $= 6{,}02 \cdot 10^{26}$ kmol^{-1}
Atomare Masseneinheit $u = 1{,}660 \cdot 10^{-24}$ g $= \dfrac{1\text{ g/mol}}{N_A}$
Masse eines Protons $m_p = 1{,}672 \cdot 10^{-24}$ g $= 1{,}008\, u$
Masse eines Neutrons $m_n = 1{,}674 \cdot 10^{-24}$ g $= 1{,}009\, u$
Anzahl der Moleküle in einer Stoffmenge m N —

Masse eines Atoms $m_A = A_r \cdot u$
Masse eines Moleküls $m_M = M_r \cdot u$
Masse eines Mols $m_m = N_A \cdot M_r \cdot u = M_r \cdot 1$ g/mol

$$N = \frac{m}{u \cdot M_r} = N_A \cdot \frac{m}{m_m} = N_A n \qquad \text{bei idealen Gasen: } N = N_A \cdot \frac{pV}{RT}$$

9.1.1. Wie viele Atome befinden sich in einem Aluminiumwürfel von 1 cm Kantenlänge ($\varrho = 2{,}7$ g/cm³, $m_m = 27$ g/mol)?

9.1.2. Bringt man auf die 2 m² große Oberfläche eines Wasserbeckens ein kleines Öltröpfchen ($m = 0{,}01$ g, $\varrho = 0{,}9$ g/cm³, $m_m = 884$ g/mol), so breitet sich das Öl über die ganze Oberfläche aus. Welche Dicke hat die Ölschicht? Wie viele Ölmoleküle enthält ein Würfel, dessen Kantenlänge die Schichtdicke ist? Wie viele Molekülschichten liegen im Mittel in der Ölschicht noch übereinander?

9.1.3. Bis zu welchem Druck muß ein Behälter bei Zimmertemperatur (20 °C) evakuiert werden, damit sich in 1 mm³ seines Rauminhalts nicht mehr als 10^6 Moleküle befinden ($R = 8{,}31$ J/mol K)?

9.1.4. 1 g Wasser ($m_m = 18$ g/mol) soll gleichmäßig über ganz Europa (Flächeninhalt $10{,}2 \cdot 10^6$ km²) verteilt werden. Wie viele Wassermoleküle entfallen dabei auf 1 mm²?

9.1.5*. Um wieviel vermehrt sich die Masse einer Stahlkugel von 1 g ($\varrho = 7{,}8$ g/cm³), wenn auf ihrer Oberfläche eine Schicht von der Stärke eines Atomdurchmessers ($2{,}3 \cdot 10^{-8}$ cm) aufgetragen wird?

9.2. Die Elementarladung

Teilchenmasse	m	g
Teilchenladung	Q	A s = C
Beschleunigungsspannung	U_B	V
Ablenkspannung	U_C	V

Geschwindigkeit eines beschleunigten Teilchens $v \approx \sqrt{\dfrac{2QU_B}{m}}$.

Wegen der relativistischen Massenzunahme gilt diese Formel nur solange $v < 0{,}1\,c$ (Fehler $<1\%$).

Teilchen im homogenen Feld der Feldstärke E

Kraft $F_{el} = QE$; Ablenkwinkel $\tan\alpha = \dfrac{QEl}{mv^2}$

Feldstärke in einem Plattenkondensator der Plattenlänge l bei einem Plattenabstand d $E = \dfrac{U_C}{d}$

Teilchen im homogenen Magnetfeld der Flußdichte B

Kraft $F_{magn} = QvB$ wobei $v \perp B$

Radius der Kreisbahn $r = \dfrac{mv}{QB}$

9.2.1. Zur Bestimmung der Elementarladung werden Öltröpfchen ($\varrho = 0{,}9$ g/cm³) in einen auf 255 V aufgeladenen Kondensator mit dem Plattenabstand 2,57 mm gebracht. Dabei sinkt ein Tröpfchen in Luft ($\eta = 1{,}82 \cdot 10^{-5}$ kg/m s) bei nach unten wirkender elektrischer Feldstärke mit der Geschwindigkeit $v_1 = 0{,}185$ mm/s und steigt bei nach oben wirkender Feldstärke mit $v_2 = 0{,}047$ mm/s. Die Strömung ist laminar. Welche Ladung trägt das Tröpfchen?

9.2.2. Ein Elektronenstrahl ($e = 1{,}602 \cdot 10^{-19}$ As, $m_e = 9{,}1 \cdot 10^{-31}$ kg) durchläuft eine Spannung von $U_B = 2000$ V und wird dann in einem Plattenkondensator von 10 cm Länge und 10 mm Plattenabstand, der auf $U_C = 342$ V aufgeladen ist, abgelenkt. Welche Richtungsänderung erfährt der Strahl?

9.2.3. Ein Elektronenstrahl erfährt in einem Plattenkondensator von 8 cm Länge bei einer Feldstärke $E = 27$ V/cm eine Ablenkung um 5,4°. Welche Geschwindigkeit haben die Elektronen des Strahles?

9.2.4. Eine Glühkathode gibt bei einer Anodenspannung von 175 V einen Emissionsstrom von 1,25 mA ab. Wie viele Elektronen gehen je Sekunde von der Oberfläche der Glühkathode aus? Welche Energie und welche Geschwindigkeit erreichen die einzelnen Elektronen? (Bei der Glühkathode braucht keine Ablösearbeit berücksichtigt zu werden.)

9.2.5. Ein Elektronenstrahl wird in einem homogenen Magnetfeld mit $B = 0{,}004$ Vs/m² in eine Kreisbahn mit 4,2 cm Krümmungsradius abgelenkt. Welche Geschwindigkeit haben die Elektronen und welche Spannung ist zu ihrer Beschleunigung erforderlich?

9.2.6. An einer Kupferkathode scheidet sich aus einer Kupfersulfatlösung Kupfer ab. Wie viele Kupferatome werden in jeder Sekunde abgeschieden, wenn ein Strom von 0,823 A gemessen wird? Wieviel Kupfer wird in 30 min abgeschieden ($m_m = 63{,}54$ g/mol)?

9.2.7. Ein Zyklotron hat zwei D-Elektroden von 1,2 m Durchmesser, in denen ein homogenes Magnetfeld von 0,8 Vs/m² erzeugt wird. Die Beschleunigungsspannung zwischen den beiden Elektroden beträgt 50 000 V. Es werden Deuteronen ($m_d = 3{,}34 \cdot 10^{-27}$ kg) beschleunigt. Welche Frequenz muß diese Spannung haben und auf welche Energie lassen sich die Deuteronen beschleunigen? Wie viele Umläufe sind dazu erforderlich?

9.2.8. Ein Elektron wird gleichzeitig von einem konstanten, homogenen elektrischen Feld und einem konstanten, homogenen magnetischen Feld abgelenkt. Warum bleibt die Querbeschleunigung nicht konstant?

9.3. Die Relativitätstheorie

Ruhmasse m_0 Masse bei der Geschwindigkeit v m_v

Verhältnis der Geschwindigkeit zur Lichtgeschwindigkeit $\dfrac{v}{c} = \beta$

$$m_v = \frac{m_0}{\sqrt{1-(v/c)^2}} = \frac{m_0}{\sqrt{1-\beta^2}} \qquad E = mc^2$$

$$\text{Kinetische Energie} \quad E_{\text{kin}} = (m_v - m_0)c^2 \qquad m_v = m_0 + \frac{E_{\text{kin}}}{c^2}$$

$$v = c\sqrt{1 - \frac{1}{\left(\dfrac{E_{\text{kin}}}{m_0 c^2}+1\right)^2}}$$

9.3.1. Bis zu welcher Geschwindigkeit unterscheidet sich die Masse eines Körpers von seiner Ruhemasse um weniger als 1%? Welche Spannung muß ein Elektron ($m_{e0} = 9{,}1 \cdot 10^{-31}$ kg) und ein α-Teilchen ($m_{\alpha 0} = 6{,}64 \cdot 10^{-27}$ kg, $Q = 2e$) durchlaufen, um diese Geschwindigkeit zu erreichen?

9.3.2. Welche Masse hat die Energie, die bei der Verbrennung von 1 kg Kohle frei wird (spezifischer Heizwert $H_o = 31$ kJ/g)?

9.3.3. Das Walchenseewerk gibt eine elektrische Leistung von 122 000 kW ab. Wie lange dauert es, bis die von ihm gelieferte Energie das Massenäquivalent 1 g erreicht?

9.3.4. Ein Elektron ($m_{e0} = 9{,}1 \cdot 10^{-31}$ kg) wird mit einer Spannung 1 MV beschleunigt. Wie groß sind dann seine Masse m_v und seine Geschwindigkeit und das Verhältnis m_v/m_0? Berechne für die gleiche Beschleunigungsspannung die Werte bei einem α-Teilchen ($m_\alpha = 6{,}644 \cdot 10^{-27}$ kg, $Q = 2e$).

9.3.5. Bis zu welcher Energie können Protonen, Deuteronen und α-Teilchen ($m_p = 1{,}672 \cdot 10^{-27}$ kg, $m_d = 3{,}341 \cdot 10^{-27}$ kg, $m_\alpha = 6{,}64 \cdot 10^{-27}$ kg) in einem Zyklotron beschleunigt werden, wenn dabei die Massenzunahme höchstens 1% betragen darf? Weshalb kann ein Zyklotron nicht zur Beschleunigung von Elektronen auf hohe Energien verwendet werden?

9.3.6. Berechne das Verhältnis zwischen der Masse m_v und der Ruhemasse m_0 für ein α-Teilchen, ein β-Teilchen und ein γ-Quant von der Energie 6 MeV ($m_{\alpha 0} = 6{,}64 \cdot 10^{-27}$ kg, $m_{e0} = 9{,}1 \cdot 10^{-31}$ kg).

9.4. Die Quantentheorie

Frequenz ν s^{-1} Wellenlänge λ cm, nm, pm
Energie E Ws, eV   Ablösearbeit W_a Ws, eV
Plancksches Wirkungsquantum $h = 6{,}62 \cdot 10^{-34}$ Ws^2 $= 4{,}13 \cdot 10^{-15}$ eVs

---

Energie eines Lichtquants $E = h\nu = h\dfrac{c}{\lambda}$

Fotoeffekt $h\nu = W_a + E_{kin}$

Impuls eines Lichtquants $p = \dfrac{E}{c} = \dfrac{h\nu}{c} = \dfrac{h}{\lambda}$

Comptoneffekt:

    Wellenlängenänderung $\Delta\lambda = \lambda - \lambda_0 = \dfrac{2h}{m_e c}\sin^2\dfrac{\varphi}{2}$

    (φ Ablenkungswinkel des Comptonquants)

    Energie des Comptonquants $E_\gamma = \dfrac{E_0 m_e c^2}{E_0(1 - \cos\varphi) + m_e c^2}$

    Energie des Comptonelektrons $E_e = \dfrac{E_0^2(1 - \cos\varphi)}{E_0(1 - \cos\varphi) + m_e c^2}$

    (E_0 Energie des ankommenden Quants, $m_e c^2 = 0{,}511$ MeV)

Strahlungsdruck auf einen schwarzen Körper:

    $p_s = \dfrac{P}{cA}$ (P auftreffende Strahlungsleistung, A Fläche)

9.4.1. Die Ablösearbeit von Elektronen aus einer Kaliumschicht beträgt 2,24 eV. Wie groß ist das Plancksche Wirkungsquantum, wenn bei der Bestrahlung einer Kaliumfotozelle mit Licht von der Wellenlänge 408 nm eine Gegenspannung von 0,80 V erforderlich ist, um eine vor der Fotoschicht angebrachte Gegenelektrode stromlos zu machen?

9.4.2. Zwischen Kathode und Anode einer Röntgenröhre wird eine Spannung von 5000 V gelegt. Welches ist die kürzeste Wellenlänge der entstehenden Röntgenbremsstrahlung? (Die Ablösearbeit ist gegenüber der Elektronenenergie vernachlässigbar.)

9.4.3. Eine Na-Dampflampe sendet eine Strahlungsleistung von 65 mW mit Licht von der Wellenlänge $\lambda = 589$ nm (D-Linie des Natriums) aus. a) Welche Energie (in Ws und eV) haben die Quanten des ausgesandten Lichtes? b) Wie viele Lichtquanten werden je Sekunde ausgesandt? c) In welcher Entfernung spricht eine Fotozelle noch auf Strahlung dieser Lampe an, wenn ihre Empfindlichkeit $3 \cdot 10^{-14}$ W/cm^2 ist? d) Wie viele Quanten fallen dann je Sekunde auf die Fotoschicht (Fläche $A = 2$ cm^2)?

9.4./9.5. Die Quantentheorie/Elektronenhülle und Spektrallinien

9.4.4. Eine Fotokathode aus Cäsium (Ablösearbeit $W_a = 1{,}93$ eV) wird mit Licht bis herab zu einer Wellenlänge von 300 nm bestrahlt. Mit welcher maximalen Geschwindigkeit verlassen die Elektronen die Fotoschicht und bei welcher Gegenspannung werden alle Elektronen von der Gegenelektrode zurückgestoßen?

9.4.5. Zwischen welchen Grenzen liegt die Energie der Quanten des sichtbaren Lichtes (Wellenlänge von 380 nm bis 780 nm)?

9.4.6. Welche Beschleunigung erfährt ein kugelförmiges Staubteilchen (Dichte $\varrho = 3$ g/cm³) von 0,02 mm Durchmesser infolge des Strahlungsdruckes der Sonnenstrahlung, die mit 1,3 kW/m² auftrifft, wenn die gesamte Strahlung absorbiert wird?

9.4.7. Wenn Röntgenstrahlen auf einen Kohleblock treffen, werden sie durch den Comptoneffekt unter verschiedenen Richtungen gestreut, und gleichzeitig vergrößert sich ihre Wellenlänge. Berechne aus Energie- und Impulssatz die Wellenlängenänderung, die man senkrecht zur Richtung des auftreffenden Röntgenquants beobachten kann. (Zur Vereinfachung der Rechnung vernachlässige man die relativistische Massenzunahme des Elektrons und berücksichtige, daß bei Röntgenstrahlen die Wellenlängenänderung so klein ist, daß man $\lambda \approx \lambda_0$ setzen kann.)

9.4.8. Das Kobaltisotop Co 60 sendet γ-Quanten mit der Energie 1,17 MeV und 1,33 MeV aus. Welche Wellenlängen haben die ausgesandten γ-Strahlen? Welche Energie haben die Comptonquanten, die beim Auftreffen dieser Quanten auf ein Präparat um 180° nach rückwärts gestreut werden, und die in Richtung des auftreffenden Quants ausgelösten Comptonelektronen? Welche Wellenlängen haben die rückgestreuten Comptonquanten?

9.4.9. Wie groß ist die mittlere Energie der Moleküle in den Flammengasen eines Bunsenbrenners ($T = 1500$ K)? Welche Wellenlänge haben Spektrallinien, die mit dieser Energie angeregt werden? Weshalb treten im Spektrum mit geringerer Intensität auch Linien mit kürzerer Wellenlänge auf?

9.5. Elektronenhülle und Spektrallinien

Kernladungszahl Z Wellenzahl $\dfrac{1}{\lambda} = \dfrac{\nu}{c}$

Hauptquantenzahl n Rydbergkonstante $R^* = 1{,}097 \cdot 10^5$ cm⁻¹

(Der kleine Unterschied in den Rydbergkonstanten für verschiedene Kerne bleibt hier unberücksichtigt.)

Radius und Energie der n-ten Bohrschen Bahn beim Wasserstoffatom

$$r = \frac{h^2 n^2 \varepsilon_0}{\pi m_e e^2} \qquad E_n = E_\infty - \frac{e^4 m_e}{8 \varepsilon_0^2 h^2} \cdot \frac{1}{n^2}$$

Wellenzahlen beim Wasserstoff $\quad \dfrac{1}{\lambda} = R^* \left(\dfrac{1}{n_1^2} - \dfrac{1}{n_2^2} \right)$

Wellenzahlen der Röntgenspektren

K-Linien: $\quad \dfrac{1}{\lambda} = R^*(Z-1)^2 \left(\dfrac{1}{1^2} - \dfrac{1}{n^2} \right) \qquad Z > 1 \qquad n = 2, 3, \ldots$

L-Linien: $\quad \dfrac{1}{\lambda} = R^*(Z-7{,}4)^2 \left(\dfrac{1}{2^2} - \dfrac{1}{n^2} \right) \qquad Z > 10 \qquad n = 3, 4, \ldots$

9.5.1. Wie groß ist die anziehende Kraft zwischen dem Elektron und dem Kern eines Wasserstoffatoms ($r = 0{,}53 \cdot 10^{-8}$ cm)? Vergleiche die Zentripetalbeschleunigung, die diese Kraft bei dem Elektron $\left(m_e = 9{,}1 \cdot 10^{-28}\text{ kg},\ \dfrac{1}{4\pi\varepsilon_0} = 9 \cdot 10^9 \dfrac{\text{Vm}}{\text{As}}\right)$ hervorruft, mit der Erdbeschleunigung.

9.5.2. Welche Energie ist erforderlich, um das Elektron des Wasserstoffatoms von seinem Kern zu trennen. Welche Wellenlänge muß ein Lichtquant mindestens haben, um ein Wasserstoffatom ionisieren zu können $\left(\varepsilon_0 = 8{,}85 \cdot 10^{-12} \dfrac{\text{As}}{\text{Vm}}\right)$?

9.5.3. Die K_α-Linie des Aluminiums hat die Wellenlänge 0,844 nm. Berechne daraus die Kernladungszahl des Aluminiums und die Spannung, mit der eine Röntgenröhre mindestens betrieben werden muß, damit in ihr diese Linie angeregt werden kann.

9.5.4. Bei einer Röntgenröhre beträgt die Anodenspannung $U = 4000$ V. Welches ist die kürzeste Wellenlänge der entstehenden Röntgenbremsstrahlung? Bis zu welcher Kernladungszahl können in dieser Röhre Elemente zum Aussenden der Röntgen-K-Linien angeregt werden?

9.5.5. Für welche Ordnungszahl ist die Wellenlänge der L_α-Linie nur noch der 1000ste Teil von der Wellenlänge der H_α-Linie (das ist die L_α-Linie des Wasserstoffs), wenn für alle Elemente mit $Z > 10$ bei der L_α-Linie die Abschirmungszahl 7,4 einzusetzen ist?

9.5.6. Wie entstehen die K-Linien im Röntgenspektrum eines Elements? Weshalb kann die K_α-Linie erst beobachtet werden, wenn zur Anregung die gesamte Ionisationsenergie eines Elektrons der K-Schale zur Verfügung steht?

9.5.7. Erkläre die kennzeichnendsten Eigenschaften der Edelgase, der Alkalimetalle, der Halogene und der seltenen Erden aus dem Aufbau ihrer Elektronenhülle.

9.6. Materiewellen und Wellenmechanik

> „De-Broglie"-Wellenlänge eines Teilchens $\lambda = \dfrac{h}{p} = \dfrac{h}{m_v v}$ (p Impuls)
>
> Heisenbergsche Unschärferelation $\Delta x \, \Delta p_x = h$

9.6.1. Vergleiche die „De-Broglie"-Wellenlängen eines α-Teilchens ($m_\alpha = 6{,}64 \cdot 10^{-24}$ g) von der Energie 3 MeV und eines Elektrons ($m_e = 9{,}1 \cdot 10^{-28}$ g) von 100 eV mit dem Durchmesser der Atome von etwa 10^{-8} cm.

9.6.2. Ein Elektronenstrahl wird mit einer Anodenspannung von 12000 V beschleunigt. Welche Geschwindigkeit und welche Masse erhalten seine Elektronen? Wie groß sind ihr Impuls und ihre De-Broglie-Wellenlänge? Welche Ablenkung aus der Richtung des ankommenden Strahles zeigt das erste Nebenmaximum beim Durchgang des Elektronenstrahles durch eine Folie mit Atomen, die in einem Gitterabstand von $3 \cdot 10^{-8}$ cm angeordnet sind ($m_e = 9{,}1 \cdot 10^{-31}$ kg, $e = 1{,}6 \cdot 10^{-19}$ As)?

9.6.3. Welches ist die mittlere Energie eines Wasserstoffmoleküls ($m = 3{,}34 \cdot 10^{-27}$ kg) bei Zimmertemperatur (300 K) und wie groß sind bei dieser Temperatur seine Geschwindigkeit, sein mittlerer Impuls und seine De-Broglie-Wellenlänge?

9.6.4. Nach der Bohrschen Theorie bewegt sich das Elektron eines Wasserstoffatoms im Grundzustand um den Kern auf einer Kreisbahn mit $r = 0{,}53 \cdot 10^{-10}$ m und der Geschwindigkeit $v = 2{,}19 \cdot 10^6$ m/s. Bei einem Wasserstoffatom, das sich an einer Stelle x befindet, läßt sich daher der Ort seines Elektrons nur mit der Unbestimmtheit $\Delta x = \pm r$ angeben. Mit welcher Unbestimmtheit ist dann die Bahngeschwindigkeit behaftet? Was folgt aus dem Ergebnis?

9.6.5. Wie unterscheiden sich das Bohrsche Atommodell und die Wellenmechanik in der Aussage, die sie über den Ort der Elektronen in der Hülle eines Atoms machen? Kommt dem Bohrschen Radius der ersten Bahn des Wasserstoffelektrons $r = 0{,}53 \cdot 10^{-8}$ cm auch in der Wellenmechanik eine Bedeutung zu? Welchen Sinn haben die Quantenzahlen in der wellenmechanischen Vorstellung?

9.7. Radioaktivität

Anzahl der Kerne	N	—
Anzahl der Kerne zum Zeitpunkt $t = 0$	N_0	—
Aktivität (Zerfallsrate)	A^*	s^{-1}
Rel. Atommasse der strahlenden Substanz	A_r	—
Impulsrate, Strahlstärke	I_R	s^{-1}
Halbwertszeit	t_h	a, d, h, min, s
Zerfallskonstante	λ	a^{-1}, d^{-1}, h^{-1}, min^{-1}, s^{-1}
Schichtdicke	d	cm
Halbwertschicht, Halbwertdicke	d_h	cm
Flächenbezogene Masse	$d\varrho$	g cm^{-2}
Schwächungskoeffizient (Absorptionskoeffizient)	μ	cm^{-1}
Massen-Schwächungskoeffizient	μ/ϱ	cm^2 g^{-1}
Mittlere lineare Reichweite	R	cm

$$m = N m_\mathrm{A} = N A_\mathrm{r} u \qquad 1\,\mathrm{a} = 8760\,\mathrm{h}$$

Mittlere lineare Reichweite von α-Strahlen in Luft (Normzustand)

$$R = 0{,}323 \left(\frac{E}{\mathrm{MeV}}\right)^{1{,}5} \mathrm{cm}$$

Zerfallsgesetz:

$$N = N_0 \mathrm{e}^{-\lambda t} \qquad m = m_0 \mathrm{e}^{-\lambda t} \qquad A^* = A_0^* \mathrm{e}^{-\lambda t}$$

$$\lambda = \frac{\ln 2}{t_\mathrm{h}} = \frac{0{,}693}{t_\mathrm{h}} \qquad \mathrm{e}^{-\lambda t} = 2^{-t/t_\mathrm{h}}$$

Absorptionsgesetz für β- und γ-Strahlen: $I_\mathrm{R} = I_{\mathrm{R}0}\, \mathrm{e}^{-\mu d} = I_{\mathrm{R}0}\, \mathrm{e}^{-\frac{\mu}{\varrho} \cdot d\varrho}$

$I_{\mathrm{R}0}$ Strahlstärke vor einer Schicht der Dicke d
I_R Strahlstärke nach einer Schicht der Dicke d

Aktivität einer radioaktiven Stoffmenge m bei der Halbwertszeit t_h:

$$A^* = -\frac{\mathrm{d}N}{\mathrm{d}t} = \lambda N = 4{,}18 \cdot 10^{23}\, \frac{m}{\mathrm{g}}\, \frac{1}{A_\mathrm{r}\, t_\mathrm{h}} = \lambda\, \frac{m}{m_\mathrm{m}}\, N_\mathrm{A}$$

Radioaktivität 9.7.

9.7.1. Welche Ablenkung erfahren α-, β- und γ-Strahlen, wenn sie die gleiche Energie $E = 0{,}4$ MeV haben und eine Strecke $s = 3$ cm durch ein homogenes Magnetfeld mit der Flußdichte $B = 0{,}03$ Vs/m² hindurchlaufen ($m_\alpha = 6{,}64 \cdot 10^{-27}$ kg)?

9.7.2. Radium sendet α-Strahlen mit einer Energie von 4,8 MeV aus. Wie groß ist die Reichweite in Luft ($\varrho_1 = 1{,}3$ mg/cm³)? Wie dick muß eine Papierschicht sein, um die Strahlung ganz zu absorbieren ($\varrho_2 = 1$ g/cm³)?

9.7.3. Das Jodisotop J 131 zerfällt mit einer Halbwertszeit von 8,05 d. Berechne die Zerfallskonstante. Wie viele % der Ausgangssubstanz sind nach 30 Tagen zerfallen? Wie lange muß man warten, bis nur noch der 100ste Teil der Ausgangssubstanz vorhanden ist?

9.7.4. Ein Präparat des Goldisotops Au 198 hat die Aktivität $1{,}6 \cdot 10^5$ s⁻¹, nach 24 h ist sie auf $1{,}239 \cdot 10^5$ s⁻¹ abgesunken. Berechne die Zerfallskonstante und die Halbwertszeit des Isotops. Wie groß ist anfangs die Menge des aktivierten Goldes in dem Präparat?

9.7.5. Ein Präparat enthält die Aktivitäten $1{,}6 \cdot 10^5$ s⁻¹ eines Strahlers mit der Halbwertszeit 2,5 d und $4 \cdot 10^4$ s⁻¹ eines Strahlers mit der Halbwertszeit 8 d. Nach welcher Zeit ist die Aktivität beider Strahler gleich geworden und wie groß ist dann die Aktivität eines jeden Strahlers?

9.7.6*. In welchem Massenverhältnis sind Uran ($A_{r1} = 238$, $t_{h1} = 4{,}5 \cdot 10^9$ a) und das aus ihm entstehende Radium ($A_{r2} = 226$, $t_{h2} = 1{,}62 \cdot 10^3$ a) in der natürlichen Pechblende enthalten? Man leite die Beziehung für das Verhältnis Muttersubstanz zu Tochtersubstanz unter der hier erfüllten Voraussetzung $t_{h1} \gg t_{h2}$ ab.

9.7.7. Welche Masse muß ein Uranpräparat besitzen, damit es mit der Aktivität $3{,}7 \cdot 10^7$ s⁻¹ strahlt ($A_r = 238$, $t_h = 4{,}5 \cdot 10^9$ a)?

9.7.8. Ein Kobaltdraht (Länge 40 mm, Querschnitt 2 mm², $\varrho = 8{,}8$ g/cm³) wird aktiviert, so daß in ihm das radioaktive Isotop Co 60 entsteht. Nach der Aktivierung zeigt das Präparat eine spezifische Aktivität von $9 \cdot 10^7$ s⁻¹ g⁻¹. Welche Gesamtaktivität hat der Draht und in welchem Verhältnis stehen in ihm aktive und inaktive Substanz (inaktives Co: $A_r = 59$, aktives Co: $A_r = 60$, $t_h = 5{,}2$ a)?

9.7.9. Polonium ($m_m = 210$ g/mol) ist ein α-Strahler mit der Halbwertszeit 128,4 d. Wie groß ist die Reichweite der ausgesandten α-Teilchen in Luft, wenn sie eine Energie von 5,3 MeV haben? Ein Präparat, bei dem 0,3 µg Po auf ein kleines Nickelblech aufgedampft sind, befindet sich in der Mitte des Bodens einer zylindrischen Ionisationskammer. Welchen Durchmesser und welche Höhe muß die Kammer mindestens haben, damit alle vom Präparat ausgehenden α-Strahlen im Innern der Kammer enden? Welcher Ionisationsstrom ergibt sich, wenn zur Erzeugung eines Ionenpaares 35 eV nötig sind und die an die Kammer gelegte Absaugspannung so groß ist, daß Rekombinationen vernachlässigt werden dürfen?

9.7.10. Welches sind die wichtigsten Unterschiede in der Absorption der α-, β- und γ-Strahlen beim Durchgang durch Materie?

9.7.11. Welche Änderung erfährt ein Kern bei der Aussendung eines α-, β-Teilchens bzw. eines γ-Quants?

9.7.12. Bei Messungen von Comptonquanten einer γ-Strahlung kann man mit dem Detektor nie nur eine einzige Richtung ausblenden, so daß stets alle in einen gewissen Winkelbereich gestreuten Quanten gleichzeitig gemessen werden. Was folgt daraus (nach den Gleichungen des Comptoneffekts) für die Schärfe der Linien im γ-Spektrum und welches ist die physikalische Ursache dieser Erscheinung?

9.8. Kernaufbau und Kernreaktionen

Masse	m	g	$m_p = 1{,}672 \cdot 10^{-24}$ g $\quad m_n = 1{,}674 \cdot 10^{-24}$ g
relative Atommasse (früher Atomgewicht)	A_r	—	$A_{r\,p+e} = 1{,}00783 \quad A_{rn} = 1{,}00867$
Kernladungszahl = Ordnungszahl	Z	—	
Massenzahl = Nukleonenzahl	A	—	
Aktivität (Zerfallsrate)	A^*	s^{-1}	
Teilchenflußdichte	φ	cm^{-2} s^{-1}	
Wirkungsquerschnitt	σ	cm^2	
Aktivierungszeit	t_a	h, d	

Massendefekt $\quad \Delta m = [Z A_{r\,p+e} + (A-Z) A_{rn} - A_r] u = \Delta A_r u$

Bindungsenergie $\quad E_B = \Delta m \cdot c^2 = \Delta A_r \cdot 931$ MeV

Weizsäckerformel $\quad E_B = \Big(14{,}0\,A - 13{,}1\,A^{2/3} - 0{,}6\,\dfrac{Z^2}{A^{1/3}}$
$\qquad\qquad\qquad\qquad -19\,\dfrac{(A-2Z)^2}{A} + \delta\,\dfrac{34}{A^{3/4}} \Big)$ MeV

($\delta = 0$ für (u, g)- und (g, u)-Kerne, $\delta = 1$ für (g, g)-Kerne, $\delta = -1$ für (u, u)-Kerne)

Bindungsenergie je Nukleon $\quad \dfrac{E_B}{A} = \dfrac{\Delta m c^2}{A} = \dfrac{\Delta A_r}{A} \cdot 931$ MeV

Aktivierte Masse m_a in einem Präparat von der Gesamtmasse m_{ges}:

$$m_a = \frac{m_{ges}\,\sigma\,\varphi}{\lambda}(1 - e^{-\lambda t_a})$$

Aktivität: $\quad A^* = \dfrac{m_{ges}\,\sigma\,\varphi\,N_A}{m_m}(1 - e^{-\lambda t_a})$

m_m ist die Molmasse der bestrahlten Substanz

Bei langer Aktivierungszeit $\quad t_a > 5 t_h \quad\quad 1 - e^{-\lambda t_a} \approx 1$

Bei kurzer Aktivierungszeit $\quad t_a < 0{,}1 t_h \quad\quad 1 - e^{-\lambda t_a} \approx 0{,}693\,\dfrac{t_a}{t_h}$

9.8.1. Wie groß ist die Dichte der Nukleonen im Innern der Kerne nach dem Tröpfchenmodell bei einem Kernradius $r = 1{,}3 \cdot 10^{-13}$ cm $\sqrt[3]{A}$ (Masse eines Nukleons $1{,}67 \cdot 10^{-27}$ kg)? Welche Masse hätte 1 cm³ Kernmaterie?

9.8.2. Welche Größe müssen die Kernbindungskräfte mindestens haben, damit in einem α-Teilchen die beiden Protonen nicht von der Coulombkraft auseinander getrieben werden (Entfernung der beiden Protonen etwa 10^{-13} cm) ($\varepsilon_0 = 8{,}86 \cdot 10^{-12}$ As/Vm)?

9.8.3. Ergänze folgende Kernreaktionsgleichungen, so daß alle Kerne und Teilchen mit Massenzahlen und Ladungszahlen versehen sind. Wie lautet die vereinfachte Schreibweise der Reaktionen:
a) $^{9}_{4}\text{Be} + ^{4}_{2}\alpha = ^{12}_{6}\text{C} + ?$ b) $^{59}_{27}\text{Co} + ^{1}_{0}\text{n} = ? + ^{0}_{0}\gamma$ c) $^{35}_{17}\text{Cl} + \text{n} = ? + \text{p}$

9.8.4. Bor B 10 kann durch Bestrahlung mit thermischen Neutronen (deren Energie bei der Massenrechnung vernachlässigt werden darf) in Lithium Li 7 umgewandelt werden. Welches Teilchen wird bei der Reaktion ausgesandt? Welche Energie hat das Teilchen nach der Reaktion? ($A_{rB} = 10{,}01294$, $A_{rLi} = 7{,}01600$, $A_{r\alpha} = 4{,}00150$, $A_{rn} = 1{,}00867$, $A_{re} = 0{,}00055$.)

9.8.5. Treffen mit 150 kV beschleunigte Deuteronen auf Tritium, so entstehen Helium und Neutronen und zugleich wird eine Energie von 17,6 MeV frei. Berechne aus dieser Reaktion mit Hilfe der auf fünf Dezimalstellen angegebenen relativen Atommassen $A_{rn} = 1{,}00867$, $A_{rD} = 2{,}01410$, $A_{rHe} = 4{,}00260$ die relative Atommasse des Tritiums.

9.8.6. Silber besteht zu 51,4% aus dem Isotop Ag 107 und zu 48,6% aus dem Isotop Ag 109. Bei Bestrahlung mit thermischen Neutronen entsteht aus Ag 107 mit einem Wirkungsquerschnitt $\sigma_1 = 44 \cdot 10^{-24}$ cm² der Betastrahler Ag 108, aus Ag 109 mit $\sigma_2 = 110 \cdot 10^{-24}$ cm² der Betastrahler Ag 110. Welche Aktivität erhält man, wenn 20 g Silber in einem Neutronenstrahl mit der Flußdichte $\varphi = 5 \cdot 10^4$ cm^{-2} s^{-1} bis zur Sättigung aktiviert werden?

9.8.7. Kobalt Co 59 wird von thermischen Neutronen mit einem Wirkungsquerschnitt von $20 \cdot 10^{-24}$ cm² zu Kobalt Co 60 aktiviert, das als β- und γ-Strahler mit einer Halbwertszeit von 5,26 Jahren zerfällt. Wie lange müssen 100 g Co 59 im Reaktor einem Neutronenstrahl mit der Flußdichte 10^{12} cm^{-2} s^{-1} ausgesetzt werden, damit eine Aktivität von 10^{10} s^{-1} erreicht wird? Wie groß ist dann die Menge des aktivierten Kobalts?

9.8.8. Zur Werkstoffprüfung mit γ-Strahlen wird das Iridiumisotop Ir 192 ($t_h = 74{,}4$ d) verwendet. Ein Präparat enthält ein zylinderförmiges Stück Iridium ($\varrho = 22{,}4$ g/cm³) von 1,2 mm Durchmesser und 1,2 mm Höhe, das mit der Aktivität $3{,}7 \cdot 10^{10}$ s^{-1} strahlt. Berechne die spezifische Aktivität. Welche Neutronenflußdichte ist erforderlich, um bei einem Wirkungsquerschnitt $\sigma = 7 \cdot 10^{-22}$ cm² das Ausgangspräparat Ir 191 in 10 Tagen zu aktivieren?

9.8.9. Welche Eigenschaften haben die Kernbindungskraft und die Coulombkraft und welche Bedeutung kommt ihnen für die Stabilität und Radioaktivität der Kerne zu?

9.8.10. Berechne den Massendefekt und die Bindungsenergie je Nukleon für $^{27}_{13}\text{Al}$ aus den genauen Atommassen und danach zum Vergleich aus der Weizsäckerformel ($A_{rp+e} = 1{,}00783$, $A_{rn} = 1{,}00867$, $A_{rAl} = 26{,}98159$).

9.8.11. Berechne nach der Weizsäckerformel die Energie, die frei wird, wenn ein thermisches Neutron in einen Kern von U 235 bzw. von U 238 eindringt, und vergleiche diese Energie mit der mittleren Bindungsenergie eines Nukleons in beiden Kernen. (Wegen der kleinen Differenzen muß die Rechnung 5stellig durchgeführt werden.)

9.8.12. Was kann man aus dem Verlauf der Kurve für die Bindungsenergie je Nukleon in Abhängigkeit von der Massenzahl ablesen?

9.9. Uranspaltung und Kernenergie

Energieäquivalent von 1 g $1\,\text{g} \cdot c^2 = 5{,}61 \cdot 10^{26}$ MeV $= 2{,}5 \cdot 10^7$ kWh
Energieäquivalent einer atomaren Masseneinheit $u c^2 = 931$ MeV $= 4{,}15 \cdot 10^{-17}$ kWh

9.9.1. Eine unter den Reaktionsmöglichkeiten, nach denen die Uranspaltung ablaufen kann, ergibt folgende Endprodukte: $^{235}_{92}\text{U} + ^{1}_{0}\text{n} = ^{94}_{40}\text{Zr} + ^{140}_{58}\text{Ce} + 2\,^{1}_{0}\text{n} + 6\,\text{e}$

Relative Atommassen: U 235 = 235,0439   Zr = 93,9061
                         n   = 1,0087   Ce = 139,9053

Die sechs aus Zwischenkernen ausgestoßenen Elektronen werden durch andere Elektronen ersetzt, die in die Elektronenhüllen von Zr und Ce eingefügt werden; da sie in den angegebenen Atommassen enthalten sind, brauchen sie in der Massenbilanz nicht mehr berücksichtigt zu werden. Berechne die bei diesem Reaktionsablauf freiwerdende Energie.

9.9.2. Berechne die Zeitdauer, in der ausgehend von einer einzelnen Spaltung durch Ausbreitung der Kettenreaktion 10 kg reines U 235 vom Spaltvorgang erfaßt sind, unter folgenden Annahmen: Die mittlere Geschwindigkeit der Spaltneutronen beträgt 10^7 m/s. Die mittlere Weglänge der Neutronen bis zur Einleitung einer neuen Spaltung ist 5 cm. Der mittlere Neutronenverlust je Spaltung beträgt 1 Neutron von den 2,5 im Mittel entstehenden Spaltneutronen.
Welche Energie wird bei dieser Spaltung frei, wenn eine einzelne Spaltung 210 MeV liefert. Wie lange braucht ein Großkraftwerk mit der Leistung 100 000 kW, um diese Energie abzugeben?

9.9.3. Wie verhalten sich die Energien, die man erhalten kann
 a) bei der Verbrennung von 1 kg Kohle (spezifischer Heizwert $H_u = 31$ kJ/g),
 b) bei der Kernspaltung von 1 kg Uran U 235 (210 MeV je Spaltung),
 c) bei der Kernverschmelzung von 1 kg Wasserstoff (6,4 MeV je Wasserstoffkern),
 d) bei der völligen Zerstrahlung von 1 kg Materie?

9.9.4. Bestimme den Uranverbrauch (nur U 235) eines Leistungsreaktors während eines Jahres, wenn er bei einem Wirkungsgrad von 15% eine Nutzleistung von 100 000 kW als elektrische Energie abgibt (Energie je Spaltung 210 MeV). Welche Kohlenmenge wäre für die gleiche Leistung beim gleichen Wirkungsgrad erforderlich ($H_u = 29$ kJ/g)?

9.9.5. Die Sonne hat einen Durchmesser von $1{,}4 \cdot 10^6$ km und strahlt wie ein schwarzer Körper mit der Oberflächentemperatur 5700 K. Wie groß ist der Massenverlust je Sekunde infolge der ausgestrahlten Energie? Wieviel Wasserstoff muß sich deshalb je Sekunde in Helium umwandeln, wenn 1 kg Wasserstoff bei der Fusion $1{,}7 \cdot 10^8$ kWh liefert? Welchen Bruchteil ihrer jetzigen Masse (mittlere Dichte $\varrho = 1{,}4$ t/m^3) verliert sie bei gleichbleibender Strahlung in den nächsten 10^9 Jahren (Strahlungskonstante $\sigma = 5{,}77 \cdot 10^{-8}$ W/m^2 K^4)?

9.9.6. Was versteht man unter einer Kettenreaktion und wie kann sich die Spaltung von U 235 als Kettenreaktion fortsetzen?

9.9.7. Weshalb benötigt ein Reaktor im allgemeinen einen Moderator? Was versteht man unter einem schnellen Reaktor?

9.9.8. Welche Eigenschaften muß ein Material haben, damit es in einem Reaktor als Moderator verwendet werden kann?

9.10. Strahlendosis und Strahlenschutz

Energiedosis	D	J/kg
Energiedosisrate	$\dot{D}$	W/kg
Äquivalentdosis	D_q	J/kg
Äquivalentdosisrate	$\dot{D}_q$	W/kg
Bewertungsfaktor	q	—
Standardionendosis	J_s	C/kg
Standardionendosisrate	$\dot{J}_s$	A/kg
Spezifische Gammastrahlkonstante für Energiedosis	Γ_D	J m²/kg
Spezifische Gammastrahlkonstante für Ionendosis	Γ_J	C m²/kg
Zuwachsfaktor	B	—

$$\dot{D} = \frac{D}{t} \qquad \dot{J}_s = \frac{J_s}{t} \qquad D_q = qD \qquad \dot{D}_q = \frac{D_q}{t}$$

Punktförmige Strahler:

$$D = \frac{dE}{dm} = \frac{A^*}{r^2} \cdot \Gamma_D \cdot t \cdot e^{-\mu d} \qquad J_s = \frac{dQ}{dm} = \frac{A^*}{r^2} \cdot \Gamma_J \cdot t \cdot e^{-\mu d}$$

Breite Strahlenbündel und dicke Absorptionsschichten d:

$$\dot{D} = \frac{A^*}{r^2} \cdot \Gamma_D \cdot B \cdot e^{-\mu d}$$

9.10.1. Wie groß sind γ-Energiedosisrate und γ-Standardionendosisrate eines Radiumberylliumpräparates mit der Aktivität $3{,}7 \cdot 10^7$ s^{-1} ($\Gamma_D = 5{,}5 \cdot 10^{-17}$ J m²/kg; $\Gamma_J = 1{,}6 \cdot 10^{-18}$ C m²/kg) in 1,5 m Entfernung vom Strahler? Warum stellt das Ergebnis nicht die ganze Dosisrate dar, vor allem wenn die Äquivalentdosisrate berechnet werden soll? (Die Absorption der γ-Strahlung in Luft darf vernachlässigt werden.)

9.10.2. Das Eisenisotop Fe 59 ist ein γ-Strahler mit der Halbwertzeit $t_h = 45$ d ($\Gamma_D = 4{,}3 \cdot 10^{-17}$ J m²/kg; $\mu/\varrho = 0{,}07$ cm³/g). Welche Menge des aktiven Isotops Fe 59 ist in einem Stück Eisen enthalten, das die Aktivität $3 \cdot 10^7$ s^{-1} hat? Wie groß ist die Energiedosisrate in 2 m Entfernung, wenn die Absorption der γ-Strahlen in Luft vernachlässigt werden darf? Nach welcher Zeit ist die Aktivität auf $2 \cdot 10^7$ s^{-1} abgesunken? Wie dick muß eine Bleischicht ($\varrho = 11{,}3$ g/cm³) sein, damit auf ihrer Rückseite die Energiedosisrate auf ein Viertel ihres Wertes beim Eintritt abgeschwächt ist?

9.10.3. Ein Präparat von 20 g Na 23 wird 45 h lang einer Neutronenflußdichte $\varphi = 6 \cdot 10^8$ cm^{-2} s^{-1} ausgesetzt, so daß mit dem Wirkungsquerschnitt $0{,}56 \cdot 10^{-24}$ cm² Na 24 entsteht ($t_h = 15$ h, $\Gamma_D = 1{,}3 \cdot 10^{-16}$ J m²/kg). Die β-Strahlung wird mit einer 3 mm dicken Aluminiumplatte ($\varrho = 2{,}7$ g/cm³) abgeschirmt. Wie lang ist nach der Aktivierung die γ-Äquivalentdosisrate in 50 cm Entfernung ($\varrho_{\text{Luft}} = 1{,}3$ mg/cm³) noch größer als $3 \cdot 10^{-9}$ W/kg ($\mu/\varrho = 0{,}05$ cm²/g, $q = 1$).

9.10. Strahlendosis und Strahlenschutz

9.10.4. Bei einem Präparat von $1{,}5 \cdot 10^9$ s^{-1} Na 22 soll die β-Strahlung vollständig und die γ-Strahlung ($\Gamma_D = 8{,}6 \cdot 10^{-17}$ J m^2/kg) von einer Bleiwand soweit abgeschwächt werden, daß in 80 cm Entfernung die Äquivalentdosisrate $6 \cdot 10^{-9}$ W/kg nicht überschreitet. Wie dick muß die Bleiwand sein, wenn bei einer Probemessung festgestellt wird, daß die Impulsrate eines Zählrohres durch eine 1 cm dicke Bleischicht von 1720 min^{-1} auf 960 min^{-1} gemindert wird ($q = 1$)?

9.10.5. In einer Stahlkapsel mit 36 mm Wandstärke befindet sich ein Präparat Ir 192 von $3 \cdot 10^{10}$ s^{-1} mit der spezifischen Gammastrahlkonstante $\Gamma_D = 2{,}3 \cdot 10^{-17}$ J m^2/kg. Der Aufbewahrungsraum ist von einem Arbeitsraum durch eine 30 cm starke Betonwand getrennt.

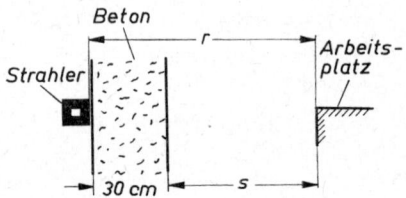

Welchen Mindestabstand s muß ein Arbeitsplatz von der Wand haben, wenn an ihm die Tagesäquivalentdosis bei achtstündiger Arbeitszeit $5 \cdot 10^{-4}$ J/kg nicht überschreiten soll? ($\mu_{\text{Stahl}} = 0{,}4$ cm^{-1}, $\mu_{\text{Beton}} = 0{,}12$ cm^{-1}, $B = 13{,}8$, $q = 1$, Absorption in Luft darf vernachlässigt werden.)

9.10.6. Eine Zelle für Arbeiten mit Cs 137 ($\Gamma_D = 2{,}2 \cdot 10^{-17}$ J m^2/kg) ist von der bedienenden Person durch eine Schutzwand mit einem 6 cm dicken Bleiglasfenster ($\mu = 0{,}36$ cm^{-1}) getrennt. Die Entfernung vom Präparat kann infolge der Form der Zelle nicht kleiner als 45 cm werden. Welches ist die größte Aktivität, mit der in dieser Zelle gearbeitet werden darf, wenn die Äquivalentdosisrate am Platz der Person kleiner als $1{,}4 \cdot 10^{-8}$ W/kg bleiben soll ($q = 1$).

9.10.7. Weshalb ist bei der Absorption von γ-Strahlen ein Zuwachsfaktor zu berücksichtigen? Warum hat er für dünne Schichten den Wert 1, während er bei dicken Schichten sehr hohe Werte annimmt?

LÖSUNGSHINWEISE

2.1.2. Aus den gegebenen Massen und der Dichte 1 g/cm³ des Wassers lassen sich nacheinander das Innenvolumen des Pyknometers, das Volumen des aufgefüllten Wassers, das Volumen und die Masse der Gesteinskörner berechnen. Die Dichte findet man dann aus $\varrho = m/V$.

2.1.3. Zur Vereinfachung der Rechnung zeige man, daß das Volumen eines Zylindermantels $V_M = d_m \cdot \pi \cdot s \cdot h$ ist. (d_m mittlerer Durchmesser, s Wandstärke, h Zylinderhöhe.) Das Eigenvolumen der Gefäßwand wird dann $V = d_m \pi s h_i + \dfrac{d_a^2 \pi}{4} \cdot s$.

2.1.5. Um die Integration zu vereinfachen, zähle man die Höhe von der Pyramidenspitze aus.

2.2.2. Weil beide Federn von der gleichen Kraft gedehnt werden, ist $F = D_1 s_1 = D_2 s_2$. Nimmt man dazu die Gleichung $s_1 + s_2 = l - l_1 - l_2$, so kann man s_1 und s_2 und daraus dann die Kraft F bestimmen.

2.3.1. Im Krafteck der in B angreifenden Kräfte kennt man alle Winkel und kann mit dem Sinussatz die Zugkräfte bestimmen.

2.3.2. Berechne zuerst die Resultierende der beiden Seilkräfte aus dem gleichschenkligen Kräftedreieck. Die Zerlegung dieser Resultierenden nach den Richtungen der Bügel läßt sich danach mit dem Sinussatz durchführen.

2.3.3. Aus den Neigungsdreiecken ermittelt man die Neigungswinkel $\alpha = \beta$ und γ. Die Zugkräfte F_A, F_B und F_C erhält man durch Zerlegung in die x-, y- und z-Komponenten.

2.3.4. Aus dem Krafteck der Kräfte in A findet man die Seilkraft F_{S1} und mit ihr dann aus dem Krafteck der Kräfte in B nach dem Sinussatz die Seilkraft F_{S2} und die Kraft F_B.

2.3.6. Die Kraft auf den Kolben ist $F_1 = A p$. Berechne dann die Winkel β und γ der Pleuelstange mit der Zylinderachse und der Kurbel. Danach findet man die Kräfte durch einfache Zerlegungen.

2.3.7. Die Kräfte F_1 und F_2 bilden mit der zu überwindenden Reibungskraft ein Krafteck, das man mit dem Sinussatz auflösen kann.

2.3.8. Die gewöhnlichen Formeln der schiefen Ebene gelten nur, wenn $F = 0$ ist; sie können hier nicht angewendet werden. Man setze die Bedingung an, daß weder parallel noch senkrecht zur schiefen Ebene eine resultierende Kraft auftritt, die ja eine Beschleunigung hervorrufen würde. Die Formeln vereinfachen sich, wenn man den Reibungswinkel ϱ ($\mu = \tan \varrho$) verwendet.

2.3.13. Man berechnet allgemein F_1 und F_2. Die gesuchten Werte erhält man dann, wenn man $F_1/F_2 = 1$ und $\mathrm{d}(F_1/F_2)/\mathrm{d}\beta$ gleich Null setzt.

2.4.1. Durch Anwendung des Hebelgesetzes auf die Drehachsen J und F erhält man mit $F_H = F_E$ und $F_G = F_D$ den Hebelarm l. Das gegebene Reibmoment liefert die Kraft F_D. Das Hebelgesetz angewandt auf die Drehachsen E und C ergibt F_A.

2.4.2. Beim Bewegen der Karre muß die Horizontalkomponente der Kraft F die Reibung überwinden, die sich aber nur aus der Normalkraft im Auflagepunkt des Rades (nicht aus der ganzen Gewichtskraft) berechnet. Außerdem müssen die Drehmomente um die Radachse im Gleichgewicht stehen.

2.4.—2.6. Lösungshinweise

2.4.4. Die Resultierende aus den beiden Spannkräften F_1 und F_2 kann man an die Achse der Spannrolle übertragen, an der sie mit dem kurzen Arm des Winkelhebels einen Winkel von 70° einschließt. Nun liefert das Hebelgesetz, angewandt auf den Winkelhebel, eine Gleichung für die Kraft F.

2.4.6. Wegen des Abstandes d sind die Hebelarme unterschiedlich lang, nämlich
$$b \cdot \cos \varphi \pm d \cdot \sin \varphi.$$
$\tan \varphi$ und damit den Ausschlag erhält man aus dem Drehmomentgleichgewicht.

2.5.4. Eine zweckmäßige Unbekannte ist die Entfernung der Bohrungen C und D von den Enden des Blechstreifens. Da der Schwerpunkt auf der Linie CD liegen muß, ist das Drehmoment des umgebogenen Bügels um die Achse CD Null.

2.5.5. Nachdem die Schwerpunktslage des leeren Behälters bestimmt worden ist, setze man die Gleichung zur Bestimmung der Höhe des Schwerpunktes für das bis zur Höhe h gefüllte Gefäß an. Weil sich dafür 6,5 cm ergeben muß, kann man aus dieser Gleichung h berechnen.

2.5.8. Das Werkstück nimmt eine solche Lage ein, daß sein Schwerpunkt S senkrecht unter den Aufhängepunkt A zu liegen kommt. Deshalb bestimmt man den Winkel, den die Verbindungslinie AS mit der Kante AB einschließt. Um diesen Winkel dreht sich das Werkstück.

2.5.9. Eine geeignete Bezugsachse ist die Seite AB. Man bestimmt allgemein $\frac{h_S}{h_C} = f(\alpha)$ und berechnet die Grenzwerte für $\alpha \to 0$ und $\alpha \to 90°$.

2.5.10. Der Schwerpunkt des Steines muß im Grenzfall genau über dem Punkt B liegen. Wende auf den Querschnitt des Steines und seinen Schwerpunkt die Guldinsche Regel für eine Drehung um die Achse CD an.

2.5.11. Berechne zuerst die Lage des Schwerpunktes im Querschnitt und dann nach der Guldinschen Regel das Volumen.

2.5.13. Man lege den Viertelkreis symmetrisch zur x-Achse mit dem Kreismittelpunkt im Ursprung des Koordinatensystems. Den gesuchten Abstand x_S bestimmt man durch Integration über dr und $d\varphi$. Ohne Verwendung eines Doppelintegrals erhält man den Schwerpunkt durch Einteilung der Fläche in Streifen der Breite dx und der Höhe $\sqrt{R^2 - x^2}$.

2.6.2. Zuerst berechnet man F_2 aus den Drehmomenten um die Achse B mit $F_A = 10$ kN; danach bestimmt man die Tragfähigkeit aus den Drehmomenten um die Achse A mit dem gefundenen F_2 und $F_B = 10$ kN.

2.6.4. Bestimme zuerst die Auflagekräfte des kurzen Brettes in A und D und dann die des langen Brettes in B und C mit Hilfe der Auflagekraft F_D.

2.6.5. Für den Momentenansatz eignen sich die Drehachsen BB_1 und A_1B_2.

2.6.8. Die drei Unbekannten F_A, F_B, l_S kann man aus den drei Gleichgewichtsbedingungen finden. Die Lösung ist jedoch einfacher, wenn man berücksichtigt, daß der Schwerpunkt S senkrecht unter dem Aufhängepunkt C liegt. Verschiebt man die Kräfte F_A, F_B und G nach C, so erhält man ein Krafteck, das sich nach dem Sinussatz auflösen läßt. Auch l_S findet man mit dem Sinussatz in den Dreiecken ABC und ASC.

2.6.9. Die drei Unbekannten F_A, F_B und F findet man aus den drei Gleichgewichtsbedingungen in einem Koordinatensystem parallel und senkrecht zur schiefen Ebene. In der Momentengleichung ist es zweckmäßig, die Gewichtskraft G in die Komponenten $G \sin \alpha$ und $G \cos \alpha$ zu zerlegen.

2.6.10. Es empfiehlt sich ein Koordinatensystem parallel und senkrecht zur schiefen Ebene. Da die Räder nicht starr mit dem Wagen verbunden sind, muß die Reibung an die Radachse A bzw. den Drehzapfen B übertragen werden. Nach der Abb. liegen die Punkte A, B und C auf einer Parallelen zur Straße. Die Rechnung vereinfacht sich, wenn man statt μ den Reibungswinkel ϱ verwendet.

2.6.12. Die Auflagekräfte F_A und F_B erhält man aus der Gleichung der x- und y-Komponenten, die Strecke x aus der Momentengleichung.

2.6.13. Man wähle ein Koordinatensystem parallel und senkrecht zum Stab. In der Grenzlage gelten die Gleichgewichtsbedingungen mit den angegebenen Werten der Haftreibungszahlen. Eine Kräfteüberlegung zeigt, daß sich der mögliche Bereich für die Kraft G_2 zwischen A und der Grenzlage erstreckt.

2.6.14. Wähle ein Koordinatensystem parallel und senkrecht zur Stange.

2.6.15. Weil Quader und Hebel nicht starr verbunden sind, muß die Aufgabe in zwei Teile: a) Gleichgewicht des Quaders und b) Gleichgewicht des Hebels zerlegt werden. Zeichne die Kräfte auf den Quader und die Kräfte auf den Hebel getrennt ein. In B sind die Kräfte auf die beiden Körper als Kraft und Gegenkraft einander entgegengesetzt gleich. Beim Quader bestimmt man die beiden Kräfte F_A, F_B und die Reibungszahl μ_A, beim Hebel die Kräfte F, F_{Cx} und F_{Cy}. Die Größe der Kräfte in C zeigt, daß die Reibung nicht ausreicht, um den Hebel festzuhalten.

2.6.16. Beachte, daß unmittelbar vor dem Kippen die Normalkraft der Wand im Punkt B angreift. Die Gleichgewichtsbedingungen lassen die unbekannte Zugkraft, die Normalkraft in B und den Winkel φ berechnen. Aus diesem und der Strecke $a = 2$ dm findet man die gesuchte Höhe.

2.7.4. Die Antriebskraft des Lkw muß die Reibung und den Luftwiderstand überwinden. Beim Aufwärtsfahren sind diese Kräfte noch um den Hangabtrieb zu vermehren, beim Abwärtsfahren zu vermindern. Aus der erforderlichen Gesamtkraft und der Geschwindigkeit findet man die Leistung.

2.7.5. Die Reibungszahl μ findet man aus der Verlustenergie, die längs der Strecke 40 m von der Reibung aufgezehrt wurde.

2.7.6. Die erforderliche Energie setzt sich zusammen aus der Arbeit zur Überwindung der Reibung und aus der Arbeit zur Beschleunigung des Zuges. Der letzte Anteil wird als kinetische Energie gespeichert und läßt sich nach $E_{\text{kin}} = \tfrac{1}{2} m v^2$ berechnen.

2.7.7. Da die Räder nicht starr mit dem Wagen verbunden sind, müssen die Reibungskräfte μF_V und μF_H an die Radachsen übertragen werden. Bei den Gleichgewichtsbedingungen, die für den Oberteil des Wagens ohne Räder angesetzt werden müssen, dürfen nur die Gewichtskräfte 600 N und an den Achsen nur die Kräfte $F_V - 40$ N bzw. $F_H - 60$ N eingesetzt werden. Bei der Berechnung der Arbeit ist nur die x-Komponente der Zugkraft einzusetzen.

2.7.10. Bei der Reihenschaltung ist $F_1 = F_2$, also $D s_1 = C s_2^2$. Mit $s = s_1 + s_2$ erhält man s_1 und s_2 und daraus durch Integration die Arbeit.

2.8.—2.9. Lösungshinweise

2.8.2. Man berechnet aus der ersten Teilstrecke s_1 die konstante Verzögerung a (Anfangsgeschwindigkeit v_0, Geschwindigkeit am Ende der Teilstrecke v_1). Die gesuchte zweite Teilstrecke s_2 erhält man dann mit a, v_1 und der Endgeschwindigkeit $v_2 = 0$.

2.8.4. Bezeichnet man die größte Geschwindigkeit mit v_{max}, so ist die mittlere Geschwindigkeit auf der Beschleunigungsstrecke $0{,}5\ v_{max}$. Mit diesen Geschwindigkeiten und den angegebenen Strecken lassen sich die Zeiten ausrechnen, die zusammen 10 s ergeben müssen.

2.8.5. Aus der Formel $v^2 = v_0^2 + 2as$ kann man die Brems- und die Beschleunigungsstrecke berechnen. Aus den Strecken und den mittleren Geschwindigkeiten findet man die Zeiten, deren Summe man mit der Normalzeit vergleicht.

2.8.6. Aus den Geschwindigkeiten und der Beschleunigung folgt die Beschleunigungszeit und der Beschleunigungsweg. Aus den angegebenen Strecken und Längen findet man den erforderlichen Wegunterschied des Pkw gegenüber dem Lkw zu 55 m. Diese Wegdifferenz läßt sich aber auch aus den Geschwindigkeiten, der schon gefundenen Beschleunigungszeit und der unbekannten Überholzeit t berechnen. Durch Gleichsetzen erhält man eine Gleichung für t.

2.8.8. Die linear abnehmende Beschleunigung wird in einer allgemeinen Beziehung ausgedrückt und zweimal integriert.

2.8.12. Die Gesamtzeit t setzt sich aus Fallzeit $t_1 = f(h)$ und Schallzeit $t_2 = f(h)$ zusammen. Man erhält eine quadratische Gleichung für h, die man aber in eine lineare überführen kann, wenn man t_2^2 gegenüber t^2 vernachlässigt. Das ist erlaubt, solange $v \ll c$ ist.

2.8.13. Der Punkt mit den Koordinaten $x = 4$ m, $y = -1$ m ist ein Punkt der Wurfbahn. Aus den Gleichungen für x und y kann man die Wurfzeit und die Geschwindigkeit v_0 berechnen. Die Auftreffgeschwindigkeit findet man aus den Komponenten v_x und v_y nach dem Pythagoräischen Lehrsatz.

2.8.14. Aus $x = 3430$ m und $y = 245$ m erhält man zwei Gleichungen für die Wurfzeit t und den Abschußwinkel α. Eliminiert man t und benutzt die Beziehung $\dfrac{1}{\cos^2 \alpha} = 1 + \tan^2 \alpha$, so erhält man eine Gleichung für $\tan \alpha$.

2.8.15. Man ermittle $a_x(t)$ und $a_y(t)$. Beide sind konstant, man kann also direkt x und y berechnen. v_1 erhält man vektoriell aus den Geschwindigkeitskomponenten oder aus dem Energiesatz.

2.9.4. Für die beiden Teilbewegungen gelten folgende Beziehungen:
$$2 s_1 a_1 = v_1^2 = v_{20}^2 = 2 s_2 a_2.$$
Davon verwendet man das erste und das letzte Glied und formt mit Hilfe des Reibungswinkels trigonometrisch um.

2.9.6. Das Tragseil stellt sich schräg, weil vertikal die Gewichtskraft der Last, horizontal die Trägheitskraft angreift.

2.9.7. An dem Fahrzeug greifen folgende Kräfte an: Gewichtskraft G, Auflagekräfte vorne F_V und hinten F_H, Reibungskräfte F_{RV} und F_{RH} und die Trägheitskraft F_{Tr} (Richtung entgegen a, Betrag ma). Aus den allgemeinen Gleichgewichtsbedingungen berechnet man a und daraus den Bremsweg!

2.9.8. Man setzt $F(t)$ in das Grundgesetz der Dynamik ein und integriert zweimal.

2.9.9. Da allein der Luftwiderstand bremst, ergibt das Grundgesetz der Dynamik $ma = -kv^2$. Diese Differentialgleichung ist durch Trennung der Variablen lösbar.

2.9.10. Die Beschleunigung erhält man aus dem Grundgesetz der Dynamik. Dabei ist die beschleunigte Kraft $F = G_2 - F_R$. Die bewegte Masse ist die Summe aus beiden Massen. Die Kraft im Faden muß nur die Masse m_1 beschleunigen und ihre Reibung überwinden.

2.9.11. Die beschleunigte Masse setzt sich aus der Masse des Aufzugkorbes, des Gegengewichtes und des Seiles zusammen; die beschleunigende Kraft ist jedoch nur die Differenz der beiden Gewichtskräfte, vermindert um die Reibung.

2.9.12. An die beschleunigte Bewegung des Hochschnellens schließt sich der Sprung (nach den Gleichungen des senkrechten Wurfes) an. Aus der Höhe $h_3 - h_2$ des Sprunges folgt seine Anfangsgeschwindigkeit, die zugleich die Endgeschwindigkeit des Hochschnellens darstellt. Mit ihr bestimmt man die Zeit für das Hochschnellen. Aus der gesamten Hubarbeit und dieser Zeit erhält man dann die mittlere Leistung.

2.9.13. Die Anfangsgeschwindigkeit des senkrechten Wurfes ist die Endgeschwindigkeit der Abwurfbewegung. Während des Abwurfes muß der Stein gehoben und beschleunigt werden. Die gesamte auf ihn übertragene Energie erhält man am einfachsten aus der Hubarbeit für die Gesamtstrecke $s + h$.

2.9.14. Man verwende zur Lösung den Energiesatz.

2.9.15. Die Abwurfgeschwindigkeit muß so groß sein, daß der Punkt mit den Koordinaten $x = 18\,\text{m} - 0{,}5\,\text{m} = 17{,}5\,\text{m}$, $y = -2\,\text{m}$ ein Punkt der Wurfbahn mit $\alpha = 42°$ wird. Aus der Beschleunigungsstrecke und der zu erzielenden Abwurfgeschwindigkeit findet man die erforderliche Beschleunigung und daraus nach dem Grundgesetz der Dynamik die Beschleunigungskraft. Der Kugelstoßer muß aber außer dieser Kraft noch die Gewichtskraft der Kugel ausgleichen; daher ist seine Gesamtkraft die Resultierende aus der Beschleunigungskraft mit $\alpha = 42°$ und der vertikal nach oben gerichteten Kraft zum Ausgleich der Gewichtskraft.

2.9.17. Beim Abwurf wird die potentielle Energie der gespannten Feder in kinetische Energie des abgeschleuderten Körpers umgewandelt. Der Abwurfwinkel folgt aus der Wurfhöhe.

2.9.18. Da die Gewichtskraft durch die Auftriebskraft kompensiert wird, setzt man allein die Reibungskraft unter Berücksichtigung ihres Vorzeichens ins Grundgesetz der Dynamik ein. Dann integriert man zweimal unter Verwendung der Randbedingungen $v = v_0$ und $s = 0$ zum Zeitpunkt $t = 0$.

2.9.19. An der Kugel greifen folgende Kräfte an: Gewichtskraft G, Auftriebskraft F_A, Reibungskraft $F_R = 6\pi r \eta v$. Das Grundgesetz der Dynamik liefert daraus mit $a = \dot{v}$ eine inhomogene Differentialgleichung für v. Durch Integration erhält man unter Berücksichtigung der partikulären Lösung $v = v_{\max}$ die Geschwindigkeit $v = v(t)$ und durch nochmalige Integration den Weg $s = s(t)$. Den Nachweis der Gültigkeit des Stokesschen Gesetzes führt man mit Hilfe der kritischen Reynoldsschen Zahl $Re_{\text{krit}} = 2$ der Kugel.

2.9.20. Aus der Zugkraft des überstehenden Seilendes und der Seilmasse ermittelt man die Beschleunigung a als Funktion von x. Die Beschleunigung $a = \ddot{x}$ wird unabhängig von Seildichte und Querschnitt. $\ddot{x} = f(x)$ erweist sich als inhomogene Differentialgleichung vom Typ $\ddot{x} - bx = c$ ($b > 0$). Deren allgemeine Lösung lautet

2.10.—2.11. Lösungshinweise

$$x = k_1 e^{\sqrt{b}\,t} + k_2 e^{-\sqrt{b}\,t} - \frac{c}{b};$$

k_1 und k_2 bestimmt man aus den Startbedingungen.

2.10.1. Die Geschwindigkeit nach dem Aufprall ist die x-Komponente der Endgeschwindigkeit eines unelastischen Stoßes. Die x-Komponente der Auftreffgeschwindigkeit ist ebenso groß wie die Absprunggeschwindigkeit vom Ufer. Diese findet man aus den Gleichungen des horizontalen Wurfes.

2.10.2. Die Auftreffgeschwindigkeit des Rammklotzes findet man aus der Gleichung $v_{1a} = \sqrt{2gh}$, die Geschwindigkeit nach dem Rammstoß aus dem Impulssatz. Schließlich liefert der Energiesatz den Bodenwiderstand, der auf der Eindringstrecke die kinetische Energie und die freiwerdende potentielle Energie des Pfahles aufbraucht.

2.10.4. Um aus dem Impulssatz die Geschwindigkeit der Kugel berechnen zu können, braucht man die Geschwindigkeit der Kiste nach dem Einschuß. Diese findet man nach der Gleichung $v = \sqrt{2gh}$, wobei h die Höhe ist, um die sich die Kiste bei dem Pendelausschlag von 7,5 cm hebt; h findet man aus dem Höhensatz des rechtwinkligen Dreiecks mit der Hypotenuse $2r = 6$ m und der Höhe 7,5 cm.

2.10.5. Aus dem Impulssatz findet man die Geschwindigkeit, mit der das Gewehr zurückgestoßen wird. Mit der erlangten kinetischen Energie überwindet der Gewehrkolben die Kraft der Schulter längs des Bremsweges.

2.10.6. Aus der 1. Form des Impulssatzes findet man die Schubkraft. Die Beschleunigungen ergeben sich nach dem Grundgesetz der Dynamik aus der Resultierenden von Schubkraft und Gewichtskraft, sowie aus der Anfangs- bzw. Endmasse der Rakete.

2.10.8. Es handelt sich um einen teilelastischen Stoß. Zur Berechnung der beiden unbekannten Geschwindigkeiten verwendet man den Impulssatz und die Tatsache, daß die kinetische Energie nach dem Stoß nur noch 62,5% der kinetischen Energie vor dem Stoß ist.

2.10.9. Die Bewegungsgleichung des Lkw liefert dessen Geschwindigkeit beim Straffen des Seiles. Dann erfolgt ein elastischer Stoß. Bis zum zweiten Straffen müssen danach Lkw und Pkw gleiche Wege zurücklegen; aus $s_1 = s_2$ findet man die gesuchte Zeit.

2.10.10. Aus der Bremsbewegung des Autos findet man seine Aufprallgeschwindigkeit. Der Stoß erfolgt teilelastisch. Die einzige unbekannte Geschwindigkeit findet man aus dem Impulssatz.

2.10.11. Man beginnt die Rechnung mit dem Stoß der zweiten Kugel auf die dritte und stellt die Bedingung, daß die zweite Kugel nach dem Stoß die Geschwindigkeit Null erhält. Das Massenverhältnis zwischen erster und dritter Kugel folgt aus der Bedingung $v_{1e} = -v_{3e}$.

2.10.12. Da der Ball schräg gegen den Schläger prallt, müssen alle Geschwindigkeiten in Normal- und Tangentialkomponenten zerlegt werden. In der Tangentialrichtung erfährt der Ball keine Geschwindigkeitsänderung; in der Normalrichtung verwendet man die Gleichungen des elastischen Stoßes.

2.11.2. Das Auto hebt sich von der Straße ab, wenn $F_{f1} = G$ wird. Daraus findet man die zulässige Geschwindigkeit. Im zweiten Fall folgt aus $F_{f2} = 0{,}2\,G$ der Radius r_2.

2.11.3. Im Punkt B muß die Fliehkraft mindestens gleich der Gewichtskraft sein. Im Grenzfall findet man aus $F_f = G$ die in B erforderliche Geschwindigkeit. Die gesuchte Höhe, die kinetische Energie und die Geschwindigkeit in C folgen dann aus dem Energiesatz.

2.11.4. Verwende zur Bestimmung von v^2 in der Gleichung $F_f = m\dfrac{v^2}{r}$ den Energiesatz.

2.11.7. Verwende als Unbekannte den Höhenunterschied h_1 zwischen A und B. Die Bahngeschwindigkeit in B erhält man aus dem Energiesatz. In B muß die Fliehkraft gleich der Normalkomponente von G sein; daraus findet man den Höhenunterschied h_1. Auch die Geschwindigkeit in D erhält man aus dem Energiesatz; sie ist die Anfangsgeschwindigkeit eines horizontalen Wurfes, dessen Aufschlag bei $y = -0,6$ m erfolgt.

2.11.8. Setzt man in der geforderten Bedingung: Kippmoment $= \frac{1}{2} \cdot$ Standmoment die Ausdrücke für die Momente ein, so kann man daraus die Geschwindigkeit in der Kurve berechnen. Aus ihr und der Anfangsgeschwindigkeit folgt die erforderliche Verzögerung und nach dem Grundgesetz der Dynamik die Bremskraft. Die Auflagekräfte und die nötige Reibungszahl findet man aus den Gleichgewichtsbedingungen, die mit den äußeren Kräften und der Fliehkraft aufzustellen sind.

2.11.9. Das Kippmoment der Trägheitskraft bzw. der Fliehkraft darf das Standmoment der Gewichtskraft nicht übertreffen. Aus dem Gleichsetzen der Momente findet man die gesuchten Größen. Die Reibungszahl erhält man aus der Bedingung, daß die Reibungskraft gleich der Trägheitskraft sein muß.

2.11.10. Nach Zerlegung aller Kräfte (Fliehkraft F_f, Gewichtskraft G, Reibungskraft F_R und Auflagekraft F_n) in die x- und y-Komponenten eines horizontalen Koordinatensystems stellt man die Gleichgewichtsbedingungen auf. Durch Elimination von F_R und F_n erhält man die gesuchte Geschwindigkeit. Zur Vereinfachung kann man den Reibungswinkel ϱ ($\mu = \tan \varrho$) einführen.

2.11.11. Im Gleichgewicht ist das Drehmoment der Gewichtskraft gleich dem der Fliehkraft. Letzteres erhält man durch Integration der Teilfliehkräfte über den gesamten Stab.

2.11.12. Man bestimmt zunächst das Drehmoment in bezug auf A verursacht durch die Fliehkraft. Da $F_f = f(r)$ geschieht dies durch Integration. Im ungünstigsten Fall, nämlich dann, wenn die Stabebene vertikal liegt, addieren sich alle auftretenden Momente und müssen vom Lager B aufgenommen werden.

2.12.1. Die Winkelgeschwindigkeit der Erde erhält man als Quotient des vollen Drehwinkels 2π und der Zeit 23 h 56 min ($= 1$ Sterntag). Der Winkel zwischen der Fahrtrichtung und der Erdachse ist gleich der geographischen Breite φ. Die Auflagekräfte erhält man aus den Gleichgewichtsbedingungen.

2.12.2. Die Winkelgeschwindigkeit findet man am zweckmäßigsten aus $\omega = v_Z/r$.

2.12.4. Da die Fallgeschwindigkeit $v^* = gt$ nicht konstant ist, ändert sich auch F_C mit der Zeit. Die durch die Corioliskraft verursachte Beschleunigung steht senkrecht auf v^* und beträgt $a_C = F_C/m$. Einsetzen von F_C und zweimalige Integration über die Zeit ergibt $s = f(t)$. Mit $t = \sqrt{2h/g}$ erhält man daraus $s = f(h)$.

2.12.5. Man beachte, daß die Richtungen von Corioliskraft und Fliehkraft senkrecht aufeinander stehen!

2.13.2. Den Zusammenhang zwischen Kräften und Winkeln entnimmt man der nebenstehenden Abb.

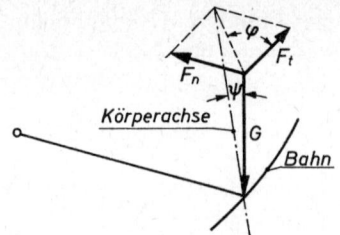

2.13.3. Man ermittelt $v(t)$ und erhält durch Differenzieren nach der Zeit a_t. Da $a = g$ ist, ergibt sich $a_n = \sqrt{g^2 - a_t^2}$.

2.13.4. Mit $\varphi = \overline{AB}/r$ und $\tan \varphi = a_t/a_n$ erhält man als Bestimmungsgleichung für φ $\tan \varphi = 1/2\,\varphi$. Diese Gleichung ist nicht geschlossen lösbar. Man verwendet zur Lösung Näherungsmethoden.

2.14.1. Auf einer Kreisbahn muß die erforderliche Zentripetalbeschleunigung von der Gravitation hervorgerufen werden. Man findet die Geschwindigkeit aus der Gleichheit der Zentripetalbeschleunigung mit der Gravitationsbeschleunigung in 6500 km Entfernung vom Erdmittelpunkt.

2.14.2. Zuerst berechne man die Zentripetalbeschleunigung der Erde auf ihrer Bahn um die Sonne. Die Gravitationsbeschleunigung an der Sonnenoberfläche ist dann im umgekehrten Verhältnis der Quadrate der Entfernungen vom Sonnenmittelpunkt größer.

2.14.3. Beachte, daß die Fallbeschleunigung die Resultierende aus der Gravitationsbeschleunigung und der Zentrifugalbeschleunigung ist.

2.14.4. Die Resultierende aller Gravitationskräfte besitzt eine Vertikalkomponente von der Größe G und eine Horizontalkomponente von der Größe der Anziehungskraft zu dem Berg.

2.14.6. Man bestimmt die Gravitationskraft, mit der ein Massenelement dm_S auf der Scheibe den Stern anzieht. Von dieser Kraft wird aus Symmetriegründen nur die axiale Komponente berücksichtigt. Integration über die gesamte Scheibe, die zweckmäßigerweise in Kreisringe (Radius a) unterteilt wird, ergibt die gesuchte Kraft.

2.14.7. Die Anziehungskräfte von Erde und Mond überlagern sich additiv.

2.15.1. Da alle Drehmomente konstant sind, gilt für die Bestimmung der Zeit der Drehimpulssatz in der Form $M \cdot t = J(\omega_e - \omega_a)$.

2.15.2. Die gesuchte Zeit findet man aus dem resultierenden Moment (Antriebsmoment − Reibungsmoment) mit dem Drehimpulssatz.

2.15.3. Die Leistungsaufnahme während des Schleifens findet man aus dem Ansatz, daß zur Überwindung der Reibungsarbeit (am Werkstück und in den Lagern) die aufgenommene Leistung und die bei der Verminderung der Drehfrequenz freiwerdende Energie dient.

2.15.4. Die beiden Unbekannten, das Bremsmoment und das Trägheitsmoment, findet man aus den Beziehungen, daß 1. die aufgenommene Energie zum Teil zur Überwindung der Reibung dient, zum anderen Teil als Rotationsenergie gespeichert wird, und daß 2. beim Auslauf die Rotationsenergie in Reibungswärme umgewandelt wird.

2.15.5. Verwende zur Berechnung der Widerstandskraft und der Antriebsleistung in beiden Fällen den Energiesatz und berücksichtige dabei den Wirkungsgrad η.

2.15.6. Die Differenz der Rotationsenergie des Schwungrades bei der Anfangs- und der Enddrehfrequenz muß den Energiebedarf in den 0,9 s zwischen zwei Antriebsimpulsen decken.

2.15.7. Man berechne zuerst das Trägheitsmoment des Hebels als Summe aus den Trägheitsmomenten des Stabes und der Kugel und dann das angreifende Drehmoment als Differenz der Drehmomente der Kugel und des Stabes. Die Winkelbeschleunigung findet man nun aus dem Grundgesetz $M = J\alpha$. Der Energiesatz liefert die Winkelgeschwindigkeit in der vertikalen Lage.

2.15.8. Wenn man von der Lagerreibung absieht, stellen die beiden Räder ein abgeschlossenes System dar. In diesem gilt $J_1 \omega_{1a} + J_2 \omega_{2a} = J_1 \omega_{1e} + J_2 \omega_{2e}$. Die Kupplungszeit findet man aus der ersten Form des Drehimpulssatzes.

2.15.9. Beachte, daß die Schwerpunktsgeschwindigkeit der Walze nur halb so groß ist wie die der Masse m_2. Nach dem Energiesatz muß die bei m_2 freiwerdende potentielle Energie wegen der zu vernachlässigenden Reibungsarbeit bei beiden Körpern als kinetische bzw. Rotationsenergie erscheinen.

2.15.10. Aus dem Energiesatz kann man die erreichbare Geschwindigkeit und aus ihr die Zeit zum Durchmessen der Strecke h berechnen. Man vergleiche mit der Fallzeit
$$t = \sqrt{\frac{2h}{g}}.$$

2.15.11. Man bestimmt aus dem Energiesatz allgemein die Beschleunigung $a = f(\gamma)$ der auf einer schiefen Ebene (Neigungswinkel γ) rollenden Kugel. Diese Beschleunigung liefert die Trägheitskraft, die im Schwerpunkt der Kugel angreift. Soll die Kugel gerade nicht rutschen, darf die Resultierende von Hangabtriebskraft und Trägheitskraft höchstens gleich der Reibungskraft sein.

2.15.12. Das Trägheitsmoment ist $J_1 - J_2$, wobei J_1 das Trägheitsmoment der Vollscheibe und J_2 das der ausgeschnittenen Figur ist.

2.15.13. Man legt die Kathete a auf die x-Achse und teilt das Dreieck in Streifen der Dicke dy parallel zur x-Achse.

2.15.14. Um das Massenelement dm ausdrücken zu können, nimmt man eine beliebige Dicke s an und integriert unter Verwendung von Polarkoordinaten. b kann man im Endergebnis durch die Gesamtmasse ausdrücken.

2.5.15. Man teilt den Stab in Abschnitte der Länge dx und der Masse dm und berücksichtige bei der Integration, daß $\varrho(x) = \varrho_1 + (\varrho_2 - \varrho_1) x/l$ ist.

3.1.3. Die Aufdruckkraft berechnet man am einfachsten als Gewichtskraft der Graugußmenge, die man über das Werkstück auffüllen müßte, bis sie überall den oberen Rand des Gießformoberteils erreicht.

3.1.4. Das Flächenträgheitsmoment des Kreises um seinen Durchmesser bestimmt man unter Verwendung von Polarkoordinaten.

3.2.3. Verwende nicht die Dicke, sondern den Innenradius der Hohlkugel als Unbekannte.

3.2.6. Durch die Gewichtskraft der Last wird das Floß bis zum tiefsten zulässigen Eintauchen hinuntergedrückt. Bei unsymmetrischer Lastverteilung findet man den Neigungswinkel aus dem Gleichgewicht der Drehmomente. Eine günstige Drehachse ist die Mittelachse der Plattform. Daraus erhält man die Differenz der Eintauchtiefen der beiden Pontons und hieraus dann den Neigungswinkel.

3.2.7. Die potentielle Energie des Stabes, bezogen auf die Gleichgewichtslage, muß in der Ausgangslage ebenso groß sein wie in der Endlage. Man bestimmt zuerst die Eintauchtiefe h des unteren Stabendes im Gleichgewicht. Die potentielle Energie des Stabes läßt sich dann als Funktion der Entfernung y des unteren Stabendes von der Gleichgewichtslage darstellen: $E_{pot} = \int(-F)\,dy$, wobei F die rücktreibende Kraft ist. Man erhält F bis zum völligen Eintauchen als Unterschied der Auftriebskraft gegenüber der in der Gleichgewichtslage $F = F_{Ay} - F_{A0} = -A\varrho_{Fl}gy$. Nach dem völligen Eintauchen ($y \leq h_0 - l$) bleibt F konstant: $F = A\varrho_{Fl}g(l-h)$.

3.2.8. Setzt man die Entfernung des Metazentrums M vom Schwerpunkt S gleich $\overline{SM} = x$, so ist nach der Definition des Metazentrums das aufrichtende Moment bei kleinen Neigungswinkeln φ: $M = F_A x \varphi = G x \varphi$. Dieses Moment läßt sich aber aus dem Zusammenwirken der beiden Kräftepaare G und F_A (Gewichts- und Auftriebskraft) und ΔF_{A1} und ΔF_{A2} (Zu- bzw. Abnahme der Auftriebskraft auf den beiden Seiten wegen der Schräglage) berechnen.

3.3.1. Verwende das Boylesche Gesetz für die am Anfang in dem 15 cm langen Stück der Röhre enthaltene Luftmenge. Nach dem Eintauchen wird das Volumen größer und der Druck infolge der Quecksilbersäule in der Röhre kleiner.

3.3.2. Berechne die Höhendifferenz z der Wasserspiegel außen und im Innern des Gefäßes aus der erforderlichen Auftriebskraft und die Eindringtiefe y des Wassers ins Innere des Gefäßes nach dem Boyleschen Gesetz aus der Druckerhöhung, die die Gewichtskraft des Gefäßes bei seinem Luftinhalt hervorruft.

3.3.3. Berücksichtige, daß bei einem Außendruck von 2 bar die Quecksilbersäule in beiden Schenkeln verschieden hoch steht und daß die Spiegeldifferenz doppelt so groß ist wie die Minderung der Höhe des Luftvolumens.

3.3.4. Der Enddruck 4,2 bar ist die Summe der beiden Partialdrücke, die das erste Gas beim Entspannen von 11 dm³ auf 15 dm³ und das zweite Gas beim Entspannen von 4 dm³ auf 15 dm³ annehmen.

3.3.6. Die Nutzlast muß um ebensoviel abnehmen, wie die Masse der Heliumfüllung die der Wasserstoffüllung übertrifft. Das für die Rechnung nötige Volumen des Ballons findet man aus der Tatsache, daß die Tragkraft bei Dichte 0,94 kg/m³ der Luft $520 \cdot 9{,}81$ N beträgt.

3.3.7. Zur Lösung benötigt man eine Beziehung zwischen dem Luftdruck und der Höhe. Man findet sie, indem man die Druckabnahme dp bei einer Vergrößerung dh der Höhe berechnet, darin die veränderliche Dichte der Luft nach dem Boyleschen Gesetz mit Hilfe des Drucks ausdrückt und dann die Gleichung integriert.

3.3.8. Man berechnet aus dem Boyleschen Gesetz den Druck nach n Saugvorgängen und setzt diesen Druck gleich dem Enddruck.

3.4.2. Der von der Pumpe erzeugte Druck muß den hydrostatischen Druck des Öls überwinden und außerdem die Strömung des Öls nach dem Hagen-Poisseuilleschen Gesetz hervorrufen.

3.4.4. Der vom statischen Druck der Flüssigkeitssäule verursachte Volumenstrom $\dot V = \dfrac{r^4\pi}{8l\eta}\Delta p$ durch die Kapillare ist gleich der zeitlichen Abnahme (negatives Vorzeichen!) der Flüssigkeit im Standgefäß.

3.5.1. Aus dem Gesetz von Bernoulli erhält man den Unterschied zwischen dem Druck p_1 in der Leitung und p_2 an der Engstelle, nachdem man die Geschwindigkeiten v_1 und v_2 aus der Durchflußmenge und der Kontinuitätsgleichung berechnet hat.

3.5.2. Aus dem Gesetz von Bernoulli und der Kontinuitätsgleichung findet man die Geschwindigkeiten beim Eintritt und an der Engstelle des Venturirohres. Aus Querschnitt und Geschwindigkeit erhält man dann den Volumenstrom.

3.5.3. Das Gesetz von Bernoulli und die Kontinuitätsformel liefern zwei Gleichungen für die beiden Geschwindigkeiten beim Eingang und Ausgang des Schlauchmundstückes. Die größte Weite des Wasserstrahles ist die Wurfweite eines schiefen Wurfes mit der Austrittsgeschwindigkeit des Strahles bei $\alpha = 45°$.

3.5.4. Der statische Druck im Meßschenkel $p = s \sin\alpha \, \varrho_{Fl} \, g$ muß gleich dem Staudruck der Luft sein.

3.5.5. Als Querschnitt 1 wählt man den oberen Flüssigkeitsspiegel ($h_1 = 12$ cm; $\bar{v}_1 \approx 0$; $p_1 = p_L$); als Querschnitt 2 das Ende der horizontalen Röhre ($h_2 = 0$; $\bar{v}_2$; $p_2 \approx p_L$). Reibungsverlust tritt fast nur im engen Rohr auf. Man berechnet ihn aus dem Gesetz von Hagen-Poiseuille.

3.5.7. Den Druck im Behälter findet man aus dem Gesetz von Bernoulli. Die übertragene Leistung ergibt sich aus: $P = Fv = pAv = p\dot{V}$.

3.6.2. Im Toricellischen Ausflußgesetz ist nur die Differenz aus der Ortshöhe und der Verlusthöhe einzusetzen.

3.6.3. Berechne aus den Gleichungen eines waagerechten Wurfes mit der Anfangsgeschwindigkeit $v = \sqrt{2gh}$ die Stelle, an der $y = -x/4$ ist.

3.6.4. Man differenziert $s = s(h_2)$ und sucht durch Nullsetzen der Ableitung das Extremum.

3.7.1. Aus der kritischen Reynolds-Zahl für Röhren $Re_{krit} = 2300$ findet man die Grenzgeschwindigkeit, bei der die laminare Strömung in eine turbulente übergeht. Mit der so gefundenen Geschwindigkeit liefert das Hagen-Poiseuillesche Gesetz den Druckunterschied.

3.7.2. Aus der kritischen Reynolds-Zahl erhält man den Grenzwert der Geschwindigkeit. Diese Geschwindigkeit sowie die Druckdifferenz $\Delta p_R = 8h_0\eta\bar{v}/r^2$ durch Reibung im engen Rohr setzt man in das Gesetz von Bernoulli ein.

3.7.3. Unbekannte sind die kritische Geschwindigkeit und der Kugelradius. Zur Lösung verwendet man folgende Bedingungen: 1. Die Reynolds-Zahl ist gleich der kritischen Reynolds-Zahl. 2. Die Reibungskraft ist gleich der Differenz von Gewichtskraft und Auftriebskraft.

3.7.4. Modellversuche müssen bei gleicher Reynolds-Zahl erfolgen; daraus erhält man die wirkliche Geschwindigkeit. Aus dem angegebenen Widerstand im Strömungskanal findet man den Widerstandsbeiwert, der unverändert auch für die Wirklichkeit gilt. Mit ihm kann man dann den wirklichen Strömungswiderstand und die Leistung berechnen.

3.8.1. Beachte, daß durch die Wasserverdrängung nach dem Archimedischen Prinzip zugleich die Gewichtskraft des Kahnes gegeben ist.

3.8.4. Für die Berechnung des Luftwiderstandes am Segel ist nur die Relativgeschwindigkeit = Windgeschwindigkeit − Bootsgeschwindigkeit einzusetzen.

3.8.7. Für die Geschwindigkeit erhält man eine Gleichung dritten Grades. Lösung durch Näherung oder die Formel von Cardano.

3.8.8. Unter Verwendung von $v_\infty^2 = \dfrac{2mg}{c_\text{W}\,\varrho\,A_0}$ liefert das Grundgesetz der Dynamik die Differentialgleichung $v_\infty^2 - v^2 = \dfrac{v_\infty^2}{g}\,\dot v$, die man durch Trennung der Variablen lösen kann.

3.8.9. Beachte, daß bei verschiedenen Läufern die Masse m etwa zur 3. Potenz, die Stirnfläche A_0 etwa zum Quadrat ihrer Größe proportional sind. Man darf daher $A_0 \sim m^{2/3}$ setzen.

3.9.1. Zerlege die Gewichtskraft des Flugzeuges in eine Komponente $mg \sin\alpha$ parallel zur Bahn und eine Komponente $mg\cos\alpha$ senkrecht zur Bahn. Die Bahnkomponente muß gleich dem Luftwiderstand, die Normalkomponente gleich dem Auftrieb sein.

3.9.2. Beim horizontalen Flug muß die Gewichtskraft des Flugzeuges durch die Auftriebskraft; der Luftwiderstand durch die Zugkraft der Luftschraube überwunden werden.

3.9.3. Die Resultierende aus Gewichtskraft und Fliehkraft muß senkrecht auf der geneigten Fläche der Tragflügel stehen. Aus dieser Beziehung findet man die Geschwindigkeit. Die Resultierende aus Gewichtskraft und Fliehkraft muß gleich der Auftriebskraft sein. Daraus ergibt sich der gesuchte Auftriebsbeiwert c_a'.

4.1.2. Um aus den kleinen Längenänderungen des Aufhängedrahtes die großen Veränderungen des Durchhanges zu finden, verwendet man folgende Beziehung zwischen der halben Breite b und der halben Drahtlänge l: Satz des Pythagoras: $l = \sqrt{b^2 + h^2}$. Daraus folgt, wenn h klein gegen b ist $\left(\sqrt{1+\varepsilon} \approx 1 + \dfrac{\varepsilon}{2}\right): l = b + \dfrac{h^2}{2b}$. Weil b sich nicht ändert, findet man hieraus $\Delta l = \dfrac{h_2^2 - h_1^2}{2b}$. Die Kraft im Aufhängedraht erhält man aus der Ähnlichkeit zwischen dem Krafteck und einem vom Draht gebildeten Dreieck.

4.1.4. Die Wärmeausdehnung gibt die Verlängerungen Δl_1 und Δl_2 der Mittellinien beider Streifen. Der Quotient aus dem Unterschied dieser Verlängerungen und dem Abstand der beiden Streifenmitten ist der Arcus des Krümmungswinkels.

4.1.5. Weil sich die Rohre und Radiatoren der Heizung zugleich mit dem Wasser erwärmen, erfolgt die Wärmeausdehnung nur mit der Raumausdehnungszahl $\gamma - 3\alpha_\text{S}$.

4.1.8. In den beiden Schenkeln muß unten der gleiche hydrostatische Druck $\varrho_\vartheta \cdot g \cdot h_\vartheta = \varrho_0 \cdot g \cdot h_0$ herrschen. Wegen der Wärmeausdehnung ergibt sich aber:

$$\varrho_\vartheta = \frac{m}{V_\vartheta} = \frac{m}{V_0(1+\gamma\vartheta)} = \frac{\varrho_0}{1+\gamma\vartheta}\,.$$

Setzt man diese Beziehung in die erste Gleichung ein, so kann man γ berechnen.

4.1.9. Man erhält am Thermometer die richtige Anzeige, wenn auch der herausragende Teil von der Umgebungstemperatur ϑ_u auf die richtige Temperatur ϑ gebracht wird. Dabei dehnt sich der vom Skalenteil der Grenztemperatur ϑ_gr an herausragende Teil des Thermometer aus, so daß das Quecksilber in ihm mit dem Volumen-Ausdehnungskoeffizienten $\gamma = \gamma_\text{Hg} - \gamma_\text{Gl}$ ansteigt.

4.1.10. Die Dichte des Quecksilbers bei der Temperatur ϑ ist wie bei Aufgabe 4.1.8 $\varrho_\vartheta = \varrho_0 \dfrac{1}{1+\gamma\vartheta}$. Daraus erhält an $p = \varrho_\vartheta \cdot g \cdot h$.

4.2.2. Wenn h die Höhe des eindringenden Wassers bedeutet, ist das Volumen der eingeschlossenen Luft $4\,\text{m}^2\,(1{,}5\,\text{m} - h)$, der Druck $p_\text{L} + (4{,}5\,\text{m} - h)\varrho \cdot g$ und die Tempe-

Lösungshinweise 4.2.—4.6.

ratur 280 K. Aus dem Boyle-Gay-Lussacschen Gesetz findet man für diesen Zustand und den Zustand beim Eintauchen eine Gleichung zur Berechnung von h.

4.2.4. Beachte, daß die letzten 15 dm³ Sauerstoff in der Flasche bleiben und daher das gesamte Endvolumen 2015 dm³ beträgt.

4.2.6. Aus den Angaben kann man die molare Masse des betreffenden Gases berechnen. Daraus läßt sich die Zusammensetzung des Gases ermitteln.

4.2.9. Zu Beginn des Vorgangs ist noch kein Wasser in den Kolben gelangt, also Abkühlung bei nahezu konstantem Volumen. Das Gasgesetz liefert den Druckunterschied zwischen dem Inneren des Kolbens und der Umgebung. Diesen Druckunterschied setzt man in die Gleichung von Bernoulli ein.

4.3.3. Vergleiche zu dieser Aufgabe die Vorbemerkungen zum Abschnitt Meßunsicherheit.

4.3.4. Aus dem ersten Mischungsversuch erhält man die gesamte Wärmekapazität des Kalorimeters mit seiner Wasserfüllung, aus dem zweiten die spezifische Wärmekapazität des Kupfers.

4.3.6. Aus den angegebenen Werten der spezifischen Wärmekapazität für 20 °C und 200 °C ergeben sich zwei Gleichungen zur Berechnung von c_0 und k. Der Mittelwert der spezifischen Wärmekapazität im Bereich zwischen ϑ_1 und ϑ_2 ist definiert durch
$$\bar{c} = \frac{1}{\vartheta_2 - \vartheta_1} \int_{\vartheta_1}^{\vartheta_2} c(\vartheta)\, d\vartheta.$$

4.3.8. Zuerst bestimmt man aus der Gasgleichung die Masse des aufgefangenen Sauerstoffs. Die gesuchte spezifische Wärmekapazität folgt dann aus der Mischungsregel.

4.3.9. Berechne zuerst nach dem Gesetz von Gay-Lussac die Endtemperatur des Wasserstoffs und seine Temperaturerhöhung. Bestimme dann aus der Gasgleichung seine Masse. Damit hat man Masse, spezifische Wärmekapazität und Temperaturerhöhung zur Berechnung der Wärmemenge.

4.4.4. Die Mischungsregel läßt mit dem spezifischen Brennwert der Kohle und der Wärmekapazität der Apparatur die Temperaturerhöhung und die Endtemperatur errechnen. Die erforderliche Sauerstoffmenge folgt aus dem Massenverhältnis zwischen Sauerstoff und Kohlenstoff in Kohlendioxid $O_2 : C = 32 : 12{,}01$. Auf dieselbe Weise findet man die Masse des entstehenden CO_2. Den erforderlichen Druck des Sauerstoffs (bei der Temperatur T) und den entstehenden Druck des CO_2 (bei $T + \Delta T$) berechnet man dann aus der allgemeinen Gasgleichung.

4.4.5. Die in 6 min verbrauchte Gasmenge muß aus dem verbrannten Volumen von 48 dm³ nach der Gasgleichung durch Umrechnung auf Normalbedingungen bestimmt werden.

4.5.2. Berechne zuerst aus der Mischung mit der Endtemperatur 0 °C die schmelzende Eismenge und danach den Wärmebedarf, um das Gefäß, das übrige Eis und das Wasser einschließlich Schmelzwasser auf 18 °C zu erwärmen.

4.5.4. Eine Strahlung mit dem orthogonalen Querschnitt 1 m² fällt bei dem gegebenen Auftreffwinkel $\alpha = 23{,}5°$ auf eine Fläche vom Inhalt $A = 1 \text{ m}^2/\sin \alpha$. Die abgetaute Schicht muß also für diese Fläche berechnet werden.

4.6.1. Bis zur vollständigen Sättigung der Luft im Innern des Behälters mit Wasserdampf müssen noch 40% der Sättigungsmenge bei 20 °C verdampfen. Dabei wächst auch der Druck um 40% des Sättigungsdruckes bei 20 °C. Beim Erwärmen auf 50 °C verdampft noch die Differenz bis zur Sättigungsmenge bei 50 °C, und der Enddruck ist die Summe aus dem infolge der Erwärmung erhöhten Luftdruck und dem Sättigungsdruck des Wasserdampfes.

4.6.—4.8. Lösungshinweise

4.6.1. Bei guter Durchlüftung ist die absolute Feuchtigkeit der Zimmerluft gleich der der Außenluft. Beim Erwärmen sinkt jedoch die relative Feuchtigkeit, weil die Sättigungsmenge ansteigt und die Luft sich ausdehnt.

4.7.2. Berechne nacheinander für die Wände, Fenster, Türen und den Heizkörper den Wärmedurchgangskoeffizienten k, die Fläche A und den Temperaturunterschied $\Delta\vartheta$ und daraus den Wärmestrom $\dot{Q} = k A \Delta\vartheta$. Der vom Heizkörper abgegebene Wärmestrom ist gleich dem nach außen weggeleiteten Wärmestrom.

4.7.4. Berechne zuerst die Wärmedurchgangs- und die Wärmeübergangskoeffizienten. Aus ihnen kann man die Temperaturunterschiede in der inneren und äußeren Grenzschicht berechnen. Durch Subtraktion von der Innen- bzw. durch Addition zur Außentemperatur erhält man die beiden Oberflächentemperaturen.

4.7.5. Man setzt den Wärmestrom durch die Rohrwandung $\dot{Q} = k A \Delta\vartheta$ gleich dem vom Wasser abgeführten Wärmestrom $\dot{Q}^* = c \Delta\vartheta^* \mathrm{d}m/\mathrm{d}t$. Zur Bestimmung von $\Delta\vartheta$ setzt man für die Temperatur im Rohr den Mittelwert aus Einströmtemperatur ϑ_1 und Ausströmtemperatur ϑ_2 ein. Ohne Kesselstein beträgt der für den Wärmedurchgang maßgebliche Rohrdurchmesser 40 mm; mit Kesselstein nur 37 mm.

4.7.6. Die Ansteigegeschwindigkeit $\mathrm{d}\vartheta_i/\mathrm{d}t$ findet man aus der Gleichung: $m c \, \mathrm{d}\vartheta_i = k A \, \mathrm{d}t (\vartheta_a - \vartheta_i)$. Die Zeitdauer bis zu einer auf 0,1 K genauen Ablesung findet man aus der in den Vorbemerkungen des Abschnitts gegebenen Gleichung.

4.7.7. Man löst mit derselben Gleichung wie in 4.6.6. Hier ist jedoch $\mathrm{d}\vartheta_i/\mathrm{d}t$ bekannt und $\vartheta_a - \vartheta_i$ gesucht.

4.7.8. Die Temperatur auf der Wandinnenseite muß mindestens der Sättigungstemperatur des Wasserdampfes in der Zimmerluft entsprechen.

4.7.9. Die Wandinnentemperatur ist mindestens die Sättigungstemperatur des Wasserdampfes in der Zimmerluft. Aus dieser Temperatur findet man k und hieraus dann die gesuchte Dicke der Isolierschicht.

4.7.10. Nach Reihenentwicklung der e-Funktion erhält man aus der exakten die Näherungslösung, wenn man beim zweiten Glied abbricht. Das ist erlaubt, wenn der Exponent klein gegen 1 ist. Für die Wärmedurchgangsfläche läßt sich nur ein Mittelwert bestimmen. Man verwende die Gleichung $A_\mathrm{m} = (2r+s)\pi l + (2r+s)^2 \pi/2$.

4.7.12. Da die Schichtdicke unbekannt ist, darf nicht mit einer Näherung gerechnet werden. Man setzt den durch die Isolierschicht fließenden Wärmestrom gleich dem zum Verdampfen notwendigen. Daraus erhält man eine Differentialgleichung, die durch Trennung der Variablen gelöst wird.

4.8.2. Das Glied T_2^4 muß kleiner als $0{,}01\, T_1^4$ sein.

4.8.3. Man berechnet den Zustand des Wärmegleichgewichts beim Glaskolben. Auf der Innenseite hebt sich die Ein- und Ausstrahlung der einzelnen Teile des Glaskolbens gegenseitig auf. Von der vom Glühfaden ausgehenden Strahlung geht der größte Teil ohne Absorption durch den Glaskolben hindurch und spielt für dessen Erwärmung keine Rolle. Der absorbierte Anteil muß auf der Außenseite wieder durch Wärmeübergang und Strahlung abgegeben werden. Dabei ist nach dem Kirchhoffschen Gesetz der Absorptionsgrad gleich dem Emissionsgrad ε_2.

4.8.4. Den gesamten von der Sonne ausgesandten Strahlungsfluß erhält man durch Multiplikation der gegebenen Bestrahlungsstärke mit der Fläche einer Hohlkugel, deren Radius gleich dem Abstand Erde—Sonne ist. Mit diesem Strahlungsfluß und mit $\varepsilon = 1$ (schwarzer Strahler) erhält man aus dem Stefan-Boltzmannschen Gesetz die Oberflächentemperatur der Sonne.

4.8.5. 2,5% der Gesamtleistung wandeln sich in Wärme um und müssen bei der Temperatur 80 °C durch Wärmeübergang und -strahlung abgegeben werden. Bei der Berechnung des Gesamtwärmedurchgangskoeffizienten ist außen die Summe aus α_{ka} und α_s einzusetzen.

4.8.6. Für den Strahlungsfluß $\dot{Q}_m$ mit Isolierung und $\dot{Q}_o$ ohne Isolierung gilt:

$$\dot{Q}_m/\dot{Q}_o = k_m/k_o \quad \text{mit} \quad 1/k_m = (d/\lambda) + 1/(\alpha_{kam} + \alpha_s) \quad \text{und} \quad k_o = \alpha_{kao} + \alpha_s.$$

Die Oberflächentemperatur der Isolierschicht findet man aus dem Temperaturunterschied an der äußeren Grenzschicht

$$\vartheta_{Wa} - \vartheta_a = \frac{k_m}{\alpha_{kam} + \alpha_s}(\vartheta_i - \vartheta_a).$$

4.8.7. Im Temperaturgleichgewicht muß der aufgenommene Wärmestrom $\dot{Q}$ wieder durch Wärmeübergang und Strahlung abgegeben werden. Der von der Sonnenseite abgestrahlte Wärmestrom $\dot{Q}_1$ läßt sich mit $\alpha_1 = \alpha_k + \alpha_{s1}$, der das Brett durchdringende und an der Schattenseite abgestrahlte Wärmestrom $\dot{Q}_2$ mit k berechnen. Aus der Bedingung $\dot{Q} = \dot{Q}_1 + \dot{Q}_2$ erhält man dann die Oberflächentemperatur ϑ_{w1} auf der Sonnenseite und aus der Gleichung $k(\vartheta_{w1} - \vartheta_a) = (\alpha_k + \alpha_{s2})(\vartheta_{w2} - \vartheta_a)$ die Oberflächentemperatur ϑ_{w2} auf der Schattenseite.

4.8.8. Die vom Glühfaden abgestrahlte Energie ist gleich der Abnahme seiner Wärmeenergie.

4.9.1. Bei der Berechnung der kinetischen Energie beachte man, daß Helium und Argon als Edelgase drei, Stickstoff aber fünf Freiheitsgrade haben.

4.10.1. Berechne die von der Trommel und der Wasserfüllung aufgenommene Wärmemenge und die mechanische Arbeit beim Drehen. Durch Gleichsetzen beider Energiebeträge erhält man die gesuchte spezifische Wärmekapazität.

4.10.3. Man achte bei Verwendung der Formeln von Abschnitt 4.9 auf die Vorzeichen der mechanischen Arbeit. Die Wärmemenge ΔQ findet man dann nach Größe und Vorzeichen aus $\Delta Q = \Delta U + \Delta W_{mech}$. Den mehrmals auftretenden Ausdruck $m R_s$ berechnet man aus $pV = m R_s T$.

4.10.6. Da das Gas nicht nur verdichtet, sondern auch angesaugt und ausgestoßen werden muß, erhält man die Gesamtarbeit als Summe dieser drei Teilarbeiten. Das Ergebnis ist die technische Arbeit.

4.10.7. Der Gesamtdruck an der Vorderseite des Sprengstückes ist die Summe aus dem Luftdruck der Umgebung und dem Staudruck. Mit diesem Druck findet man die Temperatur aus der Gleichung einer Polytrope. An der Auftreffstelle wandelt sich die kinetische Energie des Sprengstückes in Wärme um.

4.10.10. Bestimme die Mischungstemperatur und berechne dann nach $\Delta S = mc \ln \frac{T_2}{T_1}$ die Entropieänderung des Eisens und des Wassers.

4.10.—5.2. Lösungshinweise

4.10.11. Man berechnet die Gesamtentropie der Mischung bezogen auf den Normalzustand und zieht davon die Entropien der Einzelgase vor dem Mischen ab.

4.10.12. Da es sich um zwei gleiche Gase handelt, gibt es im Gegensatz zu Aufgabe 4.9.11 keine Mischungsentropie. Die Entropiezunahme infolge des Druckausgleiches berechnet man, indem man annimmt, zwischen den Behältern läge eine bewegliche Wand, die solange verschoben wird bis $p_{1e} = p_{2e} = p_e$ ist.

4.10.13. Berechne die bei der isochoren Erwärmung aufgenommene Wärme, die bei der Ausdehnung abgegebene und die bei der Kompression wieder erforderliche mechanische Arbeit. Bei der Berechnung der Entropieänderung ist ein abgeschlossenes System unter Einbeziehung der Wärmebehälter zu betrachten.

5.1.1. Man beachte, daß die Gleichung $\cos \omega t =$ Konst. mehrere Lösungen hat!

5.1.2. Die Periodendauer ist die Zeit zwischen zwei gleichsinnigen Durchgängen durch denselben Punkt, sie beträgt also $T = 0{,}8$ s $+ 3{,}2$ s $= 4$ s. Bis zum Umkehrpunkt braucht der Körper noch $\frac{1}{2} \cdot 0{,}8$ s $= 0{,}4$ s, also ein Zehntel der ganzen Periodendauer. Im betrachteten Punkt ist also der Phasenwinkel $\omega t = 90° - \frac{360°}{10} = 54°$.

5.1.8. Man beachte, daß die Gleichung $\cos \alpha = \cos \beta$ $2k$ Lösungen besitzt!

5.1.9. Wegen der kleinen Massenänderung ist die Lösung mit Hilfe der Differentialrechnung am rationellsten.

5.1.10. Man berechne nacheinander die rücktreibende Kraft, die Richtgröße und die Periodendauer.

5.1.11. Durch Differenziation der Adiabatengleichung $pV^\varkappa =$ const erhält man dp als Funktion von dV. Mit $dV = A\, dy$ und $dF_r = A\, dp = -D\, dy$ berechnet man D und daraus die gesuchte Periodendauer.

5.1.12. Man bestimme die Geschwindigkeit $\hat{v}$ der Kugel am tiefsten Punkt der Bahn als Funktion der Starthöhe. Diese Geschwindigkeit ist unabhängig von Kugelmasse und Radius. Aus Geschwindigkeit und Auslenkung berechnet man die Zeit $T/4$, die die Kugel zum Durchlaufen eines Schenkels benötigt.

5.2.2. Man ermittelt das Verhältnis $T_{\text{phys}}/T_{\text{math}}$. Seine Abweichung von 1 ergibt direkt den Fehler. Eine übersichtliche Beziehung für die Abhängigkeit des Fehlers von den Pendeldaten erhält man mit der Näherung $\sqrt{1+\varepsilon} \approx 1 + \frac{\varepsilon}{2}$ wenn $\varepsilon \ll 1$ ist.

5.2.4. Das gesuchte Trägheitsmoment um die Schwerpunktsachse findet man unmittelbar aus der Formel für das physische Pendel.

5.2.5. Berechne das gesamte rücktreibende Moment als Differenz aus dem rücktreibenden Moment des Stabes und des Gegengewichts und dem auslenkenden Moment der verschiebbaren Masse. Das Gesamtträgheitsmoment ist die Summe aus den beiden Teilträgheitsmomenten.

5.2.6. Das gesamte rücktreibende Moment ist die Summe aus den rücktreibenden Momenten der Schwerkraft und der Stahllamelle.

5.2.7. Zur Lösung des zweiten Teils der Aufgabe berechnet man die Periodendauer des Systems mit und ohne zusätzliche Masse. Durch die Zusatzmasse ändert sich Massenträgheitsmoment und Richtmoment. Setzt man die beiden Periodendauern gleich, so findet man den Abstand x der Masse von der Scheibenachse.

5.2.8. Bestimme aus dem Trägheitsmoment (Satz von Steiner) und der Winkelrichtgröße der Schwerkraft die Periodendauer als Funktion der Entfernung s des Schwerpunktes von der Drehachse. Durch Differentiation findet man den Wert von s für das Minimum der Periodendauer und daraus die Entfernung der Drehachse vom oberen Stabende.

5.2.9. Durch Zerlegung der Kräfte in den beiden Fäden findet man das rücktreibende Moment $M_r = G \tan \alpha r \approx G \alpha r$. Die Auslenkung eines Umfangspunktes des Zylinders beträgt $r \varphi^* = l \alpha$, so daß man schließlich die Winkelrichtgröße M_r / φ^* erhält. Mit ihr und dem Trägheitsmoment des Zylinders findet man die gesuchte Periodendauer. Eine weitere Lösungsmöglichkeit bietet der Energiesatz mit $mgh = \int M_r \, d\varphi$.

5.2.10. Man bestimmt das rücktreibende Moment der Anordnung als Funktion von $\sin \varphi$. Bei kleiner Auslenkung erhält man daraus D^*. Dann liefert die Gleichung für $T = 1{,}5$ s den gewünschten Abstand der Kugel von der Drehachse und durch Differentiation die Bedingung für das Minimum der Periodendauer.

5.3.1. Die Periodendauer folgt aus der Formel für lineare Schwingungen. Beachte, daß bei der Schräglage der Unterlage sich weder Masse noch Richtgröße des schwingenden Körpers ändert.

5.3.2. Aus dem höchsten zulässigen Anzeigefehler von $0{,}3°$ folgt die Bedingung: $M_R / D^* <$ arc $0{,}3°$. Daraus erhält man das Reibungsmoment und schließlich aus $M_R = r \mu G$ den Radius bzw. den Durchmesser der Achse.

5.3.3. Aus dem Trägheitsmoment $J = m r_1^2$ und der Periodendauer kann man die Winkelrichtgröße $D^* = mgs$ und daraus die Entfernung s des Schwerpunktes von der Achse berechnen. Aus der Amplitudenabnahme $\Delta \hat{\varphi}^* = 4 M_R / D^*$ folgen das Reibungsmoment und die Reibungszahl.

5.3.4. Nach drei ganzen Schwingungen, also nach der Zeit $3T$, hat sich die Anfangsamplitude auf den Wert $\hat{\varphi}_0^* q^3$ vermindert.

5.3.5. Aus der bei der angegebenen Geschwindigkeit wirksamen Reibungskraft findet man die Abklingkonstante δ. Aus δ und ω_0 folgt die Kreisfrequenz ω_d und die Periodendauer $T_d = 2\pi / \omega_d$ der gedämpften Schwingung. Das Amplitudenverhältnis q ist $e^{-\delta T_d}$.

5.3.6. Die Reibungskraft der Kugel in Öl berechnet sich nach der Stokeschen Widerstandsformel $F_R = 6\pi r v \eta$. Im aperiodischen Grenzfall ist $\delta = \dfrac{F_R}{2mv} = \omega_0 = \sqrt{\dfrac{D^*}{J}}$. Bei der Berechnung von D^* ist zu beachten, daß nur die um die Auftriebskraft verminderte Gewichtskraft ein rücktreibendes Moment erzeugt.

5.3.7. Das gesuchte Moment findet man aus der Gleichung $M = \delta 2 J \omega^*$, wobei $\delta = \omega_0$ (aperiodischer Grenzfall) und $\omega^* = 120°/\text{s} = \tfrac{2}{3}\pi \text{ s}^{-1}$ ist.

5.4.1. Aus der Gleichung $q = e^{-\delta T}$ findet man die Abklingkonstante δ. Da $\delta \ll \omega_0$ ist und die Erregerfrequenz mit der Eigenfrequenz übereinstimmt, liegt Resonanz vor, und man findet die Resonanzamplitude aus $\hat{x}_{\text{res}} = \dfrac{\hat{x}_a \pi}{\delta T_0}$.

5.4.—5.5. Lösungshinweise

5.4.2. Berechne zuerst die Kreisfrequenz ω_0, die hier gleich der Abklingkonstante δ ist (aperiodischer Grenzfall für rascheste Anzeige des Endausschlages). Dann vereinfacht sich die Gleichung zur Berechnung des Amplitudenverhältnisses zu

$$\frac{\hat{\varphi}_a^*}{\hat{\varphi}^*} = \frac{\omega_0^2}{\omega_0^2 + \omega_a^2}.$$

5.4.3. Zuerst berechnet man ω_0 und f_0. Dann folgt die Amplitude aus der in der Vorbemerkung gegebenen Gleichung, die sich wegen der kleinen Dämpfung vereinfacht:

$$\hat{x} = \hat{x}_a \frac{f_0^2}{f_a^2 - f_0^2}.$$

5.4.4. Man wandelt die exakte Formel für $\hat{x}_{\text{res}}$ unter Verwendung der Näherung $\frac{1}{\sqrt{1-\varepsilon}} \approx 1 + \frac{\varepsilon}{2}$ um und bildet $\frac{\Delta\delta}{\delta}$.

5.4.6. Die Grundfrequenzen ω_1 und ω_2 findet man durch Umschreiben der Formeln des Abschnitts 5.3 für Drehschwingungen mit $D_k^* = D_k \cdot l^2$. Die Energie ist ganz beim rechten Pendel, wenn die Amplitude des linken Pendels $\hat{x} \cos \frac{\omega_2 - \omega_1}{2} t$ Null geworden ist, also für $\frac{\omega_2 - \omega_1}{2} t = \frac{\pi}{2}$.

5.5.1. Nach der Berechnung der Periodendauer, der Wellenlänge und der Amplitude kann man die Wellengleichung anschreiben. Aus ihr findet man den gesuchten Phasenwinkel und die Elongation zu der angegebenen Zeit in der gegebenen Entfernung vom Wellenzentrum.

5.5.2. Wenn das Seil teilweise mit Sand gefüllt ist, hat die längenbezogene Masse in beiden Teilen einen verschiedenen Wert; die Frequenz und die Zugkraft sind gleich, wenn das Seil horizontal ausgespannt ist. Deshalb folgt aus $c = \lambda f = \sqrt{\frac{F}{\mu}}$, daß sich die Wellenlängen und daher auch die Knotenabstände umgekehrt wie die Wurzeln aus den längenbezogenen Massen verhalten.

5.5.3. Aus der Querkraft F_y, der Auslenkung und der Länge des Gummiseils findet man durch eine Kräftezerlegung die unveränderliche x-Komponente F_x der im Seil wirkenden Längszugkraft. Dann folgt die Frequenz aus $f = \frac{c}{\lambda} = \frac{1}{\lambda}\sqrt{\frac{F_x}{\mu}}$.

5.5.4. Aus der Entfernung AB und der Amplitudenabnahme findet man den Punkt der Verbindungslinie, an dem vollständige Auslöschung eintreten kann. Aus der Entfernung von den Wellenzentren und der Fortpflanzungsgeschwindigkeit findet man die Zeit, in der dort die Wellen eintreffen. Auslöschung findet aber erst dann statt, wenn die Phase beider Wellen einen Unterschied von 180° besitzt. Diesen Zeitpunkt findet man am besten mit Hilfe der Wellengleichungen.

5.5.5. Die Wellenzentren sind die Brennpunkte der Hyperbel, deren Exzentrizität daher $e = \frac{\text{AB}}{2} = 1$ cm beträgt. Für die Exzentrizität besteht bei einer Hyperbel die Beziehung zu den Halbachsen: $e^2 = a^2 + b^2$. Eine weitere Beziehung zwischen a und b ergibt sich aus dem Winkel zwischen der Verbindungslinie AB und der Asymptote: $b = a \tan \alpha$. Aus beiden Beziehungen kann man die Halbachse a berechnen, die für die zu untersuchende Hyperbel gleich der halben Wegdifferenz, also $\lambda/4$, sein muß.

5.5.6. Um die Geschwindigkeit zu erhalten, differenziert man die Wellengleichung. Die Geschwindigkeit am Ort P ergibt sich aus der Überlagerung der von den Öffnungen ausgehenden Wellen.

5.5.8. Aus der Masse und der rücktreibenden Kraft findet man die Schwingungsdauer des Zylinders. Die Energie des schwingenden Körpers ergibt sich am einfachsten aus der potentiellen Energie beim Beginn der Schwingung nach der Gleichung $E_{\text{pot}} = \frac{1}{2} D \hat{y}^2$.

5.5.9. Man erhält die Kompressibilität durch Differentiation der Isothermen- und der Adiabatengleichung.

5.5.10. Exakt f_B; Näherung f_B^*. Man setzt $(f_B - f_B^*)/f_B^* = 0{,}01$.

5.5.11. Wegen der geringen Änderung der Wellenlänge darf man die Näherung $f_B = f_S \left(1 + \dfrac{v}{c}\right)$ verwenden. Eine Umformung ergibt: $\dfrac{\Delta f}{f} = -\dfrac{\Delta \lambda}{\lambda} = \dfrac{v}{c}$. Daraus findet man die Bahngeschwindigkeit des hellen Sterns. Den Umfang und den Radius der kreisförmig angenommenen Bahn erhält man dann mit Hilfe der Umlaufzeit, die der Periode des Lichtwechsels bzw. der Dopplerverschiebung entspricht.

5.5.12. Nach dem Dopplerprinzip ist die auf die Rakete auftreffende Frequenz gegenüber der ausgesandten Frequenz vermindert (bewegter Empfänger). Gegenüber dieser Frequenz ist die der zurückkommenden Welle noch einmal vermindert (bewegter Sender). Da in beiden Frequenzverminderungen die Geschwindigkeit der Rakete auftritt, kann man diese aus der Frequenzänderung mit Hilfe der Näherung für $v \ll c$ berechnen.

5.6.3. Bei dem in der Mitte eingespannten Stab entstehen an der Einspannstelle ein Knoten und an den Enden je ein Bauch; die Stablänge ist also die halbe Wellenlänge. In der Röhre entsteht eine Schwingung gleicher Frequenz, deren halbe Wellenlänge aus dem Abstand der Korkmehlhäufchen zu erkennen ist. Die Fortpflanzungsgeschwindigkeit findet man aus der Gleichung $c = f\lambda$ und den Elastizitätsmodul aus $c = \sqrt{\dfrac{E}{\varrho}}$.

5.6.4. Die Schwebungsfrequenz ist die Differenz der Frequenzen der beiden schwingenden Drähte, die sich nach der Gleichung $f = \dfrac{1}{\lambda}\sqrt{\dfrac{F}{\mu}}$ berechnen lassen.

5.6.5. Aus der Gleichung $f_1 = \dfrac{1}{\lambda}\sqrt{\dfrac{F}{A\varrho}} = \dfrac{1}{2l}\sqrt{\dfrac{\sigma}{\varrho}}$ erhält man die Spannung σ. Beim Übergang in die wärmere Umgebung ändern sich die schwingende Länge l ($\Delta l = l\alpha_H \Delta\vartheta$), die Spannung ($\Delta\sigma = -\alpha E \Delta\vartheta$ aus dem Hookeschen Gesetz) und die Dichte ($\Delta\varrho \approx -\varrho_0 3\alpha_S \Delta\vartheta$). Durch Differentiation der Beziehung $f = \dfrac{1}{2l}\sqrt{\dfrac{\sigma}{\varrho}}$ nach der Temperatur erhält man die gesuchte Verstimmung als totales Differential Δf.

5.6.6. Aus der bei der Temperatur 80° berechenbaren Fortpflanzungsgeschwindigkeit des Schalles und der Wellenlänge kann man die Frequenz des Tones nach der Gleichung $c = \lambda f$ berechnen.

6.1.4. Zur Bestimmung des Winkels φ berechne man beide Beleuchtungsstärken und setze sie einander gleich: $I_1 \cos \varepsilon_1 / r_1^2 = I_2 \cos \varepsilon_2 / r_2^2$, wobei $\varepsilon_1 = \varepsilon - \varphi$ und $\varepsilon_2 = \varepsilon + \varphi$. Dann läßt sich aus diesen Gleichungen φ berechnen.

6.1.6. Setze in der Formel $L = I/A_S$ als mittlere Lichtstärke der Leuchte $I = \eta \Phi_0 / 4\pi$ und für die Sichtfläche der Kugel $r^2 \pi$ ein.

6.1.—6.3. Lösungshinweise

6.1.11. Der Wirkungsgrad folgt aus $\eta = AE/\Phi_0$, wobei E die mittlere Beleuchtungsstärke im Flur ist. Den Anteil der direkten Beleuchtung in den einzelnen Punkten berechnet man aus den beiden Beleuchtungsanteilen der Lampen, die man mit der in den Punkten gemessenen Beleuchtungsstärke vergleicht.

6.2.1. Berechne zuerst aus dem Reflexionsgesetz und den angegebenen Entfernungen die Winkel in dem Dreieck DCP und dann nach dem Sinussatz in diesem Dreieck die Breite b des Spiegels.

6.2.2. Der in der Platte liegende Weg AB des Strahles läßt sich sowohl aus der Plattendicke d und dem Brechungswinkel ε_2 als auch aus der Verschiebung s und dem Ablenkungswinkel $\varepsilon_1 - \varepsilon_2$ berechnen. Eliminiert man aus beiden Gleichungen die Strecke AB, so erhält man die gesuchte Beziehung.

6.2.5. Berechne nacheinander alle auftretenden Winkel nach dem Brechungs- und Reflexionsgesetz und danach die Gesamtablenkung als Summe bzw. Differenz (je nach der Ablenkungsrichtung) aller Teilablenkungen.

6.2.6. Nach den Formeln des Prismas läßt sich unter Verwendung des unbekannten Winkels α ein Ausdruck für den Winkel ε_3 berechnen. Ebenso läßt sich aus der Gesamtablenkung δ mit dem Winkel α ein Ausdruck für ε_4 finden. Setzt man beide Ausdrücke in das Brechungsgesetz ein, so läßt sich daraus der brechende Winkel α berechnen.

6.2.7. Für den Einfallswinkel gilt $\sin \varepsilon_1 = s/r$. Berechne mit n_r und n_v den weiteren Verlauf der Strahlen und beachte, daß bei einer Kugel immer $\varepsilon_1 = \varepsilon_4$ und $\varepsilon_2 = \varepsilon_3$ ist. Durch Differentiation der Ablenkung $\delta = 2(\varepsilon_1 - \varepsilon_2)$ nach n erhält man $\Delta\delta = \dfrac{d\delta}{dn}\Delta n$.

6.2.8. Da alle auftretenden Winkel klein sind, gilt die Formel $\delta = (n-1)\alpha$. Aus der Bedingung, daß die Gesamtablenkung beider Prismen für Rot und Blau 3° betragen soll, folgen zwei Gleichungen für die brechenden Winkel α_1 und α_2.

6.2.10. Da beide Primen symmetrisch durchsetzt werden, müssen sie getrennt angeordnet werden und je eine Ablenkung von 45° erzeugen. Die Teilablenkung bei jeder Prismenfläche ist dann 22,5°. Weil der Strahl nach dem Durchgang durch das erste Prisma um 45° abgelenkt ist, muß das zweite Prisma gegen das erste ebenfalls um 45° gedreht sein.

6.2.11. Aus den Angaben lassen sich die Teilablenkungen an der ersten und zweiten brechenden Fläche unmittelbar berechnen. Die Teilablenkung an der dritten Fläche muß diese Ablenkungen zu Null ergänzen. Aus dieser Beziehung lassen sich beide Winkel an der dritten Fläche ε_5 und ε_6 durch α^* ausdrücken. Setzt man sie in das Brechungsgesetz an der dritten Fläche ein, so erhält man eine Gleichung für α^*.

6.3.3. Aus den Angaben für die Abbildung mit dem Hohlspiegel kann man die Gegenstands- und Bildweite berechnen. Die Differenz dieser beiden Entfernungen ist die Summe aus der Gegenstands- und Bildweite bei der Abbildung mit der Linse.

6.3.4. Führt man die Brennweite der Linse und die Gegenstandsweite für die erste Abbildung als Unbekannte ein, so ergeben sich aus den Abbildungsgleichungen für die vergrößerte und für die verkleinerte Abbildung zwei Gleichungen für diese Unbekannten.

6.3.7. Berechne aus der Abbildungsgleichung für die erste Linse die Lage des Zwischenbildes und den Abbildungsmaßstab der ersten Linse. Aus dem Gesamtabbildungsmaßstab $\beta = 15$ ergibt sich dann der Abbildungsmaßstab der zweiten Linse und aus der Abbildungsgleichung der zweiten Linse die Gegenstands- und Bildweite.

6.4.2. Der äußerste Rand der Linse wirkt wie ein Prisma. Sein brechender Winkel ergibt sich aus $\sin\dfrac{\alpha}{2} = \dfrac{d/2}{r}$. Für den parallel zur Achse der Linse einfallenden Strahl ist $\alpha/2$ zugleich der Einfallswinkel ε_1. Aus der Gesamtablenkung dieses Strahles findet man seine Schnittweite auf der Achse.

6.4.3. Setzt man in die Gleichung für die Gesamtbrennweite einer zweiteiligen Linse $\dfrac{1}{f_1} + \dfrac{1}{f_2} = \dfrac{1}{f_g}$ die nach der Gleichung $\dfrac{1}{f} = (n-1)\left(\dfrac{1}{r_1} + \dfrac{1}{r_2}\right)$ berechneten Brennweiten der einzelnen Linsen für Rot und Blau ein, so erhält man zwei Gleichungen für die beiden unbekannten Krümmungsradien.

6.4.4. Der Krümmungsradius des von der Blende abgegrenzten Linsenausschnittes ist für das achsenparallele Bündel gleich dem Kugelradius r_0, für das geneigte Lichtbündel aber der Radius eines Nebenkreises $r_1 = r_0 \cos 20°$.

6.5.3. Berechne zuerst die Lage und die Größe des von der Brille erzeugten Bildes und seine Entfernung vom Auge. Dann bestimmt man für die Sehwinkel σ_G ohne und σ_B mit Brille die Tangensfunktionen und die Vergrößerung als Quotient aus $\tan\sigma_B$ und $\tan\sigma_G$.

6.5.4. Berechne für den ebenen und für den konkaven Spiegel den Sehwinkel und daraus die Vergrößerung.

6.5.5. Weil das Bild virtuell sein soll, erhält man für die Entfernung des Bildes vom Auge $s = g + |b| = g - b$. Aus $14\text{ cm} \leq g - b \leq \infty$ und der Abbildungsgleichung findet man den gesuchten Bereich.

6.5.6. Berechne zuerst die Lage des von der Lupe erzeugten Bildes und dann mit der beliebig angenommenen Gegenstandsgröße G die Bildgröße. Dann vergleiche man den entstehenden Sehwinkel mit dem, der entsteht, wenn der Gegenstand ohne Lupe in der Bezugssehweite $s_0 = 25$ cm betrachtet wird. Dabei kürzt sich G wieder aus den Gleichungen heraus.

6.5.7. Das Bildfeld in der Ebene des vergrößerten Lupenbildes wird begrenzt durch die nach rückwärts verlängerten Strahlen vom Rand der Lupe zum Auge. Dividiert man den Durchmesser dieses Bildfeldes durch den Abbildungsmaßstab, so erhält man das Objektfeld.

6.6.2. Damit sich der Einstellbereich mit Ring ohne Lücke an den Bereich ohne Ring anschließt, muß die Einstellung des Objektivs mit Ring auf ∞ genau der Einstellung ohne Ring auf 0,75 m entsprechen. Deshalb muß die Höhe des Ringes genauso groß sein wie die Verschiebung zwischen den Einstellungen auf ∞ und 75 cm.

6.6.4. Berechne zuerst die Gesamtbrennweite von Objektiv und Vorsatzlinse. Aus dem Abbildungsmaßstab und aus der Abbildungsgleichung folgt dann die Bildweite für die Aufnahme. Diese darf die größte Bildweite der Kamera, die im ersten Teil der Aufgabe berechnet wird, nicht übersteigen.

6.6.5. Die Bildweite ohne Auszug ist gleich der Brennweite. Mit Vorsatzlinse muß das Gesamtobjektiv einen Gegenstand in der Aufnahmeentfernung p_1 ohne Auszug auf die Filmebene abbilden.

6.6.6. Das vom vorderen Teil des Teleobjektivs erzeugte Bild ist virtueller Gegenstand für den hinteren Teil des Objektivs. Die Abbildung durch das hintere Linsensystem ver-

6.6.—6.8. Lösungshinweise

größert das vom vorderen System erzeugte Zwischenbild eines fernen Gegenstandes und daher im gleichen Verhältnis die Brennweite der Vorderlinse zur Gesamtbrennweite. Man kann aber die Gesamtbrennweite auch nach der im Kopf von 6.3 gegebenen Formel berechnen.

6.6.8. Da der Läufer sich schräg zur optischen Achse bewegt, ist die Strecke, um die sich sein Bild auf dem Film während der Belichtungszeit Δt bewegt $\Delta b = v \sin 30° \dfrac{B}{G} \Delta t$. Diese Strecke muß kleiner als die zulässige Unschärfe sein.

6.6.9. Aus der angegebenen Nah- und Ferngrenze des Schärfentiefebereichs ergeben sich zwei Gleichungen zur Berechnung der Objektweite g_0 und der günstigsten Blende.

6.6.10. Aus der halben Bildbreite 18 mm und der Brennweite f findet man den halben Bildfeldwinkel nach der Gleichung: $\tan \sigma_B = \dfrac{18 \text{ mm}}{50 \text{ mm}}$. Mit diesem Winkel findet man nach dem Sinussatz die beiden Strecken s_1 und s_2. Die Nah- bzw. die Ferngrenze des Schärfentiefebereichs sind: $g_{\min} = g_0 - s_1 \cos 45°$ und $g_{\max} = g_0 + s_2 \cos 45°$.

6.6.12. Die Näherungsformel erhält man durch Zerlegung des Wurzelausdrucks in eine Binomische Reihe.

6.7.2. Das Okularbild B_2 muß sich 25 cm vor dem Auge befinden, daher ist es als virtuelles Bild 23 cm von der Okularlinse entfernt: $b_2 = -23$ cm. Ausgehend von dieser Bildweite kann man alle Bild- und Gegenstandsweiten und die Größe der Zwischenbilder berechnen. Daraus findet man dann die Gebrauchsvergrößerung.

6.7.3. Aus dem gegebenen Bildfeldwinkel berechnet man die Größe des Zwischenbildes $B_1 = 2 f_2 \tan \sigma_B$. Daraus erhält man mit dem Abbildungsmaßstab des Objektivs das Objektfeld.

6.7.4. In der Stellung für Augenbeobachtung muß $b_2 = -\infty$, in der für fotografische Beobachtung muß $b_2^* = 50$ mm sein. Rückwärts rechnend findet man daraus die beiden Abstände des Objektivs vom Objekt g_1 und g_1^*. Ihr Unterschied ergibt die notwendige Verschiebung des Mikroskoptubus.

6.8.2. Beachte bei der Berechnung der Gebrauchsvergrößerung, daß bei $\tan \sigma_G$ die Entfernung Skala — Auge, bei $\tan \sigma_B$ die Entfernung Skalenbild — Auge verwendet werden muß und daß sich das Auge am Ort der Austrittspupille befindet.

6.8.3. Aus der angegebenen Objektivbrennweite und der Vergrößerung findet man die Gesamtbrennweite f des Okulars und daraus die Brennweite $2f$ der Feldlinse und $\tfrac{2}{3} f$ der Augenlinse. Das Zwischenbild muß in der Brennebene der Augenlinse liegen, damit die aus ihr austretenden Strahlen parallel in das auf ∞ akkommodierte Auge gelangen. Die Feldlinse muß also die Brennebene des Objektivs in die genannte Lage des Zwischenbildes abbilden.

6.8.4. Der Fangspiegel bildet die Brennebene des Objektivspiegels mit der virtuellen Gegenstandsweite $g_2 = 132$ cm $- 180$ cm $= -48$ cm in der Brennebene des gesamten Spiegelsystems ab. Weil dabei eine Vergrößerung des Brennebenenbildes entsteht, vergrößert sich im selben Verhältnis die Objektivbrennweite auf die Gesamtbrennweite des Systems.

6.8.5. Das von der Augenlinse erzeugte Bild des Objektivs ist zugleich Feldblende. Aus der Größe dieses Bildes und seiner Entfernung vom Auge findet man den Bildfeldwinkel.

6.8.6. Die Eintrittspupille wird von der ersten Feldlinse auf die Umkehrlinse und dann vom Gesamtokular (aus Feldlinse und Augenlinse) auf die AP abgebildet. Aus diesen Bedingungen findet man die gegenseitige Lage der Linsen, die Brennweite und den Durchmesser der Feldlinsen. Zeige dann, daß das in der AP entstehende Bild des Objektivs wirklich die Größe d_1/Γ_S hat.

6.8.7. Die Brennweite der ersten Feldlinse folgt aus der Bedingung, daß diese Linse die Eintrittspupille auf die Umkehrlinse abbilden muß. Aus dieser Abbildung findet man dann auch den Durchmesser der Umkehrlinse und aus der Abbildung der ersten Feldlinse durch die Umkehrlinse auf die zweite Feldlinse den Durchmesser dieser Linse. Sonst entspricht der Bau des Sehrohres genau dem eines terrestrischen Fernrohres.

6.8.8. Wenn das Prismenglas für ein auf ∞ akkommodiertes Auge scharf eingestellt ist, kommen die Strahlen eines Objektpunktes parallel aus dem Okular. Daher muß der Fotoapparat auf ∞ eingestellt sein, und seine Blende muß mindestens die Größe der Austrittspupille haben. Weil das Prismenglas den Sehwinkel eines fernen Objekts vergrößert, wird auch das Filmbild im gleichen Maßstab mitvergrößert. Ebenso erhöht sich die scheinbare Brennweite des Fotoobjektivs.

6.9.1. Der Durchmesser des Objektivs muß so groß sein, daß das in ihm erzeugte Bild der Lichtquelle nicht beschnitten wird. Der Durchmesser des Kondensors ist so zu wählen, daß die Ecken des Dias noch von allen von der Glühwendel kommenden Strahlen durchsetzt werden, da sonst die Bildränder dunkler würden.

6.9.2. Vom gesamten Lichtstrom Φ_0 der Lampe wird nur der auf den Kondensor fallende Teil ganz und der auf den Spiegel fallende zu 90% ausgenützt. Der wirksame Lichtstrom ist also mit $\eta = 0{,}85$ und $h =$ Höhe der Kugelhauben

$$\Phi = \Phi_0 \frac{\text{Fläche der zwei Kugelhauben}}{\text{gesamte Kugeloberfläche}} \, \eta = \Phi_0 \frac{2\,r\,\pi\,(h_1 + 0{,}9\,h_2)}{4\,r^2\,\pi} \, \eta.$$

Mit diesem Lichtstrom und der Projektionsfläche bestimmt man zuerst die Beleuchtungsstärke und dann mit dem Reflexionskoeffizienten die Leuchtdichte. Da diese 50 cd/m² betragen soll, hat man eine Gleichung für Φ_0.

6.9.3. Da die Projektionsentfernung b_2 im Vergleich zur Okularbrennweite groß ist, liegt das Zwischenbild nahezu in der Brennebene der Augenlinse. Dann bleibt der normale Abbildungsmaßstab des Mikroskopobjektivs erhalten, und die Vergrößerung des Okulars entspricht dem Abbildungsmaßstab eines Projektionsobjektivs.

6.9.5. Die Breite des Spektrums ist $\Delta B \approx f \text{ arc } \Delta\varepsilon_4$, wobei $\Delta\varepsilon_4$ der Winkel ist, unter dem die austretenden roten und blauen Strahlen auseinanderlaufen.

6.10.1. Man zeigt, daß der Ablenkungswinkel klein ist und berechnet die Wellenlänge mit der Näherung $y = k\,\lambda\,l/g$.

6.10.3. Wegen des geringen Abstandes der gelben Hg-Linien ist die Näherungslösung mit Hilfe der Differentialrechnung hier vorzuziehen. Durch Differenzieren der Beziehungen $y = f \tan \alpha$ und $\sin \alpha = \dfrac{k\,\lambda}{g}$ erhält man dy als Funktion von $d\lambda$.

6.10.4. Wegen des Phasensprunges bei der Reflexion an der Glasplatte ist der Gangunterschied $\delta = n \cdot 2h + \dfrac{\lambda}{2}$ ($n =$ Brechzahl des Mediums zwischen Linse und Glasplatte). Beim fünften dunklen Ring muß dieser Unterschied $\delta = (2k+1)\dfrac{\lambda}{2}$ sein, wobei

$k = 5$ ist. Den Abstand h der Linse von der Glasplatte findet man aus dem Tangentensatz der Geometrie $h \approx \varrho^2/2r$ für $h \ll r$.

6.10.5. Nach dem Tangentensatz findet man die Abstände der beiden Linsenflächen als Differenz von $h_1 \approx \dfrac{\varrho^2}{2r_1}$ und $h_2 \approx \dfrac{\varrho^2}{2r_2}$. Für den ersten dunklen Ring ($k=1$) ist der Gangunterschied $\delta = \dfrac{\lambda}{2} + 2(h_2 - h_1)$. Die Rechnung vereinfacht sich, wenn man beachtet, daß $r_1 \approx r_2$ ist.

6.10.6. Aus der Abb. findet man die Verhältnisgleichung:

Höhenunterschied : Stabdurchmesser $= \lambda/2$: Streifenbreite.

7.1.2. Aus der angegebenen Spannung und dem Strom findet man den Gesamtwiderstand des Stromkreises. Sein Unterschied gegen den angegebenen Widerstand des Geräts ist der Widerstand der Zuleitung.

7.1.6. Berechne ϱ_{50} aus dem Wert von ϱ_{20} und k und den Querschnitt aus der Masse des 10 cm langen Drahtstückes. Dann findet man die Drahtlänge mit diesen beiden Größen aus der Widerstandsformel.

7.1.7. Berechne die Thermospannung und nach der Widerstandsformel den Gesamtwiderstand. Dann findet man den Strom aus dem Ohmschen Gesetz.

7.2.1. Das Ohmsche Gesetz für den ganzen Stromkreis liefert mit den beiden gegebenen Klemmenspannungen und den beiden Strömen zwei Gleichungen für die Quellenspannung und den inneren Widerstand.

7.2.5. Um die nötige Spannung von mehr als 6,4 A · 0,75 Ω = 4,8 V zu erhalten und keinen der Akkus zu überlasten, ist eine kombinierte Schaltung erforderlich. Die Ni-Fe-Akkus werden parallel, die Bleiakkus dazu in Reihe geschaltet.

7.3.3. Berechne zuerst den Gesamtwiderstand R_{g1} der parallelgeschalteten Widerstände R_1 und R_G und dann den Gesamtwiderstand R_g des ganzen Stromkreises. Die Teilspannungen findet man aus $U_1 : U_2 : 220\text{ V} = R_{g1} : R_2 : R_g$. Die Ströme folgen aus dem Ohmschen Gesetz. Die maximale Belastung einiger Windungen des Widerstandes entsteht, wenn der Kontakt C fast ans Ende B geschoben wird und der Gesamtstrom der beiden parallelgeschalteten Widerstände durch die wenigen Windungen zwischen B und C fließt.

7.3.4. Das Verhältnis der Teilspannungen 140 V und 80 V ist gleich dem Verhältnis der Widerstände $120\text{ Ω} - R_2$ und $\dfrac{100\text{ Ω}\, R_2}{100\text{ Ω} + R_2}$.

7.3.11. Da bei einem Vollausschlag des Meßwerks an der Meßspule in beiden Fällen die gleiche Spannung liegt, gilt $U_0 = R_{g1}\, 0{,}015\text{ A} = R_{g2}\, 0{,}5\text{ A}$. Setzt man hier für R_{g1} und R_{g2} die Ausdrücke mit den gegebenen Nebenschlüssen und dem Innenwiderstand der Meßspule ein, so erhält man eine Gleichung für R_i. Nun berechnet man U_0 und findet dann den Vorwiderstand R_V aus $(R_V + R_i) : R_i = U : U_0$.

7.4.2. Berechne die Widerstände der Verbraucher, mit ihnen den Strom, der durch sie bei Reihenschaltung an 220 V fließt und daraus dann die Leistung.

7.4.4. Aus der gegebenen Leistung folgt der Widerstand R_G des Geräts, aus der kleinsten Leistung findet man eine Gleichung für die Summe aus dem Gerätewiderstand und dem Vorwiderstand. Die Belastbarkeit ist die Leistung, die in dem Vorwiderstand verbraucht würde, wenn er mit seiner ganzen Länge vom größten Strom der Schaltung durchflossen würde.

7.4.6. Zur Ableitung des Ergebnisses mit Hilfe der Differentialrechnung berechne man die Leistung $P = IU$ als Funktion des Außenwiderstandes, differenziere diese Funktion nach R_a und suche das Maximum der Leistung durch Nullsetzen des Differentialquotienten.

7.4.7. Da durch Zuleitung und Motor des Kranes der gleiche Strom fließt, beträgt auch der Spannungsabfall in der Zuleitung 5% von 220 V. Aus dem Spannungsabfall und dem Strom in der Zuleitung findet man ihren Widerstand und daraus dann den Querschnitt.

7.4.8. Die je Sekunde in 1 m Drahtlänge entstehende Wärme muß ebensogroß sein wie die an der Oberfläche abgegebene Wärme.

7.4.10. Aus den Leistungen bei Parallel- und Reihenschaltung findet man zwei Gleichungen, die sich so schreiben lassen, daß nur die Einzelleistungen der beiden Widerstände P_1 und P_2 auftreten: $P_1 + P_2 = 100$ W und $\dfrac{1}{P_1} + \dfrac{1}{P_2} = \dfrac{1}{24\text{ W}}$. Hieraus findet man P_1 und P_2.

7.4.11. Da sich die Leistungen umgekehrt wie die Gesamtwiderstände der Schaltung verhalten, müssen auch die Widerstände eine geometrische Reihe bilden. Setzt man $R_2 = q R_1$, so erhält man eine fortlaufende Proportion, aus der sich q berechnen läßt.

7.4.15. Die Stromwärme muß den Silberdraht bis zur Schmelztemperatur aufheizen und schmelzen. Wegen der kurzen sich ergebenden Zeit darf die Wärmeabgabe an die Umgebung außer acht bleiben.

7.5.5. Berechne zuerst den erforderlichen Strom in einem Ofen und dann aus Spannung und Strom seinen Widerstand. Die Klemmenspannung des Generators erhält man als Produkt aus dem Gesamtwiderstand der Zuleitungen der 12 Öfen und dem berechneten Strom.

7.5.6. Berechne zuerst das abgeschiedene Gasvolumen im Normzustand. Das elektrochemische Äquivalent folgt dann aus $Ä_n = \dfrac{V_0}{It}$.

7.6.5. Setzt man in die Gleichung $E = F/Q_2$ die Kraft nach dem Coulombschen Gesetz ein und ersetzt dann Q_1 durch CU, so findet man für die Feldstärke an der Kugeloberfläche $E = U/r$.

7.6.6. Die in horizontaler Richtung zur Ruhelage treibende Kraft der Kügelchen $F = m \cdot g \cdot \tan \alpha$ muß ebensogroß sein wie die nach dem Coulombschen Gesetz berechenbare abstoßende Kraft.

7.6.7. Beachte, daß das Band nach dem Wickeln nach beiden Seiten als Kondensatorbelag wirkt und daher die Kapazität verdoppelt wird.

7.6.13. Man bestimmt in den angegebenen Punkten die Beiträge der einzelnen Leiter zur Feldstärke und addiert sie unter Berücksichtigung ihrer Richtung. Die Spannung findet man durch Integration entlang der x-Achse, wobei als Grenzen $-d + R$ und $d - R$ einzusetzen sind.

7.6.14. Da sich das Dielektrikum bei R_2 ändert, muß man $U_{13} = \int_1^3 \vec{E} \, d\vec{r}$ aufspalten in zwei Bereiche zwischen R_1 und R_2 bzw. R_2 und R_3. Man erhält nach Integration $U = f\left(\dfrac{Q}{l}, R, \varepsilon_\mathrm{r}\right)$ und daraus $C/l = Q/Ul$.

7.6.15. Das Kirchhoffsche Gesetz liefert eine inhomogene Differentialgleichung für $Q_\mathrm{C} = CU_\mathrm{C} = f(t)$.

7.7.1. Durch Differentiation der Richardsongleichung erhält man $\dfrac{dI_\mathrm{e}/I_\mathrm{e}}{dT/T}$.

7.7.3. Wenn kein Außenwiderstand im Anodenstromkreis liegt, bleibt U_a unverändert und u_a ist Null. Deshalb vereinfacht sich die Gleichung $i_\mathrm{a} = S(u_\mathrm{g} + Du_\mathrm{a})$ zu $i_\mathrm{a} = Su_\mathrm{g}$. Die Änderung der Anodenspannung beim Außenwiderstand 75000 Ω und der gegebenen Gitterspannungsänderung findet man aus der Gleichung für die Spannungsverstärkung.

7.7.4. Berechne zuerst R_i aus der Barkhausenschen Röhrenformel. Dann findet man die Anodenwechselspannung aus $u_\mathrm{a} = -u_\mathrm{g} \dfrac{R_\mathrm{a}}{D(R_\mathrm{i} + R_\mathrm{a})}$ und den Anodenwechselstrom aus $\hat{i}_\mathrm{a} = S(\hat{u}_\mathrm{g} + D\hat{u}_\mathrm{a})$, wobei $\hat{u}_\mathrm{g} = 0{,}25$ V zu setzen ist.

7.8.4. Aus der gegebenen Flußdichte erhält man einerseits den magnetischen Fluß $\Phi = AB$, andererseits mit μ_r die Feldstärke H. Wenn der Verlauf der Kraftlinien durch einen Luftspalt unterbrochen ist, findet man H_Fe wie bei der ersten Frage, H_Luft aus $H = B/\mu_0$ und den erforderlichen Strom aus $IN = \Sigma Hl$.

7.8.5. Für beide Ströme kann man aus den Angaben sofort die Feldstärke H berechnen. B folgt dann aus dem Diagramm, und Φ findet man aus $\Phi = BA$.

7.8.6. Aus dem magnetischen Fluß und dem jeweiligen Querschnitt findet man für jedes Stück der mittleren Feldlinie die Flußdichte B. Dann erhält man H aus dem Diagramm bzw. nach $H = \dfrac{B}{\mu}$ und den Strom aus $I = \dfrac{\Sigma Hl}{N}$.

7.8.7. Aus der Formel für die Tragkraft findet man B und dann mit dem Diagramm H. Die erforderliche Windungszahl folgt dann aus $N = \dfrac{Hl}{I}$. Beachte, daß sich bei einem Hufeisenmagneten die Gesamtkraft aus der Tragkraft beider Pole zusammensetzt.

7.8.10. Man wendet das Durchflutungsgesetz auf eine Kreisbahn mit dem Radius r an. Auf dieser Bahn ist $|\vec{H}| = $ const.

7.8.11. Im Leiter hängt der umlaufene Strom vom Radius ab! Da B nicht konstant ist, findet man Φ aus $\Phi = \int \vec{B} d\vec{A}$ mit $dA = b\,dr$.

7.8.12. Man bestimmt den Beitrag der beiden Leiter zum Gesamtfeld und addiert die Komponenten unter Berücksichtigung der Rechtsschrauben-Regel.

7.8.13. Nach dem Überlagerungsprinzip kann man am Ort des Leiters 2 mit dem ungestörten Magnetfeld des Leiters 1 rechnen. Die Kraft durch das Magnetfeld des Leiters 2 auf den Stab 1 liefert die Reaktionskraft; F darf also nur einmal in Rechnung gestellt werden.

7.9.2. Aus dem Drehmoment einer Drahtwindung $M = BIA$ erhält man das Drehmoment einer Spule mit N Windungen: $M = BIAN$.

7.9.5. Berechne aus der Formel für die Selbstinduktivität einer Spule den Wert von $\mu_0\mu_r$ und suche im B-H-Diagramm den Punkt, an dem der Quotient $\dfrac{B}{H}$ diesem Wert entspricht.

7.9.7. Da bei einem Ringkern die Länge der Feldlinien mit dem Radius ansteigen, muß über den Querschnitt integriert werden.

8.1.4. Berechne aus dem angegebenen Wert des Stromes, der dessen Effektivwert darstellt, den Scheitelwert und daraus dann den für die Elektrolyse nötigen Mittelwert des gleichgerichteten Stromes.

8.2.3. Bestimme sowohl in a) als auch in b) zuerst H, dann aus dem Diagramm B, und hieraus $\mu_0\mu_r = B/H$. Nun folgen die Induktivität aus der Formel $L = \dfrac{N^2 A \mu_0 \mu_r}{l}$, der Blindwiderstand aus $X_L = \omega L$ und die erforderliche Spannung aus $U = I\omega L$.

8.2.4. Aus der Größe des fließenden Gleichstroms erhält man den ohmschen Widerstand, aus der des Wechselstromes den Scheinwiderstand. In der Formel für den Scheinwiderstand ist dann nur noch L unbekannt.

8.2.8. Aus dem Strom und dem angegebenen Spannungsbedarf findet man den Widerstand der Röhre, aus Strom und Netzspannung den Scheinwiderstand der Reihenschaltung. In der Formel für den Scheinwiderstand ist nun nur noch die Induktivität der Drosselspule unbekannt.

8.2.9. Bei Resonanz erhält man den Strom in den Zuleitungen des Sperrkreises aus $I = U/R_{res}$. Der Strom in den Zweigen des Kreises ergibt sich aus den Blindwiderständen nach den Formeln $I_L \approx \dfrac{U}{\omega L}$ und $I_C = U\omega C$. Es ist $I_L \approx I_C$.

8.2.10. Die Induktivität der Spule muß zusammen mit der größten Kapazität des Drehkondensators die Resonanzfrequenz $f_{res} = c/\lambda$ ergeben. Die kürzeste Wellenlänge findet man dann mit der berechneten Induktivität aus der kleinsten Kapazität des Drehkondensators.

8.2.12. Lösung mit Zeigerdiagramm oder einfacher mit Hilfe der komplexen Rechnung.

8.2.13. Im Resonanzfall sind Strom und Spannung in Phase, der Imaginärteil des normalerweise komplexen Gesamtwiderstandes $\underline{Z}$ wird also Null.

8.2.14. Man schaltet C parallel zur Serienschaltung von R und L und berechnet den komplexen Leitwert. Bei richtiger Dimensionierung der Parallelkapazität wird der Imaginärteil des Leitwerts Null.

8.2.15. Man ermittelt $I_R = f(L, C)$, differenziert nach R und setzt $dI_R/dR = 0$.

8.3.3. Aus den Angaben über das Gerät kann man seinen Schein-, Wirk- und Blindwiderstand berechnen. Der Blindwiderstand des Kondensators vermindert den induktiven Blindwiderstand der Anlage und verbessert dadurch den Leistungsfaktor. Da bei gleichem Wirkwiderstand die Wirkleistung nur gleich bleibt, wenn auch der gleiche Strom fließt, findet man die beim besseren Leistungsfaktor nötige Spannung aus: $U_2 = Z_2 I$.

8.3.4. Aus Spannung, Strom und Leistungsfaktor erhält man den Schein-, Wirk- und Blindwiderstand der Schaltung. Weil die Lampe nur einen Wirkwiderstand besitzt, ist der Blindwiderstand der Schaltung zugleich auch der der Drossel, so daß man aus ihm und dem Leistungsfaktor 0,1 den Wirkwiderstand der Drossel finden kann. Die Einzelleistungen findet man aus $P_w = I^2 R_{ges}$ und $P_{Lampe} = I^2 R_{Lampe}$.

8.3.5. Berechne für beide Leistungsfaktoren den Blindstrom. Die Differenz dieser beiden Blindströme muß von dem parallel geschalteten Kondensator geliefert werden: $I_{b1} - I_{b2} = I_{bC} = U_C/R_C = U\omega C$. Aus der letzten Beziehung kann man C berechnen.

8.3.6. Aus $P_w = I^2 R = I_w^2 R + I_b^2 R$ findet man den vom Wirkstrom und den vom Blindstrom herrührenden Teil der Leistung.

8.3.7. Erster Weg: Berechne zuerst die Blindleistung des Gerätes und benutze dann die in den Vorbemerkungen des Abschnitts gegebene Formel. Zweiter Weg: Berechne den Blindstrom des Gerätes, der ebensogroß sein muß wie der Blindstrom $I_b = U\omega C$ des Kondensators. Daraus läßt sich dann die Kapazität C berechnen.

8.4.2. Bei Sternschaltung sind beim Fehlen eines Anschlusses nur zwei Strangwiderstände in Reihe geschaltet, an denen die Gesamtspannung U liegt. Bei Dreieckschaltung entstehen zwei parallel geschaltete Zweige mit den Widerständen R und $2R$, an denen je die Spannung U liegt. Bei dreipoligem Anschluß gelten die in den Vorbemerkungen angegebenen Formeln.

8.4.4. Den Strom $I = I_{st}$ beim Anlaufen in Sternschaltung findet man aus $I = U/Z = U \cos\varphi/R$. Bei Vollast benutzt man die gegebene Nutzleistung und erhält den Leiterstrom aus $P = \sqrt{3}\, IU \cos\varphi \cdot \eta$. Der Strangstrom folgt dann aus $I_{st} = I/\sqrt{3}$.

8.4.6. Aus dem angegebenen Widerstand und der Selbstinduktivität findet man den Scheinwiderstand, den Leistungsfaktor und die Leistungen des Gerätes. Die Kapazität des parallelzuschaltenden Kondensators folgt aus der in den Vorbemerkungen zu 8.3 gegebenen Formel, wobei jedoch nur die Blindleistung eines einzelnen Stranges einzusetzen ist.

8.5.2. Den unbekannten Sekundärstrom I_2 findet man aus der Bedingung, daß der Spannungsverlust $I_2 R$ höchstens 2% der Sekundärspannung $U_1 \ddot{u}$ sein darf.

8.5.3. Der Wärmestrom, der bei einer Öltemperatur von 80 °C an die Umgebung transportiert werden kann, muß dem in Wärme umgesetzten Teil der Leistung entsprechen, der 4% der Gesamtleistung ausmacht.

8.6.2. Berechne aus f und L die Kapazität C und aus R_L, L und T das Dämpfungsverhältnis q. Die Zahl n der Schwingungen folgt aus der Bedingung, daß $q^n = 0{,}01$ werden muß.

8.6.3. Aus der geforderten Verstärkung läßt sich der Außenwiderstand im Kollektorstromkreis berechnen. Dieser Widerstand ist zugleich Resonanzwiderstand des Sperrkreises. Durch Gleichsetzen beider Widerstände erhält man eine Gleichung für den ohmschen Widerstand der Induktivität.

8.7.2. Man differenziert den Sperrstrom nach der Temperatur und bildet das Verhältnis der Differentialquotienten.

8.7.4. Den Widerstand $R_{a\,min}$ erhält man aus der Arbeitsgeraden, die man so legt, daß sie die Verlustleistungshyperbel gerade berührt.

9.1.2. Berechne aus der Zahl N der Moleküle in dem Würfel die Zahl $\sqrt[3]{N}$ der längs einer Kante übereinanderliegenden Moleküle.

9.1.5. Da die Schichtdicke klein ist im Vergleich zum Radius, verwendet man die Differentialrechnung.

9.2.1. Berechne mit dem unbekannten Radius r des Tröpfchens einen Ausdruck für die Gewichtskraft und die innere Reibung (Stokesche Formel $F_{Ri} = 6\pi r\eta v$). Mit der unbekannten Ladung Q findet man einen Ausdruck für die elektrische Kraft auf das Tröpfchen. Aus dem Gleichgewicht dieser Kräfte bei den beiden Bewegungen nach unten und nach oben findet man zwei Gleichungen für r und Q.

9.2.2. Berechne zuerst die Geschwindigkeit der Elektronen und setze diese in die Formel zur Berechnung der Ablenkung ein.

9.2.6. Kupfer ist hier zweiwertig; deshalb trägt jedes abgeschiedene Kupferatom zwei Elementarladungen.

9.2.7. Aus $v = \dfrac{2r\pi}{T} = 2r\pi f = \dfrac{eBr}{m}$ findet man die Frequenz der anzulegenden Wechselspannung $f = \dfrac{eB}{2m\pi}$. Die maximale kinetische Energie ist $E_{max} = \dfrac{1}{2}mv^2 = \dfrac{1}{2}m\left(\dfrac{reB}{m}\right)^2$, wobei r der größte mögliche Bahnradius ist. Die Zahl n der Umläufe bei zwei Beschleunigungen pro Umlauf folgt aus $2neU = E_{max}$.

9.3.4. Aus der Beschleunigungsenergie E erhält man die Massenzunahme $\Delta m = E/c^2$. Die Geschwindigkeit findet man dann aus $\dfrac{m_v}{m_0} = \dfrac{m_0 + \Delta m}{m_0} = \dfrac{1}{\sqrt{1-(v/c)^2}}$.

9.3.5. Die Energie ist das Äquivalent der Massenzunahme $E = \Delta m c^2$.

9.4.1. Die Fotoelektronen können die Gegenelektrode nicht mehr erreichen, wenn ihre kinetische Energie nicht mehr zur Erlangung der potentiellen Energie des Gegenfeldes ausreicht.

9.4.3. Bei einer Strahlungsleistung P beträgt die Strahlungsdichte in einer Entfernung r von der Lichtquelle $\dfrac{P}{4r^2\pi}$.

9.4.4. Die Geschwindigkeit erhält man aus der kinetischen Energie der Fotoelektronen. Um alle zurückzustoßen, muß die potentielle Energie eU mindestens ebenso groß sein wie ihre kinetische Energie.

9.4.6. Aus der gegebenen Strahlungsleistung je m² findet man den Strahlungsdruck p_S. Aus ihm und dem Teilchenquerschnitt folgt die Kraft und nach dem Grundgesetz der Dynamik die Beschleunigung.

9.4.7. Der Energiesatz liefert eine und der Impulssatz zwei Gleichungen für die drei Unbekannten: die Geschwindigkeit v des ausgelösten Elektrons, seinen Winkel ϑ gegen die Richtung des Strahles und die Frequenz ν des gestreuten Röntgenstrahles.

9.4.—9.8. Lösungshinweise

9.4.8. Aus der Energie eines Quants folgt seine Wellenlänge nach der Beziehung $\lambda = \dfrac{hc}{E}$.
Die Energie der Rückstoßelektronen ist die Differenz zwischen den Energien der ankommenden und der gestreuten Quanten.

9.4.9. Die mittlere Translationsenergie von Gasmolekülen beträgt nach der kinetischen Wärmetheorie $E = \tfrac{3}{2}kT$ (Boltzmannkonstante $k = 1{,}38 \cdot 10^{-23}$ Ws/K).

9.5.3. Zur Anregung der K_α-Linie muß ein K-Elektron des Aluminiums abgetrennt werden. Die dazu erforderliche Energie ist die Grenzenergie der K-Serie $E = h\nu = hc\,\dfrac{1}{\lambda_G} = hcR^*(Z-1)^2$.

9.6.1. Berechne aus der angegebenen Energie die Geschwindigkeit und den Impuls der Teilchen. Dann folgt die de-Broglie-Wellenlänge aus $\lambda = h/p$.

9.6.2. Aus der Ruhmasse m_0 und der Massenzunahme $\Delta m = \dfrac{eU}{c^2}$ findet man die Masse m_v.
Die Geschwindigkeit der Elektronen folgt dann aus $m_v = \dfrac{m_0}{\sqrt{1-\beta^2}}$. Nun kann man ihren Impuls und ihre Wellenlänge berechnen. Die Ablenkung findet man aus der Gleichung $\sin\alpha = \lambda/g$ ($g =$ Gitterabstand).

9.6.3. Nach der kinetischen Wärmetheorie ist bei der Temperatur T die mittlere kinetische Energie der Translationsbewegung eines Moleküls $E = \tfrac{3}{2}kT$ ($k = 1{,}38 \cdot 10^{-23}$ Ws/K). Die Geschwindigkeit findet man dann aus der kinetischen Energie.

9.7.1. Bei einem α-Strahl mit der Energie 0,4 MeV darf man wegen $v = 4{,}4 \cdot 10^6\,\dfrac{\text{m}}{\text{s}} < 0{,}1\,c$ noch die Formel $E_{\text{kin}} = \tfrac{1}{2}mv^2$ anwenden; beim β-Strahl dagegen muß wegen der weit höheren Geschwindigkeit die relativistische Massenänderung berücksichtigt werden, und man findet die Geschwindigkeit aus $E = (m_v - m_0)c^2$. Den Krümmungsradius der Bahnen erhält man aus $r = \dfrac{m_v v}{QB}$ und den Ablenkungswinkel aus $\varphi = s/r$.

9.7.2. Die Reichweite in Luft folgt aus der angegebenen Formel, die Reichweite in Papier ist im Verhältnis der Dichten kleiner.

9.7.8. Berechne die Masse des Drahtes und mit ihr und der spezifischen Aktivität seine Gesamtaktivität. Die Masse der aktivierten Atome erhält man dann aus der in den Vorbemerkungen gegebenen Formel für die Aktivität.

9.7.9. Aus der angegebenen Formel findet man die Reichweite, mit der man die Mindestabmessungen der Ionisationskammer festlegen kann. Mit der Masse des Präparats und der Halbwertszeit berechnet man die Aktivität. Von den entstehenden α-Teilchen kommen jedoch nur die Hälfte zur Ionisation, da die andere Hälfte vom Boden der Kammer absorbiert wird. Nun folgen aus der Energie eines α-Teilchens und der zur Ionisation beitragenden Anzahl die gesamte Ionisationsenergie und mit der Angabe 35 eV/Ionenpaar die Zahl der Ionenpaare und die Größe des Ionisationsstromes.

9.8.4. Aus den Kernladungszahlen und den Massenzahlen erhält man die Natur des ausgesandten Teilchens und aus der Bilanz der genauen Atommassen das Massenäquivalent der frei werdenden Energie. Schließlich folgt aus dem Impulssatz das Verhältnis der Geschwindigkeiten bzw. der Energien der beiden Endprodukte der Reaktion.

9.8.6. Man ermittelt zuerst die Massen der beiden Isotope, wendet die Formel zur Berechnung der Sättigungsaktivität sowohl auf 10,28 g Ag 107 als auch auf 9,72 g Ag 109 an und addiert beide Teilaktivitäten.

9.8.7. Eine Abschätzung der Sättigungsaktivität nach der Formel $A^*_{\text{Sättigung}} = \dfrac{m_{\text{ges}} \sigma \varphi N_A}{m_m}$ zeigt, daß 100 g Kobalt hier bis etwa $2 \cdot 10^{13}$ s^{-1} aktiviert werden können. Die Aktivierung bis zu 10^{10} s^{-1} erreicht also bei weitem nicht die Sättigungsaktivität, so daß man mit der Formel für kurze Aktivierungszeit rechnen kann.

9.8.11. Die freiwerdende Energie ist der Unterschied der Bindungsenergien bei dem entstehenden U 236 und dem ursprünglichen U 235 bzw. bei U 239 und U 238. Wegen der entstehenden kleinen Differenz ist die Rechnung fünfstellig zu führen.

9.9.2. Berechne aus der Weglänge und der Geschwindigkeit der Neutronen die Zeit zwischen zwei Spaltungen. Es sind so viele Neutronengenerationen erforderlich, bis sich die Zahl der Spaltungen von 1 auf die Zahl der vorhandenen Uranatome vermehrt hat.

9.9.5. Berechne nach dem Stefan-Boltzmannschen Gesetz die gesamte von der Sonne in einer Sekunde ausgestrahlte Energie. Ihr Massenverlust ist das Massenäquivalent dieser Energie.

9.10.3. Berechne zunächst nach der Formel aus Abschnitt 9.8 die Aktivität A_0^* unmittelbar nach der Aktivierung. Die dann nach der Gleichung $A^* = A_0^* \, e^{-0{,}693\, t/t_h}$ abnehmende Aktivität setzt man in die Formel für die Energiedosisrate ein und erhält daraus die Zeit, bis sie auf $3 \cdot 10^{-9}$ W/kg abgenommen hat.

9.10.4. Berechne zuerst aus der Probemessung den Schwächungskoeffizienten μ von Blei. Setzt man den gefundenen Wert in die Gleichung für den zulässigen Wert der Energiedosisrate ein, so findet man daraus die erforderliche Wandstärke.

9.10.5. Berechne zuerst die Entfernung r des Arbeitsplatzes vom Präparat unter der ungünstigsten Annahme, daß es sich im Aufbewahrungsraum gleich hinter der Betonwand befindet.

LÖSUNGEN

1.1. $m = \dfrac{d^2 \pi}{4} l \varrho \quad d = 0{,}0596$ mm

$\dfrac{\Delta d}{d} = \dfrac{1}{2}\dfrac{\Delta m}{m} + \dfrac{1}{2}\dfrac{\Delta l}{l} + \dfrac{1}{2}\dfrac{\Delta \varrho}{\varrho} = 0{,}006$

$d = (59{,}6 \pm 0{,}4)$ μm $= (0{,}0596 \pm 0{,}0004)$ mm

1.2. Masse der Luft $\quad m = (1{,}04 \pm 0{,}02)$ g
Volumen der Luft $\quad V = (830{,}13 \pm 0{,}11)$ cm³
Dichte $\quad \varrho = (1{,}253 \pm 0{,}024)$ g/dm³

$\Delta \varrho = \varrho_{H_2O} \left(\dfrac{\Delta m_1}{m_3 - m_2} + \dfrac{m_3 - m_1}{(m_3 - m_2)^2} \Delta m_2 + \dfrac{m_1 - m_2}{(m_3 - m_2)^2} \Delta m_3 \right)$

1.3. $d = \dfrac{m_2 - m_1}{2 a^2 \varrho} = 1{,}711$ μm

$\Delta d = \dfrac{\Delta m_1}{2 \varrho a^2} + \dfrac{\Delta m_2}{2 \varrho a^2} + \dfrac{2(m_2 - m_1)}{2 \varrho a^3} \Delta a = 0{,}0357$ μm

$d = (1{,}71 \pm 0{,}04)$ μm

1.4. $\Delta U = \dfrac{2{,}5}{100} \cdot 250$ V $= 6{,}25$ V; $\quad \Delta I = \dfrac{2{,}5}{100} \cdot 6$ mA $= 0{,}15$ mA

$\dfrac{\Delta R}{R} = \dfrac{\Delta U}{U} + \dfrac{\Delta I}{I} = \dfrac{6{,}25}{225} + \dfrac{0{,}15}{4} = 0{,}0653$

$R = (56{,}2 \pm 3{,}7)$ kΩ

1.5. $\dfrac{1}{f} = \dfrac{1}{a} + \dfrac{1}{b}; \quad f = \dfrac{ab}{a+b}$

$\Delta f = \dfrac{b^2}{(a+b)^2} \Delta a + \dfrac{a^2}{(a+b)^2} \Delta b = 0{,}201$ cm

$f = (9{,}39 \pm 0{,}20)$ cm

1.6. Es ist möglich, daß sich im günstigsten Fall beim Endergebnis einer Messung die Fehler der einzelnen Meßwerte gegenseitig aufheben. Bestimmt man z.B. den Widerstandswert aus Strom-Spannungsmessung und zeigen sowohl Ampere- als auch Voltmeter 10% zuviel an, so ist das Ergebnis fehlerfrei. Im allgemeinen kennt man aber die Richtung der Abweichung nicht.
Im ungünstigsten Fall zeigt das Amperemeter 10% zuviel, das Voltmeter aber 10% zu wenig an: die Fehler addieren sich. Diesen ungünstigsten Fall erhält man also, wenn man die Beträge der unter Umständen negativen Ableitungen einsetzt.

2.1.1. $d = 0{,}912$ μm

2.1.2. Volumen des Pyknometers 48,93 cm³
Volumen der Körner 11,20 cm³
Masse der Körner 31,76 g
Dichte der Körner $\varrho = 2{,}836$ g/cm³

2.1.3. Glasgefäß 370,6 g $\quad$ Quecksilber 10850 g $\quad$ Gesamtmasse 11221 g

2.1.4. $m = \int \varrho \, dV = A \int \varrho \, dh$

Gesamtmasse $\quad m = A\varrho_0 \int\limits_0^\infty e^{-\frac{h}{7,99 \text{ km}}} dh = A\varrho_0 \, 7,99 \text{ km} = 1,033 \text{ kg}$

Halbwertshöhe $\quad \int\limits_0^H \varrho \, dh = \int\limits_H^\infty \varrho \, dh \qquad e^{-\frac{H}{7,99 \text{ km}}} = \frac{1}{2}$

$H = 7,99 \text{ km} \ln 2 = 5,54 \text{ km}$

2.1.5. $\dfrac{x}{y} = \dfrac{a}{h}$; $\quad A = 4x^2 = 4\dfrac{a^2}{h^2} y^2$; $\quad dV = A \, dy$; $\quad \varrho = \varrho_1 + \dfrac{\varrho_2 - \varrho_1}{h} y$

$m = \int \varrho \, dV = \int\limits_0^h \left(\varrho_1 + \dfrac{\varrho_2 - \varrho_1}{h} y\right) 4 \dfrac{a^2}{h^2} y^2 \, dy = 4 a^2 h \left(\dfrac{\varrho_1}{12} + \dfrac{\varrho_2}{4}\right) = 58,67 \text{ kg}$

2.2.1. $D = \dfrac{F_2 - F_1}{l_2 - l_1} = 0,3 \text{ N/mm} \quad l_0 = 47,2 \text{ mm}$
$F = 15,85 \text{ N}$

2.2.2. $s_1 = 9 \text{ cm} \quad s_2 = 6 \text{ cm} \quad F = 18 \text{ N} \quad l_1 + s_1 = 24 \text{ cm}$

2.2.3. $l = l_1 + \dfrac{F}{D_1} = l_2 + \dfrac{F}{D_2} \quad F = 6 \text{ N} \quad l = 46 \text{ cm}$

2.2.4. Bei gleicher Kraft erfahren die kürzeren Teilstücke nur eine geringere Längenänderung als die ganze Feder. Deshalb ist $D_1 = F/s_1 \ldots$ größer als $D = F/s$. Aus $D = F/s$, $D_1 = F/s_1, \ldots$ und $s = s_1 + s_2 + \cdots$ folgt dann die angegebene Beziehung.

2.3.1. $F_{Z1} = 2305 \text{ N} \qquad F_{Z2} = 3105 \text{ N}$
Die Vertikalkomponente der Zugkraft wird nach oben immer größer. Die beiden Teile des Seiles hängen durch.

2.3.2. $F_r = 928 \text{ N} \quad \alpha_r = 80° \quad F_a = 366 \text{ N} \quad F_b = 689 \text{ N}$

2.3.3. $\tan \alpha = \dfrac{0,4 \text{ m}}{3 \sqrt{2} \text{ m}} \quad \alpha = 5,39° \quad \beta = 5,39° \quad \tan \gamma = \dfrac{0,4 \text{ m}}{3 \text{ m}} \quad \gamma = 7,6°$

x-Komponente: $\quad F_A \cos\alpha \cos 45° - F_B \cos\beta \cos 45° = 0$
y-Komponente: $\quad F_A \cos\alpha \sin 45° + F_B \cos\beta \sin 45° - F_C \cos\gamma = 0$
z-Komponente: $\quad F_A \sin\alpha + F_B \sin\beta + F_C \sin\gamma - G = 0$
$F_A = F_B = 418 \text{ N} \quad F_C = 594 \text{ N}$

2.3.4. Aus dem Krafteck in A: $\quad F_{S1} = \dfrac{1000 \text{ N}}{\cos 20°} = 1064 \text{ N}$

Aus dem Krafteck in B: $\dfrac{1064 \text{ N}}{\sin 60°} = \dfrac{F_{S2}}{\sin 95°} = \dfrac{F_B}{\sin 25°}$

$F_{S2} = 1224 \text{ N} \quad F_B = 519 \text{ N}$

2.3.5. $F_A = 0,736 \text{ N} \quad F_B = 1,226 \text{ N}$

2.3.6. Kraft auf den Kolben $\quad F_1 = \dfrac{d^2 \pi}{4} p = 880 \text{ N}$

Aus den Längen- und Winkelangaben nach dem Sinussatz: $\beta = 10,3°$ und als Außenwinkel $\gamma = 40° + 10,3° = 50,3°$

Kraft auf die Pleuelstange $\quad F_2 = 894 \text{ N}$
Drehmoment $\quad M = F_2 \sin\gamma \cdot s = 17,2 \text{ N m}$
Radiale Kraft auf die Kurbel $\quad F_3 = F_2 \cdot \cos\gamma = 571 \text{ N}$

2.3. Lösungen

2.3.7. $F_R = \mu F_n = 1020$ N
$$\frac{F_R}{\sin 147°} = \frac{F_1}{\sin 18°} = \frac{F_2}{\sin 15°} \qquad F_1 = 579 \text{ N} \qquad F_2 = 485 \text{ N}$$

2.3.8. Reibungswinkel ϱ aus $\tan \varrho = \mu$ $\qquad \varrho = 11{,}3° \qquad \varrho_0 = 13{,}5°$
Normalkraft $F_n = G \cos \alpha - F \sin \beta$ $\qquad$ Reibungskraft $F_R = \tan \varrho \, (G \cos \alpha - F \sin \beta)$
Beim Hinaufziehen: $F_1 \cos \beta = G \sin \alpha + \tan \varrho \, (G \cos \alpha - F_1 \sin \beta)$
Beim Festhalten: $\quad F_2 \cos \beta = G \sin \alpha - \tan \varrho_0 (G \cos \alpha - F_2 \sin \beta)$
Daraus folgt nach einer trigonometrischen Umformung:
$$F_1 = G \frac{\sin(\alpha + \varrho)}{\cos(\beta - \varrho)} = 157{,}4 \text{ N} \qquad F_2 = G \frac{\sin(\alpha - \varrho_0)}{\cos(\beta + \varrho_0)} = 42{,}6 \text{ N}$$

2.3.9. $F_1 = F_H + F_R \qquad 250 \text{ N} = 50 \cdot 9{,}81 \text{ N} (\sin 18° + \mu \cos 18°) \qquad \mu = 0{,}211$
$F_2 = F_H - F_R = 50 \cdot 9{,}81 \text{ N} (\sin 18° - \mu \cos 18°) = 53{,}1$ N

2.3.10. In bezug auf das Fahrzeug ist die Geschwindigkeit in jedem Fall gleich der Fahrzeuggeschwindigkeit $v_0 = 20$ m/s. Die Geschwindigkeit in bezug auf die Straße ist die Vektorsumme aus Fahrzeuggeschwindigkeit und Umfangsgeschwindigkeit:
$v_A = 0 \qquad v_B = v_0 \sqrt{2 - 2 \cos 45°} = 15{,}31$ m/s
$v_C = v_0 \sqrt{2} = 28{,}3$ m/s $\qquad v_D = 2 v_0 = 40$ m/s

2.3.11. Lösung mit Cosinussatz:
$v_{F1}^2 = v^2 + v_W^2 - 2 v v_W \cos \varphi$
$v^2 - 2 \cdot 70 \frac{\text{km}}{\text{h}} \cos 40° \cdot v + (70^2 - 320^2) \left(\frac{\text{km}}{\text{h}}\right)^2 = 0$
$v = 370$ km/h

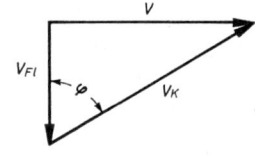

Lösung mit Sinussatz: $\dfrac{v_{F1}}{\sin \varphi} = \dfrac{v_W}{\sin \alpha}$

$\alpha = 8{,}08° \qquad \dfrac{v}{\sin(\varphi + \alpha)} = \dfrac{v_{F1}}{\sin \varphi} \qquad v = 370$ km/h $\qquad t = 2{,}21$ h

2.3.12. $t_1 = \dfrac{s}{v_K} = 72$ s $\qquad v_{F1} = \dfrac{b}{t_1} = 0{,}8$ km/h

$\cos \varphi = \dfrac{v_{F1}}{v_K} = 0{,}533 \qquad \varphi = 57{,}8°$

$\sin \varphi = \dfrac{v}{v_K} \qquad t_2 = \dfrac{s}{v} = 85{,}1$ s $\qquad \Delta t = t_2 - t_1 = 13{,}1$ s

2.3.13. $F_1 = m g (\sin \alpha + \mu \cos \alpha)$
$F_2 = \dfrac{m g (\sin \alpha + \mu \cos \alpha)}{\cos \beta + \mu \sin \beta}$
$\dfrac{F_1}{F_2} = \cos \beta + \mu \sin \beta$

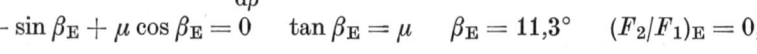

Bereichsgrenzen β_{G1} und β_{G2} für $\dfrac{F_1}{F_2} = 1$
$\cos \beta_G + \mu \sin \beta_G = 1$
$1 - \sin^2 \beta_G = (1 - \mu \sin \beta_G)^2$
$\sin \beta_G (\sin \beta_G (\mu^2 + 1) - 2\mu) = 0$
$\beta_{G1} = 0 \qquad \beta_{G2} = 22{,}6°$
Extremwert β_E für $\dfrac{\mathrm{d}(F_1/F_2)}{\mathrm{d}\beta} = 0$
$-\sin \beta_E + \mu \cos \beta_E = 0 \qquad \tan \beta_E = \mu \qquad \beta_E = 11{,}3° \qquad (F_2/F_1)_E = 0{,}981$

Beim Extremum ist F_2 98,1% von F_1, es handelt sich also um ein Minimum von F_2.
Dann ist
$F_2 < F_1$ im Bereich $\quad 0° < \beta < 22,6°$
$F_2 > F_1$ im Bereich $22,6° < \beta < (90 - \alpha)$
Bei Verwendung des Reibungswinkels $\varrho = \arctan \mu = 11,3°$ erhält man
$$\frac{F_1}{F_2} = \frac{\cos(\beta - \varrho)}{\cos \varrho} \quad \beta_{G2} = 2\varrho = 22,6° \quad \text{und} \quad \beta_E = \varrho = 11,3°$$

2.4.1. Drehachse J: $F_G \cdot 360$ mm $= F_H \cdot l \cdot \sin \varepsilon \qquad F_G = F_D$
Drehachse F: $F_D \cdot 240$ mm $= F_E \cdot 160$ mm $\cdot \sin \varepsilon \quad F_H = F_E$
Durch Division der beiden Gleichungen: $l = 240$ mm
$$M_R = 2\left(F_R \cdot \frac{d}{2}\right) = \mu \cdot F_n \cdot d$$
$$F_n = F_D = 7500 \text{ N}$$
Drehachse E: $F_B = \frac{1}{2} F_D$
Drehachse C: $F_A = \frac{1}{5} F_B = \frac{1}{10} F_D = 750$ N

2.4.2. $F_0 = 275$ N
Beim Fahren muß die x-Komponente die Reibung überwinden.
$F_x = \mu(G - F_y) = 0{,}12 \cdot (1040 \text{ N} - F_y)$
Das Drehmoment muß die Karre anheben.
$F_y 1{,}6$ m $\cos 15° + F_x 1{,}6$ m $\sin 15° = 200$ N $(0{,}6$ m $\cos 15° - 0{,}1$ m $\sin 15°)$
$\qquad\qquad\qquad\qquad\qquad\qquad + 800$ N $(0{,}4$ m $\cos 15° - 0{,}36$ m $\sin 15°)$
$F_x = 101{,}3$ N $\qquad F_y = 196$ N $\qquad F = 221$ N $\qquad \tan \alpha = \dfrac{196 \text{ N}}{101{,}3 \text{ N}} \qquad \alpha = 62{,}7°$

2.4.3. 5 kg $\cdot g \cdot 6$ cm $\cdot \cos \varphi = 6$ kg $\cdot g \cdot 4$ cm $\cdot \sin \varphi + 7$ kg $\cdot g \cdot 4$ cm $\cdot \cos(45° + \varphi)$
$\varphi = 67{,}6°$

2.4.4. Resultierende der beiden Spannkräfte von je 800 N: $F_3 = 2 \cdot 800$ N $\cos 80° = 278$ N
$\alpha_3 = -10° \quad$ Winkel zwischen F_3 und dem Arm 180 mm des Winkelhebels: $\alpha = 70°$
Drehmomente um D: $\quad F_3 \cdot 180$ mm $\sin 70° = F \cdot 480$ mm $\qquad F = 97{,}9$ N

2.4.5. Spannkraft $F = 505$ N
Beanspruchung in C und D
$F_{Cx} = 714$ N $\qquad F_{Cy} = 1219$ N $\qquad F_C = 1412$ N $\qquad \alpha_C = 59{,}6°$
$F_{Dx} = 714$ N $\qquad F_{Dy} = 209$ N $\qquad F_D = 744$ N $\qquad \alpha_D = 16{,}3°$

2.4.6. Rechtsdrehende Momente:
$(m_S + m) g (b \cos \varphi - d \sin \varphi) + m_B g s \sin \varphi$
Linksdrehende Momente:
$(m_S + m + \Delta m) g (b \cos \varphi + d \sin \varphi)$

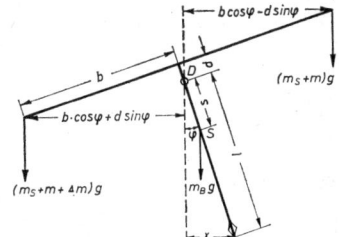

Gleichgewicht:
$m_B s \sin \varphi - 2(m_S + m) d \sin \varphi$
$\qquad = \Delta m (b \cos \varphi + d \sin \varphi)$
Da $b \gg d$ und $\cos \varphi \gg \sin \varphi$ kann man $d \cdot \sin \varphi$ gegenüber $b \cdot \cos \varphi$ vernachlässigen. Dann

wird

$$\tan \varphi = \frac{x}{l} = \frac{\Delta m\, b}{m_B s - 2 d (m_S + m)}$$

$$x_1 = 200 \text{ mm} \frac{0{,}01 \cdot 75}{120 \cdot 0{,}12 - 2 \cdot 0{,}014 \cdot 80} = 12{,}34 \text{ mm}$$

$$x_2 = 200 \text{ mm} \frac{0{,}01 \cdot 75}{120 \cdot 0{,}12 - 2 \cdot 0{,}004 \cdot 205} = 11{,}76 \text{ mm}$$

2.4.7. Das Drehmoment der Einzelkraft ist ebensogroß wie das des Kräftepaares und beträgt Fl. Die Achse erfährt jedoch im ersten Fall die Beanspruchung F, im zweiten Fall gar keine.

2.4.8. $dm = \varrho\, dV = \varrho A\, dx \qquad dG = \varrho g A\, dx$

Feder: $M_F = D s b$ Stab: $M_S = \int_0^l x\, dG = \varrho g A \frac{l^2}{2}$

Aus: $M_S = M_F \qquad s = \frac{\varrho g A l^2}{2 D b} = 2{,}62 \text{ cm}$

2.5.1. $x_S = 4{,}4 \text{ m} \qquad y_S = 1{,}5 \text{ m}$

2.5.2. $x_S = 0{,}732 \text{ m} \qquad y_S = 1{,}022 \text{ m}$

2.5.3. $\dfrac{d^2 \pi}{4} \cdot l \cdot \dfrac{l}{2} = \dfrac{4}{3} r^3 \pi \cdot r \qquad r = 3{,}13 \text{ cm}$

2.5.4. Drehmomente um die Achse CD: $2x \dfrac{x}{2} = 2 \cdot 1 \text{ cm} \cdot \dfrac{1}{2} \text{ cm} + (14 \text{ cm} - 2x) \cdot 1 \text{ cm}$

$x = 3 \text{ cm}$. A und B liegen also je $3 \text{ cm} + 1 \text{ cm} = 4 \text{ cm}$ vom Rand.

2.5.5. Schwerpunktshöhe des leeren Behälters $h_S = 6 \text{ cm}$
Momente um die Drehachse des Behälters:

$$1{,}5 \cdot 9{,}81 \text{ N} \cdot 0{,}5 \text{ cm} = 240 \text{ cm}^2 \cdot h \cdot 10^3 \cdot 9{,}81 \frac{\text{N}}{\text{m}^3} \left(\frac{h}{2} - 6{,}5 \text{ cm}\right)$$

$h = 13{,}46 \text{ cm}$

2.5.6. Drehmomente um A: $20 \text{ cm} \cdot 10 \text{ cm} \cdot \cos \varphi = 12 \text{ cm} \cdot 6 \text{ cm} \cdot \cos(60° - \varphi) \qquad \varphi = 69{,}2°$

2.5.7. Drehmomente um die geforderte Lage des Schwerpunktes:
$\frac{4}{3} r_1^3 \pi \cdot r_1 = \frac{4}{3} r_2^3 \pi (d - r_1) \qquad d = 6{,}74 \text{ cm}$

2.5.8. Rechtecksfläche $0{,}28 \text{ m}^2$ Dreiecksfläche $0{,}09 \text{ m}^2$ Werkstück $0{,}19 \text{ m}^2$
Drehmomente um A:
$0{,}19 x_S = 0{,}28 \cdot 0{,}30 \text{ m} - 0{,}09 \cdot 0{,}20 \text{ m} \qquad x_S = 0{,}348 \text{ m}$
$0{,}19 y_S = 0{,}28 \cdot 0{,}15 \text{ m} - 0{,}09 \cdot 0{,}10 \text{ m} \qquad y_S = 0{,}174 \text{ m}$
$\tan \varphi = \dfrac{0{,}348}{0{,}174} = 2 \qquad \varphi = 63{,}4°$

2.5.9. $\dfrac{h_S}{h_c} = \dfrac{1}{2(1 + \cos \alpha)}$

C sehr tief $\alpha \to 0 \qquad \dfrac{h_S}{h_c} = \dfrac{1}{4}$

C sehr hoch $\alpha \to 90° \qquad \dfrac{h_S}{h_c} = \dfrac{1}{2}$

2.5.10. $\left(8 \text{ dm } h - 25 \text{ dm}^2 \dfrac{\pi}{4}\right) 5 \text{ dm} \cdot 2\pi = 64 \text{ dm}^2 \pi h - \dfrac{2}{3} \cdot 125 \text{ dm}^3 \pi \quad h = 7{,}064 \text{ dm}$

2.5.11. Querschnitt des Radkranzes 196,3 cm²
Entfernung des Schwerpunktes von der Radachse 115,6 cm
Guldinsche Regel: $m = 196{,}3 \text{ cm}^2 \cdot 2\pi \cdot 115{,}6 \text{ cm} \cdot 7{,}8 \text{ g/cm}^3 = 1113 \text{ kg}$

2.5.12. Man legt den Halbkreis in den ersten und zweiten Quadranten, Kreismittelpunkt im Ursprung. Dann wird

$y = R \sin \varphi \quad \mathrm{d}l = R\,\mathrm{d}\varphi \quad l = R\pi$

$y_S = \dfrac{\int y\,\mathrm{d}m}{\int \mathrm{d}m} = \dfrac{\int y\,\mathrm{d}l}{l} = \dfrac{1}{l} \int\limits_{\varphi=0}^{\pi} = R \sin\varphi R\,\mathrm{d}\varphi = \dfrac{2R}{\pi} = 3{,}18 \text{ cm}$

2.5.13. $A = R^2 \pi/4 \quad \mathrm{d}A = r\,\mathrm{d}\varphi\,\mathrm{d}r \quad x = r\cos\varphi$

$x_S = \dfrac{\int x\,\mathrm{d}m}{\int \mathrm{d}m} = \dfrac{\int x\,\mathrm{d}A}{\int \mathrm{d}A} =$

$= \dfrac{4}{R^2 \pi} \int\limits_{r=0}^{R} \int\limits_{\varphi=-\frac{\pi}{4}}^{+\frac{\pi}{4}} r^2\,\mathrm{d}r \cos\varphi\,\mathrm{d}\varphi =$

$= \dfrac{8R}{3\pi} \sin \dfrac{\pi}{4} = 0{,}60 \text{ m}$

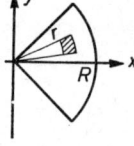
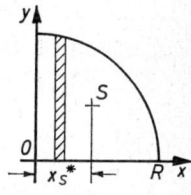

oder:

$\mathrm{d}A = y\,\mathrm{d}x = \sqrt{R^2 - x^2}\,\mathrm{d}x \quad A x_S^* = \int\limits_0^R x\,\mathrm{d}A = -\tfrac{1}{3}(R^2 - x^2)^{\frac{3}{2}}\Big|_0^R = \dfrac{R^3}{3}$

$x_S^* = \dfrac{4R}{3\pi} \quad OS = x_S^* \sqrt{2} = 0{,}6 \text{ m}$

2.5.14. $y = r\sin\varphi \quad V = \tfrac{2}{3} R^3 \pi \quad \mathrm{d}V = r\,\mathrm{d}\varphi\,r\cos\varphi\,\mathrm{d}\vartheta\,\mathrm{d}r$

$y_S = \dfrac{\int y\,\mathrm{d}m}{\int \mathrm{d}m} = \dfrac{\int y\,\mathrm{d}V}{V} =$

$= \dfrac{3}{2R^3 \pi} \cdot \int\limits_{r=0}^{R} r^3\,\mathrm{d}r \int\limits_{\vartheta=0}^{2\pi} \mathrm{d}\vartheta \int\limits_{\varphi=0}^{\pi/2} \sin\varphi \cos\varphi\,\mathrm{d}\varphi = \tfrac{3}{8} R$

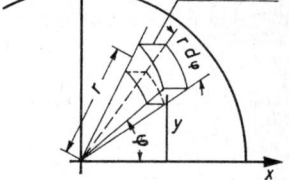

oder:

$\mathrm{d}V = x^2 \pi\,\mathrm{d}y = (R^2 - y^2)\pi\,\mathrm{d}y$

$y_S = \dfrac{\int y\,\mathrm{d}V}{V} = \dfrac{3}{2R^3 \pi} \int\limits_0^R y(R^2 - y^2)\pi\,\mathrm{d}y = \tfrac{3}{8} R$

2.6.1. Ohne Nutzlast: $\quad F_A = 4 \text{ kN} \quad F_B = 59 \text{ kN}$
Mit Nutzlast: $\quad F_{A1} = 84 \text{ kN} \quad F_{B1} = 11 \text{ kN}$

2.6.2. Tragfähigkeit $F_1 = 60 \text{ kN} \quad$ Gegengewicht $F_2 = 38 \text{ kN}$

2.6. Lösungen

2.6.3. a) $F_A = F_B = 15 \cdot 9{,}81 \text{ N} = 147{,}1 \text{ N}$
b) $F_A = 166{,}8 \text{ N} \quad F_B = 127{,}5 \text{ N}$
c) $s = 0{,}949 \text{ m}$
$a = s \cdot \cos(\alpha + \beta) = 0{,}565 \text{ m}$
$b = s \cdot \cos(\alpha - \beta) = 0{,}909 \text{ m}$
$F_A = 30 \cdot 9{,}81 \text{ N} \dfrac{0{,}909}{1{,}474} = 181{,}5 \text{ N}$
$F_B = 30 \cdot 9{,}81 \text{ N} \dfrac{0{,}565}{1{,}474} = 112{,}8 \text{ N}$

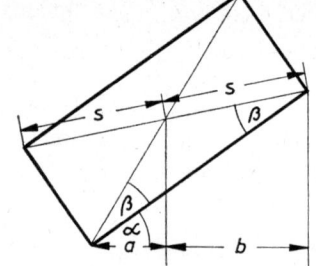

2.6.4. $F_A = 343 \text{ N} \quad F_D = 392 \text{ N} \quad F_B = 247 \text{ N} \quad F_C = 263 \text{ N}$

2.6.5. Drehmomente um die Achse BB_1: $F_A \cdot 1 \text{ m} = F_C \cdot 1 \text{ m}$ oder $F_A = F_C$
Drehmoment um die Achse $A_1 B_2$:
$1{,}4 \text{ kN} \cdot 1 \text{ m} = F_A \cdot 1{,}6 \text{ m} + F_C \cdot 1{,}2 \text{ m}$
$F_A = F_C = 0{,}5 \text{ kN} \quad F_B = 0{,}4 \text{ kN}$

2.6.6. $F_{max} = 28{,}2 \text{ kN} \quad F_{Bx} = 60 \text{ kN} \quad F_{By} = 46{,}2 \text{ kN}$
$F_B = 75{,}7 \text{ kN} \quad \alpha_B = 37{,}6°$

2.6.7. $F = 117{,}7 \text{ N} \quad F_{Ay} = 325{,}6 \text{ N} \quad \mu = 0{,}232$

2.6.8. $F_A = 19{,}73 \text{ N} \quad F_B = 27{,}93 \text{ N} \quad l_s = 0{,}907 \text{ m}$

2.6.9. $F = G(\sin \alpha - \mu \cos \alpha) \quad F = 96{,}8 \text{ N}$
Drehmomente um A: $F_B \cdot 60 \text{ cm} + F \cdot 40 \text{ cm} = G \cdot \sin \alpha \cdot 20 \text{ cm} + G \cdot \cos \alpha \cdot 30 \text{ cm}$
$F_A = 189{,}3 \text{ N} \quad F_B = 173{,}1 \text{ N}$

2.6.10. In einem Koordinatensystem parallel und senkrecht zur schiefen Ebene lauten die Gleichgewichtsbedingungen für die
x-Komponenten: $(F_A + F_B) \tan \varrho = - G \sin \alpha + F \cos \beta$
y-Komponenten: $F_A + F_B = G \cos \alpha - F \sin \beta$
Hieraus findet man: $F = G \dfrac{\sin(\alpha + \varrho)}{\cos(\beta - \varrho)} = 242{,}5 \text{ N}$
Drehmomente um B: $F_A \cdot 1 \text{ m} = G \sin \alpha \cdot 0{,}15 \text{ m} + G \cos \alpha \cdot 0{,}5 \text{ m} + F \sin \beta \cdot 0{,}4 \text{ m}$
$F_A = 532 \text{ N} \quad F_B = G \cos \alpha - F \sin \beta - F_A = 419 \text{ N}$

2.6.11. Gleichgewicht der unteren Rolle: $F \cos \alpha_1 = F \cos \alpha_2$ also: $\alpha_1 = \alpha_2$
$\tan \alpha_1 = \tan \alpha_2 = \dfrac{80 \text{ cm}}{8 \text{ cm}} = 10 \quad \sin \alpha = 0{,}995 \quad F = \dfrac{1{,}2 \text{ kN}}{2 \sin \alpha} = 603 \text{ N}$

2.6.12. $F_A = 840 \text{ N} \quad F_B = 280 \text{ N} \quad x = 4{,}74 \text{ m}$

2.6.13. Damit der Stab nicht rutscht, muß gelten:
x-Komponente $(G_1 + G_2) \sin \alpha = F_{RA} + F_{RB}$
y-Komponente $(G_1 + G_2) \cos \alpha = F_A + F_B$
$F_A = 46{,}4 \text{ N} \quad F_B = 51{,}6 \text{ N}$
Drehung um A $x \cdot G_2 \cos \alpha + a G_1 \cdot \cos \alpha = 2a F_B \quad 0 \leq x \leq 2{,}18 \text{ m}$

2.6.14. $x = \dfrac{l \mu}{2 \tan \alpha} = 1{,}0 \text{ m}$

2.6.15. $F_A = 382$ N $\quad F_B = 246$ N $\quad \mu_A = 0{,}612$
$F = 97$ N $\quad F_{Cx} = 156{,}1$ N $\quad F_{Cy} = 90{,}2$ N
Ohne Verankerung ist es unmöglich, daß F_{Cx} größer ist als F_{Cy}.

2.6.16. $\tan \varphi = \dfrac{\mu b}{b - 2a} = 0{,}9 \quad h = a \tan \varphi = 0{,}18$ m

2.7.1. Reibungskraft $F_R = \mu \cdot m \cdot g = 58860$ N
$v = \dfrac{P}{F_R} = \dfrac{650000 \text{ kg m}^2 \text{ s}^{-3}}{58860 \text{ kg m s}^{-2}} = 11{,}05 \dfrac{m}{s} = 39{,}8 \dfrac{km}{h}$

2.7.2. $M = 52{,}5$ Nm $\quad \omega = 2\pi n = 3{,}14$ s^{-1}
$P = \dfrac{F \cdot s}{t} = \dfrac{150 \text{ N} \cdot 0{,}7\,\pi \text{ m}}{2 \text{ s}} = 165$ W
oder $\quad P = M\omega = 52{,}5$ Nm $\cdot 3{,}14$ s$^{-1} = 165$ W

2.7.3. Kinetische Energie des Geschosses: $E_{kin} = 2117$ Ws
Kinetische Energie der Kranlast: $\quad E_{kin} = 240$ Ws
Geschwindigkeit der Kranlast bei gleicher kinetischer Energie mit dem Geschoß:
$v = 1{,}19$ m/s

2.7.4. Reibungskraft $\quad F_R = \mu \cdot m \cdot g \cdot \cos\alpha = 1962$ N $\quad$ Luftwiderstand $F_{RL} = 500$ N
Hangabtrieb $\quad F_H = m \cdot g \cdot \sin\alpha = 687$ N
Leistung beim Aufwärtsfahren: $P_1 = (F_R + F_{RL} + F_t)v = 39{,}4$ kW
Leistung beim Abwärtsfahren: $\quad P_2 = (F_R + F_{RL} - F_t)v = 22{,}2$ kW

2.7.5. Abgegebene potentielle Energie $E_{pot} = m \cdot g \cdot s \cdot \sin\alpha$
Gewonnene kinetische Energie $\quad E_{kin} = \dfrac{m}{2} v^2$

$\dfrac{E_{kin}}{E_{pot}} = \dfrac{v^2}{2gs\sin\alpha} = 0{,}734$

Reibungsenergie $E_R = \mu \cdot m \cdot g \cdot s \cdot \cos\alpha = m \cdot g \cdot s \cdot \sin\alpha - \dfrac{m}{2} v^2 \quad \mu = 0{,}047$

2.7.6. Reibungsarbeit $W_R = \mu \cdot m \cdot g \cdot s = 3{,}53 \cdot 10^6$ J
Beschleunigungsarbeit = kinetische Energie $\quad E_{kin} = \dfrac{m}{2} v^2 = 2 \cdot 10^7$ J
Gesamtenergie $E = 2{,}353 \cdot 10^7$ J $= 6{,}53$ kWh
Mittlere Leistung $P_m = 785$ kW

2.7.7. Zugkraft $\quad F = 111{,}6$ N $\quad F_x = 96{,}6$ N $\quad F_y = 55{,}8$ N
Auflagekräfte $F_V = 240$ N $\quad F_H = 404$ N
Arbeit $\quad W = 96{,}6$ N $\cdot 800$ m $= 77300$ Nm $= 0{,}0215$ kWh
Leistung $P = \dfrac{77300 \text{ Nm}}{14 \cdot 60 \text{ s}} = 92$ W

2.7.8. Federkonstante $D = \dfrac{F}{s}$
Energiesatz $\quad \dfrac{1}{2} D \cdot s^2 = \dfrac{1}{2} \dfrac{F}{s} \cdot s^2 = m \cdot g \cdot h \quad h = 2{,}04$ m
$v = \sqrt{2g(h-s)} = 6{,}29$ m/s

2.7.9. Federkonstante $D = \dfrac{F_1}{s_1} = \dfrac{m_1 g}{s_1}$

Gesamtdehnung s_2 durch die Kraft $(m_1 + m_2)g$

$$s_2 = \frac{F_1 + F_2}{D} = \frac{m_1 + m_2}{m_1} s_1 = 7 \text{ cm}$$

Spannarbeit $\quad \Delta W_{12} = \tfrac{1}{2} D(s_2^2 - s_1^2) = 13{,}24 \text{ Nm}$

2.7.10. $D s_1 = C s_2^2 \quad s_2 = s - s_1 \quad s_1^2 - (2s + \dfrac{D}{C})s_1 + s^2 = 0$

$s_1 = 0{,}0268 \text{ m} \quad s_2 = 0{,}0732 \text{ m}$

$$W = \int_0^{s_1} D s_1 \, \mathrm{d}s_1 + \int_0^{s_2} C s_2^2 \, \mathrm{d}s_2 = \frac{D}{2} s_1^2 + \frac{C}{3} s_2^3 = 0{,}1013 \text{ Nm}$$

2.7.11. $\dfrac{x}{y} = \dfrac{r}{h} \quad x = \dfrac{r}{h} y \quad A = x^2 \pi = \dfrac{r^2}{h^2} y^2 \pi$

Eingetauchtes Volumen $\quad V(y) = \int_y^h A \, \mathrm{d}y = \dfrac{r^2 \pi}{h^2 3}(h^3 - y^3)$

$$W = \int_0^h F \, \mathrm{d}y = \int_0^h (G - F_\mathrm{A}) \, \mathrm{d}y = \int_0^h (mg - \varrho g V(y)) \, \mathrm{d}y = g h \left(m - \frac{\varrho r^2 \pi h}{4}\right) = 1{,}952 \text{ Nm}$$

2.7.12. $F_\mathrm{R} = 300 \text{ N} \quad k = 0{,}5 \text{ kg/m} \quad \mathrm{d}s = v \, \mathrm{d}t$

$$W_\mathrm{R} = \int (F_\mathrm{R} + k v^2) \, \mathrm{d}s = \int_{s=0}^{s_\mathrm{e}} F_\mathrm{R} \, \mathrm{d}s + k \int_{t=0}^{t_\mathrm{e}} v^2 v \, \mathrm{d}t$$

Da a konstant bleibt, ist $v = a t \quad v_\mathrm{e} = a t_\mathrm{e} \quad s_\mathrm{e} = \dfrac{v_\mathrm{e}^2}{2a}$

Damit wird $\quad W_\mathrm{R} = F_\mathrm{R} s_\mathrm{e} + k a^3 \dfrac{t_\mathrm{e}^4}{4} = \dfrac{F_\mathrm{R} v_\mathrm{e}^2}{2a} + \dfrac{k v_\mathrm{e}^4}{4a} = 1{,}969 \cdot 10^5 \text{ J} = 0{,}0547 \text{ kWh}$

Die Arbeit zur Überwindung des Luftwiderstandes steigt mit v^4, die Rollarbeit nur mit v^2.

2.7.13. Infolge der Reibung ist der Energieaufwand bei Verwendung einer schiefen Ebene um den Betrag $\Delta W = \dfrac{\mu \cdot m \cdot g \cdot h}{\tan \alpha}$ größer. Je flacher die schiefe Ebene, desto kleiner der Neigungswinkel α, desto größer ΔW.

2.8.1. Aus $s = \dfrac{v_0 + v}{2} t$ folgt für $v = 0 \quad v_0 = \dfrac{2s}{t} = 12 \text{ m/s} \quad a = \dfrac{-v_0}{t} = -6 \text{ m/s}^2$

2.8.2. 1. Teilstrecke: $v_1^2 = v_0^2 + 2 a s_1 \quad a = \dfrac{v_1^2 - v_0^2}{2 s_1}$

2. Teilstrecke: $s_2 = \dfrac{1}{2a}(v_2^2 - v_1^2) = -\dfrac{v_1^2}{2a}$

$$s_2 = \frac{v_1^2}{v_0^2 - v_1^2} \cdot s_1 = 45 \text{ m}$$

2.8.3. Mit Geschwindigkeitsbeschränkung:

Anfahrweg 120,6 m Bremsweg 64,3 m Fahrzeit 36,4 s

Ohne Geschwindigkeitsbeschränkung:

$$s = s_1 + s_2 = \frac{1}{2 a_1} v_{\max}^2 + \frac{1}{2 a_2} v_{\max}^2 \quad v_{\max} = 18{,}27 \text{ m/s}$$

$$t = t_1 + t_2 = \frac{s}{v} = \frac{s}{v_{\max}/2} = 35{,}0 \text{ s}$$

2.8.4. Zeit für die Beschleunigungsstrecke $t_1 = 6\,\text{m}/0{,}5\,v_\text{max}$
Zeit für die Reststrecke $t_2 = 94\,\text{m}/v_\text{max}$
$\dfrac{12\,\text{m}}{v_\text{max}} + \dfrac{94\,\text{m}}{v_\text{max}} = 10\,\text{s}\qquad v_\text{max} = 10{,}6\,\text{m/s}$
Beschleunigung a aus $v_\text{max}^2 = 2\,a\,s\qquad a = 9{,}36\,\text{m/s}^2$

2.8.5. Brems- und Beschleunigungsstrecke aus $v^2 = v_0^2 + 2\,a\,s$
$s_\text{br} = 250\,\text{m}\qquad s_\text{beschl} = 400\,\text{m}\qquad s_\text{ges} = (250 + 250 + 400)\,\text{m} = 900\,\text{m}$
Normalzeit 60 s Zeit während des Baues 115 s Verspätung 55 s

2.8.6. Beschleunigungszeit $t_1 = (v - v_0)/a = 10\,\text{s}$
Weg des Lkw in der Überholzeit t: $s_1 = 17{,}5\,\text{m/s} \cdot t$
Weg des Pkw in der Überholzeit t: $s_2 = 20\,\text{m/s} \cdot 10\,\text{s} + 22{,}5\,\text{m/s} \cdot (t - 10\,\text{s})$
Der Pkw muß beim Überholen $(20 + 5 + 10 + 20)\,\text{m} = 55\,\text{m}$ mehr zurücklegen als der Lkw. Daher ist $s_2 - s_1 = 55\,\text{m}$. Daraus findet man:
$t = 16\,\text{s}\qquad s_1 = 280\,\text{m}\qquad s_2 = 335\,\text{m}$

2.8.7. $v = v_0(1 - \text{e}^{-kt})\qquad a = \dot{v} = v_0\,k\,\text{e}^{-kt}\qquad a_\text{max} = v_0\,k = 3\,\text{m/s}^2$
$a_{10} = 3\,\dfrac{\text{m}}{\text{s}^2}\,\text{e}^{-0{,}1\,\text{s}^{-1}\cdot 10\,\text{s}} = 1{,}104\,\text{m/s}^2$
$a_{100} = \dfrac{3}{\text{e}^{10}}\,\text{m/s}^2 = 1{,}362\cdot 10^{-4}\,\text{m/s}^2\qquad v_\text{max} = v_0 = 108\,\text{km/h}$
$s = \int v\,\text{d}t = v_0(\int\text{d}t - \int\text{e}^{-kt}\,\text{d}t) = v_0\left(t + \dfrac{1}{k}\text{e}^{-kt} + C\right)$
Anfangsbedingung $s = 0$ bei $t = 0$ ergibt $C = -\dfrac{1}{k}$
$s = v_0\left(t + \dfrac{1}{k}\text{e}^{-kt} - \dfrac{1}{k}\right)\qquad s_{10} = 110{,}4\,\text{m}\qquad s_{100} = 2{,}7\,\text{km}$

2.8.8. $a = a_0 - kt = 1\,\dfrac{\text{m}}{\text{s}^2} - 0{,}015\,\dfrac{\text{m}}{\text{s}^3}\,t$
$v = \int a\,\text{d}t = a_0\,t - \dfrac{k}{2}t^2 + v_0 = 33\,\dfrac{\text{m}}{\text{s}}$
$s = \int v\,\text{d}t = s_0 + v_0\,t + \dfrac{a_0}{2}t^2 - \dfrac{k}{6}t^3 = 1260\,\text{m}$
Aus den Anfangsbedingungen folgt $s_0 = 0$ und $v_0 = 0$

2.8.9. $a(t) = a_0 - C_1 t^2\qquad a_1 = 0$ bei $t = t_1$ ergibt $0 = a_0 - C_1 t_1^2\qquad C_1 = \dfrac{a_0}{t_1^2}$
$a(t) = a_0 - \dfrac{a_0}{t_1^2}t^2\quad$ mit $\quad 0 \leq t \leq t_1$
$v = \int a\,\text{d}t = a_0 t - \dfrac{a_0}{t_1^2}\dfrac{t^3}{3} + C_2\qquad v_0 = 0$ bei $t = 0$ ergibt $C_2 = 0$
also $\quad v(t) = a_0 t - \dfrac{a_0}{3\,t_1^2}t^3$
$s = \int v\,\text{d}t = \dfrac{a_0}{2}t^2 - \dfrac{a_0}{3\,t_1^2}\dfrac{t^4}{4} + C_3\qquad s_0 = 0$ bei $t = 0$ ergibt $C_3 = 0$
also $\quad s(t) = \dfrac{a_0}{2}t^2 - \dfrac{a_0}{12\,t_1^2}t^4$
Bei $t = t_1 = 15\,\text{s}$ wird $v_1 = \tfrac{2}{3}a_0 t_1 = 10\,\text{m/s}$ und $s_1 = \tfrac{5}{12}a_0 t_1^2 = 93{,}7\,\text{m}$

2.8. Lösungen

2.8.10. Abwurfgeschwindigkeit v_0
Geschwindigkeit, mit der der Ball den Boden erreicht v_1
Rückprallgeschwindigkeit v_2
$v_1 = \sqrt{v_0^2 + 2gh}$ $v_2 = 0{,}8\,v_1$ $h = v_2^2/2g$
Daraus $2gh = 0{,}64\,v_0^2 + 1{,}28\,gh$ und $v_0 = 3{,}64$ m/s

2.8.11. Aus $15\text{ m} = \dfrac{g}{2}t^2 = v_0 t - \dfrac{g}{2}t^2$ folgt $v_0 = 17{,}16$ m/s

Die Steighöhe des hinaufgeworfenen Steines ist daher $h_{st} = v_0^2/2g = 15$ m.
Der hinaufgeworfene Stein trifft also den herabfallenden im Gipfelpunkt seiner Bahn.

2.8.12. Fallzeit $t_1 = \sqrt{\dfrac{2h}{g}}$ Schallzeit $t_2 = \dfrac{h}{c}$

$t = t_1 + t_2$ führt auf: $\dfrac{1}{c}h + \sqrt{\dfrac{2}{g}}\sqrt{h} = t$

Dies ist eine quadratische Gleichung für $\sqrt{h}$, die bei genauer Rechnung die Lösung $\sqrt{h} = 7{,}496\sqrt{\text{m}}$ bzw. $h = 56{,}19$ m ergibt.
Mit einem Rechenschieber kann das Resultat sehr ungenau werden, dann empfiehlt sich folgende Lösung:

$t = t_1 + t_2 = \sqrt{\dfrac{2h}{g}} + \dfrac{h}{c}$ $\sqrt{\dfrac{2h}{g}} = t - \dfrac{h}{c}$

Quadriert man diese Gleichung und beachtet man, daß die Schallzeit $\dfrac{h}{c}$ wegen der großen Schallgeschwindigkeit sehr klein ist, so folgt:

$\dfrac{2h}{g} = t^2 - 2t\dfrac{h}{c} + \dfrac{h^2}{c^2} \approx t^2 - 2t\dfrac{h}{c}$ $h \approx \dfrac{t^2}{\dfrac{1}{g} + \dfrac{t}{c}} = 56{,}07$ m

2.8.13. $4\text{ m} = v_0 \cos 40° \cdot t - 1\text{ m} = v_0 \sin 40° \cdot t - \dfrac{g}{2}t^2$

$v_0 = 5{,}54$ m/s $t = 0{,}943$ s $v_x = 4{,}24$ m/s $v_y = -5{,}68$ m/s $v = 7{,}09$ m/s

2.8.14. $490\text{ m/s} \cdot \cos\alpha \cdot t = 3430$ m $490\text{ m/s} \cdot \sin\alpha \cdot t - \dfrac{g}{2}t^2 = 245$ m

Setzt man t aus der ersten Gleichung in die zweite ein, so folgt mit der Beziehung $\dfrac{1}{\cos^2\alpha} = 1 + \tan^2\alpha$ eine Gleichung für $\tan\alpha$:

$240{,}3 \tan^2\alpha - 3430 \tan\alpha + 485{,}3 = 0$
$\alpha_1 = 86{,}0°$ (Steilschuß) $\alpha_2 = 8{,}13°$ (Flachschuß)

2.8.15. $a_x = \dfrac{F_w}{m} = kg$ $x = v_{0x}t + \dfrac{kg}{2}t^2$ $a_y = \dfrac{G}{m} = g$ $y = \dfrac{g}{2}t^2$ daraus $t = \sqrt{\dfrac{2y}{g}}$

Nach Einsetzen und Quadrieren: $x^2 - 2kxy + k^2y^2 - \dfrac{2v_{0x}}{g}y = 0$

$y_1 = h = \dfrac{g}{2}t_1^2$ $t_1 = \sqrt{\dfrac{2h}{g}} = 2{,}02$ s

$x_1 = v_{0x}t_1 + kh = 6{,}04$ m $v_{1x} = v_{0x} + kgt_1 = 3{,}98$ m/s $v_{1y} = gt_1 = 19{,}8$ m/s
$v_1 = \sqrt{v_{1x}^2 + v_{1y}^2} = 20{,}2$ m/s   oder mit Energiesatz:
$\dfrac{m}{2}v_1^2 = \dfrac{m}{2}v_{0x}^2 + mgh + F_w x_1$ $v_1 = \sqrt{2gh + 2kgx_1 + v_{0x}^2} = 20{,}2$ m/s

Lösungen 2.9.

2.9.1. a) Zugkraft des Motors $F_{\max} = \dfrac{P_{\max}}{v} = 3330$ N
Kraftreserve: 2530 N
b) Erforderliche Zugkraft $F = F_R + G \sin\alpha = 2566$ N
$\dfrac{P}{P_{\max}} = \dfrac{Fv}{F_{\max} v} = 77{,}1\%$
c) Kraft zum Beschleunigen $F_a = F_{\max} - F = 764$ N
Beschleunigung $a = F_a/m = 0{,}637$ m/s²

2.9.2. $s = \dfrac{g}{2}(\sin\alpha - \mu\cos\alpha)\,t^2 \qquad \mu = 0{,}19$

2.9.3. $\tfrac{1}{2}(\sin\alpha - \mu_1\cos\alpha)\,t^2 = \tfrac{1}{2}(\sin\alpha - \mu_2\cos\alpha)(t - 1\text{ s})^2$
$t = 5$ s $\quad s_1 = s_2 = 4{,}9$ m

2.9.4. $2s_1 a_1 = v_1^2 = v_{20}^2 = 2s_2 a_2$
$s_2 = s_1 \dfrac{\sin(\alpha_1 - \varrho)}{\sin(\alpha_2 + \varrho)} = 300$ m

2.9.5. a) $F_1 = \mu^* G_1$ $\qquad\qquad\qquad m = m_1 \qquad a_1 = 7{,}84$ m/s² $\quad s_{br} = 25{,}5$ m
b) $F_2 = \mu^* G_1 + \mu G_2$ $\qquad\quad m = m_1 + m_2 \quad a_2 = 5{,}98$ m/s² $\quad s_{br} = 33{,}4$ m
c) $F_3 = \mu^* G_1 \cos\alpha - G_1 \sin\alpha \quad m = m_1 \qquad a_3 = 6{,}86$ m/s² $\quad s_{br} = 29{,}2$ m
d) $F_4 = G_1(\mu^* \cos\alpha - \sin\alpha) + G_2(\mu \cos\alpha - \sin\alpha) \qquad m = m_1 + m_2$
$a_4 = 5{,}00$ m/s² $\quad s_{br} = 40{,}0$ m

2.9.6. Leistung $P = F_R \cdot v = \mu \cdot m \cdot g \cdot v = 0{,}53$ kW
Kraft beim Anfahren $F = F_R + ma = m(\mu \cdot g + a) = 1489$ N
Winkel des Seiles $\tan\varphi = \dfrac{ma}{mg} = 0{,}0459 \qquad \varphi = 2{,}63°$
Anfahrweg $s = \dfrac{1}{2a} v^2 = 0{,}9$ m
Leistung am Ende des Anfahrweges $P_{\max} = Fv = 1{,}34$ kW

2.9.7. Drehachse V: $s_V \cdot G - s \cdot F_H - h \cdot F_{Tr} = 0 \qquad F_H = \dfrac{m(s_V \cdot g - h \cdot a)}{s}$
Drehachse H: $s \cdot F_V - s_H \cdot G - h \cdot F_{Tr} = 0 \qquad F_V = \dfrac{m(s_H \cdot g + h \cdot a)}{s}$
a) $F_{RH} - F_{Tr} = 0 \qquad a_1 = \dfrac{\mu g s_V}{s + \mu h} = 3{,}51$ m/s² $\quad s_{br} = 32{,}0$ m
b) $F_{RV} - F_{Tr} = 0 \qquad a_2 = \dfrac{\mu g s_H}{s - \mu h} = 4{,}48$ m/s² $\quad s_{br} = 25{,}1$ m
c) $F_{RH} + F_{RV} - F_{Tr} = 0 \quad a_3 = \mu g = 7{,}85$ m/s² $\quad s_{br} = 14{,}33$ m

2.9.8. $\dfrac{dv}{dt} m = F_0 + Kt \qquad dv = \dfrac{F_0}{m} dt + \dfrac{K}{m} t\, dt$
$v = \int dv = v_0 + \dfrac{F_0}{m} t + \dfrac{K}{2m} t^2 \qquad t = 4{,}63$ s
$s = \int v\, dt = v_0 t + \dfrac{F_0}{2m} t^2 + \dfrac{K}{6m} t^3 + s_0 = 65{,}4$ m

2.9. Lösungen

2.9.9. $ma = m\dfrac{dv}{dt} = -kv^2 \quad -\dfrac{m\,dv}{v^2} = k\,dt$

Die Differentialgleichung läßt sich unmittelbar integrieren

$\dfrac{m}{v} = kt + C \qquad C$ ergibt sich aus der Anfangsbedingung:

$v(0) = v_0 \qquad C = \dfrac{m}{v_0} \qquad t = \dfrac{m}{k}\left(\dfrac{1}{v} - \dfrac{1}{v_0}\right) = 25\text{ s}$

2.9.10. Gesamtkraft $F = G_2 - F_R = 2{,}94\text{ N}$ \qquad Gesamtmasse $m = 2{,}8\text{ kg}$

Beschleunigung $a = \dfrac{F}{m} = 1{,}051\text{ m/s}^2$

Wegstrecke $s = \dfrac{v^2}{2a} = 0{,}476\text{ m}$

Kraft im Faden $F_F = m_1 a + F_R = 7{,}0\text{ N}$

2.9.11. Erforderliche Beschleunigung $a_1 = \dfrac{\Delta v}{\Delta t} = 1{,}2\text{ m/s}^2$

Beschleunigte Masse $m = (900 + 700 + 100)\text{ kg} = 1700\text{ kg}$

Beschleunigungskraft $F_a = m a_1 = 2040\text{ N}$

Gesamtkraft $F_{ges} = m \cdot a_1 + (m_1 - m_2) g + F_R = 4400\text{ N}$

Moment $M = r \cdot F_{ges} = 880\text{ Nm}$

Beschleunigung abwärts $a_2 = \dfrac{(m_1 - m_2) g - F_R}{m} = 0{,}92\text{ m/s}^2$

2.9.12. Geschwindigkeit nach dem Hochschnellen: $v = \sqrt{2g(h_3 - h_2)} = 2{,}426\text{ m/s}$

Beschleunigungszeit $t = \dfrac{h_2 - h_1}{v_m} = 0{,}165\text{ s}$

Mittlere Leistung $\bar{P} = \dfrac{m \cdot g(h_3 - h_1)}{t} = 1{,}93\text{ kW}$

2.9.13. Anfangsgeschwindigkeit des Wurfes $v_0 = \sqrt{2gh} = 14\text{ m/s}$

Beschleunigungszeit $t = \dfrac{s}{v_m} = 0{,}128\text{ s}$

Gesamte Hubarbeit $W = G(s + h) = 32{,}1\text{ Ws}$

Leistung $\bar{P} = \dfrac{W}{t} = 250\text{ W}$

Aufschlaggeschwindigkeit $v = \sqrt{2gh_{Gesamt}} = \sqrt{9{,}81\,\dfrac{m}{s^2} \cdot 12\text{ m}} = 15{,}33\text{ m/s}$

Steigzeit $t_{st} = 1{,}43\text{ s}$ \qquad Fallzeit $t_f = 1{,}56\text{ s}$ \qquad Wurfzeit $t_w = 2{,}99\text{ s}$

2.9.14. $E = \dfrac{m}{2} v_0^2 + m \cdot g(h + s) = F \cdot s \qquad F = 2465\text{ N}$

2.9.15. $17{,}5\text{ m} = v_0 \cos 42° \cdot t \qquad t = 1{,}9\text{ s}$

$-2\text{ m} = v_0 \sin 42° \cdot t - \dfrac{g}{2} t^2 \qquad v_0 = 12{,}38\text{ m/s}$

Erforderliche Beschleunigung $a = \dfrac{v_0^2}{2s} = 45{,}1\,\dfrac{m}{s^2}$

Beschleunigungskraft $F_a = ma = 327\text{ N}$

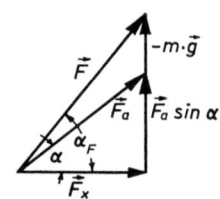

Kraft des Kugelstoßers: $F_x = 327$ N $\cos 42° = 243$ N
$F_y = 327$ N $\sin 42° + 71{,}1$ N $= 290$ N
$F = 378$ N $\alpha_F = 50{,}0°$

2.9.16. Beschleunigung beim Rutschen auf dem Dach $a = g(\sin\alpha - \mu\cos\alpha) = 3{,}47$ m/s²
Geschwindigkeit an der Dachkante $v_0 = \sqrt{2as} = 6{,}45$ m/s
Schiefer Wurf unter 45° nach unten:
$$x = v_0 \cos 45°\, t \qquad 10\text{ m} = v_0 \sin 45°\, t + \frac{g}{2} t^2$$
$t = 1{,}04$ s $x = 4{,}73$ m

2.9.17. Aus $\frac{1}{2} D s^2 = \frac{1}{2} m v_0^2$ $v_0 = 5{,}16$ m/s
Aus $h_{st} = \dfrac{v_0^2 \sin^2\alpha}{2g}$ $\sin\alpha = 0{,}858$ $\alpha = 59°$
$t_W = 0{,}903$ s $x_W = 2{,}4$ m

2.9.18. $\vec{F}_R = -6\pi\eta r \vec{v} = -k\vec{v}$ $-kv = m\dot v$ $\displaystyle\int \frac{dv}{v} = \int -\frac{k}{m} dt$
$v = v_0 e^{-\frac{k}{m}t}$ $v = 0$ für $t \to \infty$ $s = \int v_0 e^{-\frac{k}{m}t} dt$
$s = \dfrac{v_0 m}{k}\left(1 - e^{-\frac{k}{m}t}\right)$ $s_\infty = \dfrac{v_0 m}{k} = \dfrac{2 v_0 r^2 \varrho}{9\eta} = 8{,}89$ cm

2.9.19. a) $G = mg$ $F_A = \frac{4}{3} r^3 \pi \varrho_{öl} g$ $F_R = 6\pi\eta r v$
$G - F_A - F_R = ma$ $a = 6$ m s^{-2} $- 100$ s$^{-1}\, v = k_1 - k_2 v$

b) Für $v = v_{\max}$ muß $\dot v = a = 0$ sein: $v_{\max} = \dfrac{k_1}{k_2} = 0{,}06\ \dfrac{\text{m}}{\text{s}}$
$Re = \dfrac{2 r v \varrho_{öl}}{\eta} = 1{,}049 < Re_{krit} = 2$

c) Mit $a = \dot v$ erhält man für v die Differentialgleichung $\dot v + k_2 v - k_1 = 0$ mit der allgemeinen Lösung $v = v_{\max} + C e^{-k_2 t}$.
Aus der Anfangsbedingung $v_0 = 0$ kann man C bestimmen:
$v_0 = 0 = v_{\max} + C$ $C = -v_{\max}$
Gesuchte Lösung $v = v_{\max}(1 - e^{-k_2 t})$
Für $t = 0{,}01$ s: $v = 0{,}0379$ m/s $a = k_1 - k_2 v = 2{,}21$ m/s²
$s = \int v\, dt = v_{\max} \int (1 - e^{-k_2 t})\, dt = v_{\max}\left(t + \dfrac{1}{k_2} e^{-k_2 t}\right) = 0{,}821$ mm

d) $\dfrac{v}{v_{\max}} = 1 - e^{-k_2 t} = 0{,}99$ $e^{-k_2 t} = 0{,}01$ $t = 0{,}0461$ s

2.9.20. Mit der Gewichtskraft des überstehenden Seils $F = G = (h_0 + 2x) A \varrho g$ und der Seilmasse $m = l A \varrho$ erhält man nach dem Grundgesetz der Dynamik:
$a = \dfrac{F}{m} = (h_0 + 2x)\dfrac{g}{l}$.
Mit $a = \ddot x$ ist dies eine Differentialgleichung zweiter Ordnung:
$$\ddot x - \frac{2g}{l} x - \frac{g h_0}{l} = 0$$
Setzt man $\dfrac{2g}{l} = b^2$, so lautet ihre allgemeine Lösung:
$x = k_1\, e^{bt} + k_2\, e^{-bt} - \dfrac{h_0}{2}$,

wobei sich k_1 und k_2 ergeben aus der

1. Anfangsbedingung: Für $t_0 = 0$ ist $x_0 = 0 \quad 0 = k_1 + k_2 - \dfrac{h_0}{2}$

2. Anfangsbedingung: Für $t_0 = 0$ ist $v_0 = 0 \quad 0 = k_1 - k_2$

Daraus folgt: $k_1 = k_2 = \dfrac{h_0}{4}$

$x = \dfrac{h_0}{4}(e^{bt} + e^{-bt} - 2) \qquad x(1\text{ s}) = 0{,}272 \text{ m}$

$v = \dfrac{h_0 l}{4}(e^{bt} - e^{-bt}) \qquad v(1\text{ s}) = 0{,}588 \text{ m/s}$

$a = \dfrac{h_0 g}{2l}(e^{bt} + e^{-bt}) \qquad a(1\text{ s}) = 0{,}772 \text{ m/s}^2$

2.9.21. Bei unveränderlicher Masse sind beide Formulierungen des Grundgesetzes der Dynamik gleichwertig. Wenn sich aber die Masse während der Einwirkung der Kraft verändert, muß die Form mit der Änderung der Bewegungsgröße verwendet werden.

2.10.1. Dauer des Sprunges $t = 0{,}32$ s   Anfangsgeschwindigkeit $v_{ax} = 4{,}69$ m/s

Aus dem Impulssatz: $v_{ex} = \dfrac{75 \text{ kg}}{375 \text{ kg}} 4{,}69 \text{ m/s} = 0{,}938 \text{ m/s}$

2.10.2. $v_{1a} = \sqrt{2gh} = 5{,}05$ m/s   Impulssatz: $m_1 v_{1a} = (m_1 + m_2) v_e \qquad v_e = 4{,}46$ m/s

Energiesatz für die Eindringbewegung in den Boden:

$\tfrac{1}{2}(m_1 + m_2) v_e^2 + (m_1 + m_2) g s = F_w s \qquad F_w = 954$ kN

2.10.3. $\Delta p = \int F \, dt = F_0 \int_0^\infty e^{-kt} \, dt = F_0/k = 300$ N s

$\Delta p = m(v_e - v_a) = m v_e \qquad v_e = 20$ m/s

2.10.4. Mit guter Näherung aus dem Höhensatz: $h \, 2l = s^2$

Energiesatz: $v_2 = \sqrt{2gh} = s\sqrt{\dfrac{g}{l}}$

Geschwindigkeit der Kugel aus dem Impulssatz: $v_1 = \dfrac{m_1 + m_2}{m_1} v_2 = 271{,}5$ m/s

2.10.5. Geschwindigkeit des Gewehrkolbens aus dem Impulssatz: $v = 1{,}8$ m/s

Aus dem Energiesatz: $s = 4{,}32$ cm

2.10.6. Schubkraft $F_S = \dfrac{dp}{dt} = \dfrac{d(mv)}{dt} = v \dfrac{dm}{dt} = 2400 \dfrac{\text{m}}{\text{s}} \, 125 \dfrac{\text{kg}}{\text{s}} = 300$ kN

$m_a = 12{,}8$ t $\qquad F_{ra} = F_S - m_a g = 174{,}5$ kN $\qquad a_a = 13{,}63$ m/s^2

$m_e = (12{,}8 - 0{,}125 \cdot 70)\text{ t} = 4{,}05$ t $F_{re} = F_S - m_e g = 260{,}3$ kN $\qquad a_e = 64{,}3$ m/s^2

2.10.7. Aus dem Impulssatz: $v_e = 2{,}4$ m/s

Aus dem angegebenen Bremsweg: $a = \dfrac{v_e^2}{2 s_{br}} = 1{,}44$ m/s^2

Aus der Bremskraft: $G \mu_1 + G \mu_2 = (m_1 + m_2) a \qquad \mu_2 = 0{,}495$

2.10.8. Verzögerung $a = - \mu g = - 0{,}392$ m/s^2

Auftreffgeschwindigkeit $v_{1a} = \sqrt{v_0^2 + 2as} = 4{,}05$ m/s

Impulssatz: $4{,}05$ m/s $= v_{1e} + v_{2e}$

Kinetische Energie: $4{,}05^2 \text{ m}^2/\text{s}^2 \cdot 0{,}625 = v_{1e}^2 + v_{2e}^2$

$v_{1e} = 1{,}013$ m/s $\quad v_{2e} = 3{,}038$ m/s $\quad s_{br1} = 1{,}31$ m $\quad s_{br2} = 11{,}75$ m

2.10.9. Geschwindigkeit des Lkw beim ersten Stoß $v_{1a} = 1{,}2$ m/s
Aus den Gleichungen des elastischen Stoßes: $v_{1e} = 0{,}6$ m/s $\quad v_{2e} = 1{,}8$ m/s
Weggleichungen nach dem Stoß $\quad s_1 = 0{,}6$ m/s $\cdot t + 0{,}2$ m/s² $\cdot t^2$
$$s_2 = 1{,}8 \text{ m/s} \cdot t - 0{,}196 \text{ m/s}^2 \cdot t^2$$
Aus $s_1 = s_2 \quad t = 3{,}03$ s

2.10.10. a) Bremskraft $F = 10\,800$ N $\quad \mu_{\min} = 0{,}917$
b) Reaktionsweg $s_1 = 18$ m $\quad$ Rest des Weges 22 m
Aufprallgeschwindigkeit $v_{1a} = \sqrt{v_0^2 + 2as} = 2$ m/s $\quad a = -9$ m/s²
c) Geschwindigkeit des Autos nach dem Stoß aus dem Bremsweg: $v_{1e} = 1{,}2$ m/s
Aus dem Impulssatz: $v_{2e} = 1{,}5$ m/s
d) Bremsweg des Anhängers 1,147 m
e) Verlustenergie 816 Ws = 816 J, das sind 34% der gesamten kinetischen Energie.

2.10.11. Aus $v_{2e} = 0$ folgt $m_2 = m_3$. Mit diesem Ergebnis folgt dann aus $v_{1e} = -v_{3e}$ die Beziehung $m_2 = 3\,m_1$
Die Massen verhalten sich also wie: $m_1 : m_2 : m_3 = 1 : 3 : 3 \quad v_{3e} = \tfrac{1}{2} v_{1a}$

2.10.12. Ball (1): $\quad v_{1ax} = -v_{1a} \cos\alpha = -14{,}77$ m/s
$\quad\quad\quad\quad\quad v_{1ay} = v_{1a} \sin\alpha = 2{,}6$ m/s
Schläger (2): $v_{2ax} = 18$ m/s $\quad v_{2ay} = 0 \quad v_{2ey} = 0$
Impulssatz für die y-Komponente: $\quad v_{1ey} = v_{1ay} = 2{,}6$ m/s
Elastischer Stoß für die x-Komponente: $\quad v_{1ex} = 38{,}85$ m/s
Gesamtgeschwindigkeit des Balls nach dem Stoß: $v_{1e} = \sqrt{v_{1ex}^2 + v_{1ey}^2} = 38{,}9$ m/s
Winkel des zurückfliegenden Balls mit der Normalen $\tan\beta = \dfrac{v_{1ey}}{v_{1ex}} \quad \beta = 3{,}83°$
Winkel gegen die Horizontale $\gamma = \beta + 30° = 33{,}83°$

2.10.13. Der Energiesatz gilt immer, auch beim unelastischen Stoß. Während aber beim elastischen Stoß keine kinetische Energie verlorengeht, wandelt sich beim unelastischen Stoß ein Teil der kinetischen Energie in Formänderungsarbeit und Wärme um. Die richtige Formulierung lautet: Beim elastischen Stoß bleibt die kinetische Energie erhalten, beim unelastischen Stoß wandelt sie sich zum Teil in andere Energiearten um.

2.10.14. Im Augenblick des Abflugs erhält der Käfig einen Impuls nach unten, die Anzeige des Kraftmessers steigt. Solange der Vogel im Käfig fliegt, überträgt er seine Gewichtskraft durch den Impuls der Luft auf den Käfig, der Kraftmesser stellt sich etwa auf den Ausgangszustand ein. Seine Anzeige wird aber um die Gewichtskraft des Vogels kleiner, wenn dieser den Käfig verläßt.

2.11.1. Maximale Beanspruchung der Schaufel: $F = F_f + G$
$F_f = m r \omega^2 = m r 4 \pi^2 n^2 = F - G \quad n = 61{,}6$ s⁻¹

2.11.2. $m \dfrac{v^2}{r_1} = mg \quad\quad v = 15{,}65$ m/s $= 56{,}4$ km/h
$m \dfrac{v^2}{r_2} = 0{,}2\, mg \quad r_2 = 125$ m

2.11.3. a) Im Grenzfall: $\dfrac{v_B^2}{r} = g \quad v_B = 1{,}716$ m/s

b) Energiesatz: $v_B = \sqrt{2g(h-2r)} \quad h = 2{,}5r = 0{,}75$ m

c) $E_\text{kin} = \dfrac{1}{2} m v_B^2 = m \cdot g \cdot \dfrac{r}{2} = 1{,}177$ Ws

d) $v_C = \sqrt{2g \cdot 1{,}5r} = 2{,}97$ m/s

2.11.4. $F_1 = 2mg = 2355$ N $\quad F_2 = 5mg = 5890$ N

2.11.5. $F_f = G \cdot \tan 30° = 453$ N

$r = 2\,\text{m} + 2{,}6\,\text{m} \cdot \sin 30° = 3{,}3$ m

$F_f = mr\omega^2 \quad \text{daraus} \quad \omega = 1{,}31\,\text{s}^{-1} \quad T = \dfrac{2\pi}{\omega} = 4{,}80$ s

2.11.6. $\omega = \dfrac{d\varphi}{dt} = 150° \dfrac{\pi}{180°} \cdot \dfrac{1}{10\,\text{s}} = 0{,}262\,\text{s}^{-1}$

$F_f = mr\omega^2 = 263$ N

Momente um Drehachse A:

$F_B \cdot 2{,}4\,\text{m} = 1200 \cdot 9{,}81\,\text{N} \cdot 3{,}2\,\text{m} + 263\,\text{N} \cdot 4{,}4\,\text{m}$

$F_B = 16{,}18$ kN $\quad F_{Ax} = F_B - F_f = 15{,}92$ kN $\quad F_{Ay} = G = 11{,}77$ kN

$F_A = 19{,}8$ kN

$\tan \delta = \dfrac{F_f}{G} = \dfrac{mr\omega^2}{mg} = 0{,}0224 \quad \delta = 1{,}28°$

2.11.7. Fliehkraft in B $\quad F_f = m\dfrac{v^2}{r_1} = m\dfrac{2gh_1}{r_1}$

Normalkraft in B $\quad F_n = G \cdot \cos \varphi = mg\dfrac{r_1 - h_1}{r_1}$

Durch Gleichsetzen dieser beiden Kräfte: $h_1 = \dfrac{r_1}{3} = 80$ cm

Geschwindigkeit in D $\quad v = \sqrt{2gh_\text{Gesamt}} = 7{,}92$ m/s

Horizontaler Wurf $\quad y = -0{,}6\,\text{m} = -\dfrac{g}{2}t^2 \quad t = 0{,}35\,\text{s} \quad x = vt = 2{,}77$ m

2.11.8. Aus $m\dfrac{v^2}{r}h = \dfrac{1}{2}mg\dfrac{b}{2} \quad v = 10{,}28$ m/s

Aus $v^2 = v_0^2 + 2as \quad a = -1{,}49\,\text{m/s}^2$

Bremskraft $\quad F = ma = 1940$ N

Auflagekräfte $\quad F_i = mg/4 = 3190$ N $\quad F_a = 3\,mg/4 = 9560$ N

Reibungszahl $\quad \mu = F_f/mg = \dfrac{b}{4h} = 0{,}538$

2.11.9. a) $m\dfrac{v^2}{r}\dfrac{h}{2} = mg\dfrac{d}{2} \quad r = 23{,}9$ m

b) $ma\dfrac{h}{2} = mg\dfrac{d}{2} \quad a = \dfrac{gd}{h} \quad t_\text{br} = \dfrac{v}{a} = 1{,}91$ s

c) $\mu G = ma \quad \mu = \dfrac{a}{g} = \dfrac{d}{h} = 0{,}667$

2.11.10. x-Komponente: $F_f - F_R \cos\alpha - F_n \sin\alpha = 0$

y-Komponente: $F_n \cos\alpha - G - F_R \sin\alpha = 0$

Im Grenzfall ist $F_R = F_n \mu = F_n \tan\varrho$

Durch Einsetzen und Ausklammern von F_n wird die

x-Komponente: $F_n(\sin\alpha + \mu\cos\alpha) = m\dfrac{v^2}{r}$

y-Komponente: $F_n(\cos\alpha - \mu\sin\alpha) = mg$

Die Division der x-Komponente durch die y-Komponente ergibt:

$$\frac{v^2}{rg} = \frac{\sin\alpha + \mu\cos\alpha}{\cos\alpha - \mu\sin\alpha}$$

$v = \sqrt{rg\,\dfrac{\sin\alpha + \mu\cos\alpha}{\cos\alpha - \mu\sin\alpha}} = \sqrt{rg\tan(\alpha+\varrho)} = 48\,\dfrac{\text{km}}{\text{h}}$

$\tan\beta = \dfrac{F_f}{G} = \dfrac{mv^2}{rmg} = \tan(\alpha+\varrho)$

$\beta = 31{,}1°$

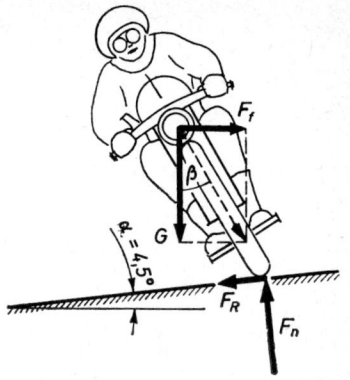

2.11.11. $m = \varrho A l \quad dm = \varrho A\,dx \quad r = x\sin\varphi$

$dF_f = r\omega^2\,dm = x\sin\varphi\,\omega^2\varrho A\,dx$

$dF_n = dF_f\cos\varphi = x\sin\varphi\cos\varphi\,\omega^2\varrho A\,dx$

Moment der Gewichtskraft:

$M_g = mg\dfrac{l}{2}\sin\varphi = \varrho A g\dfrac{l^2}{2}\sin\varphi$

Moment der Fliehkraft:

$M_f = \int x\,dF_n = \int\limits_0^l x^2\sin\varphi\cos\varphi\,\omega^2\varrho A\,dx = \varrho A\,\omega^2\sin\varphi\cos\varphi\,\dfrac{l^3}{3}$

Aus $M_g = M_f$: $\cos\varphi = \dfrac{3g}{2\omega^2 l} = 0{,}5 \quad \varphi = 60°$

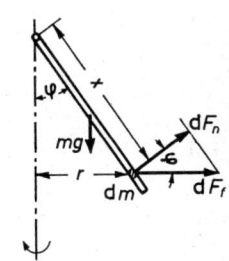

2.11.12. $dF_f = dm\,\omega^2 r = A\varrho\,dx\,\omega^2 x\sin\varphi \quad dM_f = dF_f\left(\dfrac{s}{2} + x\cos\varphi\right)$

$M_f = \int dM_f = A\varrho\omega^2\sin\varphi\int\limits_{x=-l}^{+l}\left(x\dfrac{s}{2} + x^2\cos\varphi\right)dx = m_1\omega^2 l^2\,\dfrac{1}{3}\sin\varphi\cos\varphi$

$M_{B\max} = M_f + M_1 + M_s$

$F_{B\max}\,s = m_1\omega^2 l^2\dfrac{1}{3}\sin\varphi\cos\varphi + m_1 g\dfrac{s}{2} + m_s g\dfrac{s}{2}$

$\omega = 2\pi f = 30\,\text{s}^{-1} \quad F_{B\max} = 13{,}36\,\text{N}$

2.12.1. $\omega = \dfrac{2\pi}{86164\,\text{s}} = 0{,}0000729\,\text{s}^{-1}$

$F_C = 2mv\omega\sin\varphi = 2{,}22\,\text{N}$

Auflagekräfte rechts und links: $F_r = \tfrac{1}{2}(G+F_C) \quad F_l = \tfrac{1}{2}(G-F_C)$

Abweichung: $\dfrac{F_r - G/2}{G/2} = \dfrac{F_C}{m\cdot g} = 0{,}0226\,\%$

2.12.2. $\omega = \dfrac{v_Z}{r} = 0{,}075\,\text{s}^{-1}$

$F_C = 2mv_P\omega = 4{,}5\,\text{N}$

$\Delta F_f = F_{f2} - F_{f1} = \dfrac{m(v_Z+v_P)^2}{r} - \dfrac{mv_Z^2}{r} \approx 2mv_Z\dfrac{v_P}{r} = F_C \quad \text{da} \quad v_P \ll v_Z$

2.12.3. $F_C = 1{,}92\,\text{N}$

2.12.4. $\vartheta = 90° - \varphi$ also $\sin\vartheta = \cos\varphi$

$a_C = \dfrac{F_C}{m} = 2v^*\omega\cos\varphi = \dfrac{dv_C}{dt}$ mit $v^* = gt$

$v_C = g\omega\cos\varphi \cdot t^2 = \dfrac{ds_C}{dt}$

$s_C = \tfrac{1}{3}\omega g\cos\varphi \cdot t^3$ mit $t = \sqrt{2h/g}$

$s_C = \dfrac{2}{3}\omega\cos\varphi \cdot h\sqrt{\dfrac{2h}{g}} = \dfrac{2}{3} \cdot 7{,}29 \cdot 10^{-5}\,\text{s}^{-1} \cdot \cos 49{,}50 \cdot 80\,\text{m}\sqrt{\dfrac{2\cdot 80}{9{,}81}}\,\text{s} = 1{,}02\,\text{cm}$

2.12.5. $F_C = 2 \cdot 40\,\text{kg} \cdot 0{,}5\,\dfrac{\text{m}}{\text{s}} \cdot 1{,}5\,\text{s}^{-1} \cdot \sin 70° = 56{,}4\,\text{N}$

$F_f = 40\,\text{kg} \cdot 1{,}5^2\,\text{s}^{-2} \cdot 1{,}6\,\text{m} \cdot \cos 20° = 135{,}3\,\text{N}$

$F = \sqrt{F_C^2 + F_f^2} = 146{,}6\,\text{N}$

2.13.1. $a_n = a_t = \dfrac{v^2}{r} = \dfrac{a_t^2 t^2}{r}$

$a = \dfrac{a_t}{r}\sqrt{a_t^2 t^4 + r^2} = 0{,}894\,\text{m s}^{-2}$

2.13.2. $a_n = a_t = \omega^2 r = (\alpha t)^2 r \quad a_t = \alpha r$

$a = \sqrt{a_n^2 + a_t^2} = \alpha r\sqrt{\alpha^2 t^4 + 1} = 4{,}24\,\text{m/s}^2$

$\tan\psi = \dfrac{ma}{mg} = \dfrac{\alpha r}{g}\sqrt{\alpha^2 t^4 + 1} = 0{,}432 \quad \psi = 23{,}4°$

$\tan\varphi = \dfrac{a_n}{a_t} = \dfrac{\alpha^2 r t^2}{\alpha r} = \alpha t^2 = 1 \quad \varphi = 45°$

2.13.3. $x = v_0 t \qquad\qquad y = \dfrac{g}{2} t^2$

$v_x = v_0 \qquad\qquad v_y = gt \qquad\qquad v = \sqrt{v_0^2 + g^2 t^2}$

$a_x = 0 \qquad\qquad a_y = g \qquad\qquad a = \sqrt{a_x^2 + a_y^2} = g$

$a_t = \dfrac{dv}{dt} = g^2\dfrac{t}{v} \qquad\qquad a^2 = a_t^2 + a_n^2 = g^2$

$a_n = \sqrt{g^2 - \left(g^2\dfrac{t}{v}\right)^2} = \dfrac{g}{v}\sqrt{v^2 - g^2 t^2} = g\dfrac{v_0}{v}$

$t = 0$	$v = 10\,\text{m s}^{-1}$	$a_t = 0$	$a_n = g$
$t = 1\,\text{s}$	$v = 14{,}0\,\text{m s}^{-1}$	$a_t = 6{,}87\,\text{m s}^{-2}$	$a_n = 7{,}0\,\text{m s}^{-2}$
$t \to \infty$	$v \to \infty$	$a_t \to g$	$a_n \to 0$

2.13.4. $a_t = a \quad a_n = \dfrac{v^2}{r} = \dfrac{a^2 t^2}{r} \quad \varphi = \dfrac{s}{r} = \dfrac{a t^2}{2r}$

$\tan\varphi = \dfrac{a_t}{a_n} = \dfrac{r}{a t^2} = \dfrac{1}{2\varphi} \quad \varphi = 0{,}653 = 37{,}4°$

$t = \sqrt{\dfrac{2r\varphi}{a}} = 3{,}61\,\text{s} \quad s = \dfrac{a}{2} t^2 = 13{,}06\,\text{m} \quad a_n = 2{,}61\,\text{m s}^{-2}$

$a_B = \dfrac{a_n}{\cos\varphi} = 3{,}29\,\text{m s}^{-2}$

2.14.1. Aus $g_0\dfrac{r_0^2}{r^2} = \dfrac{v^2}{r} \quad v = 7{,}82 \cdot 10^3\,\text{m/s} = 28\,200\,\text{km/h}$

$T = 1{,}448\,h = 1\,\text{h}\,27\,\text{min}$

2.14.2. Bahngeschwindigkeit der Erde $\quad v = 29{,}8$ km/s

Zentripetalbeschleunigung auf ihrer Bahn $\quad a = \dfrac{v^2}{r} = 0{,}00594$ m/s^2

Beschleunigung an der Sonnenoberfläche $\quad g_S = a\dfrac{r^2}{r_S^2} = 274{,}3$ m/s^2

2.14.3. $g_{\text{Jup}} = g_{\text{Erde}}\dfrac{m_J}{m_E}\dfrac{r_E^2}{r_J^2} - r_J\left(\dfrac{2\pi}{T}\right)^2 = 25{,}11\ \text{m/s}^2 - 2{,}24\ \text{m/s}^2 = 22{,}87\ \text{m/s}^2$

2.14.4. $\tan\alpha = \dfrac{fmm_1}{r^2 mg} \quad \alpha = 3{,}36''$

2.14.5. $W = \displaystyle\int_{r_0}^{r_0+h} F\,\mathrm dr = \int_{r_0}^{r_0+h} f\,\dfrac{m_0 m_R}{r^2}\,\mathrm dr = f m_0 m_R\left(\dfrac{1}{r_0} - \dfrac{1}{r_0+h}\right) = 8{,}79\cdot 10^{10}\ \text{J} = 2{,}44\cdot 10^4\ \text{kWh}$

2.14.6. $r = \sqrt{a^2+s^2} \quad A = d^2\pi/4$
$\mathrm dA = 2a\pi\,\mathrm da$

$\mathrm dm_S = \dfrac{m_S}{A}\,\mathrm dA = \dfrac{8\,m_S\,a}{d^2}\,\mathrm da$

Axiale Komponente der Kraft

$\mathrm dF_S = \mathrm dF\cos\varphi = \dfrac{mf}{r^2}\,\dfrac{s}{r}\,\mathrm dm_S$

$F = \dfrac{8\,m_S\,mfs}{d^2}\displaystyle\int_0^{d/2}\dfrac{a}{(a^2+s^2)^{3/2}}\,\mathrm da =$

$= \dfrac{8\,m_S\,mf}{d^2}\left(1 - \dfrac{s}{\sqrt{\dfrac{d^2}{4}+s^2}}\right)$

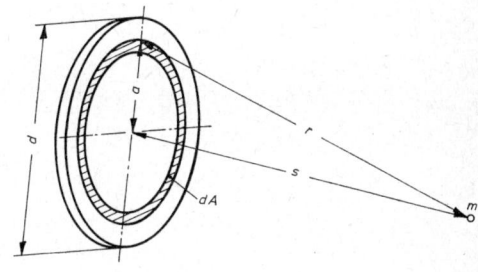

2.14.7. Momentane Entfernung des Meteoriten vom Mondmittelpunkt r_1
Momentane Entfernung des Meteoriten vom Erdmittelpunkt r_2
Masse des Meteoriten m

$W_{\text{pot}} = \displaystyle\int_\infty^{r_M} fm\,\dfrac{m_M}{r_1^2}\,\mathrm dr_1 + \int_\infty^{e+r_M} fm\,\dfrac{m_E}{r_2^2}\,\mathrm dr_2 = -fm\left(\dfrac{m_M}{r_M}+\dfrac{m_E}{e+r_M}\right) = |W| = \dfrac{m}{2}v^2$

$v = \sqrt{\dfrac{2|W|}{m}} = \sqrt{2f\left(\dfrac{m_M}{r_M}+\dfrac{m_E}{e+r_M}\right)} = 2{,}78\cdot 10^3\ \dfrac{\text{m}}{\text{s}}$

2.15.1. $J = 7200\ \text{kg}\,\text{m}^2 \quad$ Reibungsmoment $M_R = 39{,}2\ \text{Nm}$
Impulssatz $(M_a - M_R)t_1 = J\omega \quad t_1 = 61{,}1\ \text{s}$
Antriebsleistung $\quad P = M_R\,\omega = 0{,}986\ \text{kW}$
Rotationsenergie $\quad E_{\text{rot}} = \tfrac{1}{2}J\omega^2 = 2{,}274\cdot 10^6\ \text{Ws} = 0{,}632\ \text{kWh}$
Auslaufdauer aus dem Impulssatz $\quad M_R t_2 = J\omega \quad t_2 = 76{,}9\ \text{min}$

2.15.2. $m = 101{,}8\ \text{kg} \quad J = 4{,}58\ \text{kg}\,\text{m}^2 \quad \omega = 3\pi\ \text{s}^{-1}$
Antriebsmoment $\quad M_a = 4{,}8\ \text{Nm} \quad$ Reibungsmoment $M_R = 1{,}438\ \text{Nm}$
Aus $(M_a - M_R)t = J\omega \quad t = 12{,}84\ \text{s}$

2.15. Lösungen

2.15.3. $m = 10,6$ kg $\quad J = \dfrac{\varrho\, d^4\, \pi\, h}{32} = 0,1193$ kg m^2

Reibungsmoment aus Antriebsleistung bei Leerlauf $\quad M_R = \dfrac{P_R}{\omega} = 0,00212$ Nm

Arbeitsmoment $\quad M_A = F\mu r = 0,72$ Nm

Energiesatz: $\quad \bar{P}\,t + \dfrac{1}{2}J(\omega_a^2 - \omega_e^2) = (M_R + M_A)\,\bar{\omega}\,t \quad \bar{\omega} = \dfrac{\omega_a + \omega_e}{2}$

$\bar{P} = \bar{\omega}\left[[M_R + M_A - \dfrac{J}{t}(\omega_a - \omega_e)]\right] = 31,1$ W

2.15.4. $\bar{P}\,t_1 = \overline{M}_{br}\dfrac{\omega}{2}t_1 + \dfrac{1}{2}J\omega^2 \quad \dfrac{1}{2}J\omega^2 = \overline{M}_{br}\dfrac{\omega}{2}t_2$

Aus diesen beiden Gleichungen: $\quad J = \dfrac{2\,\bar{P}\,t_1}{\omega^2 \cdot \left(1 + \dfrac{t_1}{t_2}\right)} = 27,4$ kg cm^2

$\overline{M}_{br} = J\omega/t_2 = 0,0191$ Nm

2.15.5. Energiesatz: $\quad \tfrac{1}{2}J(\omega_a^2 - \omega_e^2)\eta = Fs \quad F = 203,5$ kN

$\bar{P}\,t\,\eta = \tfrac{1}{2}J(\omega_a^2 - \omega_e^2) \quad \bar{P} = 0,603$ kW

2.15.6. Energiesatz: $\tfrac{1}{2}J(\omega_a^2 - \omega_e^2) = \bar{P}\,t \quad J = \cancel{0,000288}$ kg m^2 $= 2880$ g cm^2 $= 0{,}00032\ kg\,m^2$

$J = \dfrac{1}{2}r^2\pi\dfrac{r}{2}\varrho\, r^2 \quad r = 3,42$ cm

2.15.7. $J = 1,4\, m_2 r^2 + \dfrac{1}{3}m_1 l^2 = 176$ kg cm^2 $\quad M = -G_1\dfrac{l}{2} + G_2 r = 0,196$ Nm

$\alpha = \dfrac{M}{J} = 11,1$ s^{-2}

Aus dem Energiesatz: $\quad G_2 r - G_1\dfrac{l}{2} = \dfrac{1}{2}J\omega^2 \quad \omega = 4,72$ s^{-1}

2.15.8. Impulssatz: $\quad J_1 n_{1a} = (J_1 + J_2)n_e \quad n_e = 480$ min^{-1}

$J_2 \omega_e = M\,t \quad t = 7,54$ s

Die Rotationsenergie nach dem Drehfrequenzangleich ist nur noch 40% der Energie vor dem Angleich, daher gehen 60% verloren.

2.15.9. Energiesatz: $\quad m_2 g h = \dfrac{1}{2}m_2 v_2 + \dfrac{1}{2}m_1\left(\dfrac{v_2}{2}\right)^2 + \dfrac{1}{2}J_{1S}\omega_1^2$

$J_{1S} = 0,5\, m_1 r^2 \quad \omega_1 = \dfrac{v_2}{2r} \quad v_2 = \sqrt{\dfrac{8\, m_2 g h}{4\, m_2 + 1,5\, m_1}} \quad v_1 = \dfrac{v_2}{2}$

2.15.10. Energiesatz: $\quad m g h = \tfrac{1}{2}J\omega^2 + \tfrac{1}{2}m v^2 \quad v = r_2 \omega \quad J = \tfrac{1}{2}m r_1^2$

$v = \sqrt{\dfrac{2 g h}{51}} \quad t = t_{Fall}\sqrt{51} = 7,14 \cdot t_{Fall}$

2.15.11. Energiesatz: $\quad m \cdot g \cdot h = \dfrac{m}{2}v^2 + \dfrac{J}{2}\omega^2 \quad$ daraus

$a = \dfrac{v^2}{2s} = \dfrac{5}{7}g\sin\gamma$

Kräftegleichgewicht $\quad m g \sin\gamma - m a = F_R \quad \tan\gamma = \dfrac{7}{2}\mu = 0,7 \quad \gamma = 35°$

2.15.12. $J_1 = J_{S1} + m_1 r_1^2 = 1,5\, m_1 r_1^2 = 24\, r_2^4 \pi h \varrho$

$J_2 = J_{S2} + m_2 r_2^2 = 9,5\, m_2 r_2^2 = 9,5\, r_2^4 \pi h \varrho$

$J = J_1 - J_2 = 14,5\, r_2^4 \pi h \varrho = 0,0911$ kg m^2

2.15.13. Dicke des Blechs s Geradengleichung

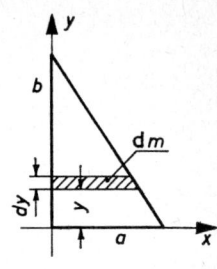

$$y = -\frac{b}{a}x + b \qquad x = -\frac{a}{b}y + a$$
$$dm = s\varrho\,dy\,x$$
$$m = \tfrac{1}{2}abs\varrho$$
$$J_a = \int y^2\,dm = \int_0^b y^2 s\varrho a\left(-\frac{y}{b}+1\right)dy =$$
$$= s\varrho a\frac{b^3}{12} = m\frac{b^2}{6} = 3000 \text{ g cm}^3$$

2.15.14. Masse der Kreisscheibe bei der Dicke s: $m = R^2\pi s\varrho$
$$dm = dV\varrho = s\,r\,d\varphi\,dr\,\varrho \qquad y = r\sin\varphi$$
$$J_x = \int y^2\,dm = s\varrho\int_{r=0}^{R} r^3\,dr \int_{\varphi=0}^{2\pi}\sin^2\varphi\,d\varphi = s\varrho\pi\frac{R^4}{4} = \frac{1}{4}mR^2 = 10^4 \text{ g cm}^2$$

2.15.15. $dm = \varrho(x)A\,dx \qquad m = \frac{\varrho_1+\varrho_2}{2}\cdot A\cdot l \qquad \varrho(x) = \varrho_1 + \frac{\varrho_2-\varrho_1}{l}x$
$$J = \int x^2\,dm = A\int_{x=0}^{l}\left(x^2\varrho_1 + \frac{\varrho_2-\varrho_1}{l}x^3\right)dx = \frac{ml^2}{2(\varrho_1+\varrho_2)}\left(\frac{\varrho_1}{3}+\varrho_2\right) = 0{,}035 \text{ kg m}^2$$

3.1.1. Schieber in tiefster Stellung:
$h_{S1} = 0{,}4$ m $\quad F_1 = F_{R1} + G = \mu\cdot F_{S1} + mg = 1522$ N

Schieber 40 cm hochgezogen:
$h_{S2} = 0{,}2$ m $\quad F_2 = F_{R2} + G = \mu\cdot F_{S2} + mg = 675$ N

3.1.2. Bestimmung des Flächenträgheitsmoments J_{AS} eines Rechtecks der Höhe a und der Breite b:
$$J_{AS} = \int y^2\,dA = \int_{-a/2}^{+a/2} y^2 b\,dy = \frac{a^3 b}{12} = \frac{A\,a^2}{12}$$
$$J_{AS} = \frac{A_S a^2}{12} = \frac{A_S h_s^2}{3} \qquad h_p = \frac{4}{3}h_S = 1{,}2 \text{ m}$$
$$F\cdot 0{,}8 \text{ m} = F_S(h_p + 0{,}4 \text{ m}) \qquad F = 95{,}4 \text{ kN}$$

3.1.3. $F_D = [(48 \text{ cm})^2\cdot 16 \text{ cm} - (18 \text{ cm})^2\pi\cdot 6 \text{ cm}]\cdot 7{,}3 \text{ g/cm}^3\cdot 9{,}81 \text{ m/s}^2 = 2203$ N

3.1.4. Bestimmung von J_{AS}: $dA = r\,d\varphi\,dr \qquad y = r\sin\varphi$
$$J_{AS} = \int y^2\,dA = \int_{r=0}^{d/2}\int_{\varphi=0}^{2\pi} r^3\,dr\,\sin^2\varphi\,d\varphi = \frac{d^4\pi}{64}$$
$h_p - h_S = d^2/16\,h_S$

$h_{S1} = 50$ cm	$h_{p1} - h_{S1} = 0{,}2$ mm	$F_{S1} = 6{,}16$ N
$h_{S2} = 100$ cm	$h_{p2} - h_{S2} = 0{,}1$ mm	$F_{S2} = 12{,}33$ N
$h_{S3} = 200$ cm	$h_{p3} - h_{S3} = 0{,}05$ mm	$F_{S3} = 24{,}66$ N

3.1.5. J_{AS} siehe Aufgabe 30.2
$A_S = 300 \text{ cm}^2 \quad h_S = 40$ cm
$F_S = h_S\varrho g A_S = 117{,}7$ N
$h_p = h_S + a^2/12\,h_S = 40{,}83$ cm

3.1.6. $x\cdot 13{,}6 \text{ g/cm}^3 + 23 \text{ cm}\cdot 0{,}8 \text{ g/cm}^3 = 32 \text{ cm}\cdot 1 \text{ g/cm}^3 \qquad x = 1$ cm

3.2. Lösungen

3.2.1. $V^* = \dfrac{F_A}{\varrho_{Fl} \cdot g} \qquad \varrho = \dfrac{G}{g\,V^*} = \dfrac{G}{F_A}\,\varrho_{Fl}$

Messingstück: $\quad G_1 = 0{,}79\text{ N} \qquad V_1 = 9{,}58\text{ cm}^3 \qquad \varrho_1 = 8{,}4\text{ g/cm}^3$
Beide Körper: $\quad G_1 + G_2 = 1{,}24\text{ N} \qquad V_1 + V_2 = 73{,}3\text{ cm}^3$
Holzstück: $\qquad G_2 = 0{,}45\text{ N} \qquad V_2 = 63{,}7\text{ cm}^3 \qquad \varrho_2 = 0{,}72\text{ g/cm}^3$

3.2.2. $\varrho_{\text{Marmor}} = \dfrac{G}{F_A} \cdot \varrho_{\text{Wasser}} \qquad \varrho_{\text{Marmor}} = 2{,}4\text{ g/cm}^3 \qquad \varrho_{\text{Benzin}} = 0{,}81\text{ g/cm}^3$

3.2.3. $\tfrac{4}{3}(r_1^3 - r_2^3)\pi\,\varrho_{Al} = \tfrac{2}{3}r_1^3\,\pi\,\varrho_{\text{Wasser}} \qquad r_2 = 4{,}68\text{ cm} \qquad$ Wandstärke $0{,}32\text{ cm}$

3.2.4. Schwimmbedingung bei der Eintauchtiefe h:
$\tfrac{1}{3}r^2\pi h\,\varrho_{\text{Wasser}} = \tfrac{1}{3}r_1^2\pi h_1\,\varrho_1 + \tfrac{1}{3}h_2\pi\varrho_2(r_1^2 + r_1 r_2 + r_2^2)$
$r = 4{,}65\text{ cm} \qquad h = 13{,}95\text{ cm}.\quad$ Aus $r = h/3$: $\quad h_1 = 3\text{ cm} \quad r_1 = 1\text{ cm};$
$h_2 = 12\text{ cm} \qquad r_2 = 5\text{ cm}$

3.2.5. Volumen des Schwimmgürtels V:
Schwimmbedingung $65\text{ kg} + V\cdot 0{,}065\text{ kg/dm}^3 = \left(\dfrac{65}{1{,}02}\cdot 0{,}95\text{ dm}^3 + V\right)\cdot 1\text{ kg/dm}^3$
$V = 4{,}77\text{ dm}^3$

3.2.6. Tragfähigkeit $m_{\max} = 304\text{ kg}$
Drehmomente um eine Mittelachse bei den Eintauchtiefen h_1 und h_2:
$304\cdot 9{,}81\text{ N}\cdot 0{,}4\text{ m} = (h_1 - h_2)\cdot 6\text{ dm}\cdot 24\text{ dm}\cdot 9{,}81\text{ N/dm}^3\cdot 1\text{ m}$
$h_1 - h_2 = 0{,}844\text{ dm} \qquad \varphi = 2{,}4°$

3.2.7. Gleichgewichtslage: $F_A = G \qquad h = \dfrac{\varrho}{\varrho_{Fl}}\,l = 36\text{ cm}$

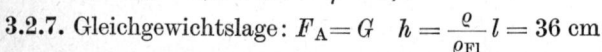

a) Potentielle Energie in der Anfangslage
$$E_a = \int_0^{y_1} A\,\varrho_{Fl}\,g\,y\,dy = A\,\varrho_{Fl}\,g\,\dfrac{y_1^2}{2}$$
Potentielle Energie in der Endlage
$$E_e = \int_0^{h-l} A\,\varrho_{Fl}\,g\,y\,dy = A\,\varrho_{Fl}\,g\,\dfrac{(h-l)^2}{2}$$
Aus $E_a = E_e$: $\quad y_1 = -(h-l) = 24\text{ cm}$
Oberes Stabende $a = 48\text{ cm}$
über der Wasseroberfläche (Abb. a)

b) Potentielle Energie in der Anfangslage
$$E_a' = \int_0^h A\,\varrho_{Fl}\,g\,y\,dy = A\,\varrho_{Fl}\,g\,\dfrac{h^2}{2}$$
Potentielle Energie in der Endlage
$$E_e' = \int_0^{h-l} A\,\varrho_{Fl}\,g\,y\,dy + \int_{h-l}^{y_2} A\,\varrho_{Fl}\,g(h-l)\,dy =$$
$$= A\,\varrho_{Fl}\,g\left(\dfrac{(h-l)^2}{2} + (h-l)(y_2 - h + l)\right)$$
Aus $E_a' = E_e'$: $\quad \dfrac{h^2}{2} = \dfrac{(h-l)^2}{2} + (h-l)(y_2 - h + l)$
$$y_2 = \dfrac{h^2}{2(h-l)} + \dfrac{h-l}{2} = -39\text{ cm}$$
Oberes Stabende $b = 39\text{ cm} + 36\text{ cm} - 60\text{ cm} = 15\text{ cm}$ unter der Wasseroberfläche.

3.2.8. 1. Kräftepaar: $G = F_A = l\,b\,h\,\varrho_K\,g = 54{,}9$ N

Hebelarm $\quad s_1 = \overline{SS'} \cdot \varphi = \dfrac{h\,\varphi}{2\,\varrho_{Fl}}(\varrho_{Fl} - \varrho_K) = 1{,}5$ cm $\cdot \varphi$

2. Kräftepaar: $\Delta F_{A1} = \Delta F_{A2} = \dfrac{1}{2}\dfrac{b}{2}\dfrac{b}{2}\,\varphi\,l\,\varrho_{Fl}\,g = 19{,}6$ N $\cdot \varphi$

Hebelarm $\quad s_2 = \tfrac{2}{3}b = 13{,}33$ cm

Rücktreibendes Moment nach der Definition des Metazentrums:
$M = G\,x\,\varphi = l\,b\,h\,\varrho_K\,g\,x\,\varphi = 54{,}9$ N $\cdot x \cdot \varphi$

$M = s_2 \cdot \Delta F_A - s_1 \cdot G = \dfrac{2}{3}b\,\dfrac{b^2}{8}\,\varphi\,l\,\varrho_{Fl}\,g - l\,b\,h\,\varrho_K\,g\,\dfrac{h\,\varphi}{2\,\varrho_{Fl}}(\varrho_{Fl} - \varrho_K)$

Durch Gleichsetzen beider Ausdrücke von M folgt:
$54{,}9$ N $\cdot x\,\varphi = 19{,}6$ N $\cdot \varphi \cdot 13{,}33$ cm $- 54{,}9$ N $\cdot 1{,}5$ cm $\cdot \varphi \quad x = 3{,}26$ cm

3.3.1. Ausgangszustand $\quad p_1 = 960$ mbar $= 9{,}6 \cdot 10^4$ N/m² $\quad V_1 = 0{,}15$ m $\cdot A$
Endzustand $\quad p_2 + \varrho_{Hg} \cdot g \cdot h = p_1 \quad V_2 = (0{,}7\text{ m} - h)\,A$
Boylesches Gesetz $p_1 V_1 = p_2 V_2$ ergibt $h = 0{,}71$ m $(\overset{+}{-})\,0{,}329$ m $= 0{,}381$ m

3.3.2. Spiegeldifferenz durch Gleichsetzen von Auftriebskraft und Gewichtskraft:
$F_A = G \quad \varrho_{Fl} \cdot A \cdot z \cdot g = m \cdot g \quad z = 12$ cm

Eindringtiefe y des Wassers ins Gefäß aus dem Boyleschen Gesetz:
Anfangsdruck $\quad p_1 = p_L = 960$ mbar $\quad V_1 = A \cdot 0{,}4$ m
Enddruck $\quad p_2 = p_L + z \cdot \varrho_{Fl} \cdot g = 9{,}6 \cdot 10^4$ N/m² $+ 1177$ N/m²
$\qquad\qquad = 9{,}72 \cdot 10^4$ N/m² $\quad V_2 = A\,(0{,}4\text{ m} - y)$
$p_1 V_1 = p_2 V_2$ ergibt $y = 4{,}85$ mm $\quad x = y + z = 12{,}48$ cm

3.3.3. Anfangszustand: $\quad p_1 = 10^5$ N/m² $\quad V_1 = A \cdot h_1 = A \cdot 0{,}08$ m
Endzustand: $\quad p_2 = 2 \cdot 10^5$ N/m² $- \varrho\,g\,2(h_1 - h_2) \quad V_2 = A\,h_2$
Aus $p_1 V_1 = p_2 V_2$: $h_2 = -\,0{,}335$ m $(\overset{+}{-})\,0{,}377$ m $= 4{,}2$ cm

3.3.4. $p\,\tfrac{11}{15} + 2$ bar $\tfrac{4}{15} = 4{,}2$ bar $\quad p = 5$ bar

3.3.5. Die Waage steht im Gleichgewicht, wenn die Summen von Gewichts- und Auftriebskräften auf beiden Seiten gleich sind.

$G_{Al} - F_{A\,Al} = G_{Me} - F_{A\,Me} \quad$ mit $\quad F_A = V \cdot \varrho_L \cdot g = \dfrac{m}{\varrho}\,\varrho_L \cdot g$

Daraus $m_{Al} = m_{Me}\,\dfrac{1 - \dfrac{\varrho_L}{\varrho_{Me}}}{1 - \dfrac{\varrho_L}{\varrho_{Al}}} \approx m_{Me}\left(1 - \dfrac{\varrho_L}{\varrho_{Me}} + \dfrac{\varrho_L}{\varrho_{Al}}\right)$

da $\varrho_L/\varrho_{Al} \ll 1$ und $1/(1-\varepsilon) \approx 1 + \varepsilon$
$m_{Al} = 64{,}285$ g

3.3.6. Bei $\varrho_L = 0{,}94$ kg/m³ ist die Auftriebskraft gleich der Gewichtskraft:
$V \cdot \varrho_L \cdot g = m \cdot g \quad V \cdot \varrho_L = 520$ kg $\quad V = 553$ m³

Die Verminderung der Nutzlast muß dem Massenunterschied der beiden Füllungen entsprechen:
$m_{He} - m_H = V(\varrho_{He} - \varrho_H) = 49{,}2$ kg

3.3.7. Eine Division der Gleichung $p_S V_S = p V$ durch m ergibt: $\varrho(h) = \dfrac{\varrho_S}{p_S} p$. Steigt der Ballon um dh, so sinkt (Minuszeichen!) der Druck um den Betrag $dp = -\varrho(h) g \, dh$. Setzt man hier $\varrho(h)$ ein, so folgt $\dfrac{dp}{p} = -\dfrac{\varrho_S}{p_S} g \, dh$ und durch Integration:

$$\int \frac{dp}{p} = -\frac{\varrho_S g}{p_S} \int dh \qquad \ln p = -\frac{\varrho_S g}{p_S} h + C$$

Randbedingung $p = p_S$ für $h = 0$ ergibt $C = \ln p_S$, also

$$\ln p = -\frac{\varrho_S g}{p_S} h + \ln p_S \qquad h_B = \frac{p_S}{\varrho_S g} \ln \frac{p_S}{p_B} = 2840 \text{ m}$$

3.3.8. 1. Saugvorgang: $p_a V_B = p_1(V_B + V_P)$ $\quad p_1 = p_a \dfrac{V_B}{V_B + V_P}$

2\. Saugvorgang: $p_1 V_B = p_2(V_B + V_P)$ $\quad p_2 = p_a \left(\dfrac{V_B}{V_B + V_P}\right)^2$

n. Saugvorgang: $p_n = p_e = p_a \left(\dfrac{V_B}{V_B + V_P}\right)^n$

Logarithmieren: $n = \dfrac{\ln \dfrac{p_a}{p_e}}{\ln \dfrac{V_B + V_P}{V_B}} = 2{,}3 \cdot 10^3$

Pumpzeit: $t = \dfrac{n}{2} \dfrac{1}{f} = 11{,}52 \text{ min}$

3.3.9. Die Nutzlast steigt mit dem Unterschied zwischen Luftdichte und Füllgasdichte. Da die Dichte der Luft über zehnmal größer ist als die von Wasserstoff, ändert sich der Wert dieser Differenz bei Verdopplung der Füllgasdichte um weniger als zehn Prozent.

3.4.1. Im Gleichgewicht ist die Hangabtriebs- gleich der Reibungskraft.

$m g \sin \alpha = \dfrac{\eta A v}{d} \qquad v = 0{,}406 \text{ m/s} \qquad \sqrt{\dfrac{\eta \cdot l}{\varrho \cdot \Delta v}} \approx 1 \text{ cm} > d$

3.4.2. Statischer Druck $p_1 = \varrho g h = 0{,}309$ bar

Druck zur Erzeugung der Strömung $p_2 = \dfrac{8 l \eta \dot{V}}{r^4 \pi} = 1{,}07$ bar

Gesamtdruck $p = p_1 + p_2 = 1{,}379$ bar

3.4.3. Gesetz von Hagen-Poiseuille: $V = \dfrac{r^4 \pi \Delta p \, t}{8 l \eta} \qquad t = 24 \text{ s}$

3.4.4. Druckunterschied $\qquad \Delta p = \varrho g h$

Volumenstrom durch Kapillare $\dot{V} = \dfrac{r^4 \pi}{8 l \eta} \Delta p$

Volumenabnahme im Gefäß $\dot{V} = -A \dfrac{dh}{dt}$

Gleichsetzen: $\dfrac{r^4 \pi}{8 l \eta} \varrho g h = -A \dfrac{dh}{dt}$

Integration: $\dfrac{r^4 \pi}{8 l \eta} \varrho g \int_0^t dt = -A \int_{h_a}^{h_e} \dfrac{dh}{h} \qquad t = \dfrac{A \, 8 l \eta}{r^4 \pi \varrho g} \ln \dfrac{h_a}{h_e} = 30 \text{ min}$

3.4.5. Stokessche Widerstandsformel: $3\pi d \eta v = \dfrac{d^3 \pi}{6}(\varrho_K - \varrho_{Fl}) \cdot g \qquad v = \dfrac{h}{t}$

$\eta = 0{,}915 \dfrac{\text{kg}}{\text{m s}}$

3.4.6. Stokessche Widerstandsformel: $3\pi d \eta v = \dfrac{d^3 \pi}{6} \varrho g \qquad d = 7\ \mu\text{m} = 0{,}007\ \text{mm}$

3.5.1. $p_1 + \dfrac{\varrho}{2} v_1^2 = p_2 + \dfrac{\varrho}{2} v_2^2 \qquad v_1 d_1^2 \pi = v_2 d_2^2 \pi$

$v_1 = 1{,}59\ \text{m/s} \qquad v_2 = 2{,}83\ \text{m/s} \qquad p_1 - p_2 = 2740\ \text{N/m}^2$

3.5.2. Aus dem Gesetz von Bernoulli und der Kontinuitätsgleichung:

$v_1^2 = \dfrac{2}{\varrho}(p_1 - p_2) \dfrac{d_2^4}{d_1^4 - d_2^4} \qquad v_1 = 2{,}53\ \text{m/s} \qquad \dot{V} = v_1 \dfrac{d^2 \pi}{4} = 50{,}9\ \text{dm}^3/\text{s}$

3.5.3. Aus dem Gesetz von Bernoulli und der Kontinuitätsgleichung:

$v_2^2 = \dfrac{2}{\varrho}(p_1 - p_2) \dfrac{d_1^4}{d_1^4 - d_2^4} \qquad v_2 = 22{,}2\ \text{m/s} \qquad x_w = 50{,}1\ \text{m}$

3.5.4. $\tfrac{1}{2} \varrho_L v^2 = \varrho_{Fl} \cdot g \cdot s \cdot \sin\alpha$

Marke für $v = 5\ \text{m/s}$: $\quad s_1 = 1{,}16\ \text{cm}$

Marke für $v = 10\ \text{m/s}$: $\quad s_2 = 4{,}64\ \text{cm}$

3.5.5. Aus dem Gesetz von Hagen-Poiseuille: $\Delta p_R = \dfrac{8 l \eta}{r^2} \overline{v_2}$

Gesetz von Bernoulli:

$p_L + \varrho g h_1 = p_L + \dfrac{1}{2} \varrho \overline{v_2}^2 + \dfrac{8 l \eta}{r^2} \overline{v_2}$

$\overline{v_2}^2 + \dfrac{16 l \eta}{\varrho r^2} \overline{v_2} - 2 g h_1 = 0 \qquad \overline{v_2} = 59{,}9\ \text{cm/s}$

$\dot{V} = A \overline{v_2} = r^2 \pi \overline{v_2} = 7{,}52\ \text{cm}^3/\text{s}$

3.5.6. $\Delta p = p_1 - p_2 = \varrho \cdot g(h_2 - h_1) + \dfrac{\varrho}{2}(\overline{v_2}^2 - \overline{v_1}^2) =$

$= (-235 + 10500)\ \text{N/m}^2 = 0{,}1026\ \text{bar}$

3.5.7. $v_2 = 4 v_1 = 20\ \text{m/s} \qquad p = p_L + \varrho g h + \tfrac{1}{2} \varrho \overline{v_2}^2 = (1 + 0{,}34 + 2)\ \text{bar} = 3{,}34\ \text{bar}$

$P = F \bar{v} = p A \bar{v} = p \dot{V} = 3{,}34 \cdot 10^5 \dfrac{\text{N}}{\text{m}^2} \cdot 4 \cdot 10^{-4} \dfrac{\text{m}^3}{\text{s}} = 133{,}7\ \text{W}$

3.6.1. $v_1 = 6{,}26\ \text{m/s} \qquad \dot{V}_1 = 1{,}55\ \text{l/s} \qquad s_1 = 2{,}83\ \text{m}$

$v_2 = 4{,}43\ \text{m/s} \qquad \dot{V}_2 = 1{,}098\ \text{l/s} \qquad s_2 = 2\ \text{m}$

3.6.2. $v = \sqrt{2 g (h - h_v)} = 3{,}84\ \text{m/s}$

3.6.3. $v = 2{,}8\ \text{m/s} \qquad y = \dfrac{h}{4} = 10\ \text{cm} \qquad x = 4 y = 40\ \text{cm}$

3.6.4. $h_1 = h - h_2 \qquad s = 2\sqrt{h_1 h_2} = 2\sqrt{(h - h_2) h_2}$

$\dfrac{ds}{dh_2} = \dfrac{2}{2\sqrt{h h_2 - h_2^2}}(h - 2 h_2)$

Extremum für $\dfrac{ds}{dh_2} = 0 \qquad h - 2 h_2 = 0 \qquad h_2 = \dfrac{h}{2} = 20\ \text{cm}$

Daß es sich bei dem Extremum um ein Maximum handelt, sieht man aus $s = 0$ für $h_2 = 0$ und $h_2 = h$ oder aus der zweiten Ableitung.

$$\frac{d^2s}{dh_2^2} = \frac{-2(h h_2 - h_2^2) - (h - 2h_2)^2/2}{(h h_2 - h_2^2)^{3/2}}$$

Für $h_2 = \frac{h}{2}$ wird $\frac{d^2s}{dh_2^2} = -\frac{4}{h} < 0$ $h_2 = \frac{h}{2}$ ergibt also ein Maximum.

3.7.1. Die Grenzgeschwindigkeit findet man aus: $\frac{\varrho v d}{\eta} = 2300$ $v = \frac{2300 \eta}{\varrho d}$

Der Druck folgt dann aus dem Gesetz von Hagen-Poiseuille:

$$\dot{V} = A \bar{v} = r^2 \pi \bar{v} = \frac{r^4 \pi \Delta p}{8 l \eta} \qquad \Delta p = \frac{8 l \eta \bar{v}}{r^2}$$

a) $v_1 = 25{,}6$ m/s $\Delta p_1 = 4{,}09$ bar $\triangleq 46{,}4$ m Ölsäule (!)
b) $v_2 = 11{,}5$ cm/s $\Delta p_2 = 0{,}000092$ bar $\triangleq 0{,}094$ cm Wassersäule
c) $v_3 = 5{,}11$ m/s $\Delta p_3 = 0{,}0326$ bar $\triangleq 37{,}0$ cm Ölsäule
d) $v_4 = 57{,}5$ cm/s $\Delta p_4 = 0{,}0115$ bar $\triangleq 11{,}7$ cm Wassersäule

Öl strömt also in allen praktisch auftretenden Fällen (abgesehen von extrem hohen Drücken und sehr weiten Rohren) laminar; Wasser dagegen fließt nur in sehr engen Röhren und bei sehr kleinen Drücken laminar, sonst aber fast immer turbulent.

3.7.2. $\bar{v}_{\text{krit}} = \frac{\eta \cdot Re_{\text{krit}}}{2 r \varrho} = 1{,}4375$ m/s

Oberer Querschnitt: $p_1 = p_L$ $h_1 = h_1$ $\overline{v_1} \approx 0$
Austrittsquerschnitt: $p_2 \approx p_L$ $h_2 = 0$ $\overline{v_2}$

Aus dem Gesetz von Bernoulli:

$$h_1 = \frac{\overline{v_2}^2}{2g} + \frac{8 h_0 \eta \overline{v_2}}{r^2 \varrho g} = 0{,}838 \text{ m} \qquad h = h_1 - 0{,}4 \text{ m} = 0{,}438 \text{ m}$$

3.7.3. Aus $\frac{\varrho_{\text{Öl}} v d}{\eta} = 2$ und aus $\frac{d^3 \pi}{6}(\varrho_{\text{Al}} - \varrho_{\text{Öl}}) g = 3 \pi d \eta v$ folgt: $d = 4{,}5$ mm

3.7.4. $\left(\frac{\varrho_1 v_1 l_1}{\eta_1}\right)$ im Windkanal $= \left(\frac{\varrho_2 v_2 l_2}{\eta_2}\right)$ in Wirklichkeit $v_2 = 40$ m/s $= 144$ km/h

c_W ist im Windkanal ebensogroß wie in Wirklichkeit. Aus dem Widerstand im Windkanal findet man: $c_W = 0{,}367$.
Mit diesem Wert für c_W, der in Wirklichkeit fünfmal geringeren Dichte, der wirklichen Geschwindigkeit und der Stirnfläche erhält man den wirklichen Strömungswiderstand: $F_{w2} = 675$ N.
Leistung $P_2 = F_{w2} v_2 = 27{,}0$ kW

3.8.1. $F_w = c_W \frac{1}{2} \varrho v^2 A_0 = 2812$ N $F_R = \mu G = 141{,}3$ kN

3.8.2. Strömungswiderstand des Rückspiegels $F_{w1} = 3{,}77$ N
Strömungswiderstand des Autos $F_{w2} = 377$ N F_{w1} ist 1% von F_{w2}
Strömungswiderstand des Stromlinienkörpers $F_{w3} = 0{,}169$ N

3.8.3. $c_W \frac{1}{2} \varrho v^2 \frac{d^2 \pi}{4} = mg$ $d = 5{,}46$ m

3.8.4. $c_{w1} \frac{1}{2} \varrho_1^2 v_1 A_1 = c_{w2} \frac{1}{2} \varrho_2 (v_2 - v_1)^2 A_2$ $v_1 = 4$ m/s $= 14{,}4$ km/h

3.8.5. $\eta P = (\frac{1}{2} c_W \varrho v^2 A_0 + \mu m g) v$ $c_W = 0{,}884$

3.8.6. $P = \frac{1}{2} c_\text{w} \varrho A_0 v^3 + \mu m g v$

$P_1 = (0{,}464 \quad + 2{,}943) \text{ kW} = 3{,}407 \text{ kW}$

$P_2 = (0{,}464\,8 \quad + 2{,}943\,2) \text{ kW} = 9{,}59 \text{ kW}$

$P_3 = (0{,}464\,27 + 2{,}943\,3) \text{ kW} = 21{,}35 \text{ kW}$

3.8.7. $F = \dfrac{P}{v} = F_\text{W} + F_\text{R} + F_\text{t}$

Ebene: $\quad P = c_\text{W} \dfrac{\varrho}{2} A_0 v^3 + \mu m g v$

$\quad\quad\quad\quad v = 32 \text{ m/s} = 115{,}2 \text{ km/h}$

Steigung: $P = c_\text{W} \dfrac{\varrho}{2} A_0 v^3 + (\mu m g \cos \alpha + m g \sin \alpha) v$

$\quad\quad\quad\quad v = 18{,}12 \text{ m/s} = 65{,}2 \text{ km/h}$

3.8.8. Bei der Endgeschwindigkeit ist $\quad G = F_\text{W} \quad\quad m g = \frac{1}{2} c_\text{W} \varrho A_0 v_\infty^2$

$v_\infty^2 = \dfrac{2 m g}{c_\text{W} \varrho A_0} \quad\quad v_\infty = 6{,}1 \dfrac{\text{m}}{\text{s}}$

$F = G - F_\text{W} = m a \quad\quad m g - \tfrac{1}{2} c_\text{W} \varrho A_0 v^2 = m \dot v$

Nach Multiplikation mit $\dfrac{2}{c_\text{W} \varrho A_0}$ und Einsetzen von v_∞ folgt $\quad v_\infty^2 - v^2 = \dfrac{v_\infty^2}{g} \dot v$

Dies ist eine Differentialgleichung, die sich nach Trennung der Variablen integrieren läßt:

$\int \text{d}t = \dfrac{v_\infty^2}{g} \int \dfrac{\text{d}v}{v_\infty^2 - v^2} \quad\quad t = \dfrac{v_\infty^2}{g} \left(\dfrac{1}{2 v_\infty} \ln \dfrac{v + v_\infty}{v - v_\infty} + C \right)$

Die Integrationskonstante C erhält man aus der Anfangsbedingung $v_0 = 20$ m/s bei $t = 0$ zu

$C = - \dfrac{1}{2 v_\infty} \ln \dfrac{v_0 + v_\infty}{v_0 - v_\infty} = - 0{,}0516 \dfrac{\text{s}}{\text{m}}$

Die gesuchte Zeit ergibt sich durch Einsetzen von $v = 1{,}1 v_\infty$ in die Gleichung für zu 0,75 s.

3.8.9. Auf einer geneigten Ebene sind Hangabtriebskraft, Reibungskraft und Trägheitskraft der Masse proportional: $m g \sin \alpha - \mu m g \cos \alpha = m a$. Daher ist a von m und deshalb auch von der Gewichtskraft unabhängig.

Die Höchstgeschwindigkeit wird erreicht, wenn $m g (\sin \alpha - \mu \cos \alpha)$ gleich dem Strömungswiderstand $c_\text{W} \dfrac{\varrho_\text{L}}{2} v^2 A_0$ ist, wenn also gilt:

$v^2 = \dfrac{2 m g (\sin \alpha - \mu \cos \alpha)}{c_\text{W} \varrho_\text{L} A_0}$

Der Widerstandsbeiwert c_W ist bei gleicher Abfahrtshaltung bei beiden Fahrern etwa gleich. Dagegen wächst m mit der 3. Potenz, A_0 mit dem Quadrat ihrer Größe, so daß man $A_0 \sim m^{2/3}$ setzen darf. Dann folgt aus der obigen Gleichung: $v^2 \sim m^{1/3}$ oder $v \sim m^{1/6}$. Der Läufer mit größerer Masse ist daher im Vorteil.

3.9.1. $m g \sin \alpha = c'_\text{w} \dfrac{1}{2} \varrho v^2 A' \quad\quad c'_\text{w} = 0{,}0351 \quad\quad c'_\text{a} = \dfrac{c'_\text{w}}{\tan 4°} = 0{,}501$

$F_\text{w} = 137 \text{ N} \quad\quad F_\text{a} = 1957 \text{ N}$

3.9.—4.1. Lösungen

3.9.2. $m \cdot g = c'_a \frac{1}{2} \varrho v^2 A'$ $v = 156{,}5$ m/s $= 563{,}3$ km/h
Zugkraft $F_z = c'_w \frac{1}{2} \varrho v^2 A' = 20{,}2$ kN
Gleitwinkel α: $\tan \alpha = \dfrac{c'_w}{c'_a}$ $\alpha = 4{,}2°$

3.9.3. Aus $\tan \alpha = \dfrac{F_f}{G}$ $m \dfrac{v^2}{r} = mg \tan \alpha$ $v = \sqrt{rg \tan \alpha} = 148{,}2$ m/s $= 534$ km/h
Aus $F_a \cos \alpha = G$ $c'_a \dfrac{\varrho}{2} v^2 A' = \dfrac{mg}{\cos \alpha}$ $c'_a = 0{,}606$

4.1.1. $\Delta l = 2{,}94$ m   Länge zwischen zwei Ausdehnungsbogen $l_1 = 50$ m

4.1.2. $\Delta l = \alpha l \Delta \vartheta = \dfrac{h_2^2 - h_1^2}{2b}$ $h_2 = 28{,}1$ cm
$F_1 = \dfrac{mgl}{2h_1} \approx \dfrac{mgb}{2h_1} = 2207$ N
$F_2 = \dfrac{mgl}{2h_2} \approx \dfrac{mgb}{2h_2} = 1571$ N

4.1.3. Aus der Wärmeausdehnung $\Delta \vartheta = \dfrac{0{,}3 \text{ mm} \cdot 10^6}{381{,}7 \text{ mm} \cdot 12}$ K $= 65{,}5$ K
Der Reifen muß also auf $20° + 65{,}5° = 85{,}5°$ erwärmt werden.
$F = \sigma A = \alpha E \Delta \vartheta A = 9900$ N

4.1.4. $\varphi = \dfrac{l(\alpha_2 - \alpha_1)\Delta \vartheta}{d} = \dfrac{20 \text{ cm} \cdot 19{,}5 \cdot 10^{-6} \cdot 30}{0{,}04 \text{ cm}} = 0{,}2925$ $\varphi = 16{,}76°$

4.1.5. $\Delta V = V(\gamma - 3\alpha_s)\Delta \vartheta$ $\Delta \vartheta = 71$ K
Wassertemperatur $\vartheta = 10$ °C $+ 71$ °C $= 81$ °C

4.1.6. Breite des Stahlblocks bei 24 °C $b = 25{,}06$ mm
Kraft zum Herausziehen $F = 2 \mu \sigma A = 2 \mu \alpha E A \Delta \vartheta = 152{,}5$ kN

4.1.7. Aus $\dfrac{0{,}12^2 \text{ mm}^2 \pi}{4} \cdot 0{,}6$ mm $= V \cdot 155 \cdot 10^{-6}$ K$^{-1} \cdot 0{,}01$ K $V = 4{,}38$ cm^3

4.1.8. Aus $\varrho_\vartheta h_\vartheta = \varrho_0 h_0$ und $\varrho_\vartheta = \dfrac{\varrho_0}{1 + \gamma \vartheta}$ folgt: $\gamma = \dfrac{h_\vartheta - h_0}{h_0 \vartheta} = 0{,}00124$ K^{-1}

4.1.9. Nennt man den Kapillarenquerschnitt A, die Länge eines Skalenteils s, den effektiven Ausdehnungskoeffizienten $\gamma = \gamma_{Hg} - \gamma_{Gl}$ und die Temperaturänderung (die sog. Fadenkorrektur) $\Delta \vartheta = \vartheta - \vartheta_f$, so erhält man:
$A s (\vartheta_f - \vartheta_{gr}) \gamma (\vartheta_f + \Delta \vartheta - \vartheta_u) = A s \Delta \vartheta$ $\Delta \vartheta = 7{,}8$ K $\vartheta = 260{,}8$ °C

4.1.10. $p = \varrho g h = \dfrac{\varrho_0 \cdot g \cdot h}{1 + \gamma \vartheta} = 988$ mbar

4.1.11. $\dfrac{dV}{d\vartheta} = V_0(C_1 + 2C_2 \vartheta)$ $\gamma = \dfrac{1}{V_0} \dfrac{dV}{d\vartheta} = C_1 + 2C_2 \vartheta$
Die Dichte wird ein Maximum, wenn das Volumen ein Minimum ist:
$\dfrac{dV}{d\vartheta} = 0$ wenn $C_1 + 2C_2 \vartheta = 0$ also
$\vartheta = -\dfrac{C_1}{2C_2} = 3{,}95$ °C $\dfrac{d^2V}{d\vartheta^2} = V_0 2C_2 > 1$ also V ein Minimum, ϱ ein Maximum
Beim Dichtemaximum ist $\gamma = 0$.

4.1.12. Wasser besitzt keinen konstanten Ausdehnungskoeffizienten; er ist zwischen 0 °C und 4 °C sogar negativ. Deshalb müßte ein Wasserthermometer ungleiche Skalenintervalle haben. Zwischen 0° und etwa 8° gehören zu einem bestimmten Wasservolumen zwei Temperaturen. Außerdem gefriert das Wasser gerade in einem Temperaturbereich, der häufig abgelesen werden muß. Temperaturen unter 0 °C könnte man nicht mehr ablesen. Die Volumenzunahme beim Gefrieren könnte das Thermometer sprengen.

4.2.1. $(T_1 + 100 \text{ K}) : T_1 = 4 : 3$
$T_1 = 300 \text{ K}$ $\quad T_2 = 400 \text{ K}$
$\vartheta_1 = 27 \text{ °C}$ $\quad \vartheta_2 = 127 \text{ °C}$

4.2.2. Boyle-Gay-Lussacsches Gesetz für die Zustände an der Wasseroberfläche und in der Tauchtiefe:

$$\frac{97\,000 \text{ N m}^{-2} \cdot 4 \text{ m}^2 \cdot 1{,}5 \text{ m}}{300 \text{ K}} =$$

$$= \frac{[97\,000 \text{ N m}^{-2} + 1000 \text{ kg m}^{-3} \cdot 9{,}81 \text{ m s}^{-2} (4{,}5 \text{ m} - h)] \cdot 4 \text{ m}^2 (1{,}5 \text{ m} - h)}{280 \text{ K}}$$

$h = 0{,}503$ m

Zunächst wächst die Auftriebskraft beim Eintauchen, bis das ganze Volumen der Glocke Wasser verdrängt. Dann nimmt sie wieder ab, weil die eingeschlossene Luftmenge bei dem ansteigenden hydrostatischen Druck zusammengedrückt wird und daher weniger Wasser verdrängt. In der angegebenen Endstellung beträgt die Auftriebskraft

$F_A = \varrho\, g\, V_2 = 1000 \text{ kg m}^{-3} \cdot 9{,}81 \text{ m s}^{-2} \cdot 4 \text{ m}^2 (1{,}5 \text{ m} - 0{,}503 \text{ m}) = 39{,}1 \text{ kN}$

4.2.3. $p = p_L + \varrho g h = 2{,}47$ bar

$$\frac{2{,}47 \text{ bar} \cdot d_1^3 \pi/6}{277 \text{ K}} = \frac{1 \text{ bar} \cdot d_2^3 \pi/6}{295 \text{ K}} \quad d_2 = 16{,}57 \text{ mm}$$

4.2.4. $2015 \text{ dm}^3 \cdot 0{,}975 \text{ bar}, = 15 \text{ dm}^3 \cdot p$
$p = 130{,}975$ bar also 130 bar Überdruck
$m = \dfrac{pV}{R_s T} = 2{,}581$ kg; Stahlmantel 15 kg; er hat also beinahe die sechsfache Masse.

4.2.5. $p = p_{\text{Luft}} + p_{\text{CO}_2} = p_1 \dfrac{T_2}{T_1} + \dfrac{m R_s T_2}{V_2} = 9{,}93$ bar

4.2.6. $pV = \dfrac{m}{m_m} RT \quad m_m = \dfrac{8{,}314 \text{ Ws} \cdot 293 \text{ K} \cdot 0{,}77 \text{ g}}{\text{mol K} \cdot 9{,}75 \cdot 10^4 \text{ N m}^{-2} \cdot 1{,}2 \cdot 10^{-3} \text{ m}^3} = 16{,}03 \text{ g/mol}$

Das Gas hat die molare Masse 16,03 g/mol; es handelt sich um Methan CH_4.

4.2.7. $\varrho = \varrho_0 \dfrac{p}{p_0} \cdot \dfrac{T_0}{T}$

Außendruck $p_a = p_L + \varrho_L \cdot g \cdot h$ $\Big\}$ $\Delta p = p_a - p_i = g \cdot h (\varrho_L - \varrho_{\text{Gas}})$
Innendruck $p_i = p_L + \varrho_{\text{Gas}} \cdot g \cdot h$

$\Delta p_1 = 1600 \text{ cm} \cdot 981 \dfrac{\text{cm}}{\text{s}^2} \cdot \dfrac{1000 \text{ mbar}}{1013 \text{ mbar}} \left(1{,}293 \dfrac{\text{g}}{\text{dm}^3} \dfrac{273 \text{ K}}{263 \text{ K}} - 1{,}40 \dfrac{\text{g}}{\text{dm}^3} \dfrac{273 \text{ K}}{523 \text{ K}}\right)$
$= 0{,}947$ mbar

$\Delta p_2 = 1600 \text{ cm} \cdot 981 \dfrac{\text{cm}}{\text{s}^2} \cdot \dfrac{940 \text{ mbar}}{1013 \text{ mbar}} \left(1{,}293 \dfrac{\text{g}}{\text{dm}^3} \dfrac{273 \text{ K}}{273 \text{ K}} - 1{,}40 \dfrac{\text{g}}{\text{dm}^3} \dfrac{273 \text{ K}}{453 \text{ K}}\right)$
$= 0{,}654$ mbar

4.2.8. Mittlere relative Molekülmasse M_{rm} aus: $V M_{\text{rm}} = V_N M_{\text{rN}} + V_{O_2} M_{\text{rO}_2} + V_{Ar} M_{\text{rAr}}$

$M_{\text{rm}} = 28{,}96$ $m_{\text{m}} = 28{,}96$ g/mol Dichte $\varrho = \dfrac{m}{V_0} = \dfrac{p_0 m_{\text{rm}}}{R T_0} = 1{,}293$ g/dm³

Gewichtsprozente: 75,4% Stickstoff 23,2% Sauerstoff 1,4% Argon

4.2.9. Gesetz von Bernoulli für die beiden Enden der Kapillare:
$$p_a + \varrho g h_a + \tfrac{1}{2} \varrho v_a^2 = p_i + \varrho g h_i + \tfrac{1}{2} \varrho v_i^2 + \Delta p_R$$
Außen: $p_a = p_1$, h_a, $v_a \approx 0$ Innen: $p_i = p_1 \dfrac{T_2}{T_1}$, $h_i = h_a + l$, $v_i = \bar{v}$

Druckverlust durch Reibung in der Kapillare: $\Delta p_R = \dfrac{8 l \eta}{r^2} \bar{v}$

$\Delta p = p_a - p_i = p_1 \dfrac{T_2 - T_1}{T_1} = 48{,}8$ mbar $\Delta h = h_i - h_a = l = 8$ cm

$p_1 + \varrho g h_a = p_1 \dfrac{T_2}{T_1} + \varrho g (h_a + l) + \dfrac{1}{2} \varrho \bar{v}^2 + \dfrac{8 l \eta}{r^2} \bar{v}$

$\Delta p - \varrho g \Delta h = \dfrac{\varrho}{2} \bar{v}^2 + \dfrac{8 l \eta}{r^2} \bar{v}$ $\bar{v} = - \dfrac{8 l \eta}{r^2 \varrho} \underset{(-)}{+} \sqrt{\left(\dfrac{8 l \eta}{r^2 \varrho}\right)^2 + (\Delta p - \varrho g \Delta h) \dfrac{2}{\varrho}}$

$\dot{V} = A \bar{v} = r^2 \pi \bar{v} = 0{,}1117$ cm³/s

4.2.10. Ein Gas ist ein ideales Gas, wenn seine Moleküle als ausdehnungslose Punkte aufgefaßt werden können, zwischen denen keine Wechselwirkungskräfte (Kohäsionskräfte) wirksam sind. Ein vollkommen ideales Gas gibt es daher nicht. Bei wirklichen Gasen darf man aber die Gasgleichung als gute Näherung verwenden, wenn sie einen Zustand fern von der Möglichkeit einer Verflüssigung innehaben, was besonders bei großem spezifischen Volumen, also bei sehr kleinem Druck und hoher Temperatur der Fall ist.

4.3.1. Masse des Topfes $m = 0{,}704$ kg
Temperatur nach dem Einfüllen $\vartheta = 75{,}8$ °C

4.3.2. Temperatur im Brennofen aus der Mischungsregel $\vartheta = 755$ °C

4.3.3. Aus der Mischungsregel findet man
$$c_2 = \dfrac{m_1 c_1 + C}{m_2} \cdot \dfrac{\vartheta_m - \vartheta_1}{\vartheta_2 - \vartheta_m} = 0{,}890 \text{ J/g K}$$
Das totale Differential ergibt mit $\Delta \vartheta_1 = \Delta \vartheta_2 = \Delta \vartheta_m = 0{,}1$ K
$$\Delta c_2 = \dfrac{m_1 c_1 + C}{m_2} \cdot 2 \dfrac{\vartheta_2 - \vartheta_1}{(\vartheta_2 - \vartheta_m)^2} \cdot \Delta \vartheta = 0{,}024 \text{ J/g K}$$
$c_2 = (0{,}890 \pm 0{,}024)$ J/g K

4.3.4. Aus dem ersten Mischungsversuch: Gesamte Wärmekapazität $m_1 c + C = 350{,}9$ J/K
Aus dem zweiten Mischungsverhältnis: $c_{\text{Cu}} = 0{,}381$ J/g K

4.3.5. $Q = m \int\limits_{\vartheta_1}^{\vartheta_2} c \, d\vartheta$ $\dot{Q} = \dot{m} \int\limits_{\vartheta_1}^{\vartheta_2} c \, d\vartheta$

$\dot{Q} = \dot{m} \left[0{,}885 \, \vartheta + \dfrac{1{,}33}{2} \cdot 10^{-3} \text{ K}^{-1} \, \vartheta^2 - \dfrac{7{,}1}{4} \cdot 10^{-10} \text{ K}^{-3} \, \vartheta^4 \right]_{25\,°C}^{200\,°C} \dfrac{\text{J}}{\text{g} \cdot \text{K}} = 100{,}4$ kW

4.3.6. $0{,}82 \text{ J/gK} = c_0 + k \cdot 20 \text{ K}$ $0{,}91 \text{ J/gK} = c_0 + k \cdot 200 \text{ K}$
$c_0 = 0{,}81 \text{ J/gK}$ $k = 0{,}0005 \text{ J/gK}^2$
$c = 0{,}81 \text{ J/gK} + 0{,}0005 \text{ J/gK}^2 \cdot \vartheta$

$$\bar{c} = \frac{1}{150 \text{ K}} \int_{50\,°\text{C}}^{200\,°\text{C}} (c_0 + k\,\vartheta)\,\mathrm{d}\vartheta = 0{,}8725 \text{ J/gK}$$

$$C(\vartheta_\mathrm{m} - \vartheta_1) = m_2 \int_{\vartheta_\mathrm{m}}^{\vartheta_2} (c_0 + k\,\vartheta)\,\mathrm{d}\vartheta = m_2 c_0 (\vartheta_2 - \vartheta_\mathrm{m}) + m_2 \frac{k}{2}(\vartheta_2^2 - \vartheta_1^2)$$

$\vartheta_\mathrm{m} = 117{,}1\ °\text{C}$

4.3.7. $Q_1 = 757 \text{ kJ}$ $Q_2 = 772\,000 \text{ kJ}$ also $Q_1 : Q_2 \approx 1 : 1000$

4.3.8. Aus dem Druck $p = 965$ mbar, dem Volumen $V = 765 \text{ dm}^3$ und der Temperatur $T = 273{,}2 \text{ K} + 21{,}8 \text{ K} = 295 \text{ K}$ der aufgefangenen Sauerstoffmenge findet man nach der allgemeinen Gasgleichung die Masse $m_{O_2} = 0{,}963$ kg. Setzt man diese Masse in die Mischungsregel ein, so folgt für die spezifische Wärmekapazität des Sauerstoffs: $C_{O_2} = 0{,}919 \text{ J/gK}$. Bei geringer Strömungsgeschwindigkeit ist die zum Aufrechterhalten der Strömung notwendige Druckdifferenz vernachlässigbar klein, p nahezu konstant. Die bestimmte spezifische Wärmekapazität ist also c_p.

4.3.9. Endtemperatur $T_2 = T_1 \dfrac{p_2}{p_1} = 388 \text{ K}$ Erwärmung um $\Delta\vartheta = 97 \text{ K}$

$m = m_\mathrm{m} \dfrac{p_1 V_1}{R T_1} = 0{,}005 \text{ g}$ $\Delta Q = m \dfrac{c_\mathrm{p}}{\varkappa} \Delta\vartheta = 4{,}96 \text{ J}$

Allgemein: $Q = m \dfrac{c_\mathrm{p}}{\varkappa} \Delta\vartheta = m_\mathrm{m} \dfrac{p_1 V_1}{R T_1} \dfrac{c_\mathrm{p}}{\varkappa} \left(T_1 \dfrac{p_2}{p_1} - T_1 \right) = m_\mathrm{m} \dfrac{c_\mathrm{p}}{\varkappa} \dfrac{V_1}{R} \Delta p$

unabhängig von p und T

4.4.1. $V = 74{,}1 \text{ dm}^3$

4.4.2. $C = 13\,160 \text{ Ws/K}$

4.4.3. $H_\mathrm{u} = 34\,520 \text{ J/g} = 9{,}59 \text{ kWh/kg}$

4.4.4. Gesamtmenge des erforderlichen Sauerstoffs $m_{O_2} = 1{,}201 \text{ g} \cdot \dfrac{32}{12{,}01} \cdot 2 = 6{,}4 \text{ g}$

Druck des Sauerstoffs $p = \dfrac{m R T}{m_\mathrm{m} V} = 15{,}12 \text{ bar}$

Temperaturerhöhung $\Delta\vartheta = 2{,}55 \text{ K}$ Endtemperatur $20{,}55\ °\text{C}$
Entstehendes Kohlendioxid $m_{CO_2} = 4{,}4 \text{ g}$ Druck $p = 7{,}63$ bar

4.4.5. Normvolumen $V_\mathrm{n} = 42{,}5 \text{ dm}^3$
Wirkungsgrad $\eta = 44{,}7\%$

4.5.1. $q = 328 \text{ J/g}$. Da der Vorgang bei einer unter der Umgebungstemperatur liegenden Temperatur abläuft, strömt von außen Wärme ein. Das Eis wird also nicht nur von der Wärme der Wasserfüllung, sondern auch noch von der einströmenden Wärme geschmolzen. Das Ergebnis ist deshalb zu klein.

4.5.2. Übrigbleibende Eismenge $m_\text{Rest} = 149{,}7 \text{ g}$
Aus der Umgebung benötigte Wärmemenge $Q = 231 \text{ kJ}$

4.5.3. $m_\text{Eis} = 25 \text{ g}$ Endtemperatur $\vartheta = 7{,}26\ °\text{C}$

4.5.—4.6. Lösungen

4.5.4. $80 \dfrac{\text{kJ}}{\text{min}} \cdot 60 \cdot 24 \text{ min} = \dfrac{1 \text{ m}^2}{\sin 23{,}5°} \cdot h \cdot 920 \dfrac{\text{kg}}{\text{m}^3} \cdot 335 \dfrac{\text{kJ}}{\text{kg}}$

$h = 14{,}9$ cm

4.5.5. $r = 2256$ J/g

4.5.6. Je Stunde erforderliches Kühlwasser $m = 2373$ kg

4.5.7. $Q = 33\,750$ kJ

4.5.8. Masse des einzuleitenden Wasserdampfes $m_D = 3{,}23$ kg

4.5.9. Aus der Mischungsregel: Es verdampfen 0,622 kg Wasser.

In Wirklichkeit verdampft jedoch wegen der schlechten Wärmeleitfähigkeit des Wassers neben dem ins Wasser gebrachten Eisen mehr Wasser, als der Rechnung entspricht. Die Endtemperatur des übrigen Wassers bleibt aber unter 100 °C.

4.5.10. $m_D = V_D \varrho_s = 0{,}281$ g $\quad m_W c_W \Delta\vartheta = m_D r \quad \Delta\vartheta = 1{,}62$ grd

4.5.11. Die innere Verdampfungswärme ist der Teil der gesamten Verdampfungswärme, der dazu dient, die Kohäsion zwischen den Flüssigkeitsmolekülen zu überwinden. Die äußere Verdampfungswärme ist dagegen der Teil, der die Volumenzunahme des Dampfes gegen den äußeren Druck bewerkstelligt.

4.6.1. Bei einer relativen Feuchtigkeit von 60% und 20 °C:

$p_s = 23{,}3$ mbar $\quad p_D = 14$ mbar $\quad p_{Luft} = 976$ mbar

Bei Sättigung und 20 °C:

$p_s = p_D = 23{,}3$ mbar $\quad p_{ges} = 23{,}3$ mbar $+ 976$ mbar $= 999{,}3$ mbar

Nachträglich verdampfte Wassermenge: $m_D = 0{,}4 \cdot 17{,}3$ g/m$^3 \cdot 5$ dm$^3 = 0{,}0346$ g

Bis zur Sättigung bei 50 °C müssen noch verdampfen:

$m_D = 5$ dm$^3 (83 - 17{,}3)$ g/m$^3 = 0{,}328$ g

$p_{ges} = 123{,}3$ mbar $+ 976$ mbar $\cdot \dfrac{323 \text{ K}}{293 \text{ K}} = 1199$ mbar

4.6.2. $\varrho_D = 11{,}9$ g/m^3. Dies ist die Sättigungsmenge beim Beschlagen bei 13,7 °C.

$m = \varrho_D V = 1{,}19$ kg

4.6.3. $(14{,}5 - 6{,}8)$ g/m$^3 \cdot 1$ km$^2 h = 4$ mm $\cdot 1$ km$^2 \cdot 1$ g/cm$^3 \quad h = 519$ m

$m = V \varrho = 4000$ t

4.6.4. $\varrho_s = \dfrac{p_s}{R\,T} = 23{,}05$ g/m^3 $\quad$ Tabellenwert 23,0 g/m^3

Wasserdampf verhält sich bei diesem Zustand, der nahe beim Kondensationspunkt liegt, nicht wie ein ideales Gas.

4.6.5. Bei -10 °C: $\varrho_{Da} = 0{,}6 \cdot 2{,}1$ g/m$^3 = 1{,}26$ g/m^3

Bei $\quad 20$ °C: $\varrho_{Di} = 1{,}26$ g/m$^3 \cdot \dfrac{263}{293} = 1{,}13$ g/m^3

$\varrho_s = 17{,}3$ g/m$^3 \quad f_r = 1{,}13/17{,}3 = 6{,}5\%$

$m = (0{,}65 \cdot 17{,}3$ g/m$^3 - 1{,}13$ g/m$^3) \cdot 50$ m$^3 = 506$ g

4.6.6. Im Sommer besteht nur ein kleiner Temperaturunterschied zwischen Außenluft und Raumluft. Deshalb ist die relative Feuchte der eindringenden Luft innen und außen nahezu gleich. Im Winter dringt kalte Luft in den Raum und wird stark erwärmt. Bei gleichbleibender absoluter Feuchte steigt dadurch die Sättigungsmenge. Die relative Feuchte nimmt deshalb ab.

4.6.7. In einem Hoch entsteht der größere Luftdruck dadurch, daß relativ schwere, kalte Luftmassen nach unten sinken. Dabei werden sie von dem nach unten zunehmenden Druck adiabatisch komprimiert und erwärmen sich. Durch die steigende Temperatur wird ihre Aufnahmefähigkeit für Wasserdampf größer. Vorhandene Wolken lösen sich auf.

4.7.1. $k = 6{,}92$ W/K m² $\quad \Delta\vartheta = 53{,}8$ K $\quad \vartheta_i = 75{,}8$ °C

Bei der Berechnung von k hat der Wert von $\frac{d}{\lambda}$ gegenüber dem Betrag von $\frac{1}{\alpha_a}$ keinen Einfluß.

4.7.2.

	Außen-wand	Fenster	Innen-wand	Tür	Heiz-körper
Wärmedurchgangskoeffizient k in $\frac{W}{K\,m^2}$	1,352	2,98	2,12	2,15	7
Fläche A in m²	7	3	8	2	A
Temperaturdifferenz $\Delta\vartheta$ in K	32	32	6	6	45
Wärmestrom $\dot Q$ in W	303	+ 286	+102	+ 26	= 717

$7\frac{W}{K\,m^2} \cdot 45\,K \cdot A = 717\,W \quad A = 2{,}28\,m^2$

4.7.3. Wand mit großem Fenster:
$k_W = 1{,}675$ W/K m² $\quad k_F = 5{,}71$ W/K m² $\quad \dot Q = 1148$ W
Wand mit kleinem Fenster:
$k_W = 0{,}584$ W/K m² $\quad k_F = 2{,}88$ W/K m² $\quad \dot Q = 313$ W
Die erste Wand gibt also 3,67mal soviel Wärme ab wie die zweite.

4.7.4. $k = 1{,}496$ W/K m² $\quad k\Delta\vartheta = \alpha_i(\vartheta_i - \vartheta_{Wi}) = \alpha_a(\vartheta_{Wa} - \vartheta_a)$
$\vartheta_i - \vartheta_{Wi} = 5{,}61$ K $\quad \vartheta_{Wi} = 14{,}4$ °C $\quad \vartheta_{Wa} - \vartheta_a = 1{,}95$ K $\quad \vartheta_{Wa} = -8{,}05$ °C

4.7.5. $\dot Q = k\,d_m\,\pi\,l\left(\vartheta_a - \frac{\vartheta_1 + \vartheta_2}{2}\right)$
$\dot Q^* = c(\vartheta_2 - \vartheta_1)\,dm/dt$
Ohne Kesselstein $\quad k = 138{,}1$ W/K m² $\quad \vartheta_2 - \vartheta_1 = 18{,}92$ K
Mit Kesselstein $\quad k = 86{,}7$ W/K m² $\quad \vartheta_2 - \vartheta_1 = 11{,}03$ K

4.7.6. $k = 362$ W/K m²

$m\,c\,d\vartheta_i = k\,A\,dt\,(\vartheta_a - \vartheta_i) \quad$ Ansteigegeschwindigkeit $\frac{d\vartheta_i}{dt} = \frac{k\,A}{m\,c}(\vartheta_a - \vartheta_i)$

$\frac{kA}{mc} = 0{,}234\,\frac{1}{s} \quad \frac{d\vartheta_i}{dt} = 3{,}5$ K/s $\quad \vartheta_{a0} = 35$ °C = const

$\vartheta_{it} - \vartheta_{a0} = (\vartheta_{i0} - \vartheta_{a0})\,e^{-\frac{kA}{m\cdot c}t} \quad 0{,}1\,K = 15\,K\,e^{-0{,}234 t/s} \quad t = 21{,}4$ s

4.7. Lösungen

4.7.7. $\vartheta_a - \vartheta_i = \dfrac{m \cdot c}{k \cdot A} \dfrac{d\vartheta_i}{dt} = 1{,}07$ K

4.7.8. $\varrho_s = 17{,}3$ g/m³ $\varrho_D = 12{,}1$ g/m³ Sättigungstemperatur 14 °C
$k\Delta\vartheta = \alpha_i (\vartheta_i - \vartheta_{Wi})$ $k = 1{,}37$ W/K m²

4.7.9. $\varrho_s = 17{,}3$ g/m³ $\varrho_D = 13$ g/m³ Sättigungstemperatur 15,2 °C
$k\Delta\vartheta = \alpha_i (\vartheta_i - \vartheta_{Wi})$ $k = 1{,}097$ W/K m²
$\dfrac{1}{k} = \dfrac{1}{\alpha_i} + \dfrac{d_1}{\lambda_1} + \dfrac{d_2}{\lambda_2} + \dfrac{1}{\alpha_a}$ $d_2 = 3{,}07$ cm

4.7.10. Wassermasse $m = 150{,}8$ kg
Mittelwert der Wärmedurchgangsfläche $A \approx 2{,}1$ m²
Wärmedurchgangskoeffizient $k = 1$ W/K m²
$\dfrac{kA}{mc} \approx 3{,}3 \cdot 10^{-6}$ s^{-1}

Exakt: $\vartheta_{i0} - \vartheta_{i(t)} = (\vartheta_{i0} - \vartheta_{a0})(1 - e^{-(kA/m \cdot c)t}) = 0{,}650$ K

Näherung: $\vartheta_{i0} - \vartheta_{i(t)} \approx (\vartheta_{i0} - \vartheta_{a0})(1 - 1 + \dfrac{kA}{mc}t) = 0{,}653$ K

Bedingung: $\dfrac{kA}{mc}t \ll 1$

Zeit t bis zum Abkühlen auf $\vartheta_{i(t)} = 60$ °C
$t = \dfrac{mc}{kA} \ln \dfrac{\vartheta_{i0} - \vartheta_{a0}}{\vartheta_{it} - \vartheta_{a0}} = 26{,}8\,h \approx 27$ h

4.7.11. $A = 2r\pi l$ $\dot{Q} = -A\lambda \dfrac{d\vartheta}{dr}$ $-\int_{\vartheta_{W1}}^{\vartheta_{Wa}} d\vartheta = \int_{r_i}^{r_a} \dfrac{\dot{Q}}{2rl\pi\lambda}\, dr$

$\Delta\vartheta = \dfrac{\dot{Q}}{2\pi\lambda l} \ln \dfrac{r_a}{r_i}$ $\dfrac{\dot{Q}}{l} = \dfrac{2\pi\lambda\Delta\vartheta}{\ln \dfrac{r_a}{r_i}} = 50{,}8$ W/m

Unter Verwendung der mittleren Wärmedurchgangsfläche $\bar{A} = 2\bar{r}\pi l$:

$\dot{Q} \approx \dfrac{\lambda}{d} 2\bar{r}\pi l \Delta\vartheta$ $\dfrac{\dot{Q}}{l} \approx \dfrac{\lambda}{d} 2 \dfrac{r_i + r_a}{2} \pi \Delta\vartheta = 52{,}8$ W/m

Der Fehler von etwa 4% ist für eine Wärmeleitungsaufgabe noch tragbar. Zum Vergleich beider Rechenverfahren formt man um:

$\ln \dfrac{r_a}{r_i} = \ln \dfrac{\bar{r} + \dfrac{d}{2}}{\bar{r} - \dfrac{d}{2}} = \ln\left(1 + \dfrac{d}{2\bar{r}}\right) - \ln\left(1 - \dfrac{d}{2\bar{r}}\right) \approx \dfrac{d}{2\bar{r}} + \dfrac{d}{2\bar{r}} = \dfrac{d}{\bar{r}} = \dfrac{2d}{r_i + r_a}$ für $\dfrac{d}{2\bar{r}} \ll 1$

Hier ist für $\dfrac{d}{2\bar{r}} = \dfrac{1}{3}$ diese Bedingung noch annähernd erfüllt.

4.7.12. $\Delta\vartheta = 214$ K $A = 4\pi r^2$
Wärmestrom zum Verdampfen $\dot{Q} = \dot{m} r^*$
Wärmestrom durch die Isolierung $\dot{Q} = -A\lambda \dfrac{d\vartheta}{dr}$
Gleichsetzen: $\dot{m} r^* = -4\pi r^2 \lambda \dfrac{d\vartheta}{dr}$

$-\int_{\vartheta_{W1}}^{\vartheta_{wa}} d\vartheta = \int_{r_i}^{r_a} \dfrac{\dot{m} r^*}{4\pi r^2 \lambda}\, dr$ $\Delta\vartheta = \dfrac{\dot{m} r^*}{4\pi\lambda}\left(\dfrac{1}{r_i} - \dfrac{1}{r_a}\right)$

$$\frac{1}{r_\mathrm{a}} = \frac{1}{r_\mathrm{i}} - \frac{\Delta\vartheta\, 4\,\pi\,\lambda}{\dot m\, r^*} = 2{,}74\ \mathrm{m^{-1}} \qquad r_\mathrm{a} = 0{,}366\ \mathrm{m} \qquad d = 21{,}6\ \mathrm{cm}$$

4.7.13. Aufgabe des Kühlkörpers ist die Abfuhr der Verlustleistung des Transistors bei möglichst geringer Kollektortemperatur. Dazu muß der Wärmewiderstand des Kühlkörpers klein sein. Die Form gewährleistet eine große Wärmeübergangsfläche bei geringem Raumbedarf. Die Stege dürfen aus Gründen der Gewichtsersparnis nach außen dünner werden, da der Steg d_1 den von Rippe 1 und 2 abgeführten Wärmestrom, der Steg d_2 dagegen nur den von Rippe 2 abgeführten Wärmestrom leiten muß. Die mattschwarze Oberfläche garantiert optimale Wärmeabstrahlung. Die Betriebslage wird falls kein Ventilator für Zwangsbelüftung sorgt so gewählt, daß die Rippen senkrecht stehen. Dadurch wird der Wärmestrom durch Konvektion gesteigert: der Wärmeübergangskoeffizient einer senkrecht stehenden Fläche ist wesentlich größer als der einer horizontalen.

4.7.14. Der Wärmedurchgangskoeffizient ist in beiden Fällen gleich. Es besteht also kein Unterschied in der Wärmeisolationswirkung. An der Dämmplatte entsteht wegen der geringen Wärmeleitfähigkeit die größte Temperaturdifferenz. Bei Innenverkleidung wird daher die Wand kalt, bei Außenverkleidung warm. Die Wand folgt Temperaturschwankungen bei Außenisolierung viel langsamer als bei Innenisolierung. Zudem kann bei Innenisolierung die Wandtemperatur unter den Taupunkt sinken, so daß die Wand im Inneren feucht wird. Außenisolierung ist also günstiger.

4.8.1. Oberfläche $0{,}88\ \mathrm{m^2}$ Wärmeübergang $\dot Q_\mathrm{k} = 4{,}75\ \mathrm{kW}$ $\dot Q = \dot Q_\mathrm{k} + \dot Q_\mathrm{s}$
a) Wärmestrahlung $Q_\mathrm{s1} = 13{,}36\ \mathrm{kW}$ Gesamtwärmestrom $Q_1 = 18{,}11\ \mathrm{kW}$
b) Wärmestrahlung $Q_\mathrm{s2} = 5{,}94\ \mathrm{kW}$ Gesamtwärmestrom $Q_2 = 10{,}69\ \mathrm{kW}$
Ein schwarzes Rohr ist also vorteilhafter als ein bronziertes.

4.8.2. $T_2^4 < 0{,}01 \cdot T_1^4$ $T_2 = 300\ \mathrm{K}$ $T_1 > 949\ \mathrm{K}$ $\vartheta_1 > 676\ \mathrm{°C}$

4.8.3. $P = \dot Q$ Nach dem Stefan-Boltzmannschen Gesetz:
$$T_1 = \sqrt[4]{\frac{P}{\sigma\,\varepsilon_1\,A_1}} = 2892\ \mathrm{K} \qquad \vartheta_1 = 2619\ \mathrm{°C}$$
$\alpha_\mathrm{s} = \sigma \cdot \varepsilon_2 \cdot a_\mathrm{s} = 7{,}37\ \varepsilon_2\ \mathrm{W/K\,m^2}$
Absorbierte Strahlung $\dot Q_\mathrm{abs} = \varepsilon_2 \cdot 100\ \mathrm{W}$
Wärmeabgabe $\dot Q = (7 + 7{,}37\,\varepsilon_2)\,(\mathrm{W/K\,m^2}) \cdot 0{,}012\ \mathrm{m^2} \cdot 50\ \mathrm{K}$
Aus $\dot Q_\mathrm{abs} = \dot Q$ findet man $\varepsilon_2 = 0{,}0439 = 4{,}39\%$

4.8.4. Gesamter Strahlungsfluß:
$$\dot Q_\mathrm{S} = \frac{80\ \mathrm{kJ}}{\mathrm{m^2 \cdot 60\,s}} \cdot 4\,\pi\,(1{,}49 \cdot 10^{11})^2\ \mathrm{m^2} = 3{,}72 \cdot 10^{26}\ \mathrm{W}$$
Sonnenoberfläche $A_\mathrm{S} = 4\,\pi\,(7 \cdot 10^8)^2\ \mathrm{m^2} = 6{,}16 \cdot 10^{18}\ \mathrm{m^2}$
Mit $T_2 \ll T_1$ folgt: $T_1^4 = \dfrac{\dot Q_\mathrm{S}}{\sigma \cdot \varepsilon \cdot A_\mathrm{S}}$ $T_1 = 5713\ \mathrm{K}$
$\lambda_\mathrm{max} = 507\ \mathrm{nm}$

4.8.5. $\dfrac{1}{k} = \dfrac{1}{\alpha_\mathrm{i}} + \dfrac{1}{\alpha_\mathrm{ka} + \alpha_\mathrm{s}}$ $k = 12{,}31\ \mathrm{W/K\,m^2}$ $P_\mathrm{verlust} = \dot Q$
$0{,}025 \cdot 1200\ \mathrm{kW} = A \cdot 12{,}31\ \mathrm{W/K\,m^2} \cdot 60\ \mathrm{K}$ $A = 40{,}6\ \mathrm{m^2}$

4.8.6. Wegen der guten Wärmeleitung geht $\alpha_i \to \infty$

Mit Isolierung: $\dot{Q}_m = k_m A (\vartheta_i - \vartheta_a)$

$\dfrac{1}{k_m} = \dfrac{d}{\lambda} + \dfrac{1}{\alpha_{\text{kam}} + \sigma \cdot \varepsilon \cdot a_s}$ $k_m = 0{,}587$ W/K m²

Ohne Isolierung: $\dot{Q}_o = k_o A (\vartheta_i - \vartheta_a)$

$k_o = \alpha_{\text{kao}} + \sigma \varepsilon a_s = 16{,}65$ W/K m²

$\dot{Q}_m / \dot{Q}_o = k_m / k_o = 0{,}0353$

$\vartheta_{\text{wa}} = \vartheta_a + \dfrac{k_m}{\alpha_{\text{kam}} + \sigma \varepsilon a_s}(\vartheta_i - \vartheta_a) = 25\,°C + \dfrac{0{,}587}{9{,}72}\,75\,°C = 29{,}5\,°C$

4.8.7. Der von 1 m² aufgenommene Wärmestrom entspricht der Summe des auf der Sonnenseite und des nach dem Durchgang durch das Brett auf der Schattenseite abgegebenen Wärmestroms:

$\dfrac{\dot{Q}}{A} = \dfrac{\dot{Q}_1}{A} + \dfrac{\dot{Q}_2}{A}$ $\dfrac{\dot{Q}}{A} = 670$ W/m² $\dfrac{\dot{Q}_1}{A} = (\alpha_k + \alpha_{s1})(\vartheta_{w1} - \vartheta_a)$ $\dfrac{\dot{Q}_2}{A} = k(\vartheta_{w1} - \vartheta_a)$

$\alpha_k + \alpha_{s1} = 12{,}5$ W/m²K $\dfrac{1}{k} = \dfrac{d}{\alpha} + \dfrac{1}{\alpha_1 + \alpha_{s2}}$ $k = 2{,}28$ W/m²K

670 W/m² $= (12{,}5 + 2{,}28)$ W/m²K $(\vartheta_{w1} - \vartheta_a)$ $\vartheta_{w1} - 20\,°C = 45{,}3\,°C$ $\vartheta_{w1} = 65{,}3\,°C$

$k(\vartheta_{w1} - \vartheta_a) = (\alpha_k - \alpha_{s2})(\vartheta_{w2} - \vartheta_a)$ $\vartheta_{w2} = 20\,°C + \dfrac{2{,}28}{11{,}8}\,45{,}3\,°C = 28{,}8\,°C$

4.8.8. Abgestrahlte Energie $dQ = \sigma \varepsilon A T^4 dt$

Abnahme der Wärmeenergie des Glühfadens $dQ = -mc\,d\vartheta = -mc\,dT$

Gleichsetzen: $\sigma \varepsilon A T^4 dt = -mc\,dT$ $\dfrac{\sigma \varepsilon A}{mc} \displaystyle\int_0^t dt = -\int_{T_a}^{T_e} \dfrac{dT}{T^4}$

$t = \dfrac{mc}{3\sigma \varepsilon A}\left(\dfrac{1}{T_e^3} - \dfrac{1}{T_a^3}\right) = 1{,}438$ s

4.9.1. Helium: $\sqrt{\overline{v^2}} = \sqrt{3\dfrac{R}{m_m} T} = 1368$ m/s

$E_{\text{kin}} = 3\tfrac{1}{2} m R_S T = \tfrac{3}{2} p V = 900$ Ws

Argon: $\sqrt{\overline{v^2}} = 433$ m/s $E_{\text{kin}} = 3\tfrac{1}{2} m R_S T = 900$ Ws

Stickstoff: $\sqrt{\overline{v^2}} = 517$ m/s $E_{\text{kin}} = 5\tfrac{1}{2} m R_S T = 1500$ Ws

4.9.2. $\bar{s} = \dfrac{1}{d^2 \pi \sqrt{2}} \dfrac{V_{\text{mn}}}{N_A} \dfrac{T}{T_n} = 2{,}3 \cdot 10^{-5}$ cm $p = p_n \dfrac{1}{d^2 \pi \sqrt{2}\, s_m} \dfrac{V_{\text{mn}}}{N_A} \dfrac{T}{T_n} = 0{,}466$ N/m²

4.9.3. $T = \dfrac{\overline{v^2}}{3R} m_m = 2020$ K $E_{\text{kin}} = 3\dfrac{1}{2} kT = 4{,}18 \cdot 10^{-20}$ Ws

4.9.4. Beim Erwärmen von N Molekülen der Gesamtmasse $m = N m_M$ um $\Delta\vartheta$ steigt der Wärmeinhalt um

$\Delta Q = N f \tfrac{1}{2} k \Delta\vartheta = m c_v \Delta\vartheta$ $c_v = \dfrac{f N k}{2m} = \dfrac{f N k}{2 N m_M} \cdot \dfrac{N_A}{N_A} = \dfrac{f R}{2 m_m} = 10{,}31\,\dfrac{\text{J}}{\text{g K}}$

Experimentell ermittelter Tabellenwert $10{,}14\,\dfrac{\text{J}}{\text{g K}}$

4.9.5. Die Schwingungen, welche die Atome von festen und flüssigen Stoffen infolge der Wärme ausführen, haben je drei Freiheitsgrade der kinetischen und der potentiellen Energie. Da auf jeden Freiheitsgrad die Energie $\frac{1}{2} \frac{m}{m_\mathrm{m}} RT$ entfällt, kommt auf die sechs Freiheitsgrade die Gesamtenergie $3 \frac{m}{m_\mathrm{m}} RT$. Zur Erwärmung um die Temperaturdifferenz ΔT braucht man die Wärmemenge $\Delta Q = 3 \frac{m}{m_\mathrm{m}} R \Delta T$. Setzt man diesen Betrag gleich $\Delta Q = m c_v \Delta T$, so findet man $c_v = 3 R/m_\mathrm{m}$. Wenn man hieraus die molare Wärmekapazität $C_{\mathrm{m}v} = m_\mathrm{m} c_v$ berechnet, erhält man die Dulong-Petitsche Regel: $C_{\mathrm{m}v} = 3R = 24{,}94 \text{ J/mol K}$.

4.10.1. Mechanische Arbeit $W = F_\mathrm{s} s = m g d \pi k$ Wärmemenge $\Delta Q = (cm + C) \Delta \vartheta$
Bei Vernachlässigung der Verluste ist $W = \Delta Q$. Daraus
$$c = \frac{m g d \pi k - C \Delta \vartheta}{m \Delta \vartheta} = 4{,}49 \text{ J/g K} \quad \text{(Tabellenwert 4,19 J/g K)}$$
Bei der schlechten Wärmeübertragung vom Band auf die Trommel geht ein Teil der mechanisch erzeugten Wärme verloren. Außerdem fälscht der Wärmeaustausch mit der Umgebung, die meist eine andere Temperatur als die Trommel besitzt, das Ergebnis.

4.10.2. In Wärme umgesetzte Leistung $P = P_0 \eta = \frac{dQ}{dt}$

$dQ = P_0 \eta \, dt = C \, d\vartheta \quad \frac{d\vartheta}{dt} = \frac{P_0 \eta}{C} = 0{,}0137 \text{ K/s}$

$\Delta \vartheta = \frac{d\vartheta}{dt} \Delta t = 0{,}823 \text{ K}$

4.10.3. a) $V_2 = 0{,}75 \text{ dm}^3 \quad T_2 = T_1 = 300 \text{ K}$

$W_\mathrm{mech} = p_1 V_1 \ln \frac{p_1}{p_2} = -1248 \text{ N m}$

$\Delta Q = \Delta U + \Delta W_\mathrm{mech} = 0 - 1248 \text{ N m} = -1248 \text{ J}$

b) $V_2 = 1{,}212 \text{ dm}^3 \quad T_2 = 485 \text{ K}$

$\Delta U = m c_v (T_2 - T_1) = \frac{m R_\mathrm{s}}{\varkappa - 1} (T_2 - T_1) = \frac{p_2 V_2 - p_1 V_1}{n - 1} = 924 \text{ J}$

$W_\mathrm{mech} = \frac{m R_\mathrm{s}}{n - 1} (T_2 - T_1) = -\frac{p_2 V_2 - p_1 V_1}{n - 1} = -1232 \text{ J}$

$\Delta Q = \Delta U + W_\mathrm{mech} = (924 - 1232) \text{ J} = -308 \text{ J}$

c) $V_2 = 1{,}359 \text{ dm}^3 \quad T_2 = 543 \text{ K}$

$W_\mathrm{mech} = -\frac{p_2 V_2 - p_1 V_1}{\varkappa - 1} = -1218 \text{ J} \quad \Delta Q = 0$

4.10.4. $p_1 = 0{,}95 \text{ bar} \quad T_1 = 293 \text{ K} \quad V_1 = V_1$
$p_2 = p_1 \quad\quad\quad\quad T_2 = 586 \text{ K} \quad V_2 = 2 V_1$
$p_3 = 2{,}51 \text{ bar} \quad T_3 = 773 \text{ K} \quad V_3 = V_1$

$Q_{13} = Q_{12} + Q_{23} = m \varkappa c_v (T_2 - T_1) + 0 = 610 \text{ kJ}$

$W_{13} = W_{12} + W_{23} = p(V_2 - V_1) + m c_v (T_2 - T_3)$

$\quad\quad = RT_1 \frac{m}{m_\mathrm{m}} + m c_v (T_2 - T_3) = (174 - 278) \text{ kWs} = -104 \text{ kWs}$

4.10.5. $V_1 : V_2 = 13{,}8 : 1 \quad p_2 = 39{,}4 \text{ bar}$

$W_\mathrm{mech} = \frac{p_1 V_1}{T_1} \frac{1}{\varkappa - 1} (T_1 - T_2) = -1161 \text{ N m}$

4.10. Lösungen

4.10.6. $T_2 = 631$ K $\quad \vartheta_2 = 358$ °C

Kompressionsarbeit $\quad m c_v (T_1 - T_2)$
Ansaugarbeit $\quad\quad\quad + p_1 V_1 = R_s T_1 m$
Ausstoßarbeit $\quad\quad\quad - p_2 V_2 = - R_s T_2 m$
Gesamtarbeit $\quad\quad\quad m c_v (T_1 - T_2) + R_s m (T_1 - T_2) = m (c_v + R_s)(T_1 - T_2)$
$$= m c_p (T_1 - T_2)$$

$P = \dot{W} = \dot{m} c_p (T_1 - T_2) = -114$ kW

4.10.7. Staudruck $p_{st} = \frac{\varrho}{2} v^2 = 0{,}614$ bar $\quad$ Gesamtdruck $p_{ges} = 1{,}614$ bar

$T_2 = 328{,}3$ K $\quad \vartheta_2 = 55{,}0$ °C
$\frac{1}{2} m_1 v^2 = (m_1 + m_2) c \Delta \vartheta \quad \Delta \vartheta = 42{,}7$ K

4.10.8. $\eta_{th} = 1 - \dfrac{773 \text{ K}}{2373 \text{ K}} = 0{,}674$

$\eta_{eff} = \dfrac{P}{\dot{Q}} = \dfrac{P}{\dot{m} H} = \dfrac{P}{\dot{V} \varrho H} = 0{,}292 = 29{,}2\%$

4.10.9. $H = m \bar{c} \vartheta_s + m r + m \overline{c_p} (\vartheta - \vartheta_s) = 9{,}05 \cdot 10^7$ J

Verdrängungsarbeit $\quad p V = p \cdot \dfrac{V}{m} \cdot m = 7{,}5 \cdot 10^6$ J
Innere Energie $\quad\quad\quad U = H - p V = 8{,}3 \cdot 10^7$ J

4.10.10. Mischungstemperatur $\vartheta = 35{,}2$ °C
$\Delta S_{Wasser} = 2{,}86$ kJ/K $\quad \Delta S_{Eisen} = -1{,}81$ kJ/K $\quad \Delta S = 1{,}05$ kJ/K

4.10.11. Vor dem Mischen: $\quad V_{1a} = V_{2a} = V_a \quad p_{1a} = p_{2a} = p \quad T_{1a} = T_{2a} = T$
Nach dem Mischen: $\quad V_e = 2 V_a \quad p_e = p \quad T_e = T$
Bezogen auf den Normzustand ist
$$S = m c_v \ln \dfrac{T}{T_n} + \dfrac{p V}{T} \ln \dfrac{V}{V_n}$$
Entropieänderung durch Mischen:
$\Delta S = S_e - S_{1a} - S_{2a}$
$$= \left[(m_1 c_{v1} + m_2 c_{v2})(\ln T - \ln T_n) + \dfrac{p V_e}{T}(\ln V_e - \ln V_n) \right]$$
$$- \left[m_1 c_{v1}(\ln T - \ln T_n) + \dfrac{p V_a}{T}(\ln V_a - \ln V_n) \right]$$
$$- \left[m_2 c_{v2}(\ln T - \ln T_n) + \dfrac{p V_a}{T}(\ln V_a - \ln V_n) \right]$$
$$= \dfrac{p 2 V_a}{T} \ln 2 V_a - 2 \dfrac{p V_a}{T} \ln V_a = 2 \dfrac{p V_a}{T} \ln 2 = 0{,}465 \, \dfrac{\text{J}}{\text{K}}$$

4.10.12. Vor dem Mischen: $\quad p_{1a} \quad p_{2a}$
$V_{1a} = V_{2a} = V_a$
Nach dem Mischen: $\quad p_{1e} = p_{2e} = p_e$
$V_{1e} + V_{2e} = 2 V_a$
Gasgesetz: $p_{1a} V_a = p_e V_{2e} \quad p_{2a} V_a = p_e V_{2e}$

Addition der beiden Gleichungen:

$$p_e = \frac{p_{1a} + p_{2a}}{2} = 1{,}5 \text{ bar}$$

$$\Delta S_1 = m_1 c_p \ln \frac{T}{T} - m_1 R_s \ln \frac{p_{1e}}{p_{1a}} = -\frac{p_{1a} V_a}{T} \ln \frac{p_{1e}}{p_{1a}}$$

$$\Delta S_2 = m_2 c_p \ln \frac{T}{T} - m_2 R_s \ln \frac{p_{2e}}{p_{2a}} = -\frac{p_{2a} V_a}{T} \ln \frac{p_{2e}}{p_{2a}}$$

$$\Delta S = \Delta S_1 + \Delta S_2 = -\frac{V_a}{T}\left(p_{1a} \ln \frac{p_{1e}}{p_{1a}} + p_{2a} \ln \frac{p_{2e}}{p_{2a}}\right) = 0{,}057 \frac{\text{J}}{\text{K}}$$

4.10.13. $\eta_{\text{th}} = 1 - \dfrac{300\,\text{K}}{400\,\text{K}} = 0{,}25 \qquad \eta_{\text{eff}} = \dfrac{\Delta W}{Q_{12}}$

$Q_{12} = m\,c_v(T_2 - T_1) = 28{,}6\,\text{kJ} \qquad W_{12} = 0$

$Q_{23} = 0 \qquad W_{23} = m\,c_v(T_2 - T_1) = 28{,}6\,\text{kJ}$

$\dfrac{V_1}{V_3} = \left(\dfrac{T_1}{T_3}\right)^{\frac{1}{\varkappa - 1}} = 0{,}487 \qquad R_s = c_p\left(1 - \dfrac{1}{\varkappa}\right) = 0{,}286\,\text{J/KgK}$

$Q_{31} = W_{31} = m\,R_s\,T_1 \ln \dfrac{V_1}{V_3} = -24{,}7\,\text{kJ}$

Nutzarbeit $\Delta W = W_{12} + W_{23} + W_{31} = 3{,}90\,\text{kJ} \qquad \eta_{\text{eff}} = \dfrac{\Delta W}{Q_{12}} = 0{,}137 = 13{,}7\,\%$

Am Ende des Kreisprozesses ist die Entropie des Gases unverändert; der heiße Behälter hat $|Q_{12}|$ bei T_2 abgegeben, dem kälteren Behälter wurde $|Q_{31}|$ bei T_1 zugeführt. Die gesamte Entropiedifferenz ist also

$$\Delta S = \frac{-|Q_{12}|}{T_2} + \frac{|Q_{31}|}{T_1} = \left(-\frac{28{,}6}{400} + \frac{24{,}7}{300}\right)\frac{\text{kJ}}{\text{K}} = 10{,}8\,\frac{\text{J}}{\text{K}}$$

Der effektive Wirkungsgrad liegt unter dem thermischen, weil die Entropie beim Ausgleich der endlichen Temperaturdifferenz während der Wärmeaufnahme zunimmt. Alle anderen Zustandsänderungen erfolgen reversibel und daher ohne Entropieänderung.

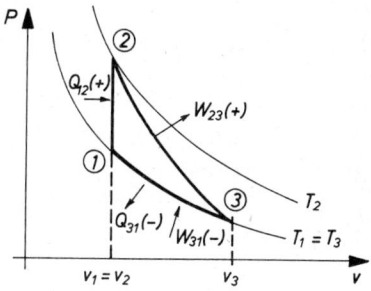

4.10.14. a) Der Zustand des gesamten Gases bleibt erhalten, die Entropie bleibt konstant.

b) Durch Diffusion mischen sich die Gase. Die Zahl W der Anordnungsmöglichkeiten der Moleküle, die thermodynamische Wahrscheinlichkeit, nimmt zu; die Entropie $S = k \ln W$ steigt.

c) Auch hier nimmt W und damit die Entropie zu.

4.10.15. Die Osmose entsteht, wenn eine Lösung und ihr reines Lösungsmittel durch eine halbdurchlässige Wand getrennt sind. Die Diffusion sucht sowohl beim Lösungsmittel wie auch beim gelösten Stoff den Konzentrationsunterschied auf beiden Seiten der Wand auszugleichen. Dies ist aber nur beim Lösungsmittel möglich, das die Wand in Richtung zur Lösung durchschreitet, solange sein Partialdruck auf der Seite des reinen Lösungsmittels größer ist als in der Lösung. Dieser Vorgang hört auf, wenn beide Partialdrücke gleich geworden sind. Der Überdruck in der Lösung entsteht nur durch den gelösten Stoff, der die Wand nicht durchdringen kann.

5.1. Lösungen

5.1.1. $T = 0{,}726$ s $\quad f = 1{,}378$ s^{-1} $\quad \omega = 8{,}66$ s^{-1} $\quad x = 6$ cm $\cos(8{,}66$ s$^{-1}\, t)$
Aus 2 cm = 6 cm $\cos \omega t$ folgt $\cos \omega t = \tfrac{1}{3}$
$\omega t_1 = 70{,}53° + k \cdot 360° = 1{,}231 + k \cdot 2\pi \quad t_1 = 0{,}1421$ s $+ kT$
$\omega t_2 = \qquad\qquad\qquad\quad\; 5{,}053 + k \cdot 2\pi \quad t_2 = 0{,}583$ s $+ kT$
$v_1 = -\hat{x} \omega \sin \omega t = -6$ cm $8{,}66$ s$^{-1} \sin 70{,}53° = -49$ cm/s
$v_2 = -v_1 = 49$ cm/s

5.1.2. Periodendauer: $T = 0{,}8$ s $+ 3{,}2$ s $= 4$ s $\quad$ Frequenz $f = 0{,}25$ s^{-1}
Phasenwinkel des Punktes mit der Elongation $x = 10$ cm: $\quad \omega t = 54°$
Aus 10 cm $= \hat{x} \sin 54°$: $\quad \hat{x} = 12{,}36$ cm
Schwingungsgleichung $\quad x = 12{,}36$ cm $\sin 1{,}57$ s$^{-1}\, t$

5.1.3. $D = \dfrac{\Delta m\, g}{s} = 49\,050$ N/m $\quad T = 0{,}915$ s

5.1.4. $D = \dfrac{m g}{s} \quad T = 2\pi \sqrt{\dfrac{m}{g}} = 2\pi \sqrt{\dfrac{s}{g}} = 0{,}220$ s

5.1.5. Masse des Sattels m_1 $\quad$ Masse des Fahrers m_2
$T_1 = \dfrac{1}{f_1} = 2\pi \sqrt{\dfrac{m_1}{D}} \quad T_2 = \dfrac{1}{f_2} = 2\pi \sqrt{\dfrac{m_1 + m_2}{D}}$
Durch Division beider Gleichungen findet man die Masse $m_1 = 1{,}5$ kg.
Nun ergibt sich aus einer der beiden Gleichungen $D = 6530$ kg/s^2 und hieraus:
$s = \dfrac{m_2 g}{D} = 10{,}8$ cm $\quad$ oder allgemein
$s = \dfrac{g}{4\pi^2} \left(\dfrac{1}{f_2^2} - \dfrac{1}{f_1^2} \right) = 0{,}108$ m $\quad$ unabhängig von der Masse des Fahrers.

5.1.6. a) $T_1 = 0{,}314$ s
b) $T_2 = 0{,}314$ s $\quad$ (da Masse und Richtgröße sich gegenüber a) nicht ändern)
c) $T_3 = 0{,}222$ s
d) $T_4 = 0{,}257$ s
Verschiebung x der Ruhelage aus der Gleichgewichtsgleichung:
$2(F_0 - Dx) = F_0 + Dx \quad x = 5$ cm

5.1.7. $\cos(\omega t + \varphi_0) = \dfrac{x}{\hat{x}} \quad \sin(\omega t + \varphi_0) = -\dfrac{v}{\hat{x}\omega}$
Nach Division: $\tan(\omega t + \varphi_0) = -\dfrac{v}{x \omega}$
Einsetzen von $t = 0$, $x = 3$ cm und $v = 6$ cm/s ergibt
$\tan \varphi_0 = -1 \quad \varphi_0 = \dfrac{3\pi}{4} = 135°$
$\hat{x} = \dfrac{x}{\cos(\omega t + \varphi_0)} = 4{,}24$ cm
$\hat{v} = \hat{x}\omega = 8{,}49$ cm/s $\quad \hat{a} = \hat{x}\omega^2 = 16{,}97$ cm/s^2
$E = \dfrac{m}{2} \hat{v}^2 = 1{,}08 \cdot 10^{-4}$ J

5.1.8. $x_1 = x_2$, wenn $\cos(\omega_1 t + \varphi_{01}) = \cos(\omega_2 t + \varphi_{02})$
Das ist der Fall für $\omega_1 t + \varphi_{01} = \pm (\omega_2 t + \varphi_{02}) + k\, 2\pi$

$$t_1 = \frac{\pi}{4}(1+4k)\,\text{s} \qquad t_2 = \frac{\pi}{3}(k-1)\,\text{s}$$
$$t_{11} = 0{,}785\,\text{s} \qquad t_{12} = 3{,}93\,\text{s} \qquad t_{21} = 0\,\text{s} \qquad t_{22} = 1{,}047\,\text{s}$$
$$t_{23} = 2{,}09\,\text{s} \qquad t_{24} = 3{,}14\,\text{s} \qquad t_{25} = 4{,}19\,\text{s}$$

5.1.9. $T = 2\pi\sqrt{\dfrac{m}{D}} \qquad \dfrac{\mathrm{d}T}{\mathrm{d}m} = \dfrac{2\pi}{2\sqrt{mD}} = \dfrac{T}{2m} \qquad T = 2m\,\dfrac{\mathrm{d}T}{\mathrm{d}m}$

$$T \approx 2\,\frac{\Delta T}{\frac{\Delta m}{m}} = \frac{2 \cdot 0{,}05\,\text{s}}{0{,}001} = 100\,\text{s}$$

5.1.10. Rücktreibende Kraft $F_\mathrm{r} = -2Ax\varrho g\cos\alpha = -2mg\dfrac{x}{l}\cos\alpha \qquad D = \dfrac{2mg\cos\alpha}{l}$

Schwingungsdauer $T = 2\pi\sqrt{\dfrac{l}{2g\cos\alpha}}$

a) $\alpha = 0°$ $\quad l = 40\,\text{cm} \quad T = 0{,}897\,\text{s}$
b) $\alpha = 0°$ $\quad l = 90\,\text{cm} \quad T = 1{,}346\,\text{s}$
c) $\alpha = 60°$ $\quad l = 40\,\text{cm} \quad T = 1{,}268\,\text{s}$
d) $m_\mathrm{Hg} = 90\,\text{cm}^3 \cdot 13{,}6\,\text{g/cm}^3 = 1224\,\text{g}$

5.1.11. $pV^\varkappa = \text{const}$ differenziert ergibt $\mathrm{d}p\,V^\varkappa + p\varkappa V^{\varkappa-1}\mathrm{d}V = 0$

$$\mathrm{d}p = -\frac{p\varkappa}{V}\mathrm{d}V = -\frac{p\varkappa A}{V}\mathrm{d}y$$

$$\mathrm{d}F_\mathrm{r} = A\,\mathrm{d}p = -\frac{p\varkappa A^2}{V}\mathrm{d}y \qquad D = \frac{A^2 p\varkappa}{V}$$

$$p = p_\text{Luft} + \frac{mg}{A} = 1{,}006\,\text{bar}$$

$$T = 2\pi\sqrt{\frac{m}{D}} = 2\pi\sqrt{\frac{mV}{A^2 p\varkappa}} = 0{,}554\,\text{s}$$

5.1.12. Energiesatz: $mgh = \dfrac{m}{2}\hat{v}^2 + \dfrac{J}{2}\hat{\omega}^2$

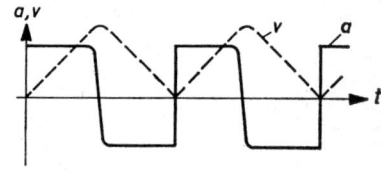

$J = \dfrac{2}{5}mr^2 \qquad \hat{\omega} = \dfrac{\hat{v}}{r}$

$\hat{v} = \sqrt{\dfrac{10}{7}gh} \qquad \bar{v} = \dfrac{\hat{v}}{2} = \sqrt{\dfrac{gs\sin\beta}{2{,}8}}$

$T = 4t = 4\,\dfrac{s}{\bar{v}} = 4\sqrt{\dfrac{2{,}8\,s}{g\sin\beta}} = 2\,\text{s}$

Durch die Abrundung wird $\hat{v}$ kleiner, also T größer. Die Umlenkung durch die Abrundung beeinflußt die Flankensteilheit am tiefsten Punkt.

5.1.13. a) $r\sin\varphi = l\sin\psi$; daraus $\cos\psi = \sqrt{1 - \dfrac{r^2}{l^2}\sin^2\varphi}$

$$x(t) = r\cos\varphi + l\cos\psi = r\cos(\omega t) + l\sqrt{1 - \dfrac{r^2}{l^2}\sin^2(\omega t)}$$

b) Harmonische Bewegung, wenn r/l vernachlässigbar gegen 1 ist.

c) $\sqrt{1-\varepsilon} \approx 1 - \dfrac{\varepsilon}{2}$

$$x(t) \approx r\cos(\omega t) + l - \dfrac{r^2}{2l}\sin^2(\omega t)$$

d) $v = \dot{x} \approx -r\omega\sin(\omega t) - \dfrac{r^2\omega}{l}\sin(\omega t)\cos(\omega t)$

$$a = \ddot{x} \approx -r\omega^2 \cos(\omega t) - \frac{r^2 \omega^2}{l}\left(\cos^2(\omega t) - \sin^2(\omega t)\right)$$

e) $\ddot{x}_{\max} = 0 \quad \cos\varphi_{\max} \approx -\frac{l}{4r} + \sqrt{\frac{l^2}{16 r^2} + \frac{1}{2}} = 0{,}225$

$\varphi_{\max 1} \approx 77° \quad \varphi_{\max 2} \approx 283°$

5.1.14. Die rücktreibende Kraft ist die Differenz zwischen Gewichtskraft und Auftriebskraft. Diese Kraft ist beim Quader proportional zur Auslenkung, bei der Kugel jedoch wegen des veränderlichen Querschnitts nicht. Daher ist die Richtgröße nur beim Quader konstant.

5.2.1. $l = 24{,}84$ cm

5.2.2. $\frac{T_{\text{phys}}}{T_{\text{math}}} = \sqrt{\frac{J}{m s^2}} = \sqrt{\frac{0{,}4\,\text{m}\,r^2 + m s^2}{m s^2}} = \sqrt{1 + 0{,}4\,\frac{r^2}{s^2}} \approx 1 + 0{,}2\,\frac{r^2}{s^2}$

Fehler $0{,}2\,\dfrac{2{,}5^2\,\text{cm}^2}{20^2\,\text{cm}^2} = 0{,}31\%$

5.2.3. $T = 2\pi \sqrt{\dfrac{0{,}5\,m\,r^2 + m\,r^2}{m g r}} = 1{,}099$ s

5.2.4. $J_S = \dfrac{T^2}{4\pi^2} m g s - m s^2 = 0{,}054$ kg m^2

5.2.5. $T_1 = 0{,}482$ s $\quad n_1 = 249$ min^{-1} $\quad T_2 = 1{,}617$ s $\quad n_2 = 74{,}2$ min^{-1}

5.2.6. Richtgröße des Stabes D_S^* $\quad$ Richtgröße der Lamelle D_L^*

$\dfrac{T^2}{4\pi^2}(D_S^* + D_L^*) = \dfrac{m l^2}{3} \quad D_L^* = 0{,}718$ Nm

$M = D_L^* \varphi_L = 0{,}719\,\text{Nm} \cdot 0{,}1745 = 0{,}1257$ Nm

5.2.7. $T_1 = 2\pi \sqrt{\dfrac{J}{D^*}} = 0{,}628$ s $\quad T_2 = 2\pi \sqrt{\dfrac{J + m x^2}{D^* + m g x}}$

Aus $T_1 = T_2$ findet man: $x = \dfrac{J \cdot g}{D^*} = 9{,}81$ cm

5.2.8. $T^2 = 4\pi^2 \dfrac{\frac{1}{12} m l^2 + m s^2}{m g s} = 4\pi^2 \left(\dfrac{l^2}{12 g s} + \dfrac{s}{g}\right)$

Setzt man den Differentialquotient von T^2 nach s gleich Null, so folgt:

$s = l \sqrt{\dfrac{1}{12}} = 0{,}2887$ m $\quad$ Entfernung Drehachse—Stabende $0{,}2113$ m

5.2.9. Rücktreibendes Moment $M_r = G \tan\alpha \cdot r \approx G\alpha r \quad l\alpha = r\varphi^*$

Winkelrichtgröße $\quad D^* = \dfrac{M_r}{\varphi^*} = m g \dfrac{r^2}{l}$

oder mit dem Energiesatz: $m g h = \int M_r\,d\varphi^* \quad m g(l - l\cos\alpha) = \int\limits_0^{\varphi^*} D^* \varphi^*\,d\varphi^*$

und mit der Näherung $\cos\alpha \approx 1 - \dfrac{\alpha^2}{2}$

$$D^* = \dfrac{m g l \dfrac{\alpha^2}{2}}{\dfrac{\varphi^{*2}}{2}} = m g l \dfrac{r^2}{l^2} = m g \dfrac{r^2}{l}$$

Trägheitsmoment $\quad J = \tfrac{1}{2} m r^2$

Periodendauer $\quad T = 2\pi \sqrt{\dfrac{l}{2g}}$

5.2.10. Abstand Drehachse — Kugel x
$$J = J_\text{Rohr} + J_\text{Kugel} = \tfrac{1}{3} m l^2 + m x^2$$
$$M = m g \tfrac{l}{2} \sin\varphi + m g x \sin\varphi \qquad D^* = m g (\tfrac{1}{2} l + x)$$
$$T = 2\pi \sqrt{\frac{J}{D^*}} = 2\pi \sqrt{\frac{m(\tfrac{1}{3} l^2 + x^2)}{m g (\tfrac{1}{2} l + x)}}$$
$$x^2 - \frac{T^2 g}{4\pi^2} x + \left(\frac{l^2}{3} - \frac{T^2 g l}{8\pi^2}\right) = 0 \qquad x_1 = 0{,}435\ \text{m} \qquad x_2 = 0{,}1236\ \text{m}$$

Es gibt zwei Lösungen, die der gestellten Anforderung genügen.

$$\frac{dT}{dx} = \frac{\pi}{\sqrt{g}} \sqrt{\frac{\dfrac{l}{2} + x}{\dfrac{l^2}{3} + x^2}} \cdot \frac{x^2 + l x - \dfrac{l^2}{3}}{\left(\dfrac{l}{2} + x\right)^2}$$

Extremum für
$$\frac{dT}{dx} = 0 \qquad x_\text{E}^2 + l x_\text{E} - \tfrac{1}{3} l^2 = 0 \qquad x_{1\text{E}} = 0{,}264\ \text{m} \qquad (x_{2\text{E}} = -1{,}264\ \text{m})$$

5.2.11. Voraussetzung für die Drehschwingungen, die den Gang der Uhren bestimmen, sind Massenträgheitsmoment und rücktreibendes Moment. Das Massenträgheitsmoment ist in beiden Fällen ortsunabhängig. Das rücktreibende Moment wird bei der Armbanduhr ebenfalls ortsunabhängig von einer Spiralfeder bewirkt. Das rücktreibende Drehmoment der Penduluhr dagegen hängt von der Massenanziehungskraft zwischen Pendelmasse und Erde ab. Diese Kraft nimmt im Raum mit wachsender Entfernung von der Erde ab. Die Periodendauer des Pendels steigt an. Weil das rücktreibende Moment immer kleiner wird, bleiben Pendel und Uhr schließlich stehen.

5.3.1. $D = 2 D_0 \qquad T = 0{,}574\ \text{s} \qquad \Delta\hat{x} = 4 \dfrac{\mu \cdot m \cdot g}{D} = 9{,}81\ \text{cm}$

$$\hat{x}_0 - n \Delta\hat{x} < \frac{F_\text{R}}{D} \qquad n > 1{,}89 \qquad n = 2 \qquad \hat{x}_2 = \hat{x}_0 - n \Delta\hat{x} = 1{,}38\ \text{cm}$$

Bei geneigter Unterlage bleiben m, D und T unverändert. Dagegen verändert sich die Nullage um
$$\Delta x_0 = \frac{G \sin\alpha}{2 D_0} = 4{,}09\ \text{cm}$$

Wegen der kleineren Reibung wird
$$\Delta\hat{x} = 4 \frac{\mu m g \cos\alpha}{D} = 8{,}5\ \text{cm}$$

5.3.2. $T = 0{,}993\ \text{s} \qquad M_\text{R} < \Delta\varphi D^* \qquad \mu m g \dfrac{d}{2} < \Delta\varphi D^* \qquad d < 0{,}0712\ \text{mm}$

5.3.3. $T = 2\pi \sqrt{\dfrac{J}{D^*}} = 2\pi \sqrt{\dfrac{m r_i^2}{m g s}} \qquad s = 1{,}61\ \text{mm}$

$$\Delta\hat{\varphi}^* = \frac{4 M_\text{R}}{D^*} = \frac{4 \mu G r}{G s} \qquad \mu = \frac{\text{arc}\ 15° \cdot 1{,}61\ \text{mm}}{4 \cdot 5\ \text{mm}} = 0{,}021$$

5.3.4. Näherungslösung: Da $q = 4{,}6/5 = 0{,}92 > 0{,}5$ gilt $T_\text{d} \approx T_0 \approx T$ und damit
$$T = 2\pi \sqrt{\frac{2 l}{3 g}} = 1{,}269\ \text{s} \qquad 3 T = 3{,}81\ \text{s}$$

$\hat{\varphi}_3^* = \hat{\varphi}_0^* q^3 = 5° \cdot 0{,}92^3 = 3{,}89°$

Exakte Lösung:

$\omega_\mathrm{d} = \dfrac{2\pi}{T_\mathrm{d}} = \sqrt{\omega_0^2 - \delta^2}$

Setzt man $\omega_0^2 = \dfrac{3g}{2l}$ sowie $\delta = \dfrac{1}{T_\mathrm{d}} \ln \dfrac{1}{q}$ ein, so erhält man nach Umstellen

$T_\mathrm{d} = \sqrt{\dfrac{2l\left(4\pi^2 + \ln^2 \dfrac{1}{q}\right)}{3g}} = 1{,}26886 \text{ s}$ gegenüber $1{,}26875$ s

bei der Näherungslösung.

5.3.5. $\omega_0 = 5{,}77 \text{ s}^{-1}$ $\delta = \dfrac{F_\mathrm{R}}{2mv} = 1{,}25 \text{ s}^{-1}$

$T_\mathrm{d} = \dfrac{2\pi}{\sqrt{\omega_0^2 - \delta^2}} = 1{,}115 \text{ s}$ $q = \mathrm{e}^{-\delta T_\mathrm{d}} = 0{,}248$

5.3.6. Für den aperiodischen Grenzfall ist $\delta = \dfrac{F_\mathrm{R}}{2mv} = \omega_0$

Man setzt nach der Formel von Stokes

$F_\mathrm{R} = 6\pi r v \eta$ $m = V\varrho_1 = \dfrac{4}{3} r^3 \pi \varrho_1$ $\omega_0 = \sqrt{\dfrac{D^*}{J}} = \sqrt{\dfrac{V(\varrho_1 - \varrho_2) g l}{V \varrho_1 l^2}}$

Da $\varrho_1 = 3\varrho_2$, wird $\omega_0 = \sqrt{\dfrac{2g}{3l}}$. Damit erhält man für r die Gleichung

$\dfrac{9\eta}{4r^2 \varrho_1} = \sqrt{\dfrac{2g}{3l}}$ $r = 0{,}935$ cm

5.3.7. $\omega_0 = \delta$ $\sqrt{\dfrac{D^*}{J}} = \dfrac{M_\mathrm{R}}{2J\omega^*}$ $M_\mathrm{R} = 2\omega^* \sqrt{JD^*}$ $\omega^* = 120°/\text{s} = \dfrac{2}{3}\pi \text{ s}^{-1}$

$M_\mathrm{R} = 4{,}87 \cdot 10^{-5}$ Nm

5.3.8. $T = \dfrac{2\pi}{\omega}$; durch Differenzieren folgt $\left|\dfrac{\Delta\omega}{\omega}\right| = \left|\dfrac{\Delta T}{T}\right| = 0{,}005$

Im Grenzfall $\omega_\mathrm{d} = 0{,}995 \omega_0$ gilt

$\omega_\mathrm{d}^2 = \omega_0^2 - \delta^2 = (0{,}995\omega_0)^2 = 0{,}990 \omega_0^2$ $\delta^2 = 0{,}01 \omega_0^2$ $\delta = 0{,}1 \omega_0$

Daraus erhält man das Amplitudenverhältnis

$q = \mathrm{e}^{-\delta T_\mathrm{d}} = \mathrm{e}^{-0{,}1 \omega_0 \frac{2\pi}{\omega_\mathrm{d}}} \approx \mathrm{e}^{-0{,}2\pi} = 0{,}533 \approx 0{,}5$

5.3.9. Die Reibungsdämpfung entsteht durch äußere Festkörperreibung, die geschwindigkeitsproportionale Dämpfung durch innere Reibung in Flüssigkeiten und Gasen oder durch elektrische Wirbelströme.

Reibungsdämpfung erzeugt eine Amplitudenabnahme nach einer arithmetischen Reihe (gleiche Differenzen), geschwindigkeitsproportionale Dämpfung eine Abnahme nach einer geometrischen Reihe (gleiche Quotienten). Reibungsdämpfung ist für Meßinstrumente unbrauchbar, weil der Zeiger an einer Stelle zum Stillstand kommen kann, die nicht der Anzeige entspricht. Dagegen ist die geschwindigkeitsproportionale Dämpfung sehr günstig, weil sie ohne Fälschung der Anzeige den Zeiger viel schneller (besonders in der Nähe des aperiodischen Grenzfalls) in seiner Endstellung zur Ruhe kommen läßt.

5.4.1. $q = 0{,}88 = \mathrm{e}^{-\delta T}$ $\delta = 0{,}213 \text{ s}^{-1}$ $\hat{x}_\mathrm{res} = \hat{x}_\mathrm{a} \dfrac{\omega_0}{2\delta} = \hat{x}_\mathrm{a} \dfrac{\pi}{T_0 \delta} = 73{,}7$ cm

5.4.2. $T_0 = 0{,}502$ s $\omega_a = 100\,\pi\,\mathrm{s^{-1}}$ $\delta = \omega_0 = 12{,}52\,\mathrm{s^{-1}}$

$$\frac{\hat\varphi^*}{\hat\varphi_a^*} = \frac{\omega_0^2}{\omega_0^2 + \omega_a^2} = \frac{1}{631}$$

5.4.3. $T_0 = 1{,}20$ s $f_0 = 0{,}831\,\mathrm{s^{-1}}$

$$\hat x = \hat x_a \frac{f_0^2}{f_a^2 - f_0^2} = 0{,}835\ \mathrm{cm}$$

5.4.4. $\omega_0 = \pi\,\mathrm{s^{-1}}$ $\delta_N \approx \dfrac{\omega_0\,\hat x_a}{2\,\hat x_\mathrm{res}}$

$$\hat x_\mathrm{res} = \frac{\hat x_a\,\omega_0^2}{2\,\delta\,\sqrt{\omega_0^2-\delta^2}} = \frac{\hat x_a\,\omega_0}{2\,\delta\,\sqrt{1-\dfrac{\delta^2}{\omega_0^2}}} \approx \frac{\hat x_a\,\omega_0}{2\,\delta}\left(1+\frac{\delta^2}{2\,\omega_0^2}\right)$$

$$\delta \approx \frac{\hat x_a\,\omega_0}{2\,\hat x_\mathrm{res}}\left(1+\frac{\delta^2}{2\,\omega_0^2}\right) = \delta_N\left(1+\frac{\delta^2}{2\,\omega_0^2}\right) \qquad \frac{\Delta\delta}{\delta} \approx \frac{\delta^2}{2\,\omega_0^2} \quad 0{,}1 = \frac{\delta^2}{2\,\pi^2\,\mathrm{s^{-2}}}$$

$$\delta = \pi\sqrt{0{,}2}\ \mathrm{s^{-1}} = 1{,}4\ \mathrm{s^{-1}}$$

Bei $\delta = 1{,}4\,\mathrm{s^{-1}}$ wird der Fehler 10%

5.4.5. Durch Quadrieren der Gleichung für $\hat x_\mathrm{res}$ erhält man eine Gleichung für die Abklingkonstante δ:

$$\delta^4 - \omega_0^2\,\delta^2 + \left(\frac{\hat F_a}{\hat x_\mathrm{res}\,2\,m}\right)^2 = 0 \qquad \delta_1^2 = 16{,}93\ \mathrm{s^{-2}} \qquad \delta_2^2 = 83{,}1\ \mathrm{s^{-2}}$$

Da $\delta_2^2 > \tfrac12\,\omega_0^2$ ist die Lösung 2 physikalisch nicht sinnvoll; also $\delta = 4{,}11\,\mathrm{s^{-1}}$ und $\omega_{a\,\mathrm{res}} = 8{,}13\,\mathrm{s^{-1}}$.

90% der Resonanzamplitude: $\hat x = 0{,}18$ m

Setzt man die gefundenen Werte für δ und $\hat x$ in die Gleichung für $\hat x$ ein, so kann man aus der entstehenden Gleichung die Erregerkreisfrequenz berechnen:

$$\omega_a^4 + \omega_a^2(4\,\delta^2 - 2\,\omega_0^2) + \omega_0^4 - \left(\frac{\hat F_a}{m\,\hat x}\right)^2 = 0$$

$$\omega_a^4 - 132{,}3\ \mathrm{s^{-2}}\,\omega_a^2 + 3055\ \mathrm{s^{-4}} = 0 \qquad \omega_{a1} = 10{,}12\ \mathrm{s^{-1}} \qquad \omega_{a2} = 5{,}46\ \mathrm{s^{-1}}$$

$$\tan\varphi_1 = \frac{2\,\delta\,\omega_{a1}}{\omega_0^2-\omega_{a1}^2} = -33{,}7 \qquad \varphi_1 = 180° - 88{,}3° = 91{,}7° \qquad \varphi_2 = 32{,}6°$$

5.4.6. $D^* = \dfrac{M_\mathrm{r}}{\varphi_1^*} = \dfrac{m\,g\,s\,\sin\varphi_1^*}{\varphi_1^*} \approx \dfrac{m\,g\,l}{2}$

$$D_\mathrm{k}^* = \frac{M_\mathrm{k}}{\varphi_2^* - \varphi_1^*} = \frac{D_\mathrm{k}\,l(\varphi_2^* - \varphi_1^*)\,l}{\varphi_2^* - \varphi_1^*} = D_\mathrm{k}\,l^2$$

$$\omega_1 = \sqrt{\frac{D^*}{J}} = \sqrt{\frac{m\,g\,l/2}{m\,l^2/3}} = \sqrt{\frac{3\,g}{2\,l}} = 5{,}42\ \mathrm{s^{-1}}$$

$$\omega_2 = \sqrt{\frac{D^* + 2\,D_\mathrm{k}^*}{J}} = \sqrt{\frac{m\,g\,l/2 + 2\,D_\mathrm{k}\,l^2}{m\,l^2/3}} = \sqrt{\frac{3\,g}{2\,l} + \frac{6\,D_\mathrm{k}}{m}} = 6{,}44\ \mathrm{s^{-1}}$$

$$t = \frac{\pi}{2}\,\frac{2}{\omega_2 - \omega_1} = 3{,}08\ \mathrm{s}$$

5.5.1. $\lambda = 4$ cm $T = 0{,}167$ s $\hat y = 0{,}8$ mm

Wellengleichung $y = 0{,}8\ \mathrm{mm}\,\sin 2\pi\left(\dfrac{t}{T} - \dfrac{r}{\lambda}\right)$

Elongation 0,647 mm   Phasenwinkel $0{,}7\,\pi = 126°$

5.5.2. $c = 9{,}2$ m/s   Knotenabstände im gefüllten Teil $s = \dfrac{s_0}{\sqrt{4}} = 57{,}5$ cm

5.5.3. Zugkraft im Seil $F = 75$ N $\quad f = \dfrac{1}{2l}\sqrt{\dfrac{F}{A\varrho}} = 25\text{ s}^{-1}$

5.5.4. Aus $\hat{y}_1 = \hat{y}_2$ oder: $5\text{ cm}\,\dfrac{1\text{ cm}}{r_1} = 2\text{ cm}\,\dfrac{1\text{ cm}}{r_2}$ und $r_1 + r_2 = 70$ cm folgt:

$r_1 = 50$ cm $\quad r_2 = 20$ cm $\quad \hat{y}_1 = \hat{y}_2 = 0{,}1$ cm $\quad t_1 = 5$ s $\quad t_2 = 2$ s

Bis in dem gefundenen Punkt eine Anregung von beiden Wellenzentren her erfolgt, muß man also 5 s warten.

Anregung von der ersten Welle: $\quad y_1 = 0{,}1\text{ cm}\sin 2\pi\left(\dfrac{t}{0{,}4\text{ s}} - \dfrac{50\text{ cm}}{4\text{ cm}}\right)$

Anregung von der zweiten Welle: $y_2 = 0{,}1\text{ cm}\sin 2\pi\left(\dfrac{t}{0{,}5\text{ s}} - \dfrac{20\text{ cm}}{5\text{ cm}}\right)$

Wenn nach 5 s beide Anregungen zusammenwirken, tritt zum erstenmal Auslöschung ein nach 6 s und dann immer wieder nach je 2 s. Wegen der verschiedenen Frequenzen kann keine dauernde Auslöschung eintreten.

5.5.5. Für die Halbachsen a und b und die Exzentrizität e der Hyperbel gilt:

$b = a\tan 60° = a\sqrt{3}\quad e^2 = 1\text{ cm}^2 = a^2 + b^2\quad$ daraus folgt: $a = 0{,}5$ cm

Wegdifferenz $2a = 1\text{ cm} = \dfrac{\lambda}{2}\quad \lambda = 2\text{ cm}\quad c = 24\text{ cm/s}$

5.5.6. $c = f\lambda = 4{,}2\text{ cm s}^{-1}\quad t = \dfrac{x}{c} = 2\text{ s}\quad \omega = 2\pi f = 6\pi\text{ s}^{-1}$

$y = \hat{y}\sin\omega\left(t - \dfrac{x}{c}\right)\quad \dot{y} = v = \hat{y}\,\omega\cos\omega\left(t - \dfrac{x}{c}\right) = 2{,}4\pi\,\dfrac{\text{cm}}{\text{s}}\cos 1{,}2\pi$

$v = -6{,}1\text{ cm s}^{-1}$ Bewegung senkrecht zur Ausbreitungsrichtung nach unten.

Durch den Schirm wird die Richtung der Anregung in P nicht verändert. Dagegen nimmt der Betrag der Geschwindigkeit ab, weil durch die Öffnung A nur ein Teil der Energie der Welle hindurchkommt.

$\Delta s = BP - AP = (\sqrt{2{,}1^2 + 2{,}8^2} - 2{,}8)\text{ cm} = 0{,}7\text{ cm} = \dfrac{\lambda}{2}$

Durch die zweite Öffnung B wird die Geschwindigkeit noch weiter vermindert, weil der Gangunterschied Δs der von beiden Öffnungen kommenden Wellen $\lambda/2$ beträgt und daher weitgehende Auslöschung erfolgt.

5.5.7. $P = 14{,}86$ MW

5.5.8. Richtgröße $D = A\varrho_{\text{Fl}}\cdot g\quad T = 0{,}381\text{ s}\quad \omega = 16{,}5\text{ s}^{-1}$

Energie des schwingenden Zylinders $W = \tfrac{1}{2}D\hat{y}^2 = 0{,}00987$ Ws

Der schwingende Zylinder regt in dem umgebenden Wasser eine Oberflächenwelle an. Diese führt Energie nach allen Seiten ab, die nur der Energie der Schwingung entnommen sein kann. Daher ist die Schwingung des Zylinders stark gedämpft und klingt nach wenigen Ausschlägen ab. Wegen dieser starken Dämpfung ist die wirkliche Schwingungsdauer auch größer als die berechnete.

5.5.9. Bei einer elastischen Welle in einem Gas erfolgen die Schwingungen der Moleküle so rasch, daß die entstehenden Druckänderungen ohne merklichen Wärmeaustausch mit der Umgebung, also adiabatisch verlaufen.

Isotherme: $pV = \text{const}\quad p\,dV + V\,dp = 0\quad \left(\dfrac{\partial V}{\partial p}\right)_T = -\dfrac{V}{p}$

$\chi = -\dfrac{1}{V}\left(\dfrac{\partial V}{\partial p}\right)_T = \dfrac{1}{p}$

Adiabate: $pV^{\varkappa} = $ const $p\varkappa V^{\varkappa-1} dV + dp\, V^{\varkappa} = 0$ $\left(\frac{\partial V}{\partial p}\right)_Q = -\frac{V}{\varkappa p}$

$\chi = -\frac{1}{V}\left(\frac{\partial V}{\partial p}\right)_Q = \frac{1}{\varkappa p}$

5.5.10. Der Unterschied zwischen $f_B = f_S \dfrac{1+v/c}{\sqrt{1-v^2/c^2}}$ und dem Näherungswert $f_B^* = f_S(1+v/c)$ muß kleiner als $0{,}01\, f_B^*$ werden:

$f_S \dfrac{1-v/c}{\sqrt{1-v^2/c^2}} - f_S(1+v/c) \leqq 0{,}01\, f_S(1+v/c)$

Daraus erhält man mit $\dfrac{1}{\sqrt{1-v^2/c^2}} \approx 1 + \dfrac{v^2}{2c^2}$ für die Relativgeschwindigkeit $v \leqq 0{,}14\,c$

5.5.11. $f_B \approx f_S\left(1+\dfrac{v}{c}\right)$ $\dfrac{f_B - f_S}{f_S} = \dfrac{\Delta f}{f} \approx \dfrac{v}{c}$

Aus $c = f\lambda$ durch Differentiation: $0 = df\,\lambda + f\,d\lambda$ $\dfrac{d\lambda}{\lambda} = -\dfrac{df}{df}$

$|v| = c\dfrac{\Delta\lambda}{\lambda} = 411{,}2$ km/s $2r = \dfrac{vT}{\pi} = 44\,800\,000$ km

5.5.12. Von der Rakete empfangene Frequenz = von der Rakete abgestrahlte Frequenz

$f_1 \approx f_0\left(1+\dfrac{v}{c}\right)$

Vom Empfänger gemessene Frequenz $f_2 \approx f_1\left(1+\dfrac{v}{c}\right) \approx f_0\left(1+2\dfrac{v}{c}\right)$

$\Delta f = f_0 - f_2 \approx -f_0\dfrac{2v}{c} = 500$ Hz $v = -\dfrac{\Delta f}{2f_0}c = -750\,\dfrac{\text{m}}{\text{s}} = -2700\,\dfrac{\text{km}}{\text{h}}$

5.6.1. a) $c = 3068$ m/s,   b) $c = 1414$ m/s,   c) $c_0 = 331$ m/s, $c_{20} = 343$ m/s
d) $c = 269$ m/s

5.6.2. $\lambda = 77{,}3$ cm   Einzufüllende Wasserhöhe 10,7 cm

5.6.3. $\lambda_{\text{Messing}} = 1{,}70$ m $c_{\text{Messing}} = 3160$ m/s $E = 85$ kN/mm²
$\lambda_{\text{Luft}} = 18{,}3$ cm $c_{\text{Luft}} = 340{,}4$ m/s

5.6.4. $f_1 = 122{,}7$ s⁻¹ $f_2 = 116{,}6$ s⁻¹   Schwebungsfrequenz $f_1 - f_2 = 6{,}07$ s⁻¹

5.6.5. Da sich Länge, Dichte und Spannung der Saite mit der Temperatur ändern, findet man aus $f = \dfrac{1}{\lambda}\sqrt{\dfrac{F}{A\varrho}} = \dfrac{1}{2l}\sqrt{\dfrac{\sigma}{\varrho}}$ durch logarithmische Differentiation die Änderung der Frequenz:

$\dfrac{df}{f} = -\dfrac{dl}{l} + \dfrac{1}{2}\dfrac{d\sigma}{\sigma} - \dfrac{1}{2}\dfrac{d\varrho}{\varrho}$

Weil die Saite fest auf dem Holz eingespannt ist und sowohl Holz wie Stahl sich ausdehnen, kann man die Glieder dieser Gleichung mit Hilfe der Temperaturänderung $\Delta\vartheta$ ausdrücken:

$\dfrac{dl}{l} = \alpha_H d\vartheta \approx \alpha_H \Delta\vartheta$ $\dfrac{d\varrho}{\varrho} = -3\alpha_S d\vartheta \approx -3\alpha_S \Delta\vartheta$

und aus $\Delta\sigma = -(\alpha_S - \alpha_H)E\Delta\vartheta$: $\dfrac{d\sigma}{\sigma} \approx -(\alpha_S - \alpha_H)\dfrac{E}{\sigma}\Delta\vartheta$ wobei $\sigma = 4l^2 f^2 \varrho$

Damit findet man für Δf:

$\Delta f = \left[-\alpha_H - \dfrac{E}{2\sigma}(\alpha_S - \alpha_H) + \dfrac{3}{2}\alpha_S\right] f\Delta\vartheta = (-3 - 656 + 21)\cdot 10^{-6}\,\text{K}^{-1}\cdot 660\,\text{s}^{-1}\cdot 7\,\text{K} =$
$= -2{,}95$ Hz

Die Änderung von Länge und Dichte hat also einen geringeren Einfluß auf die Frequenzänderung als die Änderung der Spannung.

5.6.6. $\lambda = 4{,}2$ cm   Schallgeschwindigkeit in Luft bei 80 °C $c = 376{,}5$ m/s
$f = 8960$ Hz

5.6.7. $\dfrac{f_\mathrm{S}}{1 + v_\mathrm{S}/c} : \dfrac{f_\mathrm{S}}{1 - v_\mathrm{S}/c} = 9 : 10$ $v = \dfrac{c}{19} = 17{,}9$ m/s $= 64{,}4$ km/h

5.6.8. Frequenz 1000 Hz
 a) $I_1 = 10^{-7}$ W/m² $L_1 = 50$ dB $\Lambda_1 = 50$ phon $p_\mathrm{eff} = 0{,}0063$ N/m²
 b) $I_2 = 9 \cdot 10^{-9}$ W/m² $L_2 = 39{,}5$ dB $\Lambda_2 = 39{,}5$ phon
 c) $I_3 = 16{,}2 \cdot 10^{-9}$ W/m² $L_3 = 42{,}1$ dB $\Lambda_3 = 42{,}1$ phon
 d) $I_4 = 4{,}1 \cdot 10^{-12}$ W/m² $L_4 = 6{,}1$ dB $\Lambda_4 = 6{,}1$ phon

Frequenz 100 Hz (Werte aus dem Diagramm)
 a) $I_1 = 6{,}3 \cdot 10^{-7}$ W/m² $L_1 = 58$ dB $\Lambda_1 = 50$ phon $p_\mathrm{eff} = 0{,}016$ N/m²
 b) $I_2 = 5{,}7 \cdot 10^{-8}$ W/m² $L_2 = 47{,}5$ dB $\Lambda_2 = 36$ phon
 c) $I_3 = 10{,}2 \cdot 10^{-8}$ W/m² $L_3 = 50{,}1$ dB $\Lambda_3 = 40$ phon
 d) $I_4 = 2{,}56 \cdot 10^{-11}$ W/m² $L_4 = 14{,}1$ dB   unter der Hörschwelle

5.6.9. Rauminhalt des Saales $V = 280$ m³
 Ohne Personen: Schallschluckung $A_{S1} = 27{,}7$ m²   Nachhalldauer $T_1 = 1{,}617$ s
 Mit Personen: Schallschluckung $A_{S2} = 43{,}3$ m²   Nachhalldauer $T_2 = 1{,}035$ s

6.1.1. a) $E_1 = 23{,}4$ lx   b) $E_2 = 52{,}7$ lx   c) $E_3 = 5{,}72$ lx   d) $E_4 = 5{,}5$ lx

6.1.2. $E = 62{,}5$ lx
$2{,}5 \text{ lx} = \dfrac{4000 \text{ cd} \cdot 8}{\sqrt{64 \text{ m}^2 + x^2}^3} \dfrac{\text{lm}}{\text{cd}}$ $x = 22$ m   Gesamtabstand der Lampen 44 m

6.1.3. $E = \dfrac{I h}{\sqrt{h^2 + a^2}^3}$ Aus $\dfrac{dE}{dh} = 0$ folgt: $h = \dfrac{a}{2}\sqrt{2} = 0{,}707$ m $E = 38{,}5$ lx

6.1.4. $\dfrac{I_1 h}{\sqrt{h^2 + x^2}^3} = \dfrac{I_2 h}{\sqrt{h^2 + ((d-x))^2}^3}$ $x = 1{,}005$ m
$\dfrac{I_1 \cos(\varepsilon - \varphi)}{r_1^2} = \dfrac{I_2 \cos(\varepsilon + \varphi)}{r_2^2}$ wobei $r_1 = r_2$ und $\tan \varepsilon = \dfrac{1{,}5 \text{ m}}{2 \text{ m}}$
Aus dieser Gleichung folgt: $\tan \varphi = \tfrac{4}{9}$ $\varphi = 24°$

6.1.5. $I_\mathrm{max} = 194{,}4$ cd $r_\mathrm{min} = 0{,}25$ m

6.1.6. Austretender Lichtstrom $\Phi_\mathrm{eff} = \Phi_0 \eta$,   wobei $\eta = 0{,}85$ und $\Phi_0 = 1450$ lm
 Mittlere Lichtstärke $I = \dfrac{\Phi_\mathrm{eff}}{4\pi} \dfrac{\text{cd}}{\text{lm}}$
 Sichtfläche der Leuchte $A_\mathrm{S} = r^2 \pi$
 Leuchtdichte $L = \dfrac{I}{A_\mathrm{S}} = 4 \cdot 10^3 \dfrac{\text{cd}}{\text{m}^2}$ $r = \dfrac{1}{2\pi} \sqrt{\dfrac{\Phi_0 \eta}{L}} = 8{,}83$ cm

6.1.7. $L = \dfrac{\varrho}{\pi} E = \dfrac{\varrho I \cos \alpha}{\pi r^2}$ $I = 1422$ cd

6.1.8. Leuchtdichte der Kastenoberfläche $L_1 = 50{,}9$ cd/m²
 Leuchtdichte des Loches $L_2 = 0{,}00637$ cd/m²

Leuchtdichte des weißen Papiers $L_3 = 44{,}6$ cd/m^2
Leuchtdichte der Druckbuchstaben $L_4 = 3{,}18$ cd/m^2
Der Kontrast zwischen Loch und Kastenwand ist also größer als der zwischen dem weißen Papier und den schwarzen Druckbuchstaben.

6.1.9. $E = n\eta \dfrac{\Phi_0}{A}$ $n = 4000$ Lampen

6.1.10. Bei Glühlampenbeleuchtung: $\Phi_0 = \dfrac{AE}{\eta} = 7500$ lm

Bei 12 Lampen muß also eine Lampe 625 lm besitzen. Nach den Tabellen der Allgebrauchsglühlampen benötigt man dazu eine 60-W-Glühlampe mit 730 lm. Die Gesamtleistung beträgt also $12 \cdot 60$ W $= 720$ W.

Bei Leuchtstofflampen: $\Phi_0 = 18750$ lm, das entspricht 11,7 m Lampen.
Man braucht also zwei Simse mit je 6 m Lampen und die Leistung 390 W.

6.1.11. $\eta = \dfrac{AE}{\Phi_0} = 23{,}8\%$

Direkte Beleuchtungsstärke in A: $E_A = (11{,}1 + 1{,}5)$ lx $= 12{,}6$ lx,
das sind 45% von 28 lx

Direkte Beleuchtungsstärke in B: $E_B = (19{,}2 + 3{,}8)$ lx $= 23{,}0$ lx,
das sind 52,2% von 44 lx

Direkte Beleuchtungsstärke in C: $E_C = (11{,}1 + 11{,}1)$ lx $= 22{,}2$ lx,
das sind 52,9% von 42 lx.

6.2.1. Aus dem Verlauf des Strahles BCP findet man $\alpha = 63{,}4°$ und Winkel DCP $= 180° - \alpha = 116{,}6°$.

Aus dem Dreieck A'B'P (A', B' Spiegelpunkte zu A, B) folgt:

$\tan \sphericalangle A'PB' = \tan \sphericalangle DPC = \dfrac{4\,\text{m}}{14\,\text{m}}$ $\sphericalangle DPC = 15{,}95°$

Mit diesen Winkeln folgt aus dem Sinussatz im Dreieck PCD: $b = 93{,}2$ cm

6.2.2. $s = \dfrac{d}{\cos \varepsilon_2} \sin(\varepsilon_1 - \varepsilon_2) = d \sin \varepsilon_1 \left(1 - \sqrt{\dfrac{1 - \sin^2 \varepsilon_1}{n^2 - \sin^2 \varepsilon_1}}\right)$ $d = 3$ cm

6.2.3. $\delta = 2{,}04°$ Nach der Formel $\delta = 2{,}04°$, also genaue Übereinstimmung.
$\delta^* = 6{,}16°$ Nach der Formel $\delta^* = 6{,}12°$, also nur geringe Abweichung.

6.2.4. $n = 1{,}5321$ $\varepsilon_1 = 50°$

Nach einer Drehung des Prismas um 3°:
$\varepsilon_1^* = 47°$ $\varepsilon_2^* = 28{,}51°$ $\varepsilon_3^* = 31{,}49°$ $\varepsilon_4^* = 53{,}15°$ $\delta^* = 40{,}15°$

Das sind also nur 0,15° Unterschied gegenüber der ursprünglichen Ablenkung.

6.2.5. $\varepsilon_1 = 45°$ $\varepsilon_2 = 27{,}92°$ $\varepsilon_3 = \varepsilon_3' = 72{,}92°$ $\varepsilon_4 = \varepsilon_4' = 62{,}08°$
$\varepsilon_5 = 17{,}08°$ $\varepsilon_6 = 26{,}34°$ $\delta = 63{,}66°$

6.2.6. $\varepsilon_1 = 30°$ $\varepsilon_2 = 17{,}65°$ $\varepsilon_3 = \alpha - 17{,}65°$
$\delta = \varepsilon_1 + \varepsilon_4 - \alpha = 25°$ $\varepsilon_4 = \alpha - 5°$
$\dfrac{\sin(\alpha - 5°)}{\sin(\alpha - 17{,}65°)} = 1{,}65$ $\alpha = 35{,}63°$

6.2.7. $\sin \varepsilon_1 = \tfrac{3}{4}$ $\varepsilon_1 = 48{,}59°$
Für den roten Strahl $\varepsilon_{2r} = 25{,}54°$ $\delta_r = 46{,}10°$
Für den violetten Strahl $\varepsilon_{2v} = 24{,}48°$ $\delta_v = 48{,}22°$

Winkel zwischen den beiden Strahlen $\quad \delta_v - \delta_r = 2{,}12°$

$\delta = 2(\varepsilon_1 - \varepsilon_2) \quad \dfrac{d\delta}{dn} = -2\dfrac{d\varepsilon_2}{dn} \quad \sin\varepsilon_1 = n\sin\varepsilon_2 \quad$ differenziert ergibt

$0 = \sin\varepsilon_2 + n\cos\varepsilon_2 \dfrac{d\varepsilon_2}{dn} \quad \dfrac{d\varepsilon_2}{dn} = -\dfrac{1}{n}\tan\varepsilon_2 \quad \dfrac{d\delta}{dn} = \dfrac{2}{n}\tan\varepsilon_2 \quad \Delta\delta = \dfrac{d\delta}{dn}\Delta n$

Wegen der im Vergleich zu $n \approx 1{,}8$ relativ großen Änderung $\Delta n = 0{,}07$ verwendet man in $\dfrac{d\delta}{dn}$ den Mittelwert von n_r und n_v $\bar n = 1{,}775$.

$\Delta\delta = \dfrac{d\delta}{dn}\Delta n = \dfrac{2}{n}\tan\varepsilon_2\,\Delta n = \dfrac{2\sin\varepsilon_1\,\Delta n}{n\sqrt{n^2 - \sin^2\varepsilon_1}} = 0{,}0368 = 2{,}11°$

6.2.8. $0{,}513\,\alpha_1 - 0{,}743\,\alpha_2 = 3° \quad 0{,}521\,\alpha_1 - 0{,}772\,\alpha_2 = 3° \quad \alpha_1 = 9{,}74° \quad \alpha_2 = 2{,}68°$

6.2.9. $r = 2\,d\tan\varepsilon_g = 2{,}62$ mm

6.2.10. Da an allen vier Prismenflächen die gleiche Ablenkung auftritt, beträgt sie je 22,5°.
Es ist also $\varepsilon_1 - \varepsilon_2 = 22{,}5°$ und $\dfrac{\sin\varepsilon_1}{\sin\varepsilon_2} = \dfrac{n_2}{n_1} = 1{,}52$
$\varepsilon_2 = 32{,}68° \quad \varepsilon_1 = 55{,}18° \quad \alpha = 2\,\varepsilon_2 = 65{,}36°$
Das zweite Prisma ist gegen das erste um 45° gedreht.

6.2.11. $\varepsilon_1 = 30° \quad \varepsilon_2 = 19{,}2° \quad \delta_{12} = 10{,}8°$
$\varepsilon_3 = 40{,}8° \quad \varepsilon_4 = 36{,}7° \quad \delta_{34} = -4{,}1° \quad$ (—-Zeichen wegen entgegengesetzter Richtung zu δ)
$\varepsilon_5 = \alpha^* - 36{,}7°$

Da die Gesamtablenkung 0° betragen soll, muß $\delta_{56} = -6{,}7°$ sein. Daher:
$\varepsilon_6 = \alpha^* - 36{,}7° + 6{,}7° = \alpha^* - 30°$
$\dfrac{\sin(\alpha^* - 30°)}{\sin(\alpha^* - 36{,}7°)} = 1{,}66 \quad \alpha^* = 46{,}6°$

6.3.1. $b = 24\,g \quad g + b = 625$ cm $\quad g = 25$ cm $\quad b = 600$ cm $\quad f = 24$ cm

6.3.2. $\dfrac{1}{g_1} + \dfrac{1}{3\,g_1} = \dfrac{1}{7{,}5\text{ cm}} \quad g_1 = 10$ cm $\quad b_1 = 30$ cm
$\dfrac{1}{g_2} - \dfrac{1}{3\,g_2} = \dfrac{1}{7{,}5\text{ cm}} \quad g_2 = 5$ cm $\quad b_2 = -15$ cm

6.3.3. Abbildung durch den Hohlspiegel: $g_1 = 40$ cm $\quad b_1 = 120$ cm
Abbildung durch die Linse: $\quad g_2 + b_2 = 80$ cm $\quad g_2 = 20$ cm $\quad b_2 = 60$ cm
$f_2 = 15$ cm, $\quad$ Entfernung der Linse vom Spiegel 60 cm.

6.3.4. $\dfrac{1}{g} + \dfrac{1}{98\text{ cm} - g} = \dfrac{1}{f} \quad \dfrac{1}{g + 14\text{ cm}} + \dfrac{1}{84\text{ cm} - g} = \dfrac{1}{f}$
$g = 42$ cm $\quad b = 56$ cm $\quad f = 24$ cm
$B_1 = 32$ mm $\quad B_2 = 18$ mm

6.3.5. $g_1 = 12$ cm $\quad b_1 = -24$ cm $\quad \beta_1 = -2 \quad$ Virtuelles Bild
$g_2 = 16$ cm $\quad b_2 = -48$ cm $\quad \beta_2 = -3 \quad$ Virtuelles Bild
Tiefenmaßstab $= \dfrac{b_2 - b_1}{g_2 - g_1} = -6$

6.3.6. $r^2 = (r - h)^2 + s^2 \quad r = \dfrac{s^2 + h^2}{2\,h}$
$r_1 = 8{,}09$ cm $\quad r_2 = 13{,}18$ cm $\quad f = 9{,}73$ cm

6.3.7. $b_1 = 30$ cm $\beta_1 = 5$ $\beta = \beta_1 \cdot \beta_2$ $\beta_2 = 3$ $g_2 = 8$ cm $b_2 = 24$ cm
Abstand der beiden Linsen $e = 38$ cm
Entfernung des Schirmes von der zweiten Linse 24 cm

6.4.1. $u = d \dfrac{f_\mathrm{r} - f_\mathrm{v}}{f_\mathrm{v}} = d\left(\dfrac{f_\mathrm{r}}{f_\mathrm{v}} - 1\right)$

Da $f = \dfrac{1}{n-1} \dfrac{r_1 r_2}{r_1 + r_2}$ wird

$u = d\left(\dfrac{n_\mathrm{v} - 1}{n_\mathrm{r} - 1} - 1\right) = d\,\dfrac{n_\mathrm{v} - n_\mathrm{r}}{n_\mathrm{r} - 1} = 5{,}49$ mm

Der Durchmesser des Farbsaumes ist unabhängig von der Linsenkrümmung.

6.4.2. $f = 96{,}89$ mm

$\sin\dfrac{\alpha}{2} = 0{,}2$ $\dfrac{\alpha}{2} = 11{,}54° = \varepsilon_1$ $\varepsilon_2 = 7{,}58°$ $\varepsilon_3 = 15{,}50°$ $\varepsilon_4 = 23{,}89°$

$\delta = 12{,}35°$ Schnittweite $s = \dfrac{2\,\text{cm}}{\tan 12{,}35°} = 91{,}3$ mm

6.4.3.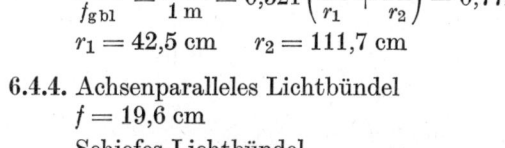

$r_1 = 42{,}5$ cm $r_2 = 111{,}7$ cm

6.4.4. Achsenparalleles Lichtbündel
$f = 19{,}6$ cm
Schiefes Lichtbündel
$f_1 = f \cos 20° = 18{,}42$ cm

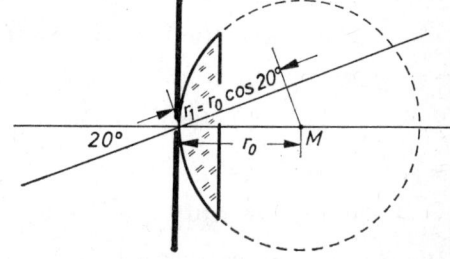

6.4.5. Ein Rotationsparaboloid hat die Eigenschaft, alle achsenparallelen Strahlen genau in den Brennpunkt zu reflektieren, er hat also für ferne Gegenstände keine sphärische Aberration, wie z.B. ein sphärischer Spiegel. Für einen näheren Gegenstand benötigt man für eine aberrationsfreie Abbildung einen Spiegel von der Form eines Rotationsellipsoids, dessen einer Brennpunkt beim Gegenstand und dessen anderer Brennpunkt im Bildpunkt liegt. Falls die Gegenstandsweite nicht gleich dem Abstand Scheitel — Brennpunkt ist sowie für außeraxiale Objektpunkte besitzt ein elliptischer Spiegel jedoch eine größere sphärische Aberration als ein Kugelspiegel.

6.4.6. Der Krümmungsmittelpunkt ist das Symmetriezentrum eines Kugelspiegels. Wenn man dort mit einer Korrektionsplatte die sphärische Aberration beseitigt, ist sie nicht nur für achsenparallele Lichtbündel, sondern zugleich für schiefe Bündel behoben, so daß gleichzeitig sphärische Aberration, Koma und Astigmatismus korrigiert werden. Bei einer Korrektur der sphärischen Aberration beim Spiegel selbst bleiben Koma und Astigmatismus bestehen.

6.5.1. Abstand der Sehzäpfchen $d = \tfrac{1}{2} \cdot 22{,}8$ mm $\cdot \tan 2' = 0{,}00663$ mm
Auflösevermögen in Bezugssehweite $\Delta y = 25$ cm $\cdot \tan 2' = 0{,}145$ mm

6.5.2. Ein ferner Punkt muß von der Brille in den Fernpunkt des Auges abgebildet werden. Aus $g_1 = \infty$ und $b_1 = -30$ cm folgt $f = -30$ cm, $D = -3\tfrac{1}{3}$ dpt. Der Nahepunkt mit Brille muß von dieser in den Nahepunkt des Auges abgebildet werden; aus $b_2 = -10$ cm und $f = -30$ cm erhält man $g_2 = 15$ cm

6.5.3. a) Sehwinkel ohne Brille: $\tan \sigma_{G1} = \dfrac{G}{20\text{ cm}}$

Abbildung durch die Brille: $g = 17{,}5\text{ cm}$ $b = -140\text{ cm}$ $B = 8G$

Sehwinkel mit Brille: $\tan \sigma_{B1} = \dfrac{G}{s}$ wobei $s = 142{,}5\text{ cm}$

Vergrößerung: $\Gamma_1 = \dfrac{\tan \sigma_{B1}}{\tan \sigma_{G1}} = 1{,}12\text{fach}$

b) Abbildung durch die Brille: $b = f = 20\text{ cm}$ $s = 20\text{ cm} - 2{,}5\text{ cm} = 17{,}5\text{ cm}$

$\tan \sigma_{G2} = \dfrac{B}{f}$ $\tan \sigma_{B2} = \dfrac{B}{s}$ $\Gamma_2 = \dfrac{\tan \sigma_{B2}}{\tan \sigma_{G2}} = \dfrac{f}{s} = 1{,}14\text{fach}$

6.5.4. $\tan \sigma_{G1} = \dfrac{G}{30\text{ cm}}$ $b = -60\text{ cm}$ $B = 4G$ $\tan \sigma_{B1} = \dfrac{4G}{75\text{ cm}}$ $\Gamma_1 = 1{,}6$

$\tan \sigma_{G2} = \dfrac{G}{30\text{ cm}}$ $b = -20\text{ cm}$ $g = 10\text{ cm}$ $B = 2G$ $\tan \sigma_{B2} = \dfrac{2G}{30\text{ cm}}$

$\Gamma_2 = 2$

6.5.5. $14\text{ cm} \leq g - b < \infty$

Grenze ∞ ergibt: $b = -\infty$ $g = 20\text{ cm}$

Grenze 14 cm ergibt: $b = -8{,}2\text{ cm}$ $g = 5{,}8\text{ cm}$

Das Auge darf sich also zwischen 5,8 cm und 20 cm vor dem Spiegel befinden.

6.5.6. $\Gamma_S = 6{,}25$

$b = -60\text{ cm}$ $B = 16G$ $\tan \sigma_G = \dfrac{G}{25\text{ cm}}$ $\tan \sigma_B = \dfrac{16G}{62\text{ cm}}$ $\Gamma = 6{,}45$

6.5.7. $\Gamma_S = 2{,}5$

$b = -90\text{ cm}$ $B = 10G$ $s = 105\text{ cm}$ $\Gamma = \dfrac{10G}{105\text{ cm}} \cdot \dfrac{25\text{ cm}}{G} = 2{,}38$

Durchmesser des Sichtfeldes beim Zwischenbild 42 cm, auf dem Papier 4,2 cm.

6.6.1. $p = \infty$ $b = 50\text{ mm}$ Drehwinkel an der Objektivfassung $\alpha = 0°$

$p = 5\text{ m}$ $b = 50{,}51\text{ mm}$ $\alpha = 45{,}9°$

$p = 3\text{ m}$ $b = 50{,}86\text{ mm}$ $\alpha = 77{,}6°$ $\Delta\alpha = 31{,}7°$

Kürzeste Aufnahmeentfernung $p = g + b = 785\text{ mm}$

6.6.2. Bildweite bei maximalem Auszug ohne Ring 53,87 mm

Ringhöhe   3,87 mm

Maximale Bildweite mit Ring   57,74 mm

Minimale Aufnahmeentfernung   431 mm

6.6.3. Bei $\hat{b} = 252\text{ mm}$ wird $\check{g} = 180\text{ mm}$ $\check{p} = \check{g} + \hat{b} = 432\text{ mm}$

$\hat{\beta} = \dfrac{\hat{b}}{g} = 1{,}4$

Belichtungszeit $t = 0{,}004\text{ s} \left(\dfrac{5{,}6}{2{,}8}\right)^2 \left(\dfrac{25{,}2\text{ cm}}{10{,}5\text{ cm}}\right)^2 = 0{,}092\text{ s} \approx 0{,}1\text{ s}$

6.6.4. $\hat{b} = 52{,}78\text{ mm}$ $\hat{z} = 2{,}78\text{ mm}$

Mit Vorsatzlinse: $f_g = 47{,}6\text{ mm}$

$$\beta = \dfrac{B}{G} = 0{,}0833 \qquad g = f_g\left(\dfrac{1}{\beta} + 1\right) = 619\text{ mm}$$

$$b = f_g(\beta + 1) = 51{,}59\text{ mm} \qquad z = 1{,}59\text{ mm} < \hat{z}$$

6.6.5. Ohne Vorsatzlinse, maximaler Auszug $\hat{z}$
$$p_1 = g_1 + b_1 = g_1 + f_a + \hat{z}$$
Mit Vorsatzlinse, Auszug $z = 0$
$$p_2 = p_1 \quad b_2 = f_a \quad g_2 = g_1 + \hat{z} = p_1 - f_a$$
$$\frac{1}{g_2} + \frac{1}{b_2} = \frac{1}{f_g} \quad \frac{1}{p_1 - f_a} + \frac{1}{f_a} = \frac{1}{f_a} + \frac{1}{f_b} \quad f_b = p_1 - f_a = 700 \text{ mm}$$
Mit Vorsatzlinse, maximaler Auszug $\hat{z}$
$$b_3 = b_1 = 53{,}87 \text{ mm} \quad \frac{1}{g_3} = \frac{1}{f_g} - \frac{1}{b_3} = \frac{1}{f_a} + \frac{1}{f_b} - \frac{1}{b_1} = 0{,}002\,87 \text{ mm}^{-1}$$
$$g_3 = 349 \text{ mm} \quad p_3 = 403 \text{ mm}$$

6.6.6. Abbildung durch die Hinterlinse $g_2 = -20 \text{ mm} \quad b_2 = 50 \text{ mm}$
Gesamtbrennweite $f_g = f_1 \dfrac{50 \text{ mm}}{20 \text{ mm}} = 180 \text{ mm}$
Entfernung des Bildes von der Vorderlinse 102 mm Bildgröße $B = 3{,}15 \text{ cm}$

6.6.7. $b_0 = 75{,}79 \text{ mm} \quad G_0 = 5{,}7 \text{ m}$ also gegenstandseitiges Bildfeld $5{,}7 \text{ m} \cdot 5{,}7 \text{ m}$
$g_{\min} = 5{,}31 \text{ m} \quad g_{\max} = 11{,}16 \text{ m}$

6.6.8. Multipliziert man die Gleichung $\dfrac{1}{f} = \dfrac{1}{g} + \dfrac{1}{b}$ mit g, so erhält man
$$g = f\left(1 + \frac{g}{b}\right) = f\left(1 + \frac{1}{\beta}\right)$$
und mit $\beta = \dfrac{12 \text{ mm}}{1800 \text{ mm}} = \dfrac{1}{150} \quad g_0 = 7550 \text{ mm} \quad p = 7{,}6 \text{ m}$

Verschiebung des Objekts während der Belichtungszeit Δt:
$\Delta y = v_y \cdot \Delta t = v \sin \varphi \cdot \Delta t$
Verschiebung des Bildes auf dem Film: $\Delta b = \beta \cdot \Delta y = \beta v \sin \varphi \cdot \Delta t$
Es soll $\Delta b < u = \dfrac{1}{1000}\sqrt{24^2 + 36^2} \text{ mm} = 0{,}0433 \text{ mm}$ sein.
$\Delta t < \dfrac{u}{\beta v \sin \varphi} = 0{,}00144 \text{ s}$ Man wählt $\Delta t = (1/1000) \text{ s}$

Während dieser Zeit ändert sich auch die Gegenstandsweite um Δg, so daß eine zusätzliche Unschärfe entsteht; $\Delta g = v \cos \varphi \, \Delta t = 7{,}8 \text{ mm}$.
Δg ist gegenüber dem Schärfentiefenbereich klein, der Einfluß daher vernachlässigbar.
$g_{\min} = 5{,}99 \text{ m} \quad g_{\max} = 10{,}2 \text{ m}$ Schärfentiefenbereich $4{,}2 \text{ m}$

6.6.9. $\dfrac{1}{g_{\min}} + \dfrac{1}{g_{\max}} = 2\dfrac{1}{g_0} \quad g_0 = \dfrac{g_{\min}\, g_{\max}}{g_{\min} + g_{\max}} = 11\,077 \text{ mm}$
$b_0 = 106 \text{ mm} \quad p = 11{,}18 \text{ m}$
$K = \left(\dfrac{1}{g_{\min}} - \dfrac{1}{g_{\max}}\right)\dfrac{g_0 f^2}{2u(g_0 - f)} = 7{,}7$ Gewählt wird Blende 8.

6.6.10. $\tan \sigma_B = \dfrac{18 \text{ mm}}{f} \quad \sigma_B = 19{,}8°$
$s_1 = 3{,}74 \text{ m} \quad s_2 = 7{,}96 \text{ m} \quad s = s_1 + s_2 = 11{,}70 \text{ m}$
$g_{\min} = 10 \text{ m} - s_1 \cos 45° = 7{,}35 \text{ m} \quad g_{\max} = 10 \text{ m} + s_2 \cos 45° = 15{,}63 \text{ m}$
$\dfrac{1}{g_0} = \dfrac{1}{2}\left(\dfrac{1}{g_{\min}} + \dfrac{1}{g_{\max}}\right) \quad g_0 = 10 \text{ m}$

6.6.11. $f_1 = 50$ mm $\quad \dfrac{1}{\beta_1} = \dfrac{g_0 - f_1}{f_1} = 99 \quad G = \dfrac{1}{\beta} B$

$G_{H1} = 2{,}38$ m $\quad G_{B1} = 3{,}56$ m $\quad g_{min} = 3{,}72$ m $\quad g_{max} = 7{,}61$ m $\quad \Delta g = 3{,}88$ m

$f_2 = 28$ mm $\quad \dfrac{1}{\beta_2} = 177{,}6$

$G_{H2} = 4{,}26$ m $\quad G_{B2} = 6{,}39$ m $\quad g_{min} = 2{,}38$ m $\quad g_{max} = \infty$

6.6.12. $g = p - b \quad \dfrac{1}{f} = \dfrac{1}{g} + \dfrac{1}{b} = \dfrac{1}{p-b} + \dfrac{1}{b}$

$b^2 - pb + pf = 0 \quad b = \dfrac{p}{2} \pm \sqrt{\dfrac{p^2}{4} - pf}$

Das positive Vorzeichen der Wurzel ist nicht sinnvoll, da hier $b \approx p$ würde.

Mit $(1-x)^{\frac{1}{2}} = 1 - \dfrac{x}{2} - \dfrac{x^2}{8} - \dfrac{x^3}{16} - \cdots$ folgt

$b = \dfrac{p}{2} - \dfrac{p}{2}\left(1 - 4\dfrac{f}{p}\right)^{\frac{1}{2}} = \dfrac{p}{2} - \dfrac{p}{2}\left(1 - \dfrac{4f}{2p} - \dfrac{16f^2}{8p^2} - \dfrac{64f^3}{16p^3} - \cdots\right)$

$b = f + \dfrac{f^2}{p} + 2\dfrac{f^3}{p^2} + \cdots$

6.7.1. $\beta_1 = 64 \quad \Gamma_2 = 12{,}5 \quad \Gamma_S = 800$

Objektfeld $d_1 = 0{,}156$ mm

Abstand ΔG_1 der beiden Objektpunkte aus $\tan \sigma_B = \dfrac{\beta_1 \Delta G_1}{f_2} \quad \Delta G_1 = 0{,}00027$ mm

6.7.2. $\Gamma_S = 250$

$b_2 = -230$ mm $\quad g_2 = 22{,}55$ mm $\quad b_1 = 168{,}85$ mm $\quad g_1 = 6{,}655$ mm

$\Gamma = G_1 \cdot \dfrac{b_1}{g_1} \cdot \dfrac{b_2}{g_2} \cdot \dfrac{1}{s_2} : \dfrac{G_1}{s_0} = 259$

6.7.3. Okularbrennweite $f_2 = \dfrac{s_0}{\Gamma_2}$

Größe des Zwischenbildes $B_1 = 2 f_2 \tan \sigma_B = \dfrac{2 s_0 \tan \sigma_B}{\Gamma_2}$

Durchmesser des Objektfeldes $d = \dfrac{B_1}{\beta_1} = \dfrac{2 s_0 \tan \sigma_B}{\beta_1 \Gamma_2} = 0{,}758$ mm

6.7.4. Einstellung für Augenbeobachtung: $\quad b_1 = 168$ mm $\quad g_1 = 8{,}4$ mm

Einstellung für Fotografie $\qquad\qquad b_2^* = 50$ mm $\quad g_2^* = 12{,}5$ mm

$\qquad\qquad\qquad\qquad\qquad\qquad\qquad\quad b_1^* = 165{,}5$ mm $\quad g_1^* = 8{,}40635$ mm

Erforderliche Tubusverschiebung $\quad \Delta g_1 = 0{,}00635$ mm

Die Scharfstellung ist also nur mit der Feinbewegung möglich.

6.8.1. $\Gamma_S = 8 \quad AP = 5$ mm $\quad$ Lichtstärke $= 25$

Abbildung der Eintrittspupille durch die Feldlinse: $g_2 = 240$ mm $\quad b_2 = 48$ mm

Abbildung dieses Zwischenbildes durch die Augenlinse:

$g_3 = 30$ mm $- 48$ mm $= -18$ mm $\quad b_3 = 11{,}25$ mm

Die AP liegt also 11,25 mm hinter dem Okular.

Dämmerungszahl $= \sqrt{320} = 17{,}9$

$2\sigma_G = 5{,}73° \quad 2\sigma_B = 43{,}6° \quad g_{min} = 6$ m

6.8.2. Abstand der Linsen $d = 24$ cm $\quad \Gamma_S = 5$
Lage des vom Fernrohr erzeugten Bildes der Skala $b_2 = -35{,}2$ cm
Lage der Austrittspupille 4,8 cm hinter der Augenlinse
Akkommodationsentfernung 40 cm $\quad$ Größe des Bildes $B_2 = 0{,}2$ cm
Gebrauchsvergrößerung $\Gamma = 5{,}14$

6.8.3. Gesamtbrennweite des Okulars $f = 30$ mm
Feldlinse $f_2 = 60$ mm $\quad$ Augenlinse $f_3 = 20$ mm $\quad$ Abstand $e = 40$ mm
Das Zwischenbild liegt 20 mm hinter der Augenlinse und 20 mm vor der Feldlinse; also: Ort der Feldlinse 297 cm, Ort der Feldblende 299 cm, Ort der Augenlinse 301 cm vom Objektiv. Sichtfelddurchmesser in der Brennebene des Objektivs 26,2 mm
Feldblende 17,45 mm $\quad \tan\sigma_B = \dfrac{8{,}73 \text{ mm}}{20 \text{ mm}} \quad 2\,\sigma_B = 47{,}2°$

6.8.4. Abbildung durch den Fangspiegel $g_2 = -48$ cm $\quad b_2 = 144$ cm
Die Brennebene liegt also 12 cm hinter dem Parabolspiegel
$$f_g = f_1 \frac{144 \text{ cm}}{48 \text{ cm}} = 540 \text{ cm} \quad \text{oder} \quad f_g = \frac{-180 \text{ cm} \cdot 72 \text{ cm}}{(180 - 72 - 132) \text{ cm}} = 540 \text{ cm}$$
Okular $f_3 = 6$ cm: $\quad \Gamma_S = 90 \quad$ AP $= 4$ mm $\quad$ Lichtstärke 16 $\quad 2\,\sigma_G = 28'$
Okular $f_3 = 6$ mm: $\quad \Gamma_S = 900 \quad$ AP $= 0{,}4$ mm $\quad$ Lichtstärke 0,16 $\quad 2\,\sigma_G = 2{,}8'$
Brennebenenbild des Mondes $B = 540$ cm arc $32' = 50{,}3$ mm

6.8.5. $\Gamma_S = 4 \quad$ Länge $= 7{,}5$ cm
Die als Feldblende wirkende Austrittspupille ist virtuell und liegt zwischen Objektiv und Okular 18,75 mm vom Okular entfernt. Ihr Durchmesser ist 10 mm.
$\tan\sigma_B = \dfrac{5 \text{ mm}}{33{,}75 \text{ mm}} \quad 2\,\sigma_B = 16{,}84°$

6.8.6. $\Gamma_S = 8 \quad$ Gesamtlänge $= 54$ cm
Erste Feldlinse $f_2 = 6{,}4$ cm $\quad d_2 = 3{,}35$ cm
Umkehrlinse $d_3 = 1{,}5$ cm
Die Eintrittspupille wird von der ersten Feldlinse auf die Umkehrlinse, von der zweiten Feldlinse auf ein Zwischenbild und dieses Zwischenbild von der Augenlinse auf die AP abgebildet. Man rechnet jetzt von der AP aus:
$b_5 = 2$ cm $\quad g_5 = -4$ cm
Abbildung durch die zweite Feldlinse: $\quad b_4 = 8$ cm $\quad g_4 = 8$ cm $\quad f_4 = 4$ cm
$d_4 = d_2 = 3{,}35$ cm
AP $= 6 \text{ cm} \cdot \dfrac{8}{32} \cdot \dfrac{8}{8} \cdot \dfrac{2}{4} = 7{,}5 \text{ mm} = \dfrac{d_1}{\Gamma_S}$

6.8.7. Direkt übersehbares Sichtfeld $\quad \tan\sigma_{G1} = \dfrac{6 \text{ cm}}{310 \text{ cm}} \quad 2\,\sigma_{G1} = 2{,}22°$
Mit dem Sehrohr übersehbares Sichtfeld $\quad \tan\sigma_{G2} = \dfrac{6 \text{ cm}}{60 \text{ cm}} \quad 2\,\sigma_{G2} = 11{,}42°$
Erste Feldlinse 60 cm vom Objektiv $\quad f_2 = 40$ cm
Entfernung $\quad$ erste Feldlinse — zweite Feldlinse $= 310$ cm $- 60$ cm $- 10$ cm $= 240$ cm
Umkehrlinse $\quad$ Lage in der Mitte zwischen beiden Feldlinsen 180 cm vom Objektiv:
$f_3 = 60$ cm $\quad d_3 = 12$ cm
zweite Feldlinse 300 cm vom Objektiv $\quad d_4 = d_2 = 12$ cm $\quad$ Vergrößerung $\Gamma_S = 6$

6.8.8. AP = 5 mm, daher darf der Fotoapparat höchstens auf Blende 10 abgeblendet werden. Entfernungseinstellung auf ∞. Da das Fernrohr die Bilder 10fach vergrößert, sind auch die Bilder auf dem Film des Fotoapparates zehnmal größer, entsprechend einer Brennweite von 50 cm.

Bildfeldwinkel $\tan \sigma_B = 10 \tan \sigma_G$ $\sigma_B = 22{,}7°$

Auf dem Film $d = 2f \tan \sigma_B = 41{,}9$ mm

Ein Kreis mit diesem Durchmesser paßt nicht auf das Format $24 \cdot 36$ mm^2; die Bildmaske wirkt also als Feldblende.

6.9.1. $g_2 = 37{,}5$ cm, also Entfernung Objektiv — Dia = 37,5 cm und Entfernung Objektiv — Kondensor = 38,5 cm

Abbildungsmaßstab $\beta_2 = 24$ Bildgröße $2{,}4 \cdot 2{,}04$ m^2

Abbildung der Lichtquelle auf das Objektiv: $b_1 = 38{,}5$ cm $g_1 = 24{,}6$ cm

Entfernung Lichtquelle — Kondensor 24,6 cm

Durchmesser des Objektivs

$$d_1 = \sqrt{20^2 + 20^2} \text{ mm } \frac{38{,}5}{24{,}6} = 44{,}3 \text{ mm}$$

Diagonale des Dias $\sqrt{100^2 + 85^2}$ mm $= 131{,}2$ mm

Aus Ähnlichkeitsbeziehungen in nebenstehender Abb.

Durchmesser des Kondensors:

$$d_2 = 131{,}2 \text{ mm } \frac{38{,}5}{37{,}5} + 44{,}3 \text{ mm } \frac{1}{37{,}5} = 135{,}9 \text{ mm}$$

6.9.2. $\beta = 150$ $b = 9060$ $\beta = \frac{b}{f} - 1$ $f = \frac{b}{\beta + 1} = 60$ mm

Aus dem rechtwinkligen Dreieck mit der Hypotenuse $2r$ und der Höhe $d/2$ folgt (Höhensatz)

$$\left(\frac{d}{2}\right)^2 = h(2r - h) \qquad h = 6 \text{ mm}$$

$$\Phi = \Phi_0 \frac{2r\pi(h_1 + 0{,}9 h_2)}{4 r^2 \pi} \eta = \Phi_0 \, 0{,}095$$

$$L = \frac{\varrho}{\pi} \frac{E}{\text{lx}} \frac{\text{cd}}{\text{m}^2} = \frac{\varrho}{\pi} \frac{\Phi}{A} \frac{\text{cd}}{\text{lm}} \qquad \Phi_0 = \frac{L A \pi}{0{,}095 \, \varrho} \frac{\text{lm}}{\text{cd}} = 53{,}6 \cdot 10^3 \text{ lm}$$

6.9.3. $\beta_1 = \frac{t}{f_1}$ $\beta_2 \approx \Gamma_2 = \frac{b_2}{f_2} - 1$ $\beta_{\text{ges}} = \frac{t}{f_1}\left(\frac{b_2}{f_2} - 1\right)$

Abbildung durch das Okular $b_2 = 150$ cm $g_2 = 2{,}027$ cm $\beta_2 = 74$

Abbildung durch das Objektiv $b_1 = 16{,}973$ cm $g_1 = 1{,}063$ cm $\beta_1 = 15{,}97$

$\beta_{\text{ges}} = 1182$ nach der Formel: $\beta_{\text{ges}} = 16 \cdot 74 = 1184$

6.9.4. Aus: $\beta_{\text{ges}} = \frac{t}{f_1}\left(\frac{b_2}{f_2} - 1\right)$ findet man: $b_2 = 52{,}5$ cm

Abbildung durch die Okularlinse $b_2 = 52{,}5$ cm $g_2 = 2{,}625$ cm $= 26{,}25$ mm

Abbildung durch das Objektiv $b_1 = 174{,}75$ mm $g_1 = 17{,}6126$ mm

Einstellung für das auf ∞ akkommodierte Auge $b_1 = 17{,}6$ cm $g_1 = 17{,}6$ mm

Verschiebung des Mikroskoptubus $\Delta g_1 = 0{,}0126$ mm

6.9.5. $\varepsilon_{1r} = 63°$ $\varepsilon_{2r} = 30,60°$ $\varepsilon_{3r} = 29,40°$ $\varepsilon_{4r} = 59,19°$
$\varepsilon_{1b} = 63°$ $\varepsilon_{2b} = 29,49°$ $\varepsilon_{3b} = 30,51°$ $\varepsilon_{4b} = 66,77°$
$\Delta\varepsilon_4 = 7,58°$ Breite des Spektrums $\Delta B \approx f \cdot \text{arc } \Delta\varepsilon_4 = 5,29$ mm

6.10.1. $\tan\alpha = \dfrac{5,5 \text{ mm}}{3900 \text{ mm}}$ $\alpha = 0,0808°$ $\sin\alpha \approx \tan\alpha$, also

$\lambda = \dfrac{y \cdot g}{1 \cdot l}$

Aus der Abbildung des Spaltes: $g = 9,8 \text{ mm} \cdot \tfrac{16}{374} = 0,419$ mm
$\lambda = 591$ nm

6.10.2. $\tan\alpha = \dfrac{y}{l}$ $\lambda = g\sin\alpha$

$\alpha_1 = 13,67°$ $\alpha_2 = 17,16°$ $\alpha_3 = 18,21°$
$\lambda_1 = 438$ nm $\lambda_2 = 547$ nm $\lambda_3 = 579$ nm

6.10.3. $\sin\alpha = 1\dfrac{\lambda}{g}$ $\alpha_r = 15,07°$ $\alpha_v = 9,21°$

$y = f\tan\alpha$ $y_r = 269,3$ mm $y_v = 162,1$ mm
Breite des Spektrums 107,2 mm

$y = f\tan\alpha$ differenziert nach α ergibt $dy = \dfrac{f}{\cos^2\alpha}d\alpha$

$\sin\alpha = \dfrac{k\lambda}{g}$ differenziert nach λ ergibt $d\alpha = \dfrac{k}{g\cos\alpha}d\lambda$

Durch Einsetzen von $d\alpha$ in die Beziehung für dy erhält man $dy = \dfrac{kf}{g\cos^3\alpha}d\lambda$ und

$\Delta y \approx \dfrac{kf}{g\cos^3\alpha}\Delta\lambda = \dfrac{2 \cdot 1 \text{ m}}{2,5 \cdot 10^{-6}\text{ m} \cdot \cos^3 27,5°} 2,1 \cdot 10^{-9}\text{ m} = 2,41$ mm

Die exakte, nur mit dem Rechner erhältliche Lösung lautet $\Delta y = 2,4102$ mm

6.10.4. Aus $\delta = n \cdot 2h + \dfrac{\lambda}{2} = k\lambda + \dfrac{\lambda}{2}$ und $2h = \dfrac{\varrho^2}{r}$ folgt:

$\lambda = \dfrac{\varrho^2 n}{rk} = 590$ nm   in Wasser: $\varrho = \sqrt{\dfrac{\lambda kr}{n}} = 5,14$ mm

6.10.5. $\lambda = 2(h_2 - h_1) = \varrho^2\left(\dfrac{1}{r_2} - \dfrac{1}{r_1}\right) = \dfrac{\varrho^2 \Delta r}{r^2}$ $\Delta r = \lambda\dfrac{r^2}{\varrho^2} = 0,085$ mm
$r_2 = 179,915$ mm

6.10.6. $\Delta h = 40 \text{ mm} \dfrac{591 \text{ nm}}{28,8 \text{ mm}} = 820 \text{ nm} = 0,00082$ mm

6.10.7. $\sin\sigma = 1,22\dfrac{\lambda}{d}$ $d = 43,3$ mm $f = 15 \cdot d = 65$ cm

$\Gamma = \dfrac{180''}{3,2''} = 56,2$ $f_{Ok} = 11,55$ mm

6.10.8. $\tan\sigma = \dfrac{0,6 \text{ mm}}{0,22 \text{ mm}}$ $\sigma = 69,87°$

Numerische Apertur $A = n\sin\sigma = 0,939$
$\Delta x = \dfrac{\lambda}{2A} = 0,000293$ mm

Vergrößerung $\Gamma = \dfrac{s_0 \tan 3'}{\Delta x} = 745$

7.1.—7.2. Lösungen

7.1.1. $I_1 = 0{,}272$ A $\quad R_{20} = 80$ Ω $\quad I_0 = 2{,}75$ A

7.1.2. Gesamtwiderstand $R = 2{,}4$ Ω $\quad$ also Zuleitungen höchstens $0{,}1$ Ω
Querschnitt $A = 3{,}24$ mm² $\quad d = 2{,}03$ mm ≈ 2 mm

7.1.3. $R = 40$ Ω $\quad l = 46{,}5$ m

7.1.4. $R = 81{,}5$ Ω $\quad \varrho = 0{,}427$ Ω mm²/m
ϱ_{Cu} ist mit $0{,}018$ Ω mm²/m viel zu klein; die Wicklung müßte einen Querschnitt erhalten, der den Festigkeitsansprüchen nicht mehr genügt.

7.1.5. $I = 0{,}22$ A

7.1.6. $\varrho_{50} = 0{,}0201$ Ω mm²/m $\quad l = 43$ m $\quad A = 1{,}35 \cdot 10^{-4}$ cm²

7.1.7. $U = 0{,}00928$ V $\quad R = 0{,}000688$ Ω $\quad J = 13{,}48$ A

7.1.8. $A_{Al} = 1{,}61$ mm² $\quad A_{St} = 8{,}33$ mm² $\quad m_{Al} = 0{,}489$ kg $\quad m_{St} = 7{,}3$ kg

7.1.9. Näherung: Mittlere Mantelfläche $\bar{A} = 2\bar{r}\,\pi h$

$$R = \varrho \frac{l}{\bar{A}} = \varrho \frac{r_a - r_i}{2\pi h} \frac{2}{r_a + r_i} = 1{,}273 \cdot 10^{10}\ \Omega$$

Exakt: Widerstand eines Zylinders der Dicke dr:

$$dR = \frac{\varrho}{A}\,dr = \frac{\varrho}{2 r \pi h}\,dr \quad R = \int_{r_i}^{r_a} dR = \int_{r_i}^{r_a} \frac{\varrho}{2\pi h}\frac{dr}{r} = \frac{\varrho}{2\pi h}\ln\frac{r_a}{r_i} = 1{,}291 \cdot 10^{10}\ \Omega$$

7.1.10. $R = R_{\vartheta K} + R_{\vartheta N} = R_{20K} + R_{20N}$
Nach Einsetzen von $R_{\vartheta K}$ und $R_{\vartheta N}$ erhält man $R_{20K}\,k_K = -R_{20N}\,k_N$

$$R_{20K} = \frac{k_N}{k_N - k_K}\,R = 0{,}769\ \Omega \quad R_{20N} = 0{,}231\ \Omega$$

7.2.1. $U_q - 20\text{ A} \cdot R_i = 1{,}98$ V $\quad$ Aus diesen beiden Gleichungen:
$U_q - 5\text{ A} \cdot R_i = 2{,}04$ V $\quad R_i = 0{,}004$ Ω $\quad U_q = 2{,}06$ V
Bei Kurzschluß $\quad I = 41{,}2$ A

7.2.2. Spannungsverbrauch im Innenwiderstand $\quad 0{,}36$ V
Spannungsverbrauch in der Zuleitung $\quad 0{,}66$ V
Klemmenspannung der Batterie $\quad 5{,}79$ V
Klemmenspannung am Anlasser $\quad 5{,}13$ V

7.2.3. $24\text{ V} - 9 \cdot 1{,}8\text{ V} = 5\text{ A} \cdot (9 \cdot 0{,}015\ \Omega + 0{,}025\ \Omega + R) \quad R = 1{,}40\ \Omega$
$24\text{ V} - 9 \cdot 2{,}1\text{ V} = 5\text{ A} \cdot (9 \cdot 0{,}015\ \Omega + 0{,}025\ \Omega + R_1) \quad R_1 = 0{,}86\ \Omega$

7.2.4. $\dfrac{1{,}25\text{ V}}{(0{,}06 + 0{,}04/m)\ \Omega} \leq m \cdot 5\text{ A} \quad m = 4 \quad I = 17{,}86$ A

7.2.5. $6{,}4\text{ A} = \dfrac{(1{,}3 + 2 \cdot 2{,}2)\text{ V}}{R + (2 \cdot 0{,}02 + 0{,}04/2 + 0{,}75)} \quad R = 0{,}08\ \Omega$

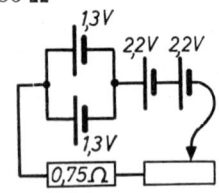

7.2.6. Ein galvanisches Element wird geschädigt, wenn ihm ein zu großer Strom entnommen wird. Der Strom darf einen bestimmten von der Bauart des Elementes abhängigen Wert nicht überschreiten. Bei der Parallelschaltung addieren sich die Ströme der beiden Elemente. Die Belastbarkeit der Parallelschaltung ist damit gleich der Summe der Belastbarkeiten der Einzelelemente.

Lösungen 7.3.—7.4.

7.3.1. $R = 7{,}75\ \Omega$

7.3.2. $R_{\min} = 12\ \Omega\,\frac{60}{160} = 4{,}5\ \Omega$ $R_{\max} = 12\ \Omega\,\frac{160}{60} = 32\ \Omega$ $I_{\max} = 13{,}33\ A$

7.3.3. $U_G : (U - U_G) = \dfrac{R_1 \cdot R_G}{R_1 + R_G} : R_2$ $U_G = 103\ V$
$I_G = 0{,}515\ A$ $I_{R1} = 3{,}74\ A$ $I_{R2} = 4{,}255\ A$
$I_{\max} = 5{,}1\ A$

7.3.4. $(120\ \Omega - R_2) : \dfrac{100\ \Omega\, R_2}{100\ \Omega + R_2} = 140\ V : 80\ V$ $R_2 = 56{,}7\ \Omega$ $R_1 = 63{,}3\ \Omega$
$I_1 = 2{,}21\ A$ $I_2 = 1{,}41\ A$ $I_G = 0{,}8\ A$

7.3.5. a) $R_a = 66\ \Omega$ b) $R_b = 24{,}2\ \Omega$ c) $R_c = 16{,}5\ \Omega$ d) $R_d = 6\ \Omega$

7.3.6. $R_g = 2{,}097\ \Omega$

7.3.7. $R_x = 3{,}6\ \Omega$

7.3.8. $R_g = 8\ \Omega$ $I_g = 1{,}5\ A$
$I_1 = 1{,}5\ A$ $I_2 = 0{,}5\ A$ $I_3 = 0{,}5\ A$ $I_4 = 1\ A$
$U_1 = 6\ V$ $U_2 = 1{,}5\ V$ $U_3 = 4{,}5\ V$ $U_4 = 6\ V$

7.3.9. $I_1 = 0{,}3019\ A$ $I_2 = 0{,}1092\ A$ $I_3 = 0{,}1927\ A$
$I_4 = 0{,}0032\ A$ $I_5 = 0{,}1060\ A$ $I_6 = 0{,}1959\ A$

7.3.10. $I_1 = 2\ A$ $I_2 = 1{,}5\ A$ $I_3 = 0{,}5\ A$ $I_4 = 1\ A$ $I_5 = 0{,}5\ A$ $I_6 = 1\ A$

7.3.11. $\dfrac{30\ \Omega \cdot R_i}{30\ \Omega + R_i} \cdot 0{,}015\ A = \dfrac{0{,}606\ \Omega \cdot R_i}{0{,}606\ \Omega + R_i} \cdot 0{,}5\ A$ $R_i = 60\ \Omega$
Strom und Spannung der Meßspule $I = 5\ \text{mA}$ $U = 0{,}3\ V$
Vorwiderstand $R_v = 29940\ \Omega$

7.4.1. $R = 43\ \Omega$ $P = 1{,}126\ \text{kW}$ $W_R = \dfrac{U^2\, A\, t}{\varrho\, l} = Q = 8{,}1 \cdot 10^6\ J$

7.4.2. $R_1 = 161{,}3\ \Omega$ $R_2 = 201{,}7\ \Omega$ $R_g = 363\ \Omega$
$I = I_1 = I_2 = 0{,}606\ A$
$P_1^* = 59{,}3\ W$ $P_2^* = 74{,}1\ W$

7.4.3. $P_1 = 500\ W$ $P_2 = 1000\ W$ $P_3 = 2000\ W$

7.4.4. $R_G = 193{,}6\ \Omega$ $R_G + R_v = 306{,}2\ \Omega$ $R_v = 112{,}6\ \Omega$ $I_{\max} = 220\ V / 193{,}6\ \Omega$
$= 1{,}136\ A$
Belastbarkeit $P = I_{\max}^2\, R_v = 145{,}4\ W$

7.4.5. $R_1 = 96{,}8\ \Omega$ $R_2 = 97{,}7\ \Omega$ $P = \dfrac{U^2}{R_2} = 518\ W$

7.4.6. $I = \dfrac{U_q}{R_i + R_a}$ $U_P = \dfrac{U_q R_a}{R_i + R_a}$ $P = \dfrac{U_q^2\, R_a}{(R_i + R_a)^2}$

7.4.–7.5. Lösungen

Durch Differentiation dieser letzten Gleichung nach R_a folgt für das Maximum von P die Bedingung $R_a = R_i$. Zahlenmäßig findet man:

$R_a = 0{,}5\ \Omega$ $P_1 = 3{,}50\ \text{W}$ $R_a = 1{,}0\ \Omega$ $P_2 = 4{,}18\ \text{W}$
$R_a = 1{,}2\ \Omega$ $P_3 = 4{,}22\ \text{W}$ $R_a = 1{,}5\ \Omega$ $P_4 = 4{,}17\ \text{W}$
$R_a = 2{,}0\ \Omega$ $P_5 = 3{,}96\ \text{W}$

7.4.7. Erforderlicher Strom $I = 40{,}9\ \text{A}$
Spannungsabfall in der Leitung $U = 220\ \text{V} \cdot 0{,}05 = 11\ \text{V}$
Widerstand der Leitung $R = 0{,}269\ \Omega$ Querschnitt $A = 24\ \text{mm}^2$

7.4.8. Widerstand eines 1 m langen Drahtstückes $R = 0{,}022\ \Omega$
Oberfläche eines 1 m langen Drahtstückes $A^* = 3{,}54 \cdot 10^{-3}\ \text{m}^2$
$I^2 \cdot R = \alpha A^* \Delta\vartheta$ $I = 14{,}91\ \text{A}$

7.4.9. Mehrkosten $40\ \text{W} \cdot 150\ \text{h} \cdot 0{,}11\ \text{DM/kWh} = 0{,}66\ \text{DM}$

7.4.10. $P_1 + P_2 = 100\ \text{W}$ $\dfrac{1}{P_1} + \dfrac{1}{P_2} = \dfrac{1}{24\ \text{W}}$ $P_1 = 40\ \text{W}$ $P_2 = 60\ \text{W}$

7.4.11. $(R_1 + R_2) : R_1 = R_1 : R_2 = R_2 : \dfrac{R_1 R_2}{R_1 + R_2}$
Setzt man $R_2 = q R_1$, so folgt daraus die Gleichung:
$q^2 + q - 1 = 0$ $q = 0{,}618$ $R_2 = 0{,}618\, R_1$
$P_1 : P_2 : P_3 : P_4 = 0{,}618 : 1 : 1{,}618 : 2{,}618$

7.4.12. $P t \eta_1 \eta_2 = W = m \cdot g \cdot h$ $t = 1324\ \text{s} = 22{,}1\ \text{min}$

7.4.13. $P \eta = \Delta Q / \Delta t = \varrho \cdot \dot V \cdot c \cdot \Delta\vartheta$ $P = 3{,}10\ \text{kW}$

7.4.14. $P \eta t = m c \Delta\vartheta + \Delta m r$ $t = 1261\ \text{s} = 21{,}0\ \text{min}$

7.4.15. Sicherungsdraht $A_1 l_1 \varrho_{d1}(c_1 \Delta\vartheta_1 + q) = I^2 \dfrac{\varrho_1 l_1}{A_1} t$ $t = 0{,}211\ \text{s}$

Kupferdraht $A_2 l_2 \varrho_{d2} c_2 \Delta\vartheta_2 = I^2 \dfrac{\varrho_2 l_2}{A_2} t$ $\Delta\vartheta_2 = 0{,}437\ \text{K}$

7.4.16. $I = I_0 + \dfrac{\Delta I}{\Delta t} t$ $W = \int I^2 R\, dt = R \left[I_0^2 t + 2 I_0 \dfrac{\Delta I}{\Delta t} \dfrac{t^2}{2} + \left(\dfrac{\Delta I}{\Delta t}\right)^2 \dfrac{t^3}{3} \right] = 5{,}73\ \text{kJ}$

7.4.17. $P = \dfrac{U^2}{R} = \dfrac{U_0^2}{R}\, e^{-2t/\tau}$ $P_0 = \dfrac{U_0^2}{R} = 40\ \text{W}$

$\dfrac{P}{P_0} = e^{-2t/\tau} = \dfrac{20\ \text{W}}{40\ \text{W}}$ $t = -\dfrac{\ln(P/P_0) \cdot \tau}{2} = 0{,}347\ \text{ms}$

$W = \dfrac{1}{R} \int_0^\infty U^2\, dt = \dfrac{1}{R} \int_0^\infty U_0^2\, e^{-2t/\tau} = \dfrac{U_0^2 \tau}{2R} = 20\ \text{mWs}$

7.5.1. $m = 5180\ \text{kg}$

7.5.2. $\ddot A = 1{,}185\ \text{g/Ah}$ $I = 2{,}78\ \text{A}$

7.5.3. Oberfläche $A = 2 r \pi (r + h) = 24{,}88\ \text{dm}^2$ $I = 6{,}22\ \text{A}$
Abzuschneidende Nickelmenge $m = A d \varrho = 216{,}4\ \text{g}$ $t = \dfrac{m}{\ddot A I} = 31{,}8\ \text{h}$

7.5.4. $m = A\,d\,\varrho = I\,\ddot{A}\,t$ $d = 0{,}23$ mm

7.5.5. Erforderlicher Strom $I = 65\,300$ A
Widerstand eines Ofens $R = 0{,}735 \cdot 10^{-4}\,\Omega$
Widerstand der Leitung $R_1 = 6{,}75 \cdot 10^{-4}\,\Omega$
Klemmenspannung $U_k = I(R + R_1) = 101{,}7$ V

7.5.6. $p + \varrho g h = p_L$ $p = 973$ mbar
Normvolumen $V_n = 65\text{ cm}^3 \cdot \dfrac{973}{1013} \cdot \dfrac{273}{295} = 57{,}7\text{ cm}^3$
$\ddot{A}_n = \dfrac{V_n}{I t} = 0{,}175\text{ cm}^3/\text{As}$

7.6.1. $E = 150$ V/cm $D = 1{,}329 \cdot 10^{-11}$ As/cm^2 $Q = 1{,}5 \cdot 10^{-9}$ As $C = 5{,}56$ pF

7.6.2. $m a = F = \dfrac{U Q^*}{s}$ $U = 9380$ V

7.6.3. $Q = 25 \cdot 10^{-9}$ As $E_1 = 1250$ V/cm $C_2 = 600$ pF $E_2 = 833$ V/cm

7.6.4. $C = 709$ µF

7.6.5. $E = \dfrac{F}{Q_2} = \dfrac{Q_1}{4\pi\varepsilon r^2} = \dfrac{4\pi\varepsilon r U}{4\pi\varepsilon r^2} = \dfrac{U}{r}$ $U = 800\,000$ V $Q_1 = 3{,}56 \cdot 10^{-5}$ As

7.6.6. $m g \tan\alpha = \dfrac{Q^2}{4\pi\varepsilon_0 r^2}$ $Q = 1{,}214 \cdot 10^{-9}$ As $U = \dfrac{Q}{C} = 5460$ V

7.6.7. $C = 2\dfrac{\varepsilon_0\varepsilon_r l b}{d}$ $l = 56{,}4$ m

7.6.8. $W = \dfrac{C}{2} U^2 = 4$ kWs

7.6.9. $C_g = 4$ µF

7.6.10. $C_g = \dfrac{C_1 C_2}{C_1 + C_2} + C_3$ $C_3 = 6$ µF
$C_1 U_1 = C_2 U_2$ $U_1 = 1{,}5\,U_2$
a) $U_1 = 132$ V $U_2 = 88$ V $U_3 = 220$ V
b) $U_1 = U_2 = 110$ V

7.6.11. a) $I = \dfrac{\Delta I}{\Delta t} t = 0{,}5\,\dfrac{\text{A}}{\text{s}}\,t$ $Q = \int\limits_0^t I\,dt = \dfrac{\Delta I}{\Delta t} \cdot \dfrac{t^2}{2} = 25$ As

b) $I_{\max} = \dfrac{I}{1 - e^{-t/\tau}} = 5{,}78$ A

$Q = \int\limits_0^t I\,dt = \int\limits_0^t I_{\max}(1 - e^{-t/\tau})\,dt = I_{\max}(t - \tau + \tau e^{-t/\tau}) = 32{,}8$ As

7.6.12. $Q = \oint \vec{D}\,d\vec{A} = D\,4r^2\pi$; daraus $E = \dfrac{Q}{4\pi\varepsilon r^2}$

a) $E_{r0} = \dfrac{Q}{4\pi\varepsilon r_0^2} = -1{,}123$ kV/m

b) Von $r = 0$ bis $r = r_0$ ist $E = 0$; von $r = r_0$ bis $r \to \infty$ fällt die Feldstärke entsprechend $E = Q/4\pi\varepsilon r^2$ auf Null ab.

c) $F = e E$ $F_{r0} = e E_{r0} = 1{,}799 \cdot 10^{-16}$ N

d) $F_r = e E_r = \frac{1}{2} e E_{r0}$ $E_r = \frac{1}{2} E_{r0}$ $\frac{Q}{4\pi\varepsilon r^2} = \frac{1}{2} \frac{Q}{4\pi\varepsilon r_0^2}$

$r = r_0 \sqrt{2} = 5{,}66$ cm   Abstand 1,66 cm

e) $W = \int \vec{F}\, d\vec{s} = e \int \vec{E}\, d\vec{s} = \frac{eQ}{4\pi\varepsilon} \int \frac{dr}{r^2}$

$W_1 = 3{,}6 \cdot 10^{-18}$ Ws $W_2 = 7{,}19 \cdot 10^{-18}$ Ws

7.6.13. $Q = \oint \vec{D}\, d\vec{A} = \varepsilon E\, 2r\pi l = CU$;   daraus $E = \frac{Q/l}{2r\pi\varepsilon}$

$r_1 = \sqrt{(d+x)^2 + y^2}$ $r_2 = \sqrt{(d-x)^2 + y^2}$

$\vec{E} = \vec{E}_1 + \vec{E}_2 = \frac{Q_1/l}{2r_1\pi\varepsilon} \frac{\vec{r}_1}{r_1} + \frac{Q_2/l}{2r_2\pi\varepsilon} \frac{\vec{r}_2}{r_2}$

P$_1$: $E = 2\frac{Q/l}{2\pi\varepsilon d} = 7{,}19$ kV/m in Richtung der positiven x-Achse

P$_2$: $E = 2\frac{Q/l}{2\pi\varepsilon d\sqrt{2}} \cos 45° = 3{,}59$ kV/m in Richtung der positiven x-Achse

$U_{12} = \int_1^2 \vec{E}\, d\vec{s} = \int_{-d+R}^{+d-R}(E_{1x} + E_{2x})\, dx =$

$= \frac{Q/l}{2\pi\varepsilon} \int_{-d+R}^{+d-R}\left(\frac{dx}{d+x} + \frac{dx}{d-x}\right) = \frac{Q/l}{2\pi\varepsilon} 2\ln\frac{2d-R}{R} = 2{,}12$ kV

7.6.14. $Q = \oint \vec{D}\, d\vec{A} = \varepsilon E\, 2r\pi l = CU$;

daraus $E = \frac{Q/l}{2r\pi\varepsilon_0\varepsilon_r}$

$U_{13} = \int_{R_1}^{R_2} E_{12}\, dr + \int_{R_2}^{R_3} E_{23}\, dr =$

$= \frac{Q/l}{2\pi\varepsilon_0}\left(\int_{R_1}^{R_2} \frac{1}{\varepsilon_{r12}} \frac{dr}{r} + \int_{R_2}^{R_3} \frac{1}{\varepsilon_{r23}} \frac{dr}{r}\right) =$

$= \frac{Q/l}{2\pi\varepsilon_0}\left(\frac{1}{\varepsilon_{r12}} \ln\frac{R_2}{R_1} + \frac{1}{\varepsilon_{r23}} \ln\frac{R_3}{R_2}\right)$

daraus $\frac{C}{l} = \frac{Q}{Ul} = 1{,}48 \cdot 10^{-10}\,\frac{F}{m}$

$E = \frac{Q/l}{2r\pi\varepsilon} = \frac{U}{2\pi\varepsilon} \frac{C}{l} \frac{1}{r}$

$E_1 = 332$ kV/m $E_2 = 166{,}2$ bzw. 332 kV/m $E_2 = 222$ kV/m

Vorteil des geschichteten Dielektrikums: Kleine Feldstärke in der ersten Schicht und damit gegenüber dem ungeschichteten Dielektrikum größere Durchschlagfestigkeit bei gleicher Dicke.

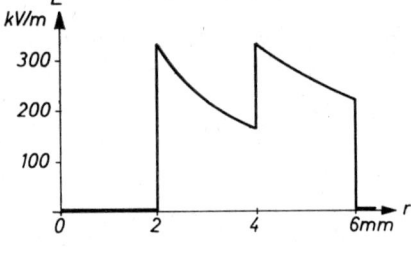

7.6.15. $U_q = U_R + U_C = RI + \frac{Q_C}{C}$ mit $I = \frac{dQ_C}{dt}$ folgt die Differentialgleichung

$Q_C + RC\frac{dQ_C}{dt} = U_q C$. Der homogene Anteil hat die Lösung $Q_C = \text{const} \cdot e^{-t/RC}$.

Eine partikuläre Lösung lautet $Q_C = U_q C$, somit $Q_C = \text{const}\, e^{-t/RC} + U_q C$. Mit der Randbedingung $Q_C = 0$, wenn $t = 0$, folgt die Gesamtlösung

$Q_C = U_q C(1 - e^{-t/RC}) = CU_C$ Zum Zeitpunkt $t = t_x$ ist $U_C = U_q/2$

$U_q(1 - e^{-t_x/RC}) = U_q/2$ $t_x = RC \ln 2 = 1{,}386$ s

7.7.1. $I_{e1} = 27{,}5$ mA $\quad I_{e2} = 71{,}5$ mA

$$\ln I_e = \ln C + \ln A + 2 \ln T - \frac{T_0}{T} \quad \frac{dI_e}{I_e} = 2\frac{dT}{T} + \frac{T_0\,dT}{T^2}$$

$$\Delta T \approx \frac{\Delta I_e}{I_e}\,\frac{T^2}{2T + T_0} = 1{,}005 \text{ K}$$

7.7.2. $A = 1{,}40$ cm^2

7.7.3. Maximalverstärkung $= \dfrac{1}{D} = 28{,}6$

$i_a = S\,u_g = 0{,}56$ mA

$R_i = \dfrac{1}{DS} = 10\,200 \; \Omega$

$u_a = -\dfrac{1}{D}\,\dfrac{R_a}{R_i + R_a} \quad u_g = -\,5{,}03$ V $\quad$ Verstärkung $\dfrac{u_a}{u_g} = 25{,}15$

$i_a = S\,(u_g + D\,u_a) = 0{,}067$ mA

7.7.4. $R_i = \dfrac{1}{SD} = 7940 \; \Omega$

$u_a = -\,5{,}25$ V $\quad i_a = 0{,}09$ mA

U_a schwankt zwischen 174,75 V und 185,25 V, I_a zwischen 1,41 mA und 1,59 mA

7.7.5. Das Steuergitter steuert fast leistungslos die Stärke des Anodenstromes. Spannungsänderungen am Gitter erzeugen zunächst Schwankungen des Anodenstromes, die sich an einem Außenwiderstand wieder in Spannungsschwankungen umwandeln, welche gegenüber den Gitterspannungsschwankungen verstärkt sind.

Der Spannungsabfall am Außenwiderstand vermindert aber gerade dann die Spannung an der Anode, wenn der Anodenstrom am stärksten ist, und setzt dadurch die Verstärkung herab. Um von dieser Anodenrückwirkung unabhängig zu werden, führt man eine positive Hilfsspannung auf das Schirmgitter, das vom Anodenstrom völlig getrennt ist, und läßt diese unveränderliche Spannung die Elektronen beschleunigen.

Das Bremsgitter zwischen Schirmgitter und Anode, das die gleiche Spannung wie die Kathode erhält, verhindert, daß Sekundärelektronen von der Anode zum Schirmgitter zurücklaufen.

7.7.6. In einer evakuierten Röhre befinden sich zwei Elektroden. Legt man an sie eine ausreichende Spannung (bei kalter Kathode mindestens einige kV), so treten aus der Kathode Elektronen aus, die in der Röhre eine mit Leuchterscheinungen verbundene Gasentladung hervorrufen. Ist das Vakuum so gut, daß die freie Weglänge der Elektronen dem Abstand der Elektroden entspricht, so fliegen die Elektronen als Kathodenstrahlen geradlinig zur Anode und die Leuchterscheinungen verschwinden.

Durch Erhitzen der Kathode wird die nötige Anodenspannung wesentlich vermindert. Mit der Stärke des zum Heizen notwendigen Stromes kann man die Intensität der Kathodenstrahlung regeln.

7.7.7. In einer stark evakuierten Röhre liegt zwischen einer Glühkathode und einer Anode eine hohe Spannung (10...300 kV). Aus der Kathode treten Elektronen aus und werden auf ihrem Weg zur Anode stark beschleunigt. An der Aufprallstelle entstehen die unsichtbaren Röntgenstrahlen. Wegen ihrer sehr kurzen Wellenlänge besitzen sie ein hohes Durchdringungsvermögen, ihre sog. „Härte". Sie ist nur durch die Wellenlänge bedingt und läßt sich durch Verändern der Anodenspannung regulieren.

7.7.8. Eine Braunsche Röhre ist eine Kathodenstrahlröhre, bei der der Kathodenstrahl scharf gebündelt auf einen Bildschirm auftrifft und mit Kondensatoren (oder Magnetspulen) aus seiner Richtung abgelenkt werden kann.

Zur Bündelung der Kathodenstrahlen, die in einem scharfen Bildpunkt auf den Schirm auftreffen sollen, dient der Wehneltzylinder, eine negativ geladene Elektrode in der Nähe der Kathode. Durch Verändern der an sie gelegten Spannung läßt sich die Bildschärfe einstellen. Die Helligkeit des Bildes kann durch Verändern des Heizstromes bei der Glühkathode geregelt werden.

7.8.1. $H = \dfrac{IN}{2\bar{r}\pi} = 5509 \text{ A/m}$

$B = \mu_0 H = 6920 \cdot 10^{-6} \text{ Vs/m}^2 = 6{,}92 \text{ mT} \qquad \Phi = AB = 1{,}39 \cdot 10^{-6} \text{ Vs}$

7.8.2. $N = \dfrac{\Phi l}{\mu_0 I r^2 \pi} = 161$

Die Feldstärke außerhalb der Spule ist zwar klein, aber doch nicht ganz zu vernachlässigen; deshalb muß in $IN = \Sigma Hl$ der Anteil der äußeren Feldstärke mitberücksichtigt werden, während sich die verwendete Formel auf die Länge der Spule beschränkt.

Ein Teil der Feldlinien tritt schon vor dem Spulenende seitlich aus, so daß die Flußdichte im Innern gegen die Enden zu abnimmt.

7.8.3. Aus $\mu_0 \dfrac{I_1 N_1}{l_1} r_1^2 \pi = \mu_0 \dfrac{I_2 N_2}{l_2} r_2^2 \pi$ folgt $I_2 = 3{,}84 \text{ A}$

7.8.4. $\Phi = AB = 4{,}5 \cdot 10^{-4} \text{ Vs}$

$H = \dfrac{B}{\mu} = 1836 \text{ A/m} \qquad IN = 577 \text{ A} \qquad I = \dfrac{Hl}{N} = 1{,}6 \text{ A}$

Mit Luftspalt $H_{Fe} = 1836 \text{ A/m} \qquad H_{Luft} = 1195000 \text{ A/m}$

$IN = H_{Fe} l_{Fe} + H_{Luft} l_{Luft} = 1770 \text{ A} \qquad I = 4{,}92 \text{ A}$

7.8.5. $H_1 = \dfrac{I_1 N}{l} = 4500 \text{ A/m}$ aus dem Diagramm $B_1 = 1{,}64 \text{ Vs/m}^2$

$\Phi_1 = B_1 A = 6{,}56 \cdot 10^{-4} \text{ Vs}$

$H_2 = 9000 \text{ A/m} \qquad B_2 = 1{,}73 \text{ Vs/m}^2 \qquad \Phi_2 = 6{,}92 \cdot 10^{-4} \text{ Vs}$

Die Erhöhung des magnetischen Flusses beträgt 5,5%.

7.8.6. Aus der Angabe und dem B-H-Diagramm kann man mit der nachfolgenden Tabelle die erforderliche Durchflutung berechnen:

	A	B	H	l	$H \cdot l$
Spulenkern	$4 \cdot 10^{-4} \text{ m}^2$	$0{,}9 \text{ Vs/m}^2$	235 A/m	60 mm	$14{,}1 \text{ A}$
Anker	$3 \cdot 10^{-4} \text{ m}^2$	$1{,}2 \text{ Vs/m}^2$	500 A/m	170 mm	$85{,}0 \text{ A}$
Luftspalt	$4 \cdot 10^{-4} \text{ m}^2$	$0{,}9 \text{ Vs/m}^2$	717000 A/m	$0{,}5 \text{ mm}$	$358{,}5 \text{ A}$

$IN = \Sigma Hl = 457{,}6 \text{ A} \qquad I = 3{,}05 \text{ A}$

7.8.7. Aus $F = \dfrac{B^2 A}{2\mu_0} \qquad B = 1{,}58 \text{ T}$ Aus dem Diagramm $H = 2800 \text{ A/m}$

$NI = Hl = 1008 \text{ A} \qquad N = 504 \approx 500 \qquad N_1 = N_2 = N/2 = 250$

Jede der beiden Spulen muß also 250 Windungen besitzen.

7.8.8. $M = BAIN = 0{,}1152\,\text{Nm}$

7.8.9. $I = \dfrac{M}{BAN} = 6{,}25\,\text{mA}$

7.8.10. $H = \dfrac{B}{\mu} = 2\,\dfrac{\text{A}}{\text{m}} = H_t \qquad H_r = 0$

$NI = \int \vec{H}\,\vec{dl} = H_t\, 2r\pi \qquad N = 1 \qquad I = H\,2r\pi = 12{,}57\,\text{A}$

Umpolen der Stromrichtung $\to$ Umpolen der Feldrichtung.

$I = H_1\, 2r_1\pi = H_2\, 2r_2\pi \qquad H_2 = H_1 \dfrac{r_1}{r_2} = 1\,\dfrac{\text{A}}{\text{m}}$

7.8.11. Im Leiter: $H\,2r\pi = I(r) = I_0 \dfrac{r^2\pi}{R^2\pi}$

$H = \dfrac{I_0}{2R^2\pi}\, r = 3{,}18 \cdot 10^5\,\dfrac{\text{A}}{\text{m}^2}\, r$

Die Feldstärke steigt im Inneren des Leiters linear bis zum Wert $H_R = 1592\,\text{A/m}$ an der Drahtoberfläche an.

Außerhalb des Leiters: $H\,2r\pi = I_0 \qquad H = \dfrac{I_0}{2r\pi} = 7{,}96\,\text{A}\,\dfrac{1}{r}$

Die Feldstärke sinkt außerhalb des Leiters entsprechend $H = 7{,}96\,\text{A}/r$ von $1592\,\text{A/m}$ auf Null ab.

$\Phi = \int \vec{B}\,\vec{dA} = \int B\,dA \quad \text{da} \quad \vec{B}\|\vec{A}. \quad \text{Mit} \quad B = \mu H = \mu_0 \dfrac{I_0}{2r\pi} \quad \text{und} \quad dA = b\,dr$

folgt $\Phi = \dfrac{\mu_0 I b}{2\pi} \int\limits_{r_1}^{r_2} \dfrac{dr}{r} = \dfrac{\mu_0 I b}{2\pi} \ln \dfrac{r_2}{r_1} = 2{,}02 \cdot 10^{-7}\,\text{Vs}$

7.8.12. $H_{1P} = \dfrac{I}{2r_1\pi} = \dfrac{I}{2\pi\sqrt{d^2+b^2}} = 35{,}3\,\text{A/m}$

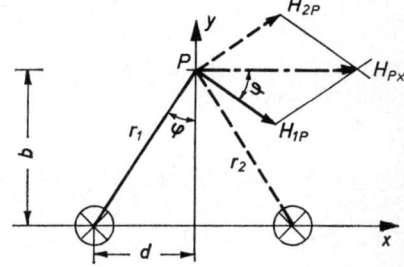

Parallel: $H_{1Px} = H_{2Px} = H_{1P} \cos\varphi$

mit $\tan\varphi = \dfrac{d}{b} \qquad \varphi = 33{,}7°$

$H_{Px} = 2 H_{1P} \cos\varphi$
$= 58{,}8\,\text{A/m} \qquad H_{Py} = 0$

Antiparallel: $H_{1Py} = H_{2Py} = H_{1P} \sin\varphi$
$H_{Py} = 2 H_{1P} \sin\varphi$
$= 39{,}2\,\text{A/m} \qquad H_{Px} = 0$

7.8.13. $D = \dfrac{\Delta F}{\Delta s} = \dfrac{mg}{\Delta s} = 4{,}9\,\dfrac{\text{N}}{\text{m}}$

Mit Magnetfeld greifen am unteren Leiter (2) folgende Kräfte an:
Gewichtskraft $\quad G = mg \quad$ Richtung nach unten;
Federkraft $\quad F_F = D(r - s_0) \quad$ Richtung nach oben;
Kraft auf den stromdurchflossenen Leiter 2

$F_\text{magn} = I_2 l\, B_1 = I_2 l\, \mu_0 \dfrac{I_1}{2r\pi} \quad$ Richtung nach unten

(Abstoßung antiparallel durchflossener Leiter!)

Gleichgewicht: $D(r - s_0) = \dfrac{I^2 l \mu_0}{2r\pi} + mg$

$r^2 - r \cdot 4\,\text{cm} - 4{,}08\,\text{cm}^2 = 0$
$r = 4{,}84\,\text{cm} \qquad \Delta r = 0{,}84\,\text{cm}$

7.8.—8.1. Lösungen

7.8.14. Man bringt das Ende des ersten Stabes an die Mitte des zweiten und umgekehrt. Nur in einem Fall wird der Stab angezogen. Das geprüfte Ende gehört bei Anziehung zum magnetischen, bei fehlender Anziehung zum unmagnetischen Stab.

7.9.1. $Q = \dfrac{\Delta \Phi}{R} = 0{,}222 \cdot 10^{-5}\,\text{As} = 2{,}22\,\mu\text{As}$

$U_\text{ind} = Blv = 0{,}12\,\text{mV} \qquad I = \dfrac{U}{R} = 3{,}3\,\mu\text{A}$

7.9.2. $\hat{u}_\text{ind} = B\,2n\pi AN = 1{,}694\,\text{V} \approx 1{,}7\,\text{V} \qquad n = \dfrac{\hat{u}_\text{ind}}{B\,2\pi AN} = 13{,}27\,\text{s}^{-1} = 795\,\text{min}^{-1}$

7.9.3. Aus $U_\text{ind} = B\,2n\pi AN \qquad B = 0{,}368\,\text{T}$

Spannungsverlust im Generator $U_\text{verl} = 4{,}5\,\text{V}$

$I = \dfrac{U_\text{verl}}{R} = \dfrac{4{,}5\,\text{V}}{0{,}09\,\Omega} = 50\,\text{A}$

7.9.4. $L = \dfrac{\mu_0 \mu_\text{r} A N^2}{l}\,\beta = 0{,}026\,\text{H} \qquad U_\text{ind} = -L\dfrac{\Delta I}{\Delta t} = -0{,}867\,\text{V}$

7.9.5. Aus $L = \dfrac{\mu_0 \mu_\text{r} A N^2}{l} \qquad \mu_0 \mu_\text{r} = 1{,}11 \cdot 10^{-3}\,\text{Vs/Am} = \dfrac{B}{H}$

Bringe die Gerade $B = 0{,}00111\,\dfrac{\text{Vs}}{\text{Am}}\,H$ zum Schnitt mit der B-H-Kurve des legierten Bleches; man findet $B = 1{,}35\,\text{Vs/m}^2 \qquad H = 1215\,\text{A/m}$

$I = \dfrac{Hl}{N} = 0{,}648\,\text{A} \qquad \Phi = BA = 0{,}00054\,\text{Vs}$

7.9.6. Da in der Gleichung zur Berechnung der Induktivität einer Spule $L = \dfrac{\mu_0 \mu_\text{r} A N^2}{l}$ die magnetische Feldkonstante μ_0, der Querschnitt A, die Windungszahl N und die Länge l unveränderlich sind, ist L nur dann konstant, wenn auch μ_r sich während des Induktionsvorganges nicht ändert. Dies ist aber nur bei nichtferromagnetischen Stoffen der Fall. Bei Spulen mit Eisenkern ist die Induktivität von der Stärke des fließenden Stromes abhängig.

7.9.7. $dA = b\,dr \qquad l = 2r\pi \qquad dL = \mu N^2 \dfrac{dA}{l} \qquad r_\text{a} = r_\text{i} + b$

$L = \displaystyle\int_{r_\text{i}}^{r_\text{a}} \mu N^2 \dfrac{b\,dr}{2r\pi} = \mu N^2 \dfrac{b}{2\pi} \ln \dfrac{r_\text{a}}{r_\text{i}} = 2{,}02\,\text{H}$

$W = \tfrac{1}{2} L I^2 = 1{,}01\,\text{Ws}$

7.9.8. $U_\text{ind} = -L \dfrac{dI}{dt} = -L \dfrac{d}{dt}(I_0\,e^{-t/\tau}) = L \dfrac{I_0}{\tau} e^{-t/\tau}$

$U_\text{ind\,max} = \dfrac{L I_0}{\tau} = 50\,\text{V} \qquad U_\text{ind\,t} = 50\,\text{V} \cdot e^{-5} = 0{,}337\,\text{V}$

8.1.1. $T = \dfrac{1}{f} = 0{,}06\,\text{s} = 60\,\text{ms} \qquad \omega = 2\pi f = 104{,}7\,\text{s}^{-1}$

$u = 85\,\text{V} \sin\left(\dfrac{104{,}7 \cdot 0{,}028}{\text{arc}\,1°}\right)^0 = 17{,}67\,\text{V}$

Aus $u = -30\,\text{V} = 85\,\text{V} \sin\left(\dfrac{104{,}7\,\text{s}^{-1}\,t}{\text{arc}\,1°}\right)^0 \qquad t_1 = 33{,}44\,\text{ms} \qquad t_2 = 56{,}56\,\text{ms}$

Phasenwinkel $\varphi_{u1} = 201° - 90° = 111° \qquad \varphi_{u2} = 339° - 90° = 249°$

8.1.2. Aus $\hat{u}\cos\varphi = \hat{u}_1 + \hat{u}_2\cos 45°$ und $\hat{u}\sin\varphi = \hat{u}_2\sin 45°$
$\hat{u} = 148{,}6$ V $\quad \varphi = 28{,}4°$

8.1.3. $|\bar{i}| = 2{,}865$ A $\quad I_{\text{eff}} = 3{,}18$ A

8.1.4. $|\bar{i}| = 31{,}5$ A $\quad \ddot{A} = \dfrac{m_{\text{m}}}{2F} = 1{,}259\cdot 10^{-4}$ g/As $\quad t = \dfrac{m}{\ddot{A}|\bar{i}|} = 42$ min

8.1.5. Gleichung der Spannungskurve während der ersten Periode zwischen $t=0$ und $t=T$:

$$u = \hat{u}\,\frac{t}{T}$$

$\bar{u} = \dfrac{1}{T}\displaystyle\int_0^T \dfrac{\hat{u}\,t}{T}\,\mathrm{d}t = 0{,}5\,\hat{u}$ (Dieser Wert folgt auch unmittelbar als mittlere Spannung aus der Dreiecksform der Spannungskurve.)

$U_{\text{eff}}^2 = \dfrac{1}{T}\displaystyle\int_0^T \left(\dfrac{\hat{u}\,t}{T}\right)^2 \mathrm{d}t = \dfrac{\hat{u}^2}{3}\qquad U_{\text{eff}} = 0{,}577\,\hat{u}$

8.1.6. $\bar{i} = \dfrac{1}{T}\displaystyle\int_0^T i\,\mathrm{d}t = \dfrac{1}{T}\int_0^T \hat{i}\,\mathrm{e}^{-t/\tau}\,\mathrm{d}t = -\dfrac{\hat{i}\,\tau}{T}\left(\mathrm{e}^{-T/\tau} - 1\right)$

mit $T = \tau$ folgt $\bar{i} = \hat{i}(1 - \mathrm{e}^{-1}) = 0{,}632$ mA

$I^2 = \dfrac{1}{T}\displaystyle\int_0^T i^2\,\mathrm{d}t = \dfrac{1}{T}\int_0^T \hat{i}^2\,\mathrm{e}^{-2t/\tau}\,\mathrm{d}t = \dfrac{\hat{i}^2\,\tau}{2T}\left(1 - \mathrm{e}^{-2t/\tau}\right)$

mit $T = \tau$ folgt $I = \hat{i}\sqrt{\dfrac{1 - \mathrm{e}^{-2}}{2}} = 0{,}658$ mA

8.1.7. $t = 0\quad \varphi = 0 \Rightarrow \Phi = \vec{B}\vec{A} = BA\cos\omega t$

$U_{\text{ind}} = -N\,\dfrac{\mathrm{d}\Phi}{\mathrm{d}t} = NBA\omega\sin\omega t = 3{,}77$ V $\sin(100\,\pi\,\mathrm{s}^{-1}\cdot t)$

Nach $0{,}007$ s: $U_{\text{ind}} = 3{,}05$ V $\quad t = 0 \quad \varphi = \pm\dfrac{\pi}{4} \Rightarrow \Phi = BA\cos(\omega t \pm \varphi)$

$U_{\text{ind}} = 3{,}77$ V $\sin\left(100\,\pi\,\mathrm{s}^{-1}\cdot t \pm \dfrac{\pi}{4}\right)$

8.2.1. $Z_1 = X_{\text{L}} = 2\pi f L = 125{,}6\ \Omega \qquad I_1 = \dfrac{U}{Z_1} = 1{,}75$ A $\quad \varphi_1 = 90°$

$Z_2 = \sqrt{R^2 + (2\pi f L)^2} = 148{,}9\ \Omega \qquad I_2 = \dfrac{U}{Z_2} = 1{,}478$ A

$\tan\varphi_2 = \dfrac{2\pi f L}{R} \qquad \varphi_2 = 57{,}5°$

8.2.2. $L = \dfrac{N^2\,\mu_0\,\mu_{\text{r}}\,A\,\beta}{l} = 1{,}35$ mH $\quad R = \dfrac{\varrho\,l}{A} = 10{,}13\ \Omega \quad X_{\text{L}} = \omega L = 8{,}48\ \Omega$

$Z = \sqrt{10{,}13^2 + 8{,}46^2}\ \Omega = 13{,}2\ \Omega \quad I = 0{,}273$ A $\quad \varphi = 39{,}9°$

8.2.3. $H_1 = 2000$ A/m $\qquad$ Aus dem Diagramm $\quad B_1 = 1{,}51$ Vs/m^2

$\mu_0\,\mu_{\text{r}1} = \dfrac{B_1}{H_1} = 0{,}000755$ Vs/Am $\qquad L_1 = \dfrac{N^2\,A\,\mu_0\,\mu_{\text{r}1}}{l} = 2{,}58$ H

$U_1 = I\omega L_1 = 243$ V

$H_2 = 333$ A/m $\qquad$ Aus dem Diagramm $\quad B_2 = 1{,}03$ Vs/m^2

$\mu_0\,\mu_{\text{r}2} = 0{,}00309$ Vs/Am $\quad L_2 = 10{,}55$ H $\quad U_2 = 829$ V

8.2. Lösungen

8.2.4. $Z_1 = R_1 = 78{,}6\,\Omega$ $Z_2 = 282\,\Omega$ Aus: $Z_2^2 = R_1^2 + \omega^2 L^2$ $L = 0{,}863\,\text{H}$

8.2.5. $X_C = \dfrac{1}{\omega C} = 1593\,\Omega$ $I_1 = U\omega C = 0{,}138\,\text{A}$

Aus $I_2 = U\, 2\pi f C$ $f = 181\,\text{Hz}$

8.2.6. $R = 400\,\Omega$ $X_L = 157\,\Omega$ $X_C = 579\,\Omega$

$Z = 582\,\Omega$ $I = \dfrac{U}{Z} = 0{,}378\,\text{A}$ $\tan\varphi = \dfrac{X_L - X_C}{R}$ $\varphi = -46{,}6°$

$f_{\text{res}} = \dfrac{1}{2\pi\sqrt{LC}} = 96\,\text{Hz}$

8.2.7. Aus $\tan\varphi = \dfrac{\omega L - 1/\omega C}{R}$ $C = 26{,}6\,\mu\text{F}$

8.2.8. $R_{\text{Röhre}} = 333\,\Omega$ $Z = \dfrac{U}{I} = 1222\,\Omega$

Aus $\omega L = \sqrt{Z^2 - R_{\text{Röhre}}^2}$ $L = 3{,}75\,\text{H}$

8.2.9. $f_{\text{res}} = \dfrac{1}{2\pi\sqrt{LC}} = 398\,\text{Hz}$ $R_{\text{res}} = \dfrac{L}{RC} = 12\,500\,\Omega$

$I = \dfrac{U}{R_{\text{res}}} = 2{,}88\,\text{mA}$ $I_{L\text{res}} = I_{C\text{res}} = \dfrac{U}{\omega L} = U\omega C = 57{,}6\,\text{mA}$

8.2.10. Aus $\lambda = \dfrac{c}{f} = c\, 2\pi\sqrt{LC}$ folgt bei $\lambda = 640\,\text{m}$ und $C = 500\,\text{pF}$ $L = 0{,}23\,\text{mH}$

und für $C = 40\,\text{pF}$ mit dem gefundenen L $\lambda_{\min} = 181\,\text{m}$

$R_{\text{res}\,1} = 0{,}071\,\text{M}\Omega$ $R_{\text{res}\,2} = 0{,}886\,\text{M}\Omega$

8.2.11. Ein Kondensator wird bei jeder Periode eines Wechselstromes zweimal geladen und entladen. Seine Ladung fließt also um so häufiger durch die Zuleitungen, je größer die Frequenz ist. Dadurch erhöht sich der Mittelwert des Stromes, und der Quotient $X_C = U/I$ nimmt ab.

8.2.12. Scheinwiderstand des Spulenzweiges $\underline{Z_1} = R + j\omega L$

Scheinwiderstand des Kondensatorzweiges $\underline{Z_2} = -\dfrac{j}{\omega C}$

Scheinwiderstand der Parallelschaltung

$$\underline{Z} = \dfrac{\underline{Z_1}\,\underline{Z_2}}{\underline{Z_1} + \underline{Z_2}} = \dfrac{(R + j\omega L)\left(-\dfrac{j}{\omega C}\right)}{R + j\left(\omega L - \dfrac{1}{\omega C}\right)}$$

Nach Erweiterung mit dem konjugiert komplexen Nenner Vereinfachen:

$$\underline{Z} = \dfrac{\dfrac{R}{\omega^2 C^2} + j\left(\dfrac{L}{\omega C^2} - \dfrac{\omega L^2}{C} - \dfrac{R^2}{\omega C}\right)}{R^2 + \left(\omega L - \dfrac{1}{\omega C}\right)^2}$$

Für $\omega_{\text{res}} L = \dfrac{1}{\omega_{\text{res}} C}$ wird $\underline{Z_{\text{res}}} = \dfrac{1}{R\,\omega_{\text{res}}^2 C^2} - j\dfrac{1}{\omega_{\text{res}} C}$

Falls $\dfrac{1}{\omega_{\text{res}} C} \ll \dfrac{1}{R\,\omega_{\text{res}}^2 C^2}$ also $R \ll \dfrac{1}{\omega_{\text{res}} C} = \omega_{\text{res}} L$ wird

$\underline{Z_{\text{res}}} = R_{\text{res}} = \dfrac{1}{R\,\omega_{\text{res}}^2 C^2} = \dfrac{L}{RC}$

8.2.13. Scheinwiderstand der Spule $\quad \underline{Z_1} = R_L + j\omega L$

Scheinwiderstand des Kondensators $\underline{Z_2} = \dfrac{R_C}{1 + j\omega C R_C}$

Wenn $R_C \to \infty$ wird $\omega_{res} = \dfrac{1}{\sqrt{LC}}$ und $\underline{Z_{res}} = \underline{Z_1} + \underline{Z_2} = R_L$

Wenn R_C endlich, wird $\underline{Z} = \underline{Z_1} + \underline{Z_2} = R_L + j\omega L + \dfrac{R_C}{1 + j\omega C R_C}$

Erweiterung mit dem konjugiert komplexen Nenner ergibt:

$$\underline{Z} = R_L + \dfrac{R_C}{1 + \omega^2 C^2 R_C^2} + j\left(\omega L - \dfrac{\omega R_C^2 C}{1 + \omega^2 C^2 R_C^2}\right)$$

Der Ausdruck wird reell wenn $\omega_{res}^2 = \dfrac{(R_C^2 C/L) - 1}{C^2 R_C^2}$

mit $R_C^2 C/L \gg 1$ wird $\omega_{res} = 1/\sqrt{LC}$ und

$\underline{Z_{res}} = R_{res} = R_L + \dfrac{R_C}{1 + \omega_{res}^2 R_C^2 C^2} \approx R_L + \dfrac{L}{R_C C}$

8.2.14. Widerstand der Serienschaltung $\underline{Z_1} = R + j\omega L$

Widerstand des Kondensators $\quad \underline{Z_2} = 1/j\omega C$

Leitwert der Parallelschaltung

$\dfrac{1}{\underline{Z}} = \dfrac{1}{\underline{Z_1}} + \dfrac{1}{\underline{Z_2}} = \dfrac{R - j\omega L + j\omega C R^2 + j\omega^3 C L^2}{R^2 + \omega^2 L^2}$

$\dfrac{1}{\underline{Z}}$ wird reell wenn $C = \dfrac{L}{R^2 + \omega^2 L^2}$ oder falls $\omega L \ll R$

$C \approx \dfrac{L}{R^2} = 30 \text{ nF}$ (exakt 29,997 nF)

8.2.15. $\underline{I_L} = \underline{I_R} + \underline{I_C} \quad \underline{U_q} = \underline{U_L} + \underline{U_R} = \underline{X_L}\,\underline{I_L} + R\,\underline{I_R} = j\omega L(\underline{I_R} + \underline{I_C}) + R\,\underline{I_R}$

$\underline{I_C} = \underline{U_R}/\underline{X_C} = R\,\underline{I_R}\,j\omega C$ eingesetzt in $\underline{U_q}$ folgt

$\dfrac{U_q}{I_R} = j\omega L - \omega^2 RCL + R$ differenziert nach R:

$\underline{U_q}\left(-\dfrac{1}{I_R^2}\right)\dfrac{dI_R}{dR} = -\omega^2 CL + 1 \quad \dfrac{dI_R}{dR} = 0 \quad \omega = \sqrt{1/LC}$

dann wird $\underline{U_q} = \underline{I_R}\,j\omega L \quad L = 0{,}7 \text{ H} \quad C = 1/\omega^2 L = 14{,}47 \text{ μF}$

Zweiter Lösungsweg: Durch Umstellen der Ausgangsgleichung vor dem Differenzieren folgt:

$\underline{I_R} = \dfrac{\underline{U_q}}{j\omega L + R(1 - \omega^2 LC)}$

Dann wird I_R unabhängig von R, wenn $1 - \omega^2 LC = 0$ also $\omega = \sqrt{1/LC}$.

8.3.1. $Z = U/I = 51{,}2 \text{ Ω} \quad$ Aus $\cos \varphi = 0{,}82$ folgt $\sin \varphi = 0{,}572$

$R = Z \cos \varphi = 42 \text{ Ω} \quad X = Z \sin \varphi = 29{,}3 \text{ Ω}$

$P_s = UI = 0{,}946 \text{ kVA}$

$P_w = P_s \cos \varphi = 0{,}776 \text{ kW} \quad P_b = P_s \sin \varphi = 0{,}541 \text{ kVar}$

8.3.2. $P_w = \dfrac{P_{mech}}{\eta} = 1{,}067 \text{ kW} \quad P_s = \dfrac{P_w}{\cos \varphi} = 1{,}255 \text{ kVA} \quad I = \dfrac{P_s}{U} = 5{,}7 \text{ A}$

8.3.3. $P_w = 36$ W $I = 0,706$ A $Z = 120,4$ Ω $R = 72,24$ Ω

$X_1 = Z \sin \varphi_1 = 96,32$ Ω $X_2 = X_1 - \dfrac{1}{\omega C} = 16,74$ Ω

$Z_2 = \sqrt{R^2 + X_2^2} = 74,1$ Ω $\cos \varphi_2 = \dfrac{R}{Z_2} = 0,974$

$U_2 = Z_2 I_1 = 52,3$ V

8.3.4. $Z = \dfrac{U}{I} = 440$ Ω $X = Z \sin \varphi_1 = 401$ Ω $L = \dfrac{X}{\omega} = 1,273$ H

$R = R_{\text{Lampe}} + R_{\text{Drossel}} = Z \cos \varphi_1 = 180,4$ Ω

$R_{\text{Drossel}} = \dfrac{\omega L}{\tan \varphi_2} = 40,3$ Ω $R = 140,1$ Ω

$P_s = 110$ VA $P_w = 45,1$ W $P_b = 100,3$ Var

Lampe allein $P_w = 35$ W   Drossel allein $P_w = 10,1$ W

8.3.5. $P_{b1} = P_w \tan \varphi_1$ $P_{b2} = P_w \tan \varphi_2$

$C = \dfrac{P_w (\tan \varphi_1 - \tan \varphi_2)}{\omega U^2} = 26,8$ μF

8.3.6. $Q = P_s \cos \varphi \cdot t = 864$ kJ

$P_w = I^2 R = (I_w^2 + I_b^2) R = P_w' + P_w''$

$\dfrac{P_w''}{P_w} = \left(\dfrac{I_b}{I}\right)^2 = \sin^2 \varphi = 1 - \cos^2 \varphi = 0,36 = 36\%$

8.3.7. Aus $I_b = \dfrac{U}{Z} \sin \varphi = U \omega C$ $C = \dfrac{\sin \varphi}{Z \omega} = \dfrac{P_s \sin \varphi}{U^2 \omega} = 29,4$ μF

8.4.1. $P_{\text{mech}} = 2,4$ kW $P_w = 3$ kW $P_s = 3,57$ kVA

Sternschaltung $I_{\text{st}} = I = 5,41$ A $U_{\text{st}} = 220$ V $U = 380$ V

Dreieckschaltung $U_{\text{st}} = U = 380$ V $I_{\text{st}} = 9,38$ A $I = 16,23$ A

$P_s = 10,71$ kVA $P_w = 9$ kW $P_{\text{mech}} = 7,2$ kW

8.4.2. Sternschaltung   Aus $\dfrac{U}{2R} = 3,5$ A folgt $\dfrac{U}{R} = 7$ A

Bei vollständigem Anschluß $I = \dfrac{U}{R \sqrt{3}} = 4,04$ A

Dreieckschaltung $I = \dfrac{U}{2R} + \dfrac{U}{R} = 10,5$ A

Bei vollständigem Anschluß $I = \dfrac{U \sqrt{3}}{R} = 12,12$ A

8.4.3. $P_s = U I \sqrt{3} = 10,86$ kVA $\cos \varphi = \dfrac{P_w}{P_s} = 0,874$

$U_{\text{st}} = 380$ V $I_{\text{st}} = 9,52$ A

$P_{\text{mech}} = 6650$ Nm/s $v = \dfrac{P_{\text{mech}}}{F} = 1,13$ m/s

8.4.4. Unmittelbar nach dem Einschalten $I_{\text{st}} = I = 14,87$ A

Beim Normallauf $I = 6,31$ A $I_{\text{st}} = 3,64$ A

8.4.5. $P_w = 3 \dfrac{U_{\text{st}}^2}{R} = 5,7$ kW $Q = P_w t = 41,3$ MJ

$I_{\text{st}} = 5$ A $I = 8,68$ A

8.4.6. $P_s = 5{,}4$ kVA $\quad P_w = 3{,}36$ kW $\quad P_b = 4{,}22$ kVar

$$C = \frac{P_b - P'_b}{3\,\omega\,U^2} = \frac{P_w(\tan\varphi_1 - \tan\varphi_2)}{3\,\omega\,U^2} = 19{,}05\ \mu\text{F}$$

8.5.1. $\ddot{u} = 27{,}5 \quad U_2 = 8$ V $\quad I_1 = 0{,}12$ A $\quad P_s = 26{,}4$ VA

8.5.2. $R = 6{,}37\ \Omega \qquad \ddot{u} = 5$
Höchstzulässige Verlustspannung 300 V $= I_2 R \quad I_2 = 47{,}1$ A
$I_1 = \ddot{u}\, I_2 = 235{,}5$ A $\quad P = 706{,}5$ kW

8.5.3. An die Umgebung abgegebener Wärmestrom $\dot{Q} = (1-\eta)P = kA\,\Delta\vartheta$

$$P = \frac{kA\,\Delta\vartheta}{1-\eta} = 97{,}2\ \text{kW}$$

8.6.1. Aus $\lambda = \dfrac{c}{f} = 2\pi c\sqrt{LC} \qquad L = 0{,}49$ mH

$$\lambda_2 = \lambda_1\sqrt{\frac{C_2}{C_1}} = 590\ \text{m} \qquad L_2 = L_1\left(\frac{\lambda_2}{\lambda_1}\right)^2 = 9{,}68\ \text{mH}$$

8.6.2. $C = \dfrac{1}{\omega^2 L} = 4{,}05\ \mu\text{F} \qquad q = e^{-R_L T/2L} = 0{,}923$
Aus $0{,}923^n = 0{,}01 \qquad n = 57{,}5$ Schwingungen, entsprechend $1{,}15$ s

8.6.3. $f_{\text{res}} = \dfrac{1}{2\pi\sqrt{LC}} = 650$ kHz

$$v_u = -\frac{h_{21}}{h_{11}} R_a \qquad R_a = 10\ \text{k}\Omega \qquad \frac{1}{h_{22}} = 100\ \text{k}\Omega \gg R_a$$

$$R_{\text{res}} = \frac{L}{R_L C} \qquad R_L = 6\ \Omega$$

8.6.4. Eine Lecherleitung besteht aus zwei mehrere Meter langen, parallel ausgespannten Drähten. An einem Ende sind sie verbunden und mit einem Schwingkreis gekoppelt. Mit einer verschiebbaren Drahtbrücke kann man die Leitung für die sich in ihr bildende stehende Welle abstimmen. Tastet man dann mit einem Glimmlampendipol den Raum zwischen den Drähten ab, so zeigt ein Aufleuchten die Lage der Spannungsbäuche. Aus ihrem Abstand $\lambda/2$ und der Frequenz f des Schwingkreises berechnet man die Fortpflanzungsgeschwindigkeit der Welle nach $c = \lambda f$.

Aus $\dfrac{1}{f} = \dfrac{\lambda}{c} = 2\pi\sqrt{LC} \qquad L = 0{,}211\ \mu\text{H}$

8.6.5. Gesamtwiderstand des Siebs

$$\underline{Z} = j\omega L_1 + j\frac{L_2}{C}\frac{1}{\dfrac{1}{\omega C} - \omega L_2}$$

Für $\omega = \omega_0$ muß $Z \to \infty$ gehen, also $\dfrac{1}{\omega_0 C} - \omega_0 L_2 = 0 \quad \omega_0 = \sqrt{1/L_2 C}$

Für $\omega = 2\omega_0$ muß $Z \to 0$ gehen, also

$$\omega L_1 + \frac{L_2}{C\left(\dfrac{1}{\omega C} - \omega L_2\right)} = 0 \qquad \omega = 2\omega_0 = \sqrt{\frac{L_1 + L_2}{C L_1 L_2}}$$

ω_0 eingesetzt ergibt $L_2 = 3 L_1 = 3$ mH $\quad C = 3{,}33\ \mu\text{F}$

8.7. Lösungen

8.7.1. p-Gebiet $n_+ = n_A = 2{,}5 \cdot 10^{17}$ cm^{-3}

$$n_- = \frac{n_i^2}{n_+} = 2{,}5 \cdot 10^9 \text{ cm}^{-3} \qquad n \approx n_+$$

$$I = \dot{Q} = e n A v \qquad R = \varrho \frac{l}{A} \qquad \varrho = \frac{U}{I} \frac{A}{l} = \frac{U}{e n v l} = \frac{1}{e n b}$$

$$\varrho = \frac{1}{e n_+ b_+ + e n_- b_-} = 0{,}0139 \text{ } \Omega \text{ cm}$$

n-Gebiet $n \approx 5 \cdot 10^{16}$ cm^{-3} $\qquad \varrho = 0{,}0329$ Ω cm

Sperrschicht $n = 2 n_i = 5 \cdot 10^{13}$ cm^{-3} $\qquad \varrho = 44{,}6$ Ω cm

$$U_D = \frac{kT}{e} \ln \frac{n_A n_D}{n_i^2} = 0{,}425 \text{ V}$$

8.7.2. $\dfrac{dI_{sp}}{dT} = I_{sp} \dfrac{\Delta W_0}{k T^2} \qquad \left(\dfrac{dI_{sp}}{dT}\right)_{Si} : \left(\dfrac{dI_{sp}}{dT}\right)_{Ge} = \Delta W_{0Si} : \Delta W_{0Ge} = 1{,}64$

$I_{T1} = \text{const } e^{-\frac{\Delta W_0}{k T_1}} \qquad \text{const} = \dfrac{I_{T1}}{e^{-\Delta W_0/k T_1}}$

$I_{T2} = \text{const } e^{-\Delta W_0/k T_2} = I_{T1} e^{\Delta W_0 \Delta T / k T_1 T_2} \qquad I_{T2Si} = 27{,}7$ mA $\qquad I_{T2Ge} = 0{,}59$ mA

8.7.3. $\Delta I = I_{näh} - I_{exakt} = \text{const } e^{eU/kT} - \text{const}(e^{eU/kT} - 1) = \text{const}$

$$\frac{\Delta I}{I} \approx \frac{\text{const}}{\text{const } e^{eU/kT}} < 0{,}01 \qquad U > \frac{\ln 100 \cdot kT}{e} = 0{,}116 \text{ V}$$

$$\frac{I_{T1} - I_{T2}}{I_{T1}} = 1 - e^{\frac{eU}{k}\left(\frac{1}{T_2} - \frac{1}{T_1}\right)} = 1 - e^{-\frac{eU \Delta T}{k T_1 T_2}}$$

$\left(\dfrac{\Delta I}{I}\right)_{1V} \approx 0{,}47 \qquad \left(\dfrac{\Delta I}{I}\right)_{2V} \approx 0{,}72$

8.7.4. a) $P_v \approx P_c = U_{ce} I_c = 6{,}5$ W

Im Kennlinienfeld erhält man damit die Verlustleistungshyperbel.

b) Die Arbeitsgerade geht durch den Wert $U_{ce} = 24$ V auf der x-Achse und berührt die Hyperbel. Der Schnittpunkt mit der y-Achse liegt dann bei etwa 1 A. Daraus

$$R_{a\,min} = \frac{24 \text{ V}}{1 \text{ A}} = 24 \text{ } \Omega$$

Die Arbeitsgerade zeigt, daß der maximal mögliche Basisstrom bei etwa 30 mA liegt. Es muß also $i_0 = \hat{\imath} = 15$ mA sein. Die Verstärkung erfolgt nicht linear, da der Arbeitspunkt bei 6 V liegt und die Spannung U_{ce} zwischen 1 V und 24 V schwankt.

8.7.5. Alle Ergebnisse sind Näherungswerte!

a) Die Arbeitsgerade verläuft von $U_{ce} = 18$ V auf der x-Achse nach

$I_c = 18$ V$/1{,}2$ k$\Omega = 15$ mA

auf der y-Achse. Bei $U_{ce} = 8$ V wird

$$v_1 = \frac{\Delta i_c}{\Delta i_b} = \frac{3 \text{ mA}}{10 \text{ } \mu\text{A}} = 300$$

b) $v_1 = \dfrac{3{,}3 \text{ mA}}{10 \text{ } \mu\text{A}} = 330$

c) Falls R_a nicht zu groß wird, die Arbeitsgerade also nicht sehr flach verläuft, ist v_1 nur wenig von R_a abhängig. Man vergleiche dazu die Näherung samt Bedingung am Anfang des Kapitels 8.7.

d) $\hat{u}_a = 3{,}8$ V

e) 1. Quadrant $h_{22} = i_c/u_{ce} = 1$ mA/11 V $= 90$ µS
   2. Quadrant $h_{21} = i_c/i_b = 10$ mA/30 µA $= 333$
   3. Quadrant $h_{11} = u_{be}/i_b = 0{,}2$ V/72 µA $= 2{,}8$ kΩ
   $1/h_{22} = 11$ kΩ $\gg R_a$ $h_{11}/h_{21} = 8{,}4$ Ω $\ll R_a$

f) Emitterschaltung $v_i = 333$ $v_u = -143$ $v_p = 47500$ $R_{E1} = 2{,}8$ kΩ
   Basisschaltung $v_i = -1$ $v_u = 143$ $v_p = 143$ $R_{E1} = 8{,}4$ Ω
   Kollektorschaltung $v_i = -333$ $v_u = 1$ $v_p = 333$ $R_{E1} = 400$ kΩ

g) Spannungsmessung: Kollektorschaltung
   Strommessung: Basisschaltung
   Große Spannungsverstärkung: Emitter- oder Basisschaltung
   Große Stromverstärkung: Emitter- oder Kollektorschaltung
   Große Leistungsverstärkung: Emitterschaltung

8.7.6. Bei Metallen beruht die Leitfähigkeit auf der Beweglichkeit der freien Elektronen des „Elektronengases". Bei steigender Temperatur wird diese durch die starke thermische Bewegung der Atomrümpfe des Metallgitters immer mehr behindert und die Leitfähigkeit nimmt ab. Bei Elektrolyten bewegen sich die Ionen durch die Flüssigkeit. Da deren Zähigkeit mit steigender Temperatur abnimmt, können sich dann die Ionen besser bewegen und die Leitfähigkeit wächst. Bei der Eigenleitfähigkeit der Halbleiter werden Ladungsträger erst durch die thermische Energie freigesetzt. Die Zahl der Ladungsträger und damit die Leitfähigkeit steigt mit der Temperatur.

9.1.1. $N = N_A \dfrac{m}{m_m} = 6{,}02 \cdot 10^{22}$

9.1.2. Dicke $s = \dfrac{m}{\varrho A} = 0{,}556 \cdot 10^{-6}$ cm

Zahl der Ölmoleküle in einem Würfel $N = N_A \dfrac{m}{m_m} = 10^6$

Zahl der übereinanderliegenden Moleküle $\sqrt[3]{N} = 4{,}73 \approx 5$

9.1.3. Aus $N = N_A \dfrac{pV}{RT}$ $p = 4{,}04 \cdot 10^{-6}$ N/m²

9.1.4. $N = N_A \dfrac{m}{m_m} = 3280$

9.1.5. $m = \dfrac{4}{3} r^3 \pi \varrho$ differenziert $\dfrac{dm}{dr} = 4 r^2 \pi \varrho$

Durch Einsetzen von $r = \sqrt[3]{\dfrac{3m}{4\pi\varrho}}$ folgt

$\dfrac{dm}{dr} = \sqrt[3]{36 \pi m^2 \varrho} = 9{,}59$ g/cm

$\Delta m \approx \dfrac{dm}{dr} \Delta r = 2{,}21 \cdot 10^{-7}$ g

9.2.1. Kräfte bei der Bewegung nach unten $\dfrac{QU}{d} + \dfrac{4}{3} r^3 \pi \varrho g = 6\pi r \eta v_1$

Kräfte bei der Bewegung nach oben $\dfrac{QU}{d} - \dfrac{4}{3} r^3 \pi \varrho g = 6\pi r \eta v_2$

$r = 0{,}8 \cdot 10^{-3}$ mm $Q = 3{,}21 \cdot 10^{-19}$ As $= 2e$

9.2.—9.3. Lösungen

9.2.2. $v = \sqrt{\dfrac{2\,Q\,U_\mathrm{B}}{m_\mathrm{e}}} = 2{,}65 \cdot 10^7$ m/s $< 0{,}1\,c$

$\tan \alpha = \dfrac{e\,U_\mathrm{C}\,l\,m_\mathrm{e}}{m_\mathrm{e}\,d\,2\,e\,U_\mathrm{B}} = 0{,}25 \quad \alpha = 14{,}04°$

9.2.3. $v^2 = \dfrac{e\,U}{m_\mathrm{e}\,d}\,\dfrac{l}{\tan \alpha} \quad v = 2{,}01 \cdot 10^7$ m/s $< 0{,}1\,c$

9.2.4. Zahl der pro s ausgelösten Elektronen $\dot N = \dfrac{I}{e} = 7{,}8 \cdot 10^{15}$ s^{-1}

Energie eines Elektrons $\quad W = e\,U = 175$ eV $= 2{,}80 \cdot 10^{-17}$ Ws

Geschwindigkeit der Elektronen $\quad v = 7{,}85 \cdot 10^6$ m s^{-1}

9.2.5. Aus $e\,v\,B = m_\mathrm{e}\,\dfrac{v^2}{r} \quad v = 2{,}96 \cdot 10^7$ m s$^{-1} \approx 0{,}1\,c$

$U = \dfrac{m\,v^2}{2\,e} = 2{,}48$ kV $\quad$ relativistisch $\quad U = 2{,}50$ kV

9.2.6. Zahl der in einer Sekunde abgeschiedenen Atome $\dot N = \dfrac{I}{2\,e} = 2{,}57 \cdot 10^{18}$ s^{-1}

Zahl der Atome in 30 min $\quad N = 4{,}62 \cdot 10^{21}$

Masse des abgeschiedenen Kupfers $\quad m = m_\mathrm{m}\,\dfrac{N}{N_\mathrm{A}} = 0{,}488$ g

9.2.7. $v_\mathrm{max} = \dfrac{r_\mathrm{max}\,e\,B}{m_\mathrm{d}} = 2{,}3 \cdot 10^7$ m/s $< 0{,}1\,c$

$f = \dfrac{e\,B}{2\,\pi\,m_\mathrm{d}} = 6{,}11 \cdot 10^6$ Hz $\quad E_\mathrm{max} = \dfrac{r^2\,e^2\,B^2}{2\,m_\mathrm{d}} = 5{,}53$ MeV

Energiegewinn bei einem Umlauf $\Delta E = 2 \cdot 50$ keV

$n = \dfrac{E_\mathrm{max}}{\Delta E} = 55{,}3 \approx 56$

9.2.8. Das elektrische Feld ändert die Geschwindigkeit des Elektrons. Die Querbeschleunigung im elektrischen Feld ändert sich dabei nicht. Die Querbeschleunigung im magnetischen Feld bleibt jedoch nur bei konstanter Geschwindigkeit unverändert. Deshalb ändert sich die Ablenkbeschleunigung im Magnetfeld und damit die gesamte Querbeschleunigung.

9.3.1. Aus $\dfrac{m_0}{\sqrt{1-(v/c)^2}} = 1{,}01\,m_0 \quad \dfrac{v}{c} = 0{,}1404 \quad v = 4{,}21 \cdot 10^7$ m/s

Aus $Q\,U = 0{,}01\,m_0\,c^2$ erhält man die Beschleunigungsspannung für das Elektron $U_1 = 5110$ V, für das α-Teilchen $U_2 = 18\,650$ kV.

9.3.2. $m_\mathrm{E} = \dfrac{m_\mathrm{K} \cdot H_\mathrm{u}}{c^2} = 3{,}44 \cdot 10^{-10}$ kg

9.3.3. Aus $P\,t = m\,c^2 \quad t = 205$ h $\approx 8{,}5$ d

9.3.4. $m_\mathrm{v} = m_0 + \dfrac{E}{c^2} \quad \left(\dfrac{m_0}{m_\mathrm{v}}\right)^2 = 1 - \left(\dfrac{v}{c}\right)^2 \quad$ daraus: $\quad v = c\,\sqrt{1 - (m_0/m_\mathrm{v})^2}$

Aus diesen Gleichungen erhält man beim

Elektron: $\quad m_\mathrm{v} = 26{,}9 \cdot 10^{-31}$ kg $\quad \dfrac{m_0}{m_\mathrm{v}} = 2{,}96 \quad v = 2{,}823 \cdot 10^8$ m/s

α-Teilchen: $\quad m_\mathrm{v} = 6{,}6476 \cdot 10^{-27}$ kg $\quad \dfrac{m_0}{m_\mathrm{v}} = 1{,}000536 \quad v = 9{,}817 \cdot 10^6$ m/s

Bei Geschwindigkeiten kleiner $0{,}1c$ erfordert die relativistische Rechnung hohe Rechengenauigkeit. Einfacher erhält man das Ergebnis mit der klassischen Näherung

$$v \approx \sqrt{\frac{2\,Q\,U_\mathrm{B}}{m_0}} = 9{,}82 \cdot 10^6 \text{ m/s}$$

9.3.5. Aus $E = 0{,}01\,mc^2$ findet man als höchste Energie eines
Protons: $\quad E_\mathrm{p} = 9{,}4$ MeV
Deuterons: $\quad E_\mathrm{d} = 18{,}8$ MeV
α-Teilchens: $E_\alpha = 37{,}35$ MeV

Wegen der kleinen Masse folgt für ein Elektron aus der obigen Gleichung, daß es schon bei einer Energie von etwa 5 keV einen Massenzuwachs von 1% erfährt. Bei weiterer Beschleunigung fällt es bei den Umläufen im Magnetfeld eines Zyklotrons aus dem Tritt und kann nicht stärker beschleunigt werden.

9.3.6. $m_{\alpha 0} = 6{,}64 \cdot 10^{-27}$ kg $\quad m_\alpha = 6{,}65 \cdot 10^{-27}$ kg $\quad m_\alpha/m_{\alpha 0} = 1{,}0016$
$m_{\mathrm{e}0} = 9{,}1 \cdot 10^{-31}$ kg $\quad m_\mathrm{e} = 115{,}8 \cdot 10^{-31}$ kg $\quad m_\mathrm{e}/m_{\mathrm{e}0} = 12{,}73$
$m_{\gamma 0} = 0$ $\qquad\qquad\quad m_\gamma = 1{,}067 \cdot 10^{-29}$ kg $\quad m_\gamma/m_{\gamma 0} \to \infty$

9.4.1. Aus $h\nu = W_\mathrm{a} + eU \qquad h = \dfrac{(W_\mathrm{a} + eU)\,\lambda}{c} = 4{,}13 \cdot 10^{-15}$ eVs $= 6{,}62 \cdot 10^{-34}$ Ws²

9.4.2. Aus $eU = \dfrac{c}{\lambda} \qquad \lambda = 248$ pm

9.4.3. a) Energie eines Quants $\qquad\qquad E = h\dfrac{c}{\lambda} = 3{,}37 \cdot 10^{-19}$ Ws $= 2{,}1$ eV

b) Zahl der Lichtquanten je Sekunde $\quad N = \dfrac{65 \cdot 10^{-3} \text{ W}}{3{,}37 \cdot 10^{-19} \text{ Ws}} = 1{,}93 \cdot 10^{17}$ s⁻¹

c) Entfernung der Fotozelle $\quad 3 \cdot 10^{-14} \dfrac{\text{W}}{\text{cm}^2} = \dfrac{65 \cdot 10^{-3} \text{ W}}{4\,r^2\,\pi} \qquad r = 4{,}15$ km

d) Zahl der Quanten je s in dieser Entfernung
$\dot{N} = \dfrac{3 \cdot 10^{-14} \text{ W/cm}^2}{3{,}37 \cdot 10^{-19} \text{ Ws}}\,2 \text{ cm}^2 = 1{,}78 \cdot 10^5$ s⁻¹

9.4.4. Aus $h\nu = W_\mathrm{a} + \dfrac{1}{2}m_\mathrm{e}v^2$ und $\nu = \dfrac{c}{\lambda} \qquad v = 880$ km/s

Gegenspannung $U = \dfrac{h\nu - W_\mathrm{a}}{e} = 2{,}20$ V

9.4.5. $E_1 = eU_1 = e\,\dfrac{1240 \text{ V nm}}{380 \text{ nm}} = 3{,}26$ eV $\qquad E_2 = eU_2 = e\,\dfrac{1240 \text{ V nm}}{780 \text{ nm}} = 1{,}59$ eV

9.4.6. Strahlungsdruck: $p_\mathrm{s} = \dfrac{P/A}{c}$

Beschleunigung $\quad a = \dfrac{F}{m} = \dfrac{p_\mathrm{s}A}{m} = \dfrac{\dfrac{P}{A}A}{c\,m} = \dfrac{\dfrac{P}{A}r^2\pi}{c\,\varrho\,\tfrac{4}{3}r^3\pi} = 0{,}1083\,\dfrac{\text{mm}}{\text{s}^2}$

9.4.7. Energiesatz $\quad h\nu_0 = h\nu + \dfrac{m}{2}v^2$

Impulssatz $\quad \dfrac{h\nu_0}{c} = \dfrac{h}{\lambda_0} = mv\cos\vartheta$

$\qquad\qquad\quad \dfrac{h\nu}{c} = \dfrac{h}{\lambda} = mv\sin\vartheta$

Durch Quadrieren und Addieren eliminiert man ϑ aus dem Impulssatz und setzt den sich ergebenden Ausdruck für mv^2 in den Energiesatz ein:

$$h\nu_0 - h\nu = \frac{h^2}{2}\left(\frac{1}{\lambda_0^2} + \frac{1}{\lambda^2}\right)\frac{1}{me}$$

Setzt man hierin $\nu = \frac{c}{\lambda}$ und beachtet, daß bei Röntgenstrahlen $\lambda \approx \lambda_0$ ist, so folgt:

$$\lambda - \lambda_0 = \Delta\lambda = \frac{h}{mc} = 2{,}42 \text{ pm}$$

9.4.8. Aus $\lambda_0 = \frac{hc}{E_0}$ $\lambda_{10} = 1{,}06$ pm $\lambda_{20} = 0{,}931$ pm

Aus den in den Vorbemerkungen des Abschnitts gegebenen Formeln findet man die Energien:

$E_{1\gamma} = 0{,}210$ MeV $E_{1e} = 0{,}96$ MeV
$E_{2\gamma} = 0{,}214$ MeV $E_{2e} = 1{,}116$ MeV

Aus $\lambda U = 1240$ V nm oder aus $\Delta\lambda = 4{,}84$ pm $\sin^2\frac{\varphi}{2}$ erhält man die Wellenlänge des gestreuten Comptonquants: $\lambda_1 = 5{,}90$ pm $\lambda_2 = 5{,}78$ pm

9.4.9. Mittlere Energie der Moleküle in den Flammengasen $E = 0{,}1935$ eV

$$\lambda_{\min} = \frac{hc}{E} = 6400 \text{ nm, diese Wellenlänge liegt im Infrarot.}$$

Die berechnete Energie ist nur die mittlere Energie; mit geringerer Häufigkeit treten auch Moleküle mit wesentlich größerer Energie auf, die Licht kürzerer Wellenlänge anregen können.

9.5.1. Nach dem Coulombschen Gesetz $F = \frac{e^2}{4\pi\varepsilon_0 r^2} = 8{,}20 \cdot 10^{-8}$ N

Beschleunigung $a = \frac{F}{m_e} = 9{,}02 \cdot 10^{22}$ m/s$^2 \approx 10^{22}$ g

9.5.2. $W = \frac{e^4 m_e}{8\varepsilon_0^2 h^2} = 2{,}18 \cdot 10^{-18}$ Ws $= 13{,}58$ eV

$\lambda = \frac{hc}{W} = 91{,}4$ nm (Ultraviolett)

9.5.3. $\frac{1}{\lambda} = R^*(Z-1)^2\left(1 - \frac{1}{4}\right) = \frac{1}{\lambda}$ $Z = 13$

Zur Anregung ist Energie für die Grenzfrequenz mit der Wellenzahl

$\frac{1}{\lambda_G} = R^*(Z-1)^2$ erforderlich; man erhält daher die Anregungsspannung aus:

$$U = \frac{E}{e} = \frac{hc}{\lambda_G e} = \frac{hc R^*(Z-1)^2}{e} = 1960 \text{ V}$$

9.5.4. $\lambda = \frac{hc}{Ue} = 0{,}31$ nm

Da die K_α-Linie nur entstehen kann, wenn ein K-Elektron aus der Elektronenhülle abgetrennt wird, muß die Grenzwellenlänge der K-Serie bei dem Element größer sein als die oben berechnete Wellenlänge:

$\frac{1}{\lambda} \geq R^*(Z-1)^2$ $Z \leq 18{,}15$

Es können also alle Elemente bis Argon ($Z = 18$) angeregt werden.

9.5.5. Bei Wasserstoff $\lambda_1^{-1} = R^* (\frac{1}{4} - \frac{1}{9})$
Bei Elementen mit $Z > 10$ $\lambda_2^{-1} = R^* (Z - 7{,}4)^2 (\frac{1}{4} - \frac{1}{9})$
Aus $\lambda_2^{-1} = 1000\, \lambda_1^{-1}$ folgt $Z = 39$ (Yttrium).

9.5.6. Die K-Linien entstehen, wenn Elektronen aus energiereicheren Zuständen der L-, M-·····-Schalen in Zustände der K-Schale übergehen. Da diese Zustände im Grundzustand des Elements voll besetzt sind, kann ein solcher Übergang erst erfolgen, wenn ein Elektron der K-Schale durch Aufnahme der Ionisationsenergie aus der Elektronenhülle herausgelöst wird. Die K_α-Linie entsteht dann, wenn die freie Stelle von einem Elektron eingenommen wird, das sich zuvor in der L-Schale befand.

9.5.7. Edelgasatome verbinden sich nur schwer mit gleichartigen oder mit Atomen anderer Elemente. Ihre Elektronenanordnung ist beim Helium eine abgeschlossene K-Schale, bei den anderen Edelgasen eine Außenschale mit vollbesetzten s- und p-Zuständen. In diesen gefüllten Schalen oder Teilschalen herrscht eine symmetrische, stabile Elektronenanordnung, und alle nach außen wirkenden Kräfte, die eine Bindung mit anderen Atomen vermitteln könnten, sind abgesättigt.

Alkalimetalle besitzen in der Außenschale ein einzelnes Elektron. Dieses vermittelt leicht die Bindung mit Atomen, die in ihrer Außenschale gern ein Elektron aufnehmen. Da das Außenelektron mit geringer Energie abgetrennt werden kann, entstehen leicht die einfach positiven Ionen der Alkalimetalle.

Den Halogenatomen fehlt ein Elektron, um der Außenschale eine Edelgaskonfiguration zu geben. Daher verbinden sie sich leicht mit Metallen, die Elektronen abgeben können. Durch Aufnahme eines Elektrons entsteht ein einfach negativ geladenes Ion. Die Atome der seltenen Erden (Lantaniden) unterscheiden sich nur durch die Anzahl der 4f-Elektronen, während sie in den äußeren O- und P-Schalen vollkommen übereinstimmen. Daher sind auch die chemischen Eigenschaften so ähnlich, daß die betreffenden Elemente auf chemischem Wege kaum getrennt werden können.

9.6.1. Aus $\frac{m_\alpha}{2} v^2 = E_\alpha$ $v = 1{,}2 \cdot 10^7$ m/s $< 0{,}1\,c$ $\lambda_\alpha = \frac{h}{m v} = 0{,}83 \cdot 10^{-12}$ cm

Die Wellenlänge des α-Teilchens ist also so klein, daß die Welleneigenschaften bei Wechselwirkungen mit dem ganzen Atom keine Rolle spielen; dagegen sind sie wichtig bei Wechselwirkungen mit dem Kern.

Aus $\frac{m_e}{2} v^2 = E_e$ $v = 5930$ km/s $< 0{,}1\,c$ $\lambda_e = \frac{h}{m_e v} = 1{,}22 \cdot 10^{-8}$ cm

Diese Wellenlänge ist mit dem Atomdurchmesser vergleichbar, daher sind die Welleneigenschaften der Elektronen schon bei Vorgängen in der Elektronenhülle zu berücksichtigen.

9.6.2. $m_v = m_0 + \frac{eU}{c^2} = 9{,}313 \cdot 10^{-31}$ kg

Aus $\frac{m_0}{m_v} = \sqrt{1 - (v/c)^2}$ $v = 64\,000$ km/s

Impuls $p = m_v v = 5{,}96 \cdot 10^{-23}$ kg m s^{-1} Wellenlänge $\lambda = \frac{h}{m_v v} = 11{,}1$ pm

Ablenkung des ersten Nebenmaximums $\sin \alpha = \frac{\lambda}{g} = \frac{11{,}1\text{ pm}}{300\text{ pm}}$ $\alpha = 2{,}12°$

9.6.3. $E = \frac{3}{2} kT = 0{,}0388$ eV $\sqrt{\overline{v^2}} = \sqrt{\frac{2E}{m}} = 1930$ m/s $< 0{,}1\,c$

$p = m_v v \approx m_0 v = 6{,}44 \cdot 10^{-24}$ kg m s^{-1} $\lambda = \frac{h}{p} = 0{,}103$ nm

9.6.4. Aus $\Delta x \Delta p_x = h$ $\Delta p_x = 1{,}25 \cdot 10^{-23}$ kg m s^{-1} $\Delta v = \dfrac{\Delta p_x}{m_e} = 13{,}7 \cdot 10^6$ m/s

Die Unsicherheit wäre also größer als die Geschwindigkeit selbst. Beim Atom kann es also keine scharf definierten Bahnen mit genau angebbaren Geschwindigkeiten geben.

9.6.5. Während es beim Bohrschen Atommodell genau festgelegte Bahnen der Elektronen gibt, berechnet die Wellenmechanik nur die Aufenthaltswahrscheinlichkeit der Elektronen im Raum rings um den Atomkern. Sie ist nicht nur auf diskreten Bahnen von Null verschieden. Statt Bahnen gibt es Bereiche mit hoher Aufenthaltswahrscheinlichkeit, die durch Knotenflächen, auf denen die Aufenthaltswahrscheinlichkeit Null herrscht, getrennt sind. Ein 1 s-Elektron besitzt eine maximale Aufenthaltswahrscheinlichkeit in der Entfernung $r_0 = 0{,}53 \cdot 10^{-8}$ cm vom Kern, die genau dem Radius der ersten Bohrschen Bahn entspricht.

Die Quantenzahlen sind die Werte, welche Koeffizienten bei der Energie und beim Drehimpuls annehmen müssen, damit die Aufenthaltswahrscheinlichkeit eines Elektrons überall im Raum eindeutig definiert ist und für große Entfernungen vom Kern gegen Null abnimmt. Sie bestimmen die Größe der Funktion der Aufenthaltswahrscheinlichkeit und die Lage ihrer Knotenstellen.

9.7.1. α-Strahl: $\dfrac{1}{2} m_\alpha v^2 = E$ $v = \sqrt{\dfrac{2E}{m_\alpha}} = 4{,}39 \cdot 10^6 \dfrac{\text{m}}{\text{s}} < 0{,}1\,c$ $Q = 2\,e$

$r = \dfrac{m_\alpha v}{Q B} = \sqrt{\dfrac{m_\alpha E}{2 e^2 B^2}} = 3{,}03$ m arc $\varphi_\alpha = \dfrac{3 \text{ cm}}{303 \text{ cm}}$ $\varphi_\alpha = 0{,}566°$

β-Strahl: $m_e = m_{e0} + \dfrac{E}{c^2} = (9{,}1 + 7{,}11) \, 10^{-31}$ kg $= 1{,}623 \cdot 10^{-30}$ kg

$m_{e0}/m_e = 0{,}5607$

aus: $\sqrt{1 - (v/c)^2} = m_{e0}/m_e$ $v = c\sqrt{1 - (m_{e0}/m_e)^2} = 2{,}48 \cdot 10^8$ m/s

$r = \dfrac{m_e v}{e B} = 8{,}38$ cm

arc $\varphi_e = \dfrac{3 \text{ cm}}{8{,}38 \text{ cm}}$ $\varphi_e = 20{,}50°$

γ-Strahl: keine Ablenkung

9.7.2. Reichweite in Luft $R_1 = 0{,}323 \cdot 4{,}8^{1,5}$ cm $= 3{,}40$ cm

Reichweite in Papier $R_2 = R_1 \dfrac{\varrho_1}{\varrho_2} = 0{,}044$ mm

9.7.3. $\lambda = 0{,}0861$ d^{-1} Aus $m = m_0 e^{-0{,}693 t/t_h}$ folgt für $t = 30$ d und

$t_h = 8{,}05$ d: $\dfrac{m}{m_0} = 0{,}076$ Es sind also 92,4% zerfallen.

Aus $\dfrac{m}{m_0} = 0{,}01$ $t = 53{,}5$ d

9.7.4. $\lambda = \dfrac{1}{t} \ln \dfrac{A_0^*}{A^*} = 0{,}256$ d^{-1} $t_h = \dfrac{\ln 2}{\lambda} = 2{,}71$ d

$m_0 = \dfrac{A_0^* \, m_m}{\lambda \, N_A} = 1{,}776 \cdot 10^{-11}$ g

9.7.5. $A_{01}^* \, e^{-\frac{\ln 2}{t_{h1}} t} = A_{02}^* \, e^{-\frac{\ln 2}{t_{h2}} t} \quad t = \dfrac{\ln \dfrac{A_{01}^*}{A_{02}^*}}{\left(\dfrac{1}{t_{h1}} - \dfrac{1}{t_{h2}}\right) \ln 2} = 7{,}27 \text{ d}$

$A_1^* = A_2^* = 2{,}13 \cdot 10^4 \text{ s}^{-1}$

9.7.6. Aktivität der Muttersubstanz $\quad A_1^* = \lambda_1 N_1$
Aktivität der Tochtersubstanz $\quad A_2^* = \lambda_2 N_2$
Änderung der Zahl der Tochteratome
$$\frac{dN_2}{dt} = A_1^* - A_2^* = \lambda_1 N_1 - \lambda_2 N_2$$
$$\lambda_2 \, dt = \lambda_2 \frac{dN_2}{\lambda_1 N_1 - \lambda_2 N_2} = \frac{d(\lambda_2 N_2)}{\lambda_1 N_1 - \lambda_2 N_2} \approx \frac{d(\lambda_2 N_2 - \lambda_1 N_1)}{\lambda_1 N_1 - \lambda_2 N_2} \quad \text{da } d(\lambda_1 N_1) \ll d(\lambda_2 N_2).$$
Nach Integration: $\lambda_1 N_1 - \lambda_2 N_2 = C \, e^{-\lambda_2 t}$;
Randbedingung $N_2 = 0$ für $t = 0$ ergibt $C = \lambda_1 N_1$. Gleichgewicht für $t \to \infty$:
$\lambda_1 N_1 - \lambda_2 N_2 = 0$
$\dfrac{N_1}{N_2} = \dfrac{\lambda_2}{\lambda_1} = \dfrac{t_{h1}}{t_{h2}} \quad \dfrac{m_1}{m_2} = \dfrac{A_{r1} N_1}{A_{r2} N_2} = 2{,}92 \cdot 10^6$

9.7.7. $m = \dfrac{A^* A_r t_h}{4{,}18 \cdot 10^{23}} \text{ g} = 2{,}99 \text{ kg}$

9.7.8. Masse des Drahtes $m_{ges} = 0{,}704 \text{ g}$
Aktivität $A^* = 6{,}34 \cdot 10^7 \text{ s}^{-1}$
Masse des aktivierten Kobalts $m = \dfrac{A^* A_r t_h}{4{,}18 \cdot 10^{23}} \text{ g} = 1{,}493 \text{ µg} \quad \text{mit} \quad A_r = 60$
$m : m_{ges} = 1 : 4{,}72 \cdot 10^5$

9.7.9. $R = 0{,}323 \cdot 5{,}3^{1,5} \text{ cm} = 3{,}94 \text{ cm}$
Abmessungen der Kammer $d > 2R = 7{,}88 \text{ cm} \quad h > R = 3{,}94 \text{ cm}$
Aktivität $A^* = 5{,}38 \cdot 10^7 \text{ s}^{-1}$
In Luft je s absorbierte Energie $\dot{E} = \tfrac{1}{2} A^* E_\alpha = 1{,}426 \cdot 10^{14} \text{ eV s}^{-1}$
Ionenstrom $I = 2 \cdot 1{,}6 \cdot 10^{-19} \text{ As} \, \dfrac{1{,}426 \cdot 10^{14} \text{ eV}}{35 \text{ eV s}} = 1{,}306 \cdot 10^{-6} \text{ A}$

9.7.10. Die α-Strahlen verlieren ihre Energie durch häufige Ionisation auf einem kurzen Weg. Weil alle α-Strahlen der gleichen Kernreaktion die gleiche Anfangsenergie haben, ist ihre Reichweite eine genaue meßbare Größe.
Die β-Strahlen erzeugen weniger Ionen auf 1 cm Weg und können deshalb größere Strecken durch Materie zurücklegen. Ihre Anfangsenergie ist verschieden. Deshalb haben die einzelnen β-Teilchen verschiedene Reichweite, und die maximale Reichweite ist schwer zu bestimmen.
Die γ-Strahlen werden jeweils durch *einen* Effekt absorbiert oder gestreut. Bei geringer Energie ist dies hauptsächlich der Fotoeffekt, bei dem das γ-Quant ein Elektron auslöst und selbst völlig absorbiert wird. Bei höherer Energie überwiegt der Comptoneffekt, bei dem ebenfalls ein Elektron ausgelöst wird und das γ-Quant seine Frequenz vermindert. Von Energien über 1,02 MeV an tritt immer häufiger die Paarbildung auf. Dabei wandelt sich das γ-Quant in ein negatives und ein positives Elektron um, welche die gesamte Energie des Quants übernehmen.

9.7.11. Bei der Aussendung eines α-Teilchens vermindert sich die Kernladungszahl um 2, die Massenzahl um 4, so daß ein neues Element entsteht. Bei der Aussendung eines β-Teilchens entsteht eine neue positive Kernladung, so daß sich die Kernladungszahl um 1 erhöht. Es entsteht ein neues Element, das mit dem Ausgangselement gleiche Massenzahl hat. Ein ausgesandtes γ-Quant ändert nur den Energiezustand des Kerns, es entsteht aber keine Änderung der Kernladungs- oder Massenzahl.

9.7.12. Aus den Gleichungen des Comptoneffekts folgt, daß die Comptonquanten bei verschiedenen Streuwinkeln auch verschiedene Energien bzw. Wellenlängen haben. Im Spektrum ergeben sich daher keine scharfen Linien, sondern eine gewisse Linienbreite, die eine genaue Messung sehr erschwert. Die Ursache der Unschärfe liegt darin, daß nach dem Impulssatz die Energie der anregenden Quanten sich je nach dem Streuwinkel in verschiedener Weise auf das Comptonquant und das Comptonelektron verteilt.

9.8.1. $\varrho = 1{,}81 \cdot 10^{14}$ g/cm³ $\quad m = 1{,}81 \cdot 10^{14}$ g $= 1{,}81 \cdot 10^{8}$ t

9.8.2. $F = \dfrac{1}{4\pi\varepsilon_0} \dfrac{e^2}{r^2} = 230{,}4$ N

9.8.3. $^{9}_{4}\text{Be} + ^{4}_{2}\alpha = ^{12}_{6}\text{C} + ^{1}_{0}n \qquad ^{9}_{4}\text{Be}(\alpha, n)\,^{12}_{6}\text{C}$
$^{59}_{27}\text{Co} + ^{1}_{0}n = ^{60}_{27}\text{Co} + ^{0}_{0}\gamma \qquad ^{59}_{27}\text{Co}(n, \gamma)\,^{60}_{27}\text{Co}$
$^{35}_{17}\text{Cl} + ^{1}_{0}n = ^{35}_{16}\text{S} + ^{1}_{1}p \qquad ^{35}_{17}\text{Cl}(n, p)\,^{35}_{16}\text{S}$

9.8.4. $^{10}_{5}\text{B} + ^{1}_{0}n = ^{7}_{3}\text{Li} + ^{4}_{2}\alpha$
Relative Masse der Ausgangskerne $\text{B} + n - 5\,\text{e} = 11{,}01886$
Relative Masse der Kerne nach der Reaktion $\text{Li} + \alpha - 3\,\text{e} = 11{,}01585$
Massendefekt $\Delta m = 0{,}00301\,u$
Gesamte Reaktionsenergie $E = 0{,}00301 \cdot 931$ MeV $= 2{,}80$ MeV
Da $v < 0{,}1\,c$ gilt $E = \dfrac{m}{2} v^2$
Impulssatz: $m_\alpha v_\alpha = m_{\text{Li}} v_{\text{Li}} \qquad$ daher $\qquad E_\alpha : E_{\text{Li}} = m_{\text{Li}} : m_\alpha = 7 : 4$
$E_\alpha = \tfrac{7}{11} E = 1{,}78$ MeV

9.8.5. $A_r = 4{,}00260 + 1{,}00867 - 2{,}01140 + \dfrac{17{,}45}{931} = 3{,}01592$

9.8.6. $A_1^* = \dfrac{m_1\,\sigma_1\,\varphi\,N_A}{m_{\text{m1}}} = 1{,}272 \cdot 10^5$ s⁻¹ $\qquad A_2^* = 2{,}95 \cdot 10^5$ s⁻¹
$A^* = A_1^* + A_2^* = 4{,}22 \cdot 10^5$ s⁻¹

9.8.7. $A^*_{\text{Sättigung}} = \dfrac{m_{\text{ges}} \cdot \sigma \cdot \varphi \cdot N_A}{m_{\text{m}}} = 2{,}04 \cdot 10^{13}$ s⁻¹ $\gg 10^{10}$ s⁻¹ $\quad$ damit folgt $\quad t_\text{a} \ll t_\text{h}$
und $\quad A^* \approx \dfrac{m_{\text{ges}} \cdot \sigma \cdot \varphi \cdot N_A}{m_{\text{m}}} \cdot 0{,}693 \dfrac{t_\text{a}}{t_\text{h}} \qquad t_\text{a} = 32{,}6$ h
$m = \dfrac{A^* A_r t_\text{h}}{4{,}18 \cdot 10^{23}}\,\text{g} = 0{,}238$ mg

9.8.8. Masse $m = 0{,}0304$ g $\quad$ Spezifische Aktivität $\dfrac{A^*}{m_{\text{ges}}} = 1{,}217 \cdot 10^{12}$ s⁻¹ g⁻¹
Aus $\dfrac{A^*}{m_{\text{ges}}} = \dfrac{\sigma \cdot \varphi \cdot N_A}{m_{\text{m}}}(1 - e^{-0{,}693 t_\text{a}/t_\text{h}}) \qquad \varphi = 6{,}23 \cdot 10^{12}$ cm⁻² s⁻¹

9.8.9. Die Kernbindungskraft hat ihre Ursache in der Anziehung zwischen Proton und Neutron. Sie bedingt den Zusammenhalt der Kerne. Deshalb haben die niederen Kerne auch etwa gleichviele Neutronen und Protonen. Sie wirkt nur auf geringste Entfernungen im Kern.

Ihr entgegen wirkt die Coulombkraft, die auf der Abstoßung der positiven Kernladungen beruht. Ohne Kernbindungskräfte würde die Coulombkraft die Kerne sprengen. Nach außen nimmt sie langsamer ab als die Kernkräfte, so daß sie im Bereich der Elektronenhülle allein wirksam ist. Mit wachsender Kernladungszahl nimmt die Coulombkraft zu, so daß zur Stabilisierung der Kerne noch zusätzliche Neutronen nötig werden. Bei den höchsten Kernladungszahlen verursacht sie die Radioaktivität.

9.8.10. $\Delta A_r = (13 \cdot 1{,}00783 + 14 \cdot 1{,}00867 - 26{,}98159) = 0{,}24158$

Bindungsenergie je Nukleon $\dfrac{E_B}{A} = 0{,}24158 \cdot \dfrac{931}{27}$ MeV $= 8{,}33$ MeV

Nach der Weizsäckerformel: $\dfrac{E_B}{A} = 8{,}355$ MeV

9.8.11. Nach der Weizsäckerformel erhält man als Bindungsenergie für
U 235 1757,94 MeV, U 236 1764,76 MeV, U 238 1777,25 MeV, U 239 1782,62 MeV. Der Zuwachs beträgt von U 235 auf U 236 6,82 MeV, von U 238 auf U 239 5,37 MeV. Die Bindungsenergie eines eingefangenen Neutrons ist also bei U 235 größer als bei U 238, in beiden Fällen aber geringer als die mittlere Bindungsenergie von 7,48 MeV der übrigen Nukleonen.

9.8.12. Die Kurve gibt für jeden Kern die mittlere Bindungsenergie je Nukleon. Man kann daher aus ihrem Verlauf einen Hinweis auf die Stabilität der einzelnen Kerne ablesen. Die Bindungsenergie je Nukleon ist klein bei wenigen ganz leichten Kernen, erreicht bei $A \approx 80$ einen Höchstwert und sinkt für die schwersten Kerne wieder ab. Es wird also Energie frei, wenn ganz leichte Kerne sich zu schwereren, insbesondere zu $^4_2$He vereinigen oder, wenn die schwersten Kerne sich in mittlere zerspalten. Das Absinken der Kurve bei den schwersten Kernen zeigt die zunehmende Bedeutung der Coulombschen Abstoßung bei hohen Kernladungszahlen. Die aus α-Teilchen zusammengesetzten Kerne stellen Zwischenmaxima der Kurve dar und kennzeichnen die hohe Stabilität der α-Teilchen und der daraus zusammengesetzten Kerne C und O. Dagegen hat Be nur die Bindungsenergie der α-Teilchen, ohne daß ein wesentlicher Beitrag für die gegenseitige Bindung hinzukommt, woraus sich sein Zerfall in zwei α-Teilchen erklärt.

9.9.1. Aus den angegebenen relativen Atommassen ergeben sich die Massen
vor der Spaltung $236{,}0526\,u$, nach der Spaltung $235{,}8288\,u$.
Aus der Massenabnahme $0{,}2238\,u$ folgt die frei werdende Energie pro Kernreaktion: $E = 0{,}2238 \cdot 931$ MeV $= 208{,}2$ MeV $= 3{,}33 \cdot 10^{-11}$ Ws

9.9.2. Zahl der Uranatome $N = \dfrac{N_A m}{m_m} = 2{,}56 \cdot 10^{25}$

Zeitdauer zwischen zwei Spaltvorgängen $t = \dfrac{s}{v} = 5 \cdot 10^{-9}$ s

Nun findet man die Zahl der erforderlichen Neutronengenerationen aus
$1{,}5^n = 2{,}56 \cdot 10^{25}$ $n = 144{,}5$
Gesamtzeit $t_{ges} = 144{,}5 \cdot 5 \cdot 10^{-9}$ s $= 0{,}7225$ μs

9.9.−9.10. Lösungen

Gesamtenergie $E_{ges} = NE = 2{,}39 \cdot 10^8$ kWh

Zeit, die das Kraftwerk benötigt $t_1 = \dfrac{E_{ges}}{P} = 2390$ h ≈ 100 d

9.9.3. $E_1 = 8{,}61$ kWh $E_2 = 2{,}39 \cdot 10^7$ kWh $E_3 = 1{,}7 \cdot 10^8$ kWh $E_4 = 2{,}5 \cdot 10^{10}$ kWh

$E_1 : E_2 : E_3 : E_4 = 1 : 2{,}78 \cdot 10^6 : 1{,}97 \cdot 10^7 : 2{,}90 \cdot 10^9$

9.9.4. Aus $\dfrac{N_A m}{m_m} \eta\, 210$ MeV $= Pt$ $m = 244$ kg Uran 235

$m \cdot 2{,}9 \cdot 10^4 \dfrac{\text{Ws}}{\text{g}} = Pt$ $m = 1{,}087 \cdot 10^5$ t Kohle

9.9.5. In 1 s ausgestrahlte Sonnenenergie $E = \sigma A t T^4 = 3{,}75 \cdot 10^{26}$ Ws $= 1{,}04 \cdot 10^{20}$ kWh

Massenverlust je s $\Delta m = \dfrac{E}{c^2} = 4{,}17 \cdot 10^6$ t

Wasserstoffverbrauch je s $m_H = \dfrac{1{,}04 \cdot 10^{20}\,\text{kWh}}{1{,}7 \cdot 10^8\,\text{kWh/kg}} = 6{,}12 \cdot 10^8$ t

Massenverlust in 10^9 Jahren $\Delta m_{ges} = 1{,}316 \cdot 10^{23}$ t

Gesamtmasse der Sonne $m_{Sonne} = \tfrac{1}{6} d^3 \pi \varrho = 2{,}01 \cdot 10^{27}$ t

Bruchteil $\dfrac{\Delta m_{ges}}{m_{Sonne}} = 6{,}53 \cdot 10^{-5} = 0{,}00653\%$

9.9.6. Eine Kettenreaktion ist ein Vorgang, der einmal eingeleitet, selbständig weiter abläuft. Er muß zu seiner Aufrechterhaltung die Stoffe und mindestens die Energie liefern, die zu seiner Einleitung erforderlich sind. Zur Spaltung von U 235 sind Neutronen erforderlich. Neben den Spaltkernen entstehen aber je Spaltung im Mittel 2,5 Neutronen, die wieder neue Spaltungen einleiten können.

9.9.7. Die Spaltung von U 235 wird besonders von thermischen Neutronen mit einem hohen Wirkungsquerschnitt bis zu 10^{-25} m² hervorgerufen. Um die bei der Spaltung entstehenden schnellen Neutronen zu verlangsamen, benutzt man einen Moderator. Ohne ihn würden bei einem gewöhnlichen Reaktor, dessen Brennelemente neben U 235 noch sehr viel U 238 enthalten, die Neutronen von U 238 absorbiert das für Neutronen mittlerer Energie mehrere Resonanzabsorptionsstellen aufweist. Im „schnellen" Reaktor verzichtet man in der Produktionszone auf einen Moderator, weil gerade der Einfang von schnellen Neutronen durch U 238 dort zur Produktion von Plutonium ausgenutzt werden soll.

9.9.8. Damit ein Neutron beim Zusammenstoß mit einem Kern des Moderators einen merklichen Bruchteil seiner Energie abgibt, muß der Kern nach den Gesetzen des elastischen Stoßes eine möglichst kleine Atommasse haben. Der Kern darf die Neutronen nicht absorbieren; deshalb muß der Wirkungsquerschnitt für den Neutroneneinfang möglichst klein sein. Damit die Wahrscheinlichkeit eines Stoßes zwischen den Neutronen und den Moderatorkernen groß wird, soll der Moderator bei der Reaktortemperatur fest oder flüssig sein. Bei einem Gas wäre ein hoher Druck anzuwenden. Die Beschaffung des Moderators in dem erforderlichen Reinheitsgrad muß wirtschaftlich möglich sein.

9.10.1. $\dot{D} = 9{,}04 \cdot 10^{-10}$ W/kg $\dot{J}_s = 2{,}63 \cdot 10^{-11}$ A/kg

Das RaBe-Präparat ist auch eine Neutronenquelle. Die Äquivalentdosisrate dieser Neutronenstrahlung darf wegen des großen Bewertungsfaktors $q \approx 10$ nicht vernachlässigt werden.

9.10.2. $m = \dfrac{A_0^* A_r t_h}{4{,}18 \cdot 10^{23}}\,\text{g} = 1{,}646 \cdot 10^{-8}\,\text{g} \qquad \dot D = 3{,}22 \cdot 10^{-10}\,\text{W/kg}$

$$t = \dfrac{t_h \ln \dfrac{A_0^*}{A^*}}{0{,}693} = 26{,}3\,\text{d} \qquad d = \dfrac{\ln \dfrac{I_{R0}}{I_R}}{\dfrac{\mu}{\varrho}\varrho} = 1{,}753\,\text{cm}$$

9.10.3. Aktivierung $\quad A_0^* = \dfrac{m_{\text{ges}}\,\sigma\,\varphi\,N_A}{m_m}\,(1 - e^{-0{,}693 t_a/t_h}) = 1{,}54 \cdot 10^8\,\text{s}^{-1}$

$$\dot D = \dfrac{\dot D_q}{q} = \dfrac{A^*}{r^2}\,\Gamma_D\,e^{-\dfrac{\mu}{\varrho}d\varrho} \qquad A^* = 6{,}01 \cdot 10^6\,\text{s}^{-1}$$

$$t = \dfrac{(\ln A_0^*/A^*)\,t_h}{0{,}693} = 70{,}2\,\text{h}$$

9.10.4. Schwächungskoeffizient aus $\;e^{-\mu \cdot 1\,\text{cm}} = \dfrac{960}{1720} \qquad \mu = 0{,}583\,\text{cm}^{-1}$

$$\dot D = \dfrac{\dot D_q}{q} = 6 \cdot 10^{-9}\,\text{W/kg} = \dfrac{A^*}{r^2}\,\Gamma_D\,e^{-\mu d}$$

$$d = \dfrac{1}{\mu}\,\ln \dfrac{A^*\,\Gamma_D}{r^2\,\dot D} = 6{,}03\,\text{cm}$$

9.10.5. $D = \dfrac{D_q}{q} = 5 \cdot 10^{-4}\,\text{J/kg}$

$$D = \dfrac{A^*}{r^2}\,\Gamma_D\,e^{-(\mu_1 d_1 + \mu_2 d_2)} \cdot B \cdot t \qquad r = 1{,}88\,\text{m} \qquad s = 1{,}58\,\text{m}$$

9.10.6. $\dot D = \dfrac{\dot D_q}{q} = \dfrac{A^*}{r^2}\,\Gamma_D\,e^{-\mu d} \qquad A^* = 1{,}117 \cdot 10^9\,\text{s}^{-1}$

9.10.7. Bei der Absorption von γ-Strahlen entstehen immer Elektronen (Fotoelektronen, Comptonelektronen, Paarelektronen), die eine β-Strahlung darstellen. Sie werden in der Umgebung ihrer Entstehungsstelle absorbiert, wobei eine sekundäre γ- und Röntgenbremsstrahlung auftritt, die sich der auftreffenden γ-Strahlung überlagert. Da die Bremsstrahlung erst bei der Absorption der ursprünglichen γ-Strahlung entsteht, ist der Zuwachsfaktor in dünnen Schichten, in denen die γ-Strahlung kaum absorbiert wird, nicht merklich von 1 verschieden. Dagegen spielt die Bremsstrahlung eine zunehmende Rolle, wenn mit wachsender Schichtdicke ein steigender Teil der Primärstrahlung absorbiert wird. Dann wird durch die Bremsstrahlung die Absorption der Gesamt-γ-Strahlung so stark vermindert, daß ihre Intensität schließlich mehrere Größenordnungen über der Intensität ohne Bremsstrahlung liegt.

VERWENDETE FORMELZEICHEN

Sonderwerte aller aufgeführten physikalischen Größen werden durch Indizes bei den betreffenden Formelzeichen gekennzeichnet, z. B. F_t = Tangentialkraft, p_{LB} = Luftdruck am Erdboden. Bei Maximalwerten wird über das Formelzeichen ein ^ (Dach), bei Minimalwerten ein ˘ (Tal), bei Mittelwerten ein Querstrich ‾ gesetzt, z. B. $\hat{v}$ = Höchstgeschwindigkeit, $\check{\delta}$ = Minimalablenkung, $\bar{p}$ = mittlere Leistung. Komplexe Größen sind unterstrichen, z. B. $\underline{u}$ = komplexe Zeigerdarstellung einer Spannung. Ein Punkt über dem Formelzeichen bedeutet den zeitlichen Differentialquotienten der betreffenden Größe, z. B. $\dot{m} = \dfrac{dm}{dt}$ = Massestrom.

1. Statik der festen Körper

Strecken, allgemein	s
Länge, Breite, Höhe	l, b, h
Dicke	d
Radius	r
Durchmesser	d
Koordinaten	x, y, z
Fläche	A
Volumen	V
Masse	m
Dichte	ϱ
Gewichtskraft	G
Kraft	F
Federkonstante	D
Reibungskraft	F_R
Reibungszahl	μ
Reibungswinkel	ϱ
Drehmoment	M
Mechanische Arbeit	W
Potentielle Energie	E_{pot}
Kinetische Energie	E_{kin}
Leistung	P
Wirkungsgrad	η
Druck	p
Spannung	σ
Elastizitätsmodul	E
Dehnung	ε
Winkel	$\alpha, \beta, \gamma, \varphi$

2. Dynamik fester Körper

Zeit	t
Weg	s
Geschwindigkeit	v
Beschleunigung	a
Fallbeschleunigung	g
Gravitationskonstante	f
Drehwinkel	φ
Winkelgeschwindigkeit	ω
Drehfrequenz	n
Winkelbeschleunigung	α
Impuls (Bewegungsgröße)	p
Drehimpuls	L
Kraftstoß	K
Massenträgheitsmoment	J
Trägheitsradius	r_i
Zentripetal- und -fugalkraft	F_p, F_f
Trägheitskraft	F_{Tr}
Corioliskraft	F_C
Umlaufdauer	T

3. Mechanik der Flüssigkeiten und Gase

Druck, Luftdruck, Staudruck	p, p_L, p_{st}
Bodendruckkraft	F_B
Seitendruckkraft	F_S
Aufdruckkraft	F_D
Auftriebskraft	F_A
Flächenträgheitsmoment	J_A
Innere Reibung	F_{Ri}
Viskosität, dynamische	η
Viskosität, kinematische	ν
Strömungswiderstand	F_w
Widerstandsbeiwert	c_w
Stirnfläche	A_0
Ausflußzahl	μ
Volumenstrom, Volumendurchfluß	$\dot{V}$
Reynolds-Zahl, kritische	Re, Re_{krit}

4. Wärmelehre

Celsius-Temperatur	ϑ
Thermodynamische Temperatur	T
Längen-Ausdehnungskoeffizient	α
Volumen-Ausdehnungskoeffizient	γ
Wärmespannung	σ_ϑ
Gaskonstante, allgemeine	R
Gaskonstante, spezifische	R_s
molare Masse (Masse eines Mols)	m_m
Wärmemenge	Q
Wärmekapazität	C
spez. Wärmekapazität	c
Isobare spezifische Wärmekapazität	c_p
Isochore spezifische Wärmekapazität	c_v
Verhältnis c_p/c_v	$\varkappa$
Spezifischer Brennwert	H_o
Spezifischer Heizwert	H_u
Auf das Normvolumen bezogener Heizwert	H_{un}
Normvolumen	V_n
Spez. Schmelzwärme	q
Spez. Verdampfungswärme	r
Dampfdruck, Sättigungsdruck	p_D, p_s
absolute Feuchte	ϱ_D
Sättigungsmenge	ϱ_s
relative Feuchte	f_r
Wärmeleitkoeffizient	λ
Wärmeübergangskoeffizient	α
Wärmedurchgangskoeffizient	k
Strahlungskonstante	σ
Emissionsgrad	ε
Wärmeübergangskoeffizient der Strahlung	α_s
Wärmeübergangskoeffizient der Konvektion	α_k
Temperaturfaktor	a_s
Wirkungsgrad	η
Entropie	S
Enthalpie	H
Innere Energie	U
Boltzmann-Konstante	k
Avogadro-Konstante	N_A
Anzahl der Moleküle	N
Masse eines Atoms	m_A
Masse eines Moleküls	m_M
Anzahl der Mole (Stoffmenge)	n
Relative Atommasse	A_r
Relative Molekülmasse	M_r

5. Schwingungen, Wellen, Schall

Elongation	x
Richtgröße	D
Amplitude	$\hat{x}$
Frequenz	f
Kreisfrequenz	ω
Phasenverschiebungswinkel	φ
Nullphasenwinkel	φ_0
Periodendauer	T
Winkelausschlag	φ^*
Winkelrichtgröße	D^*
Winkelamplitude	$\hat{\varphi}^*$
Wellenlänge	λ
Fortpflanzungsgeschwindigkeit	c
Abklingkonstante	δ
Schallintensität	I
Schallpegel	L
Lautstärke	Λ
Effektiver Schalldruck	p_{eff}
Schallschluckung	A_s
Schall — Absorptionsgrad	α
Nachhallzeit	T

6. Optik

Lichtstrom	Φ
Lichtstärke	I
Beleuchtungsstärke	E
Leuchtdichte	L
Beleuchtungstechnischer Wirkungsgrad	η
Raumwinkel	Ω
Einfallswinkel	ε
Reflexionswinkel	ε'
Brechungswinkel	$\varepsilon_1, \varepsilon_2 \ldots$
Grenzwinkel der Totalreflexion	ε_g
Brechzahl	n
Brechender Winkel eines Prismas	α
Strahlenablenkung	δ
Gegenstandsweite	g
Gegenstandsgröße	G
Bildweite, Bildgröße	b, B
Brennweite, Brechwert	f, D
Linsenabstand	e
Abbildungsmaßstab	β
Vergrößerung	Γ
Sehwinkel	σ
Feldwinkel	2σ
Durchmesser des Unschärfekreises	u
Aufnahmeentfernung	p
Blendenzahl	K
Auszug	z
optische Tubuslänge	t
Gitterkonstante	g
Wellenlänge	λ
Lichtgeschwindigkeit	c

7. Elektrizität (Gleichstrom)

Spannung	U
Strom	I
Widerstand	R
spez. Widerstand	ϱ
Dichte	ϱ_d
Temperaturkoeffizient von ϱ	k
Quellenspannung	U_q
Klemmenspannung	U_k
Innenwiderstand	R_i
Außenwiderstand	R_a
Elektrochem. Äquivalent	$\ddot{A}$
Faradaykonstante	F
Dielektrizitätskonstante	$\varepsilon = \varepsilon_0 \varepsilon_r$
elektrische Feldstärke	E
elektrische Flußdichte	D
elektrische Ladung	Q
Kapazität	C
magnetische Feldstärke	H
Windungszahl	N
magnetische Flußdichte (Induktion)	B
Permeabilität	$\mu = \mu_0 \mu_r$
magnetischer Fluß	Φ
Induktionsspannung	U_{ind}
Induktivität	L

8. Elektrizität (Wechselstrom)

Effektivwerte	U, U_{eff}; I, I_{eff}
Scheitelwerte	$\hat{u}, \hat{\imath}$
Mittelwerte	$\bar{u}, \bar{\imath}$
Nullphasenwinkel	φ_u, φ_i
Phasenverschiebungswinkel	φ
Scheinwiderstand	Z
Blindwiderstand	X
Blindwiderstand einer Spule	X_L
Blindwiderstand eines Kondensators	X_C
Scheinleistung	P_s
Wirkleistung	P_w
Blindleistung	P_b
Übersetzungsverhältnis	$\ddot{u}$
Durchgriff	D
Steilheit	S
Röhren-Innenwiderstand	R_i
Heizspannung, -strom	U_f, I_f
Anodenspannung, -strom	U_a, I_a
Gitterspannung	U_g
Steuerspannung	U_{st}

Eingangswiderstand	h_{11}
Stromverstärkung	h_{21}
Ausgangsleitwert	h_{22}
Dichte der freien Elektronen bei Eigenleitung	n_i
Elektronen-, Löcherdichte	n_-, n_+
Donatoren-, Akzeptorendichte	n_D, n_A

9. Atom- und Kernphysik

Avogadro-Konstante	N_A
relative Atommasse (früher: Atomgewicht)	A_r
relative Molekülmasse (früher: Molekulargewicht)	M_r
molare Masse (Masse eines Mols)	m_m
Atomare Masseneinheit	u
Elementarladung	e
Geschwindigkeitsverhältnis v/c	β
Plancksches Wirkungsquantum	h
Frequenz	ν
Massenzahl, Nukleonenzahl	A
Kernladungszahl	Z
Hauptquantenzahl	n
Wellenzahl	$1/\lambda$
Rydbergkonstante	R^*
Aktivität (Zerfallsrate)	A^*
Impulsrate	I_R
Massendefekt	Δm
Bindungsenergie	E_B
Ablösearbeit	W_a
Halbwertszeit	t_h
Aktivierungszeit	t_a
Zerfallskonstante	λ
Schwächungskoeffizient	μ
Massenschwächungskoeffizient	μ/ϱ
Schichtdicke	d
Flächenbezogene Masse	$d \cdot \varrho$
mittlere Reichweite	R
Teilchenflußdichte	φ
Wirkungsquerschnitt	σ
Energiedosis	D
Energiedosisrate	$\dot{D}$
Äquivalentdosis	D_Q
Äquivalentdosisrate	$\dot{D}_q$
Bewertungsfaktor	q
Standardionendosis	J_s
Standardionendosisrate	$\dot{J}_s$
spez. Gammastrahlkonstante	Γ
Zuwachsfaktor	B